Metodi Matematici in Complessità Computazionale

Springer

Milan
Berlin
Heidelberg
New York
Barcelona
Hong Kong
London
Paris
Singapore
Tokyo

A. Bernasconi • B. Codenotti • G. Resta

Metodi Matematici in COMPLESSITÀ COMPUTAZIONALE

Springer

ANNA BERNASCONI
Institut für Informatik
Technische Universität
München, Germania

BRUNO CODENOTTI
Istituto di Matematica Computazionale del CNR
Pisa, Italia

GIOVANNI RESTA
Istituto di Matematica Computazionale del CNR
Pisa, Italia

© Springer-Verlag Italia, Milano 1999

ISBN 978-88-470-0060-5

Riprodotto da copia camera-ready fornita dagli Autori
Progetto grafico della copertina: Simona Colombo, Milano

SPIN: 10717968

Indice

1. Introduzione

1.1 L'idea di fondo

La complessità computazionale ha avuto un notevole impulso negli ultimi anni, soprattutto grazie all'introduzione e allo sviluppo di nuove tecniche matematiche. Queste hanno consentito di ottenere, accanto a significativi avanzamenti, anche una comprensione più matura della difficoltà di alcune questioni fondamentali, come il ben noto problema della separazione tra le classi **P** ed **NP**.

La difficoltà principale riguarda le limitazioni inferiori di complessità e riflette la mancanza di strumenti adatti ad analizzare il fenomeno stesso della computazione. Nella sua generalità, il processo di calcolo che trasforma i dati di un problema nella soluzione dello stesso è ancora del tutto misterioso. Ad esempio, non sono disponibili tecniche che consentano di decifrare lo *stato di avanzamento* di una computazione. In altre parole, considerando il calcolo di una funzione f e supponendo che, ad un certo stadio del processo, siano state calcolate le funzioni $f_1, f_2, \ldots, f_k$, vorremmo quantificare il progresso che è stato compiuto verso il calcolo di f. Questo problema è di estrema difficoltà, come mostra il seguente fatto.

Sia $f : \{0,1\}^n \to \{0,1\}$ un funzione booleana particolare e sia $g : \{0,1\}^n \to \{0,1\}$ una funzione booleana puramente casuale. Allora anche la funzione $h : \{0,1\}^n \to \{0,1\}$, definita come la somma modulo 2 di f e g, risulta essere puramente casuale.

Consideriamo ora una computazione per f che, dopo k passi, abbia prodotto g ed h. L'analisi dello stato di avanzamento di tale computazione non può che condurre a constatare che, al tempo k, sono state calcolate due funzioni completamente casuali.

Benché questo fatto possa sembrare una chiara indicazione che la computazione è ancora "lontana" dal proprio completamento, è invece immediato verificare che f può essere calcolata, a partire da g e h, semplicemente eseguendo la somma $g + h$ modulo 2.

Quanto visto mette in luce la presenza di ostacoli a trattare in modo generale la questione dell'efficienza con cui possono essere risolti i problemi computazionali.

I problemi legati alla complessità delle computazioni hanno stimolato indagini profonde da cui sono emerse sia importanti questioni matematiche, equivalenti a questioni di carattere computazionale, sia nuove tecniche di analisi per modelli di calcolo più deboli rispetto a quelli generali.

Il principale oggetto di studio di questo libro è la struttura matematica dei problemi computazionali, abbinata alla natura dei modelli di calcolo: laddove un problema presenta una struttura esiste la speranza di utilizzare tecniche matematiche per analizzarlo e da cui trarre vantaggio per risolverlo efficientemente; viceversa, la mancanza di struttura o di *una certa* struttura suggerisce risultati di intrattabilità per il problema, o in termini assoluti, oppure in relazione ad un opportuno modello di calcolo.

Per ottenere modelli di calcolo più deboli della Macchina di Turing, vengono imposti vincoli sulla struttura dei modelli; tali vincoli portano ad individuare proprietà che devono essere soddisfatte dagli algoritmi su di essi eseguiti, e da questo a caratterizzare proprietà di problemi computazionali, che risultano essere responsabili di corrispondenti risultati di complessità.

Gli argomenti che abbiamo deciso di trattare in questo libro non esauriscono certo la notevole mole di lavoro che è stata svolta nell'ambito dei metodi matematici in complessità. Abbiamo compiuto scelte che riflettono il nostro gusto e le nostre competenze. Così il libro inizia affrontando il problema della primalità e della difficile identificazione della sua precisa complessità computazionale, per poi portarci all'analisi delle relazioni tra determinismo e casualità, in cui il concetto di pseudocasualità si rivelerà fondamentale. Vengono poi presentati modelli di calcolo, sia di natura algebrica che booleana, che risultano essere meno potenti rispetto alla Macchina di Turing, ponendo un particolare accento su diverse tecniche matematiche introdotte per la loro analisi. Da tutto questo emergerà, come detto, il ruolo centrale del concetto di struttura: è da teoremi che esprimono proprietà strutturali che hanno origine sorprendenti idee algoritmiche oppure congetture di intrattabilità.

Inevitabilmente, abbiamo tralasciato alcuni argomenti importanti; tuttavia riteniamo che il materiale contenuto nel libro sia sufficiente affinché il lettore possa apprezzare gli elementi portanti della disciplina ed acquisire una metodologia utile anche per l'approfondimento di tematiche che non vengono trattate.

Il libro è la logica continuazione del volume (A. BERNASCONI, B. CO-DENOTTI, *Introduzione alla Complessità Computazionale*, Springer Verlag 1998), a cui faremo riferimento per le definizioni e i risultati di base della complessità computazionale.

1.2 Organizzazione

Questo libro è organizzato nel modo seguente.

Il Capitolo 2 richiama da [35] le definizioni e i risultati classici della Complessità Computazionale, in particolare riguardo alle principali classi di complessità.

Il Capitolo 3 ha lo scopo di studiare la complessità di un problema matematico, quello della primalità, che coinvolge molte classi di complessità importanti. Vedremo come tale problema appartenga in modo ovvio alla classe **coNP**, mentre come la sua appartenenza a **NP** richieda l'utilizzo di proprietà matematiche meno evidenti. Da queste proprietà emergono ragioni per credere che il problema della primalità non sia completo per le classi **NP** e **coNP**. Tali ragioni sono poi amplificate sia dall'esistenza di algoritmi probabilistici efficienti, in base ai quali potremo affermare che il problema appartiene alla classe **ZPP**, sia di algoritmi deterministici la cui efficienza dipende dalla veridicità di una congettura che riguarda la distribuzione dei numeri primi.

Il Capitolo 4 avvicina il lettore alle problematiche dei rapporti tra casualità, pseudocasualità e difficoltà di calcolo. Un ruolo importante nel capitolo è svolto dal processo di derandomizzazione, che si propone di convertire un algoritmo probabilistico (cioè un algoritmo che procede anche utilizzando una fonte ideale di casualità) in un algoritmo deterministico oppure in un algoritmo che usa una quantità inferiore di casualità (tipicamente facendo ricorso a generatori pseudocasuali). La nostra attenzione si focalizzerà anche su quelle strutture combinatoriali che condividono proprietà con strutture casuali e che pertanto consentono la simulazione della casualità in termini di pseudocasualità (grafi espansivi e block design). Vedremo come la difficoltà di calcolo di certe funzioni sia una garanzia dell'esistenza di funzioni in grado di trasformare stringhe casuali in stringhe che "sembrano" casuali ad ogni macchina con opportuni limiti alle risorse.

Il Capitolo 5 presenta la teoria della complessità algebrica, sia in relazione alla definizione di modelli di calcolo strutturati (ad esempio i programmi in linea retta) sia riguardo lo studio della complessità di alcuni problemi fondamentali, come il calcolo del determinante (funzione che gode di proprietà di universalità) e del permanente (funzione che rappresenta, nell'ambito di una classe di problemi su polinomi, il massimo grado di difficoltà di calcolo). Saranno inoltre analizzate le relazioni che intercorrono tra questi due importanti problemi.

I Capitoli 6 e 7 riguardano il calcolo di trasformazioni lineari. Si prende in esame il modello dei programmi lineari (un caso particolare dei programmi in linea retta) e si analizzano sia gli algoritmi più efficienti per il calcolo di certe trasformazioni lineari legate a problemi su polinomi, in particolare gli algoritmi FFT per il calcolo della trasformata discreta di Fourier (Capitolo 6), sia strumenti per dimostrare l'ottimalità degli algoritmi e per determinare limitazioni inferiori di complessità (Capitolo 7).

I Capitoli 8 e 9 avvicinano il lettore a due modelli booleani restrittivi in cui è stato possibile determinare limitazioni inferiori di complessità, rispettivamente i circuiti di profondità limitata e i circuiti monotoni. Anche in questo ambito, abbiamo rinunciato a presentare esaustivamente i risultati ottenuti, privilegiando la descrizione di tecniche matematiche che, su questi modelli, consentono l'analisi delle computazioni.

Il Capitolo 10 riprende un modello a cui è già stato fatto cenno nel Capitolo 5, il modello dei branching program, per presentare i collegamenti tra i branching program di ampiezza costante e la classe $\mathbf{NC}^1$. In particolare viene utilizzato il concetto di automa a stati finiti non uniforme operante su un monoide (equivalente ad un'opportuna definizione di branching program), per identificare, all'interno della classe $\mathbf{NC}^1$, classi che sono definite in base ad opportune restrizioni sulla natura del monoide in questione. Tali classi risultano poi coincidere con classi ben note in letteratura ed il problema del loro contenimento proprio nella classe $\mathbf{NC}^1$ può così essere descritto come un problema algebrico circa la struttura di monoidi che godono di opportune proprietà.

1.3 Guida alla lettura

Questo libro è stato concepito in modo unitario e l'approccio più proficuo è una lettura che segua la sequenza naturale dei capitoli. Tuttavia ogni capitolo ha un'impostazione unitaria e può essere letto quasi del tutto indipendentemente dagli altri, tenendo tuttavia conto di definizioni e risultati che vengono di volta in volta ripresi. Il diagramma seguente suggerisce possibili percorsi di lettura. La presenza di una freccia indica una significativa consequenzialità; la linea tratteggiata collegamenti meno pronunciati.

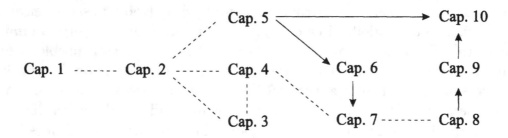

Il libro contiene esempi ed esercizi che aiutano il lettore ad approfondire i concetti esposti. Abbiamo inoltre inserito ampie note bibliografiche, con numerosi riferimenti, alla fine di ogni capitolo, senza rinunciare ad una bibliografia generale.

Questo libro può essere utilizzato come testo per corsi universitari avanzati (in particolare del corso di laurea in Informatica) e per corsi di dottorato. Inoltre si propone come riferimento per i ricercatori del settore e di aree affini.

2. Richiami sulle classi di complessità

In questo capitolo, riprendiamo da [35] le principali definizioni e alcuni risultati fondamentali circa le classi di complessità e i modelli di calcolo. Il lettore è rimandato a tale testo per un approfondimento e per eventuali chiarimenti.

2.1 Modelli e costo computazionale

La bontà di un algoritmo dal punto di vista del costo in tempo e/o spazio viene in generale valutata rispetto al suo comportamento asintotico, ovvero quando la dimensione del problema tende all'infinito. Un buon comportamento asintotico garantisce che ad una crescita della dimensione corrisponde una crescita ragionevole della funzione che misura il costo dell'algoritmo. Viceversa, un cattivo comportamento asintotico rende l'algoritmo applicabile solo a istanze di dimensione limitata. Questa considerazione è il punto di partenza di una teoria che classifica un algoritmo come efficiente o inefficiente a seconda che il suo tempo di esecuzione sia polinomiale o esponenziale nella dimensione del problema (criterio di efficienza polinomiale).

La distinzione tra algoritmi di costo polinomiale e algoritmi di costo esponenziale determina i concetti di *trattabilità* ed *intrattabilità*, per cui un problema è detto *intrattabile* se può essere dimostrato che non esistono algoritmi di costo in tempo polinomiale (algoritmi polinomiali, per semplicità) per risolverlo e *trattabile* se esiste un algoritmo per la sua risoluzione di costo in tempo polinomiale.

Il concetto di algoritmo si precisa nel momento in cui viene identificato uno specifico modello di calcolo.

I modelli di calcolo più largamente utilizzati per analisi di complessità sono le *macchine ad accesso casuale* (o RAM, acronimo che sta per il termine inglese Random Access Machine), le *macchine di Turing* (MdT) e le *famiglie di circuiti*. Un fatto importante, enunciato nella *Tesi del calcolo sequenziale*, è che tutti i *ragionevoli* modelli di calcolo sono polinomialmente correlati con la MdT, e pertanto equivalenti alla MdT, per quanto riguarda il criterio di efficienza polinomiale. Ne consegue che si può parlare di algoritmi efficienti (o inefficienti) in generale, senza fare cioè riferimento ad un particolare modello, e che dimostrazioni di trattabilità ed intrattabilità hanno validità generale, anche se condotte su un particolare modello.

Ricordiamo ora la definizione di costo in tempo e spazio su MdT.

Definizione 2.1 (Tempo e spazio su MdT). *Una MdT M ha un costo in tempo $T_M(n)$ se, per ogni stringa di input di lunghezza n, la computazione termina entro $T_M(n)$ passi, e un costo in spazio $S_M(n)$ se la computazione utilizza complessivamente non più di $S_M(n)$ celle di nastro distinte.*

Richiamiamo ora le caratteristiche fondamentali di una teoria della complessità basata sul criterio di efficienza polinomiale:

- i problemi analizzati sono di tipo decisionale e questo consente di parlare equivalentemente di problemi decisionali, linguaggi o insiemi;
- la risorsa di riferimento è il tempo, ossia il costo computazionale corrisponde al tempo di calcolo;
- il modello di riferimento è la MdT;
- il costo computazionale viene misurato nel caso peggiore;
- l'obiettivo è l'analisi del comportamento asintotico della funzione che esprime tale costo, ignorando le costanti moltiplicative;
- l'efficienza è sinonimo di un costo computazionale polinomiale.

Utilizzeremo spesso la seguente *notazione asintotica* per denotare l'ordine di grandezza relativo di due funzioni.

Definizione 2.2. *Siano f e g due funzioni a valori reali definite su **N**. Si dice che*

- *f è di ordine non superiore a g, e si indica con $f(n) = O(g(n))$, se esiste un intero n_0 tale che, per ogni $n \geq n_0$, vale $|f(n)| < \alpha|g(n)|$, dove α è una costante positiva indipendente da n;*
- *f è di ordine non inferiore a g, e si indica con $f(n) = \Omega(g(n))$, se $g(n) = O(f(n))$;*
- *f è di ordine inferiore a g, e si indica con $f(n) = o(g(n))$, se*

$$\lim_{n \to \infty} \frac{f(n)}{g(n)} = 0 \, ;$$

- *f è dello stesso ordine di g, e si indica con $f(n) = \theta(g(n))$, se vale sia $f(n) = O(g(n))$ sia $f(n) = \Omega(g(n))$.*

2.2 La classe di complessità P

Un concetto chiave nella teoria della complessità è quello di *classe di complessità*, ossia di insieme di tutti i problemi risolvibili (o linguaggi riconoscibili) su un dato modello di calcolo con una ben precisa limitazione nell'uso di una o più risorse.

Definizione 2.3 (Classe di Complessità). *Una classe di complessità è un insieme di linguaggi riconosciuti da una certa Macchina di Turing che opera secondo la modalità appropriata e che consuma, per ogni input x, al più $f(|x|)$ unità della risorsa specificata.*

Per ragioni tecniche, è opportuno restringere le funzioni costo, imponendo che appartengano alla classe delle funzioni proprie [35].

Definizione 2.4 (Classe di Complessità TEMPO(f)). *Sia f una funzione propria. La classe di complessità $TEMPO(f)$ è l'insieme dei linguaggi riconosciuti da una MdT che consuma, per ogni input x, al più $f(|x|)$ unità di tempo.*

Definizione 2.5 (Classe di Complessità SPAZIO(f)). *Sia f una funzione propria. La classe di complessità $SPAZIO(f)$ è l'insieme dei linguaggi riconosciuti da una MdT che consuma, per ogni input x, al più $f(|x|)$ unità di nastro (celle), dove $|x|$ denota la lunghezza della stringa x.*

La nozione di trattabilità vista come sinonimo di efficienza polinomiale è catturata dalla classe di complessità **P**.

Definizione 2.6. *La classe **P** è la classe dei linguaggi L per i quali esiste una MdT M tale che*

- *$L = L_M$, dove con L_M indichiamo il linguaggio riconosciuto da M;*
- *per ogni input x, M si arresta in uno stato finale dopo un numero di passi polinomiale in $|x|$.*

*Equivalentemente, la classe **P** può essere definita come*

$$\bigcup_{k=0}^{\infty} TEMPO(n^k).$$

Analogamente possiamo definire la classe **EXPTIME** come

$$\bigcup_{k=0}^{\infty} TEMPO(2^{kn}).$$

2.3 Non determinismo e classe NP

La classe di complessità più importante ai fini di comprendere i fondamenti dell'intrattabilità è la classe **NP**, che viene definita a partire da un modello di calcolo detto non deterministico.

Diamo due definizioni alternative di non determinismo. Nella prima definizione faremo riferimento al concetto di *stato* di una computazione, intendendo con questo termine una configurazione che descrive la computazione in modo non ambiguo ad un certo istante di tempo.

Definizione 2.7 (Prima definizione di non determinismo).
Una computazione si dice non deterministica quando consiste in una successione di passi discreti, ciascuno dei quali è una transizione da uno stato ad un insieme di stati (piuttosto che a un singolo stato).

Definizione 2.8 (Seconda definizione di non determinismo).
Siano $f_A : \Sigma^* \to \{0,1\}$ la funzione caratteristica di un insieme A, Y un insieme, detto insieme delle variabili non deterministiche, e g una funzione $(g : \Sigma^* \times Y \to \{0,1\})$ tale che, per ogni x, esiste una variabile non deterministica $y \in Y$ per cui $g(x,y) = f_A(x)$. Una computazione per f_A si dice non deterministica quando, in aggiunta all'input x, dispone di un ulteriore input $y \in Y$ tale che $f_A(x) = g(x,y)$. La computazione non deterministica di $f_A(x)$ consiste nella computazione deterministica di $g(x,y)$. In altri termini, alla funzione da calcolare,

$$f_A(x) = \begin{cases} 1 \ se \ x \in A \\ 0 \ altrimenti \end{cases}$$

viene associata la funzione

$$g(x,y) = \begin{cases} 1 \ se \ R(x,y) \ è \ vera \\ 0 \ altrimenti \end{cases}$$

dove $R(x,y)$ è un opportuno predicato.

Si dice che una computazione non deterministica è efficiente rispetto al tempo o allo spazio quando il costo computazionale (tempo o spazio deterministico) del calcolo di $g(x,y)$, espresso solamente in funzione di $|x|$, è inferiore rispetto al costo computazionale (deterministico) di $f_A(x)$.

È possibile introdurre l'elemento non deterministico nella definizione di macchina di Turing. Una macchina di Turing non deterministica (in breve $MdTN$) è definita esattamente come una MdT, con un'unica modifica che riguarda la funzione di transizione, che non restituisce una singola configurazione successiva della macchina, ma un insieme di possibili configurazioni successive. Possiamo perciò vedere la $MdTN$ come una variante della MdT in cui ad ogni passo la macchina può transire dallo stato attuale ad un insieme di stati successivi piuttosto che ad un singolo stato.

Alternativamente, la $MdTN$ può essere definita come una MdT arricchita dalla presenza di una nuova componente, detta *modulo di ipotesi*, dotata di una propria testina di sola scrittura. Il compito svolto da questo modulo è di scrivere una stringa sul nastro all'inizio della computazione (*fase di ipotesi*). Questa stringa può essere utilizzata dalla $MdTN$, come fosse un'informazione aggiuntiva all'input. Dopo avere letto l'input e la stringa non deterministica prodotta dal modulo di ipotesi, la $MdTN$ procede in modo deterministico, verificando se la stringa conduce effettivamente ad una soluzione (*fase di verifica*). Si osservi che una $MdTN$ prevede una computazione diversa per ogni possibile stringa fornita dal modulo di *ipotesi*.

Definizione 2.9. *Una MdTN M accetta una stringa di input x se e solo se almeno una delle computazioni originate relativamente a x termina nello stato di accettazione q_S. Il linguaggio L_M riconosciuto da M è dato da*

$$L_M = \{x \in \Sigma^* \mid M \text{ accetta } x\}.$$

Il tempo impiegato da una *MdTN* M ad accettare una stringa $x \in L_M$ è pari al minimo numero di passi, preso su tutte le computazioni accettanti originate da x, impiegati (nella fase di *ipotesi* e nella fase di *verifica*) per raggiungere lo stato finale q_S (ovvero il minimo numero di passi sufficienti a leggere sia la stringa di input sia la stringa prodotta dal modulo di ipotesi e ad eseguire la verifica dell'ipotesi). Abbiamo dunque la seguente definizione.

Definizione 2.10. *Una MdTN M ha un costo in tempo espresso da una funzione $T : \mathbf{N} \to \mathbf{N}$ se, su input $x \in L_M$, M entra in uno stato finale di accettazione dopo al più $T(|x|)$ passi.*

Si noti che il tempo viene misurato esclusivamente sulle computazioni accettanti; più precisamente il numero di passi viene fatto corrispondere alla lunghezza del cammino più breve tra tutti quelli che terminano in uno stato di accettazione.

La *MdTN* ci consente di definire formalmente classi di complessità non deterministiche e in particolare la classe **NP**.

Definizione 2.11 (Classe di Complessità NTEMPO(f)). *La classe di complessità $NTEMPO(f)$ è l'insieme dei linguaggi riconosciuti da una MdTN che consuma, su ogni input x che appartiene al linguaggio riconosciuto, al più $f(|x|)$ unità di tempo.*

Definizione 2.12. *La classe **NP** è la classe dei linguaggi L per i quali esiste una MdTN M tale che*

- *$L = L_M$;*
- *per ogni input $x \in L$, M si arresta in uno stato finale di accettazione dopo un numero di passi polinomiale in $|x|$.*

*Equivalentemente, la classe **NP** può essere definita come*

$$\bigcup_{k=0}^{\infty} NTEMPO(n^k).$$

La mancanza di simmetria tra accettazione e rifiuto insita nella definizione della classe **NP** suggerisce che, al contrario di quanto accade per la classe **P**, l'appartenenza di un problema alla classe **NP** non sembra implicare l'appartenenza a **NP** anche del problema complementare. Questo rende opportuno introdurre la classe dei problemi complementari a quelli in **NP**:

$$\mathbf{coNP} = \{\Sigma^* - L \mid L \in \mathbf{NP}\}.$$

Si è portati a credere che valga $\mathbf{NP} \neq \mathbf{coNP}$, ossia che esistano problemi in $\mathbf{coNP}$ per cui non esistono algoritmi polinomiali non deterministici. Si noti che la congettura $\mathbf{NP} \neq \mathbf{coNP}$ è più forte della congettura $\mathbf{P} \neq \mathbf{NP}$. Infatti abbiamo:

Proposizione 2.1. *Se* $\mathbf{NP} \neq \mathbf{coNP}$, *allora* $\mathbf{P} \neq \mathbf{NP}$.

Dim. Segue dal fatto che $\mathbf{P} = \mathbf{coP}$. □

Al contrario, l'eventuale dimostrazione della pur improbabile uguaglianza $\mathbf{NP} = \mathbf{coNP}$ non escluderebbe la possibilità che $\mathbf{P} \neq \mathbf{NP}$.

Un'altra interessante classe di complessità è $\mathbf{NP} \cap \mathbf{coNP}$. Un linguaggio appartiene a questa classe se appartiene sia a $\mathbf{NP}$ che a $\mathbf{coNP}$, ossia se per esso non valgono le considerazioni di asimmetria già menzionate. Vale il seguente risultato.

Proposizione 2.2. $\mathbf{P} \subseteq \mathbf{NP} \cap \mathbf{coNP}$.

Dim. Segue dalle inclusioni $\mathbf{P} \subseteq \mathbf{NP}$ e $\mathbf{P} = \mathbf{coP} \subseteq \mathbf{coNP}$. □

Appartengono a $\mathbf{NP} \cap \mathbf{coNP}$ interessanti problemi per cui non si conoscono algoritmi polinomiali, ossia che sono candidati all'appartenenza alla classe $(\mathbf{NP} \cap \mathbf{coNP}) - \mathbf{P}$. Tra questi un caso importante è quello del problema *PRIMO*, che consiste nel dire se un numero è primo, di cui ci occuperemo nel prossimo capitolo.

Lo studio delle relazioni tra le classi $\mathbf{P}$ e $\mathbf{NP}$ è un argomento fondamentale in complessità, il cui scopo è di quantificare i vantaggi computazionali offerti dal non determinismo rispetto al determinismo, nell'ambito di computazioni di lunghezza polinomiale. Ovviamente, per il fatto che una $MdTN$ può procedere esattamente come una MdT, ignorando la stringa prodotta dal modulo di ipotesi, abbiamo l'inclusione $\mathbf{P} \subseteq \mathbf{NP}$. In altri termini, ogni problema decisionale risolvibile da un algoritmo deterministico di costo in tempo polinomiale, può essere risolto in tempo polinomiale anche da un algoritmo non deterministico.

Lo studio della validità o meno dell'inclusione opposta, ovvero lo stabilire se i problemi in $\mathbf{NP}$ siano trattabili o intrattabili, è il più importante problema aperto della complessità computazionale, con riflessi su altri settori della matematica e dell'informatica. Ci sono molte ragioni per credere che $\mathbf{P} \neq \mathbf{NP}$, e quindi che l'inclusione $\mathbf{P} \subseteq \mathbf{NP}$ sia propria.

Al fine di identificare problemi rappresentativi della difficoltà delle diverse classi di complessità, è fondamentale utilizzare lo strumento delle riduzioni.

Definizione 2.13. *Si dice che l'insieme A è funzionalmente riducibile (o riducibile molti a uno) in tempo polinomiale all'insieme B, e si scrive $A \preceq_m^{\mathbf{P}} B$, se esiste una funzione f calcolabile in tempo polinomiale tale che $x \in A$ se e solo se $f(x) \in B$.*

Se $A \preceq_m^{\mathbf{P}} B$, si dice anche che A è Karp-riducibile a B. La funzione f è chiamata *trasformazione polinomiale*.

Una nozione più potente di riduzione polinomiale è la *riduzione polino-miale di Turing (o Cook)*, basata sul modello di calcolo della *macchina di Turing con oracolo* (in breve, $OMdT$). Una $OMdT$ è una MdT dotata di un nastro addizionale, detto nastro di oracolo. Ad ogni $OMdT$ è associato un linguaggio, detto *insieme di oracolo*. Il controllo a stati finiti prevede uno speciale stato, q_{ASK}, detto di domanda. Quando il controllo entra in questo stato, viene scritta una stringa sul nastro di oracolo, l'oracolo confronta la stringa scritta sul nastro di oracolo con l'insieme di oracolo e risponde SI o NO (scrivendo sul nastro di oracolo) a seconda che la stringa appartenga o meno all'insieme di oracolo.

Definizione 2.14. *Si dice che l'insieme A è Turing- (o Cook-) riducibile in tempo polinomiale all'insieme B, e si scrive $A \preceq_T^P B$, se esiste una $OMdT$ M con oracolo per B che accetta A in tempo polinomiale.*

Nella classe **NP** è possibile individuare una classe di problemi, i proble-mi completi per **NP**, la cui complessità individuale è rappresentativa del-la complessità dell'intera classe e la cui appartenenza a **P** implicherebbe l'uguaglianza **P** = **NP**.

Definizione 2.15. *Un insieme A si dice completo per **NP** rispetto a $\preceq_m^P$ (o, più brevemente, **NP**-completo) se:*

*1. $A \in$ **NP**,*
*2. $\forall B \in$ **NP**, si ha che $B \preceq_m^P A$.*

Definizione 2.16. *Un insieme A si dice completo per **NP** rispetto a $\preceq_T^P$ se:*

*1. $A \in$ **NP**,*
*2. $\forall B \in$ **NP**, si ha che $B \preceq_T^P A$.*

Grazie alle riduzioni di Turing, possiamo definire classi di linguaggi rico-nosciuti da opportune macchine dotate di oracolo, dette *classi relativizzate*. In ambito non deterministico, le classi relativizzate sono basate sulla $OMdT$ non deterministica ($OMdTN$), che è semplicemente una $MdTN$ che dispone di un oracolo, in grado di decidere l'insieme di oracolo come nel caso della $OMdT$. Diremo che un linguaggio L si riduce non deterministicamente (in tempo polinomiale) ad L' (e useremo la notazione $L \preceq_{NT}^P L'$) se L può essere riconosciuto in tempo polinomiale da una $OMdTN$ con un oracolo per L'.

Classi relativizzate particolarmente importanti sono le "versioni" di **P** e di **NP** definite in termini di un'altra classe **Y**, ossia le classi

$$\mathbf{P}^{\mathbf{Y}} = \{L \mid \exists L' \in \mathbf{Y} \text{ per cui } L \preceq_T^P L'\},$$
$$\mathbf{NP}^{\mathbf{Y}} = \{L \mid \exists L' \in \mathbf{Y} \text{ per cui} L \preceq_{NT}^P L'\}.$$

La relativizzazione di **P** e di **NP** corrisponde a potenziare rispettivamente la MdT e la $MdTN$ polinomiali, consentendo loro l'accesso ad un oracolo.

L'introduzione delle classi relativizzate ha portato alla definizione della *gerarchia polinomiale*, che consiste nell'unione delle classi $\Delta_k^p, \Sigma_k^p, \Pi_k^p$, che formano il k-esimo livello della gerarchia e sono definite nel seguente modo:

$$\Delta_0^p = \Sigma_0^p = \Pi_0^p = \mathbf{P},$$

e, per ogni $k \geq 0$,

$$\Delta_{k+1}^p = \mathbf{P}^{\Sigma_k^p},$$
$$\Sigma_{k+1}^p = \mathbf{NP}^{\Sigma_k^p},$$
$$\Pi_{k+1}^p = \mathrm{co}\Sigma_{k+1}^p.$$

La gerarchia polinomiale **PH** può quindi essere definita come

$$\mathbf{PH} = \bigcup_{j=0}^{\infty} \Sigma_j^p.$$

2.4 La risorsa spazio

Le più importanti classi definite in termini di limiti allo spazio sono

PSPACE, la classe di linguaggi riconosciuti da una MdT che utilizza spazio polinomiale;

POLYLOGSPACE, la classe di linguaggi riconosciuti da una MdT che utilizza spazio polilogaritmico (polinomiale nel logaritmo);

LOGSPACE, la classe di linguaggi riconosciuti da una MdT che utilizza spazio logaritmico.

Per parlare di spazio logaritmico, o comunque di quantità di spazio inferiori alla lunghezza dell'input, è necessario fare riferimento ad una MdT in cui esista almeno un nastro di lavoro separato dal nastro di lettura (MdT *off-line*) e calcolare lo spazio come numero di celle utilizzate nel nastro di lavoro.

Dal fatto che computazioni in spazio logaritmico possono generare al più un numero polinomiale di descrizioni istantanee diverse, segue immediatamente che

LOGSPACE $\subseteq$ **P** $\subseteq$ **PSPACE**.

Queste inclusioni, insieme al fatto che **LOGSPACE** $\neq$ **PSPACE**, forniscono un debole risultato di separazione. Infatti almeno una delle due inclusioni **LOGSPACE** $\subseteq$ **P** e **P** $\subseteq$ **PSPACE** deve essere propria affinché non venga violata la relazione **LOGSPACE** $\neq$ **PSPACE**. In altre parole, le uguaglianze **LOGSPACE** = **P** e **P** = **PSPACE** non possono valere simultaneamente.

Oltre all'inclusione **NP** $\subseteq$ **PSPACE**, non è difficile vedere che **PH** $\subseteq$ **PSPACE**, da cui possiamo derivare la seguente catena di inclusioni:

LOGSPACE $\subseteq$ **P** $\subseteq$ **NP** $\subseteq$ **PH** $\subseteq$ **PSPACE**.

Introduciamo ora un tipo di riduzione utile per confrontare i problemi in
P in base alla loro complessità in spazio.

Definizione 2.17 (Trasformazioni in spazio logaritmico). *Si dice che
l'insieme A è riducibile in spazio logaritmico all'insieme B, e si scrive $A \preceq_{log}$
B, se esiste una funzione f calcolabile in spazio logaritmico da una MdT che
abbia un nastro di lettura separato dal nastro di lavoro e tale che $x \in A$ se e
solo se $f(x) \in B$.*

Poiché **LOGSPACE** $\subseteq$ **P**, le trasformazioni in spazio logaritmico sono una
restrizione delle trasformazioni polinomiali e possono così essere utilizzate
per definire una nozione di completezza all'interno della classe **P**.

Definizione 2.18 (P-completezza). *Un insieme A si dice* **LOGSPACE**-
completo per la classe **P** *(in breve* **P**-*completo) se:*

1. *$A \in$ **P**;*
2. *$\forall B \in$ **P**, si ha che $B \preceq_{log} A$.*

La classe dei problemi **P**-completi corrisponde al massimo grado di difficoltà, per quanto riguarda la richiesta di spazio, all'interno della classe **P**. Se
ad esempio si riuscisse a risolvere un problema **P**-completo utilizzando spazio logaritmico, allora ogni problema in **P** potrebbe essere risolto in spazio
logaritmico ed avremmo così **P** = **LOGSPACE** (e pertanto **P** $\neq$ **PSPACE**).

2.5 Problemi di enumerazione

Prendiamo ora in esame problemi di *enumerazione*, in cui la soluzione non
è rappresentabile nello stato finale della macchina su cui viene eseguita la
relativa computazione, ma deve essere restituita in output.

Definizione 2.19. *Un problema computazionale Π consiste in un insieme
D_Π di istanze e in un insieme S_Π di soluzioni. Ad ogni istanza $I \in D_\Pi$, è
associato un insieme $S_\Pi(I) \subseteq S_\Pi$ di soluzioni. Allora, dati $I \in D_\Pi$ e $S_\Pi(I)$,
diciamo che*

1. *la versione decisionale Π_d di Π consiste nel chiedersi se $S_\Pi(I)$ è vuoto
   oppure no;*
2. *la versione di enumerazione (o di conteggio) Π_e di Π consiste nel
   determinare la cardinalità di $S_\Pi(I)$.*

È facile vedere che, per opportune scelte dell'insieme S, le versioni di enumerazione dei problemi decisionali **NP**-completi sono almeno difficili quanto
questi ultimi, e quindi **NP**-hard.

Alcuni problemi di enumerazione sono candidati all'intrattabilità, anche
qualora si dimostrasse la pur improbabile uguaglianza **P** = **NP**. Un fatto
sorprendente, di cui ci occuperemo nel Capitolo 5, è che esistono problemi

di enumerazione che non sono **NP**-easy[1], benché la loro versione decisionale appartenga a **P**. Questo corrisponde ad affermare che esistono problemi per i quali dire se l'insieme delle soluzioni è vuoto oppure no è "facile", mentre contare il numero di soluzioni risulta essere "estremamente difficile"!

La difficoltà computazionale associata all'enumerazione è espressa dalla completezza per la classe di complessità **#P** (il simbolo #P si legge "sharp-p" oppure "number-p").

Definizione 2.20. *La classe* **#P** *contiene i problemi di enumerazione Π_e per i quali esiste una MdTN tale che*

1. *per ogni $I \in D_\Pi$, il numero di stringhe distinte che portano ad accettare l'istanza I è esattamente $|S_\Pi(I)|$;*
2. *la lunghezza di ogni computazione accettante è limitata da una funzione polinomiale nella dimensione dell'istanza.*

Il concetto di completezza, che abbiamo incontrato per la classe **NP**, può essere esteso anche alla classe **#P**, con l'identico scopo di identificare i problemi *più difficili* all'interno di **#P**, ossia i problemi rappresentativi della difficoltà della classe. In questo caso però è necessario utilizzare il concetto di *riduzione parsimoniosa*, ossia di riduzione che, trasformando un problema in un altro, ne conserva anche il numero di soluzioni.

Definizione 2.21. *Un problema di enumerazione Π_e è detto* **#P***-completo se*

1. *$\Pi_e \in$ **#P**;*
2. *per ogni $\Pi_e' \in$ **#P**, $\Pi_e' \preceq_{pa}^{P} \Pi_e$,*

dove il simbolo $\preceq_{pa}^{P}$ denota una riduzione parsimoniosa calcolabile in tempo polinomiale.

2.6 Le classi probabilistiche

Sia le computazioni deterministiche sia quelle non deterministiche consistono nell'esecuzione di predeterminate sequenze di passi non ambigui, per cui, sullo stesso input, non possono che fornire lo stesso output.

Le computazioni *probabilistiche* invece hanno accesso ad una risorsa addizionale che consiste in una certa quantità di bit casuali indipendenti ed il loro comportamento dipende dal valore di uno o più di questi bit casuali. In altre parole, in una computazione probabilistica, l'esecuzione di un'istruzione piuttosto che un'altra può dipendere dall'esito del lancio di una moneta.

---

[1] Un problema si dice **NP**-easy quando è risolubile in tempo polinomiale utilizzando un oracolo per un problema in **NP**.

Questa caratteristica fa sì che le computazioni probabilistiche, qualora ripetute sullo stesso input, non necessariamente forniscano lo stesso output, che infatti dipende, oltre che dall'input, anche dalla scelta dei bit casuali.

Esiste una varietà di sfumature nella terminologia usata in relazione agli algoritmi probabilistici. Una distinzione possibile è tra algoritmi con *errore one-sided* ed algoritmi con *errore two-sided*. Nel primo caso, di fronte a problemi decisionali, gli algoritmi forniscono una risposta che può essere affetta da un errore probabilistico solo per istanze di una certa natura (ad esempio per le istanze positive), mentre per le altre istanze la risposta è sempre corretta. Nel secondo caso, l'errore può presentarsi sempre.

Un'altra distinzione che viene fatta è tra algoritmi *Monte Carlo* ed algoritmi *Las Vegas*, dove i secondi, a differenza dei primi, non "sbagliano", nel senso che per alcune istanze possono terminare in uno stato di "incertezza", ma mai forniscono la risposta sbagliata.

Vediamo ora modelli di calcolo e classi di complessità per computazioni probabilistiche.

Definizione 2.22. *Una macchina di Turing probabilistica (MdTP) è una macchina di Turing non deterministica M con le seguenti caratteristiche:*

1. *ogni stringa non deterministica (ossia ogni cammino non deterministico) viene scelta con la stessa probabilità. La computazione è allora vista come un esperimento casuale in cui ogni uscita di un nodo decisionale (branch) lungo ogni cammino non deterministico ha uguale probabilità di essere scelta;*

2. *senza perdita di generalità, si suppone che tutti i nodi decisionali abbiano α uscite;*

3. *esistono tre stati finali $\{1, 0, ?\}$, corrispondenti rispettivamente ad accettazione, rifiuto ed incertezza.*

Si noti che ogni computazione non deterministica di lunghezza t ha probabilità di essere scelta pari a α^{-t}. La computazione eseguita da M sull'input x, $M(x)$, è una variabile casuale. Siamo interessati a valutare

$$\text{Prob}\{M(x) = \beta\},$$

dove $\beta \in \{1, 0, ?\}$, cioè la probabilità che la macchina M, su input x, termini nello stato β.

Definizione 2.23 (Classe PP). *La classe **PP** (Probabilistic Polynomial time) è la classe dei linguaggi $L \subseteq \Sigma^*$ per cui esiste una MdTP M, con un limite polinomiale al numero di passi, tale che, $\forall x \in \Sigma^*$,*

$$\text{Prob}\{M(x) = X_L(x)\} > \frac{1}{2},$$

dove

$$X_L(x) = \begin{cases} 1 \ se \ x \in L \\ 0 \ se \ x \notin L. \end{cases}$$

È immediato verificare che

- la classe **PP** è chiusa rispetto al complemento, ossia **PP** = *co***PP**,
- i problemi che appartengono alla classe **PP** sono risolvibili in spazio polinomiale, ossia **PP** ⊆ **PSPACE**.

Una domanda fondamentale consiste nel chiedersi se i problemi appartenenti alla classe **PP** siano in qualche modo *trattabili*.

Sfortunatamente, questo non sembra possibile. Vale infatti:

$$\mathbf{PH} \subseteq \mathbf{P^{PP}} \subseteq \mathbf{PSPACE}.$$

Da queste relazioni, la prima delle quali non è di facile dimostrazione, segue che, se i problemi in **PP** fossero trattabili, allora sarebbe possibile riconoscere in tempo probabilistico polinomiale tutti i problemi della gerarchia polinomiale.

Introduciamo ora una classe che può essere vista come l'analogo probabilistico della classe **P**.

Definizione 2.24 (Classe BPP). *La classe **BPP** (Bounded Error Probabilistic Polynomial time) è la classe dei linguaggi $L \subseteq \Sigma^*$ per cui esiste una MdTP M, con un limite polinomiale al numero di passi, tale che, $\forall x \in \Sigma^*$,*

$$\text{Prob}\{M(x) = X_L(x)\} > \frac{1}{2} + e,$$

dove e soddisfa $0 < \epsilon \leq e < \frac{1}{2}$, per una costante ϵ.

Il passaggio da una garanzia di correttezza espressa dal parametro $\frac{1}{2}$ (che caratterizza **PP**) ad una garanzia in termini di $\frac{1}{2} + e$ (che caratterizza **BPP**) è sostanziale, qualunque sia la costante $e \geq \epsilon > 0$.

Accade infatti che la classe dei linguaggi riconosciuti non cambi al variare di ϵ nell'intervallo $(0, \frac{1}{2})$. Per questo si dice che **BPP**, al contrario di **PP**, è una classe *robusta* rispetto all'errore.

Valgono le seguenti relazioni di inclusione:

- **P** ⊆ **BPP** ⊆ **PP**;
- **BPP** ⊆ $\Sigma_2^P \cap \Pi_2^P$ = **NP^{NP}** ∩ (**coNP**)^{**NP**}.

Le classi **PP** e **BPP** sono "simmetriche", nel senso che, dato un linguaggio da riconoscere, la loro definizione non comporta distinzioni tra stringhe di input che appartengono al linguaggio e stringhe che non vi appartengono. Perciò l'errore introdotto è di tipo two-sided.

Vediamo ora la definizione di una classe probabilistica che è invece asimmetrica e corrisponde a computazioni probabilistiche con errore one-sided.

Definizione 2.25 (Classe R). *La classe **R** (Random Polynomial time) è la classe dei linguaggi $L \subseteq \Sigma^*$ per cui esiste esiste una MdTP M, con un limite polinomiale al numero di passi, tale che, $\forall x \in \Sigma^*$,*

$$\text{se } x \in L, \text{ allora } \text{Prob}\{M(x) = 1\} > \frac{1}{2} + e,$$

dove e soddisfa $0 < \epsilon \le e < \frac{1}{2}$, *per una costante* ϵ, *mentre*

se $x \notin L$, *allora* $\text{Prob}\{M(x) = 1\} = 0$.

Da questa definizione, emerge che la classe **R** non è simmetrica: la $MdTP$ M è sempre corretta se $x \notin L$, mentre può restituire un risultato sbagliato solo se $x \in L$. In modo complementare, si definisce la classe **coR** tramite una $MdTP$ con comportamento sempre corretto quando $x \in L$.

Un'altra classe probabilistica interessante è la classe **ZPP** (zero-error probabilistic poly time), che è definita come

$$\mathbf{ZPP} = \mathbf{R} \cap \mathbf{coR}.$$

La definizione implica che non viene mai data una risposta sbagliata, benchè esista la probabilità di terminare nello stato ? che esprime l'indecisione.

Si può dimostrare che la classe **ZPP** è costituita esattamente dai problemi che possono essere risolti in tempo *polinomiale nel caso medio* (si veda la definizione seguente).

Definizione 2.26. *Diremo che un algoritmo probabilistico A è polinomiale nel caso medio, o di* costo atteso polinomiale *se*

- *A restituisce sempre il risultato corretto;*
- *per ogni input x di dimensione n, il valore atteso (in senso probabilistico) del tempo di esecuzione di A su x è polinomiale in n.*

Si noti che, contrariamente a quanto il termine "medio" potrebbe suggerire, non ci si riferisce al costo medio dell'applicazione di un algoritmo a tutti i possibili input di una determinata lunghezza, bensì, per ogni input, alla media del costo di ogni possibile esecuzione rispetto alla scelte casuali effettuate dall'algoritmo.

Valgono le seguenti relazioni

- $\mathbf{P} \subseteq \mathbf{R} \subseteq \mathbf{NP}$;
- $\mathbf{P} \subseteq \mathbf{coR} \subseteq \mathbf{coNP}$;
- $\mathbf{R} \cap \mathbf{coR} = \mathbf{ZPP} \supseteq \mathbf{P}$.

Allo stato attuale delle conoscenze, non si può escludere che valga $\mathbf{BPP} = \mathbf{ZPP} = \mathbf{P}$, ossia che la nozione probabilistica di trattabilità coincida di fatto con quella deterministica.

2.7 Modelli e classi per il calcolo parallelo

Uno dei modelli più usati nel contesto del calcolo parallelo è dato dalla macchina $PRAM$ (dall'inglese Parallel Random Access Machine), che consiste in una collezione di processori $P1$, $P2$, $P3$, ..., (ognuno con una memoria locale non limitata e costituita dai registri $R1$, $R2$, ...) tutti abilitati ad accedere ad una memoria comune non limitata.

Ogni processore può essere modellato come una macchina RAM.

Una classe molto importante nella teoria del calcolo parallelo è la classe **NC**, che contiene i problemi risolvibili su $PRAM$ in tempo polilogaritmico, utilizzando un numero polinomiale di processori.

Più precisamente, la classe **NC** è l'unione di tutte le classi $\mathbf{NC}^i$, dove $\mathbf{NC}^i$ contiene i problemi risolvibili su $PRAM$ in tempo proporzionale a $\log^i n$, dove n è la dimensione del problema, utilizzando un numero polinomiale di processori. Particolarmente importanti sono le classi $\mathbf{NC}^1$ ed $\mathbf{NC}^2$, che contengono molti problemi computazionali di rilievo.

Queste classi possono anche essere definite utilizzando il modello delle famiglie di circuiti di cui ci occupiamo nella prossima sezione.

2.8 Teoria della complessità su circuiti

In questa sezione richiamiamo brevemente gli aspetti essenziali della complessità su circuiti.

2.8.1 Funzioni booleane

La *teoria della complessità su circuiti* si occupa di studiare la complessità dei problemi nel modello di calcolo dei *circuiti booleani*.

Prima di definire il modello, è opportuno richiamare alcune nozioni di base che riguardano le *funzioni booleane*.

Definizione 2.27. *Una* funzione booleana f *con* n *input e* m *output è una funzione che associa ad ogni stringa binaria di lunghezza* n *una stringa binaria di lunghezza* m: $f : \{0,1\}^n \to \{0,1\}^m$.

Indicheremo con $B_{n,m}$ l'insieme di tutte le funzioni booleane con n input e m output e con B_n l'insieme delle funzioni booleane con n input ed un solo output ($m = 1$). Per ogni $f \in B_n$ abbiamo esattamente 2^n stringhe di input, in quanto possiamo scegliere in due modi il valore di ciascun bit di input. Poiché ogni stringa dev'essere associata tramite f ad uno dei due bit 0 e 1, risulta inoltre che il numero complessivo di funzioni in B_n è esattamente uguale a 2^{2^n}.

Le funzioni booleane possono essere espresse in termini dei connettivi logici $\land$, $\lor$, e $\neg$, che corrispondono rispettivamente alle operazioni logiche AND, OR e NOT:

- $x_1 \land x_2 = 1$ se e solo se $x_1 = x_2 = 1$;
- $x_1 \lor x_2 = 1$ se e solo se $x_1 = 1$ oppure $x_2 = 1$;
- $\neg x_1 = 1$ se e solo se $x_1 = 0$.

Un insieme di connettivi forma una *base* per B_n se i connettivi in tale insieme permettono di esprimere tutte le funzioni booleane nella classe B_n.

In particolare, l'insieme di connettivi $\{\wedge, \vee, \neg\}$ costituisce una base per B_n comunemente chiamata *base canonica*.

Si osservi che una base per B_n può essere interpretata anche come una base per $B_{n,m}$: ogni funzione $f \in B_{n,m}$ può essere infatti espressa come una m-upla $f = (f_1, \ldots, f_m)$ di funzione booleane $f_i \in B_n$, $i = 1, \ldots, m$, e ogni funzione f_i è esprimibile in termini dei connettivi logici della base per B_n.

Chiameremo *literal* le variabili binarie e le loro negazioni.

Un *mintermine* di una funzione booleana è una *congiunzione* (ovvero un AND) di un insieme minimale di literal che ha la proprietà che il valore della funzione è 1 su ogni input che assegna valore 1 ad ogni literal contenuto nel mintermine, indipendentemente dal valore assegnato alle altre variabili. Un *maxtermine* di una funzione booleana è una disgiunzione (ovvero un OR) di un insieme minimale di literal che ha la proprietà che il valore della funzione è 0 su ogni input che assegna valore 0 ad ogni literal contenuto nel maxtermine, indipendentemente dal valore assegnato alle altre variabili. Ad esempio, i maxtermini della funzione AND di due variabili sono x_1 e x_2, mentre l'unico mintermine è $x_1 \wedge x_2$; al contrario, i mintermini della funzione OR sono x_1 e x_2, e l'unico maxtermine è $x_1 \vee x_2$.

Due concetti fondamentali nella trattazione delle funzioni booleani sono infine quelli di *forma normale congiuntiva* (in breve *CNF*, dall'inglese *Conjunctive Normal Form*) e di *forma normale disgiuntiva* (in breve *DNF*, dall'inglese *Disjunctive Normal Form*).

Definizione 2.28.

- *La* forma normale congiuntiva *di una funzione booleana f è la congiunzione dei maxtermini di f.*
- *La* forma normale disgiuntiva *di una funzione booleana f è la disgiunzione dei mintermini di f.*

Si osservi che le *CNF* e *DNF* di una funzione booleana f forniscono due espansioni di f sulla base canonica.

2.8.2 Circuiti booleani

La definizione di *circuito booleano* utilizza la nozione di grafo.

Definizione 2.29. *Un circuito booleano è un grafo diretto e aciclico, i cui nodi sono etichettati. I nodi privi di archi entranti, detti nodi di ingresso, sono etichettati con una variabile booleana x_i oppure con una costante (0 o 1). I nodi provvisti di archi entranti ed uscenti, detti nodi operazione (o porte), sono etichettati con il simbolo di una funzione booleana di uno o più argomenti. Il numero di argomenti della funzione coincide con il numero di archi entranti nel nodo. Infine i nodi di uscita sono privi di archi uscenti ed hanno esattamente un arco entrante; ciascuno di essi è etichettato con un diverso simbolo di variabile. Il numero di archi entranti in (uscenti da)* *un dato nodo è detto* fan-in (fan-out) *del nodo. Il massimo fan-in (fan-out), calcolato sull'insieme di tutti i nodi, è il fan-in (fan-out) del circuito .*

L'insieme delle funzioni che etichettano i nodi operazione è detto *base del circuito*. Solitamente si considerano circuiti definiti sulla *base canonica* {AND, OR, NOT}. Il fan-in dei circuiti definiti sulla base canonica è 2.

Ad ogni circuito è possibile associare una funzione booleana in modo naturale.

Definizione 2.30. *Un circuito booleano con n nodi di ingresso e m nodi di uscita calcola, per ogni assegnamento di valori presi dall'insieme $\{0,1\}$ alle variabili $x_1, x_2, \ldots, x_n$ che etichettano i nodi di ingresso, la funzione $f : \{0,1\}^n \to \{0,1\}^m$, dove $f(x_1, x_2, \ldots, x_n)$ è data dalla stringa composta dai valori assunti dalle m variabili che etichettano i nodi di uscita.*

Un circuito booleano può essere considerato un *risolutore di problemi*, o un *riconoscitore di linguaggi* sull'alfabeto $\Sigma = \{0,1\}$. Un circuito con n nodi di ingresso ed un solo nodo di uscita, calcola infatti una funzione $f_n : \{0,1\}^n \to \{0,1\}$ che può essere interpretata come la funzione caratteristica di un certo sottoinsieme di $\{0,1\}^n$.

Definizione 2.31. *Un circuito C_n, con n nodi di ingresso $x_1, \ldots, x_n$, ed un nodo di uscita y, riconosce il linguaggio $L_n \subseteq \{0,1\}^n$ se e solo se C_n calcola la funzione caratteristica dell'insieme L_n, ovvero se $y = 1$ se e solo se la stringa $x_1 \ldots x_n$ appartiene a L_n.*

È importante osservare che non perdiamo di generalità considerando un alfabeto di soli due simboli, in quanto qualsiasi alfabeto finito può essere codificato efficientemente in binario.

La Definizione 2.31 mette in luce che, a causa della sua struttura fissa, un circuito può essere associato ad un problema (linguaggio) che contiene solo istanze (stringhe) di una lunghezza ben precisa. Un singolo circuito non è perciò un modello di calcolo e per questo motivo si introduce il concetto di *famiglia di circuiti* $\{C_n\}_{n \in \mathbf{N}}$, dove il circuito C_n risolve le istanze di dimensione n.

Definizione 2.32. *Dato un problema R (espresso in termini di una collezione $f = \{f_0, f_1, \ldots, f_n, \ldots\}$ di funzioni booleane da calcolare) e l'insieme R_n delle sue istanze di dimensione n (la funzione f_n), diciamo che una famiglia di circuiti $\{C_n\}_{n \in \mathbf{N}}$ risolve R (calcola f) se e solo se, per ogni $n \in \mathbf{N}$, C_n risolve R_n (calcola f_n).*

Definizione 2.33. *Una famiglia di circuiti $\{C_n\}_{n \in \mathbf{N}}$ riconosce un linguaggio $L \subseteq \{0,1\}^*$ se e solo se, per ogni n, C_n calcola la funzione caratteristica dell'insieme $L_n = L \cap \{0,1\}^n$.*

Le risorse di calcolo con cui viene misurata la complessità dei problemi sul modello di calcolo dei circuiti booleani sono la *dimensione* e la *profondità*.

Definizione 2.34.

- *La dimensione di un circuito C, $L(C)$, è data dal numero complessivo di nodi operazione del circuito.*
- *La profondità di un circuito C, $D(C)$, è data dalla massima lunghezza di un cammino, tra tutti i cammini che collegano nodi di ingresso a nodi di uscita.*

Diremo che un circuito è a *livelli* se vi sono collegamenti solo tra nodi a distanza i e nodi a distanza $i+1$ dai nodi di ingresso. Il massimo numero di nodi operazione che si trovano sullo stesso *livello*, ossia alla stessa distanza dai nodi di ingresso, è detto *ampiezza* del circuito.

Le nozioni di dimensione e profondità si estendono alle famiglie di circuiti e poi si trasferiscono dalle famiglie di circuiti ai linguaggi e alle funzioni booleane in modo naturale.

Definizione 2.35.

- *La dimensione e la profondità di una famiglia di circuiti $\{C_n\}_{n \in \mathbf{N}}$ sono espresse dalle funzioni $L : \mathbf{N} \to \mathbf{N}$ e $D : \mathbf{N} \to \mathbf{N}$, tali che il circuito C_n ha dimensione $L(n)$ e profondità $D(n)$.*
- *La dimensione e la profondità di un linguaggio $A \subseteq \{0,1\}^*$ sono date rispettivamente da*

$$L(A) = \min\{L(C) \mid C \text{ riconosce } A\}$$
$$D(A) = \min\{D(C) \mid C \text{ riconosce } A\}.$$

- *La dimensione e la profondità di una funzione booleana f sono espresse dalla dimensione e dalla profondità del linguaggio di cui f è la funzione caratteristica.*

2.8.3 Non uniformità del modello

Esiste una differenza significativa tra modelli di calcolo come le macchine di Turing e le famiglie di circuiti booleani, data dalla *non uniformità* di questi ultimi. Come abbiamo visto, un circuito può risolvere solo istanze di una ben precisa dimensione e ad ogni problema si deve perciò associare una famiglia di circuiti piuttosto che un singolo circuito. La *non uniformità* indica il fatto che tra i circuiti di una famiglia può non intercorrere alcuna relazione. La MdT è invece un modello uniforme, in quanto un singolo programma risolve istanze di qualsiasi dimensione.

La non uniformità rende le famiglie di circuiti più potenti della MdT e al tempo stesso crea alcune difficoltà tecniche: le famiglie non uniformi di circuiti possono addirittura "risolvere" problemi per cui non esiste una soluzione algoritmica (si veda [35] per maggiori dettagli). Ciò è conseguenza del fatto che l'unico requisito da soddisfare perché un problema Π sia risolvibile nel modello dei circuiti booleani è l'esistenza di una famiglia di circuiti, uno per ogni possibile dimensione delle istanze, che risolve Π, e tra i circuiti della famiglia può non intercorrere alcuna relazione. Non sembra però ammissibile che la struttura del circuito n-esimo della famiglia sia del tutto indipendente dalla struttura dell'$(n + 1)$-esimo: in tal caso, infatti, la famiglia non può essere descritta utilizzando una quantità finita di informazione.

Questa situazione può essere corretta imponendo condizioni di *uniformità* sui circuiti di una stessa famiglia. L'idea è di richiedere che ogni membro C_n di una famiglia di circuiti sia descrivibile tramite un algoritmo che riceve in input n. La definizione più ampia di uniformità serve semplicemente a garantire che una famiglia non possa risolvere problemi indecidibili; altre nozioni più restrittive consentono di assimilare le famiglie di dimensione polinomiale alla *MdT* con un limite polinomiale di tempo.

Definizione 2.36. *Una famiglia di circuiti $\{C_n\}_{n \in N}$ è detta* uniforme *se e solo se esiste un algoritmo che, dato n, genera una descrizione di C_n.*

In letteratura sono state proposte varie restrizioni della nozione di uniformità, con lo scopo di derivare modelli che soddisfano la tesi del calcolo sequenziale; il requisito fondamentale è che la complessità del generatore (l'algoritmo che produce la descrizione del circuito) non sia troppo elevata in confronto con quella della funzione calcolata dal circuito.

Nello studio delle limitazioni inferiori di complessità non è comunque particolarmente importante imporre condizioni di uniformità sul modello. Infatti, se una limitazione inferiore per un problema è valida sul modello non uniforme, a maggior ragione la stessa limitazione è valida in un modello ristretto da qualche criterio di uniformità. Per questo motivo, nella trattazione dei capitoli 8 e 9 non imporremo alcun vincolo di uniformità ai circuiti in esame.

2.8.4 Classi di complessità

Nel modello dei circuiti booleani è possibile definire alcune classi di linguaggi che hanno un ruolo importante nella teoria del calcolo parallelo. In particolare le versioni di queste classi definite rispetto al modello uniforme dei circuiti booleani coincidono con analoghe classi che abbiamo definito sul modello *PRAM*.

Riportiamo nel seguito le definizione delle versioni "non uniformi" delle principali classi di complessità cui faremo riferimento nella trattazione che segue.

Definizione 2.37. *Per ogni $k \geq 1$, $\mathbf{NC}^k$ è la classe dei linguaggi le cui stringhe di lunghezza n sono riconosciute da circuiti di profondità $O(\log^k n)$ e dimensione $n^{O(1)}$.*

Si definisce inoltre la classe

$$\mathbf{NC} = \bigcup_{k \geq 1} \mathbf{NC}^k ,$$

che risulta essere *robusta* rispetto al modello di calcolo (ad esempio la classe **NC** definita rispetto al modello $PRAM$ coincide con quella definita rispetto alle famiglie di circuiti uniformi[2]).

Le classi $\mathbf{NC}^k$ sono relative a circuiti il cui fan-in è limitato da una costante (tipicamente 2). Si possono definire delle classi del tutto analoghe che fanno però riferimento a circuiti i cui nodi operazione possono avere un numero arbitrario di variabili in ingresso (fan-in non limitato).

Definizione 2.38. *Per ogni $k \geq 0$, $\mathbf{AC}^k$ è la classe dei linguaggi le cui stringhe di lunghezza n sono riconoscibili tramite circuiti con fan-in non limitato, profondità $O(\log^k n)$ e dimensione $n^{O(1)}$.*

Per ogni $k \geq 0$, valgono le seguenti inclusioni

$$\mathbf{AC}^k \subseteq \mathbf{NC}^{k+1} \subseteq \mathbf{AC}^{k+1} \,,$$

da cui segue

$$\bigcup_{k \geq 0} \mathbf{AC}^k = \mathbf{NC} \,.$$

Una classe molto studiata è $\mathbf{AC}^0$, ossia la classe dei problemi risolvibili da circuiti di fan-in non limitato, dimensione polinomiale e profondità pari ad una costante indipendente dalla dimensione del problema. Vedremo più avanti come alcuni dei risultati fondamentali del settore della complessità su circuiti siano stati ottenuti proprio analizzando la classe $\mathbf{AC}^0$.

Una nozione utile per confrontare problemi all'interno della classe **NC** è la seguente.

Definizione 2.39. *Si dice che il linguaggio $A \subseteq \{0,1\}^*$ è $\mathbf{AC}^0$ riducibile al linguaggio $B \subseteq \{0,1\}^*$ se esiste una funzione $f : \{0,1\}^* \to \{0,1\}^*$ appartenente alla classe di complessità $\mathbf{AC}^0$, tale che $x \in A$ se e solo se $f(x) \in B$.*

La definizione della classe di complessità $\mathbf{AC}^0$ fa riferimento al modello dei circuiti booleani definiti sulla base canonica {AND, OR, NOT}. Estendendo la base del circuito è possibile definire diverse diverse estensioni della classe $\mathbf{AC}^0$ (tutte contenute in $\mathbf{NC}^1$). Ad esempio, sono state definite le classi $\mathbf{AC}^0[k]$, per ogni intero $k > 1$, dei linguaggi riconosciuti dai circuiti booleani di fan-in illimitato in profondità costante e dimensione polinomiale, definiti sulla base {AND, OR, NOT, MOD(k)}, dove i nodi MOD(k) danno in uscita 1 se e solo se il numero dei bit in ingresso uguali ad 1 è congruo a 0 modulo k. Maggiori dettagli su queste classi si possono trovare nella sezione 8.9.2.

---

[2] In particolare, coincide con la nozione definita rispetto a famiglie **LOGSPACE**-uniformi [35].

3. Il problema della primalità

3.1 Introduzione

A partire da Eratostene e dal suo famoso crivello, i matematici hanno sempre nutrito un grande interesse, se non un'insana passione, per i numeri primi. Come spiegare altrimenti l'operato di un tal Felkel che nel 1776 tabulava i numeri primi fino a 2.850.000 ? In tempi più recenti, complice la crescente velocità di elaborazione e l'affinamento degli algoritmi, i calcolatori elettronici sono stati utilizzati per stabilire sempre nuovi record riguardanti i numeri primi; i risultati così ottenuti hanno suggerito (o confutato) svariate congetture in teoria dei numeri.

Il problema della primalità riveste un notevole interesse anche dal punto di vista della complessità computazionale. Nella sua relativa semplicità, uno dei risultati più emblematici è costituito dall'appartenenza di questo problema alla classe $\mathbf{NP} \cap \mathbf{coNP}$, della quale costituisce oltre che il primo esempio, anche il più "naturale".

In questo capitolo vedremo come il problema della primalità viene affrontato nell'ambito degli algoritmi deterministici, non deterministici e probabilistici.

Un algoritmo deterministico che decida la primalità di un dato numero n è equivalente, in termini di complessità, ad un algoritmo che risponda alla domanda complementare: è n composto? La situazione cambia radicalmente, e diventa più complessa, quando si prendono in considerazione algoritmi non deterministici o probabilistici.

Consideriamo la classe $\mathbf{NP}$ ed i due problemi decisionali PRIMO e COMPOSTO.

Problema: PRIMO
Input: Un numero intero $n > 1$.
Output: *Sì*, se n è primo, ovvero se non esiste $1 < x < n$ tale che $x|n$; *No* altrimenti.

Problema: COMPOSTO
Input: Un numero intero $n > 1$.
Output: *Sì*, se n è composto, ovvero se esistono due numeri interi $p, q > 1$ tali che $pq = n$; *No* altrimenti.

Per dimostrare che un problema decisionale appartiene a **NP** dobbiamo mostrare che per ogni istanza in cui la risposta sia *Sì*, è possibile esibire una prova, verificabile in tempo polinomiale, della correttezza del risultato. Analogamente, la possibilità di certificare efficientemente tutte le risposte negative dimostra l'appartenenza di un problema alla classe **coNP**.

Mostrare che COMPOSTO $\in$ **NP** (o equivalentemente che PRIMO $\in$ **coNP**) è molto semplice. Infatti per certificare che un dato numero n è composto è sufficiente esibire due numeri a e b e controllare, in tempo polinomiale, che $a \cdot b = n$. Come vedremo nella Sezione 3.3, nel caso del problema PRIMO l'esistenza di un certificato non è altrettanto ovvia.

Nel caso di algoritmi probabilistici, che esamineremo nella Sezione 3.4, la dicotomia tra PRIMO e COMPOSTO sarà determinata dal tipo di errore che l'algoritmo può commettere. È infatti possibile realizzare test probabilistici di primalità tali che solo una o entrambe le risposte *Sì* o *No* possano essere affette da errore.

3.2 Definizioni e preliminari

3.2.1 Notazioni

Con $\log_b n$ indichiamo il logaritmo in base b di n. Quando la base non viene specificata si intende uguale a 2.

Con il simbolo $x|y$ indichiamo che x divide y, ovvero che y è un multiplo di x. Il caso opposto viene indicato con $x \nmid y$. Scriveremo (x, y) per denotare il massimo comun divisore di x e y.

Con $E \equiv_n E'$, o equivalentemente con $E \equiv E'$ (mod n), indichiamo che le espressioni E e E' sono congruenti modulo n.

La cardinalità dell'insieme dei numeri naturali minori di n e primi con n viene indicata con $\phi(n)$ ed è chiamata funzione di Eulero.

3.2.2 Gruppi, anelli e campi

Definizione 3.1. *Un gruppo $G \equiv (A, \star)$ consiste in un insieme A e una operazione $\star$ definita in A, che soddisfa le seguenti proprietà:*

1. *(Chiusura) Per ogni $x, y \in A$, $x \star y \in A$.*
2. *(Associatività) Per ogni $x, y, z \in A$, $(x \star y) \star z = x \star (y \star z)$.*
3. *(Elemento neutro) Esiste un elemento $e \in A$ tale che, per ogni $x \in A$, vale $x \star e = e \star x = x$.*
4. *(Elemento inverso) Per ogni $x \in A$ esiste un elemento $y \in A$ tale che $x \star y = y \star x = e$.*

Talvolta, con un certo abuso di linguaggio, parleremo di gruppo pur facendo di fatto riferimento all'insieme. Quando l'operazione del gruppo è chiara dal contesto, questo non crea fraintendimento.

Se l'operazione $\star$ gode anche della proprietà commutativa parleremo di *gruppo commutativo* o *abeliano*. Un gruppo G si dice *ciclico* se contiene un *generatore*, ovvero un elemento x tale che ogni $y \in G$ è una potenza di x.

Con $\mathbf{Z}_p^*$ denoteremo il gruppo dei numeri minori di p e primi rispetto a p, in cui $\star$ è data dalla moltiplicazione modulo p. L'*ordine*, ovvero il numero di elementi, di un gruppo $\mathbf{Z}_p^*$, è uguale a $\phi(p)$. Se p è primo, $\mathbf{Z}_p^*$ ha ordine $\phi(p) = p - 1$ ed è un gruppo ciclico.

Quando la scelta di un generatore b sarà chiara dal contesto, indicheremo con $\mathrm{ind}_p a$ l'indice di a in $\mathbf{Z}_p^*$ (rispetto a b), ovvero il minimo esponente k tale che $a = b^k$.

Definizione 3.2. *Dato un gruppo G, un sottoinsieme $H \subseteq G$ si dice* sottogruppo *di G se forma un gruppo rispetto all'operazione $\star$ di G.*

Una proprietà fondamentale dei sottogruppi è la seguente.

Teorema 3.1 (Lagrange). *Se G è un gruppo finito di ordine n e H è un sottogruppo di G di ordine m, allora m divide n.* $\square$

Definizione 3.3. *Un* anello *è costituito da un insieme R e da due operazioni $+$ e $\star$, definite sugli elementi di R, tali che*

1. *$(R, +)$ è un gruppo abeliano con elemento neutro 0;*
2. *L'operazione $\star$ gode delle proprietà di chiusura e associatività, e possiede un elemento neutro.*
3. *Vale la proprietà distributiva: per ogni $x, y, z \in R$,*

$$x \star (y + z) = (x \star y) + (x \star z), \quad (x + y) \star z = (x \star z) + (y \star z).$$

Nel seguito indicheremo con $\mathbf{Z}_p$ l'anello degli interi modulo p, con le operazioni di somma e prodotto calcolate modulo p. Notiamo che gli elementi di un anello non ammettono sempre l'elemento inverso. Ad esempio, non esiste $x \in \mathbf{Z}_6$, tale che $3x \equiv_6 1$.

Definizione 3.4. *Un* campo *è costituito da un insieme F e da due operazioni $+$ e $\star$, tali che F è un anello, l'operazione $\star$ è commutativa, e ogni elemento diverso da 0 (elemento neutro di $+$), ammette un elemento inverso rispetto a $\star$.*

Se p è primo, l'insieme $\mathbf{Z}_p$ è un campo *finito* e verrà talvolta indicato con la notazione $GF(p)$. Gli insiemi dei numeri reali $\mathbf{R}$ e dei numeri complessi $\mathbf{C}$ costituiscono invece due esempi di campi infiniti.

3.2.3 Residui quadratici

Alcuni algoritmi che mostreremo sono basati sulle proprietà dei residui quadratici e dei cosiddetti *simboli di Legendre e Jacobi*, definiti come segue.

Definizione 3.5 (Residuo quadratico). *Sia a un numero tale che* $(a, n) = 1$. *Se la congruenza* $x^2 \equiv_n a$ *ha soluzione, a viene chiamato* residuo quadratico *modulo n. In caso contrario viene chiamato* residuo non-quadratico.

Analogamente parliamo di residui e non-residui di ordine p, quando la congruenza in gioco è $x^p \equiv_n a$, anziché $x^2 \equiv_n a$.

Definizione 3.6 (Simboli di Legendre e Jacobi). *Sia p un numero primo dispari e* $a \in \mathbf{Z}_p^*$. *Il simbolo di Legendre, denotato con* $\left(\frac{a}{p}\right)$, *assume il valore 1 o* -1 *a seconda che a sia o meno un residuo quadratico modulo p.*

Sia n un numero dispari la cui fattorizzazione è $\prod_k p_k^{\alpha_k}$. *Per ogni a tale che* $(a, n) = 1$ *il simbolo di Jacobi viene definito come segue, in funzione dei simboli di Legendre dei fattori di n,*

$$\left(\frac{a}{n}\right) = \prod_k \left(\frac{a}{p_k}\right)^{\alpha_k}.$$

Riassumendo, $\left(\frac{a}{k}\right)$ denota il simbolo di Legendre se k è primo e il simbolo di Jacobi se k è composto. Poiché la definizione del simbolo di Jacobi può essere vista come una generalizzazione di quella del simbolo di Legendre, nel seguito faremo sempre riferimento al primo dei due.

Il simbolo di Jacobi gode delle seguenti proprietà.

$$\left(\frac{a}{p}\right) \equiv_p a^{\frac{p-1}{2}}, \text{ per } p \text{ primo.} \tag{3.1}$$

$$\left(\frac{1}{n}\right) = 1 \text{ e } \left(\frac{2}{n}\right) = \begin{cases} -1 \text{ se } n \equiv_8 3 \text{ o } n \equiv_8 5 \\ 1 \text{ se } n \equiv_8 1 \text{ o } n \equiv_8 7 \end{cases}. \tag{3.2}$$

$$\left(\frac{a}{n}\right) = (-1)^{\frac{n-1}{2}\frac{a-1}{2}} \left(\frac{n}{a}\right), \text{ per } a \text{ ed } n \text{ dispari e } (a, n) = 1, \tag{3.3}$$

$$\left(\frac{ab}{n}\right) = \left(\frac{a}{n}\right)\left(\frac{b}{n}\right) \text{ e } \left(\frac{a}{n}\right) = \left(\frac{a \,(\text{mod } n)}{n}\right). \tag{3.4}$$

Queste relazioni consentono di calcolare il simbolo di Jacobi in tempo polinomiale anche senza conoscere la fattorizzazione di n. È infatti possibile realizzare un procedimento simile all'algoritmo euclideo per il calcolo del massimo comun divisore, usando alternativamente le proprietà (3.3) e (3.4).

Esempio 3.1. Vediamo l'applicazione delle proprietà (3.2-3.4) al calcolo di $\left(\frac{4982}{7553}\right)$. La notazione $\xrightarrow{(3.i)}$ indica che la derivazione viene ottenuta utilizzando la proprietà (3.*i*).

$$\left(\tfrac{4982}{7553}\right) \xrightarrow{(3.4)} \left(\tfrac{2491}{7553}\right)\left(\tfrac{2}{7553}\right) \xrightarrow{(3.2)} \left(\tfrac{2491}{7553}\right) =$$

$$\left(\tfrac{2491}{7553}\right) \xrightarrow{(3.3)} (-1)^{\frac{2490}{2}\frac{7552}{2}}\left(\tfrac{7553}{2491}\right) \xrightarrow{(3.4)} -\left(\tfrac{80}{2491}\right) =$$

$$-\left(\tfrac{80}{2491}\right) \xrightarrow{(3.4)} -\left(\tfrac{5}{2491}\right)\left(\tfrac{2}{7553}\right)^4 \xrightarrow{(3.2)} -\left(\tfrac{5}{2491}\right) =$$

$$-\left(\tfrac{5}{2491}\right) \xrightarrow{(3.3)} (-1)^{\frac{4}{2}\frac{2490}{2}}\left(\tfrac{2491}{5}\right) \xrightarrow{(3.4)} \left(\tfrac{1}{5}\right) \xrightarrow{(3.2)} 1. \qquad \Box$$

3.3 Primo $\in$ **NP** $\cap$ **coNP**

Come abbiamo visto, la dimostrazione che Composto $\in$ **NP** (e quindi che Primo $\in$ **coNP**) è immediata.

Dimostreremo ora che Primo $\in$ **NP**. La dimostrazione dell'esistenza di una prova (o certificato), verificabile in tempo polinomiale della primalità di un numero si basa sul Teorema di Lehmer, che è in relazione con il Piccolo Teorema di Fermat. Li enunciamo entrambi nel seguito.

Teorema 3.2 (Piccolo Teorema di Fermat). *Sia n un numero primo e $a \in \mathbf{Z}_n^*$. Allora $a^{n-1} \equiv_n 1$.* $\square$

Teorema 3.3 (Teorema di Lehmer). *Sia $n > 1$. Se per ogni fattore primo q_i di $n - 1$ esiste un numero a_i tale che*

$$a_i^{n-1} \equiv_n 1, \tag{3.5}$$

$$a_i^{(n-1)/q_i} \not\equiv_n 1, \tag{3.6}$$

allora n è primo.

Dim. Posto $n - 1 = \prod_i q_i^{\alpha_i}$, sia e_i l'ordine di a_i modulo n, ovvero il minimo valore per cui $a_i^{e_i} \equiv_n 1$. Per una nota proprietà della funzione di Eulero $\phi(n)$, vale $e_i | \phi(n)$ per ogni i. L'equazione (3.5) implica che $e_i | (n - 1)$, mentre dalla (3.6) deduciamo che $e_i \nmid (n - 1)/q_i$ e quindi che $q_i^{\alpha_i} | e_i$ per ogni i. Abbiamo quindi $q_i^{\alpha_i} | \phi(n)$, da cui segue $(n-1) | \phi(n)$. Poiché $\phi(n)$ equivale per definizione alla cardinalità dell'insieme dei numeri naturali minori di n e primi con n, la relazione $(n - 1) | \phi(n)$ implica $\phi(n) = n - 1$ e la primalità di n. $\square$

Utilizzando il Teorema di Lehmer, definiamo ora un certificato di primalità. Nel seguito faremo poi vedere come tale definizione fornisca un certificato verificabile in tempo polinomiale.

Definizione 3.7 (Certificato di Pratt). *Un certificato di primalità C_m per un numero m è dato dalla sequenza $(m, x, p_1, \ldots, p_k, C_{p_1}, \ldots, C_{p_k})$, dove*

1. x è un numero tale che $(m, x) = 1$, $x^{m-1} \equiv_m 1$.
2. $p_1, \ldots, p_k$ soddisfano $m - 1 = \prod p_i$ e $x^{(m-1)/p_i} \not\equiv_m 1$, per $i = 1, \ldots, k$.
3. C_{p_i} è un certificato di primalità per ogni fattore p_i di $m - 1$.

Facciamo l'ipotesi che la primalità del numero 2 non abbia bisogno di certificazione.

Esempio 3.2. Un certificato di primalità per il numero 137567 è costituito da

1. $C_{137567} = (137567, \mathbf{19}, 2, 11, 13, 13, 37, C_2, C_{11}, C_{13}, C_{13}, C_{37})$,
2. $C_{37} = (37, \mathbf{5}, 2, 2, 3, 3, C_2, C_2, C_3, C_3)$,
3. $C_{13} = (13, \mathbf{6}, 2, 2, 3, C_2, C_2, C_2)$.
4. $C_{11} = (11, \mathbf{2}, 2, 5, C_2, C_5)$.

5. $C_5 = (5, \mathbf{2}, 2, 2, C_2, C_2)$.
6. $C_3 = (3, \mathbf{2}, 2, C_2)$.

Infatti, considerando ad esempio la riga 1, abbiamo che $137567 - 1 = 2 \cdot 11 \cdot 13^2 \cdot 37$, $(19, 137567) = 1$, e $19^{137566} \equiv 1 \ (137567)$, mentre $19^{\frac{137566}{2}} \not\equiv 1$, $19^{\frac{137566}{37}} \not\equiv 1$, $19^{\frac{137566}{13}} \not\equiv 1$ e $19^{\frac{137566}{11}} \not\equiv 1$. Il certificato può essere descritto in forma di albero, come segue.

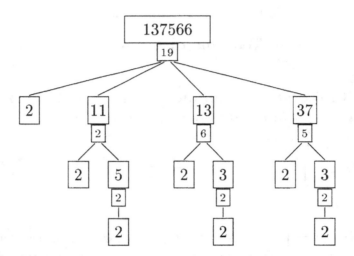

Dal Teorema 3.3 discende immediatamente (ponendo $a_1 = a_1 = \cdots = a_t = x$) che l'esistenza di un certificato per un numero p implica effettivamente la primalità di p. Dobbiamo ora dimostrare che tutti i numeri primi ammettono un certificato di Pratt.

Lemma 3.1. *Ogni numero primo p ammette un certificato corrispondente alla Definizione 3.7.*

Dim. Procediamo per induzione, supponendo che tutti i numeri primi minori di p, e quindi tutti i fattori di $p - 1$, ammettano un certificato di Pratt. La base per l'induzione è costituita dal numero 2, che non ha bisogno di essere certificato.

Sia allora x un generatore di $\mathbf{Z}_p^*$, il cui ordine è $p - 1$. Avremo innanzitutto $x^{p-1} \equiv_p 1$, e inoltre $x^{(p-1)/q} \not\equiv_p 1$, per ogni fattore primo q di $p - 1$. Infatti se valesse $x^{(p-1)/q} \equiv_p 1$, x avrebbe un ordine inferiore a $p - 1$.

Ne consegue che il numero x ed i fattori primi di $p - 1$ (già certificati per ipotesi induttiva) costituiscono un certificato per p. $\qquad\qquad\square$

Poiché i fattori di $m - 1$ sono strettamente minori di m, i certificati costruiti in accordo alla Definizione 3.7 hanno lunghezza finita. Più precisamente, possiamo dimostrare che la lunghezza di un certificato cresce logaritmicamente con m o, equivalentemente, polinomialmente in $|p|$.

Indichiamo con $|C_p|$ la lunghezza di un certificato, ovvero il numero totale di sequenze del tipo $(p', x, p_1, \ldots, p_k, C_{p_1}, \ldots, C_{p_k})$ che costituiscono il certificato.

Lemma 3.2. *Ogni numero primo p possiede un certificato C_p tale che $|C_p| \leq \lfloor \log p \rfloor$.*

Dim. Dimostriamo l'enunciato per induzione. Poiché abbiamo supposto che non serva certificare il numero 2, possiamo definire $|C_2| = 0$.

Consideriamo ora un numero primo p tale che la fattorizzazione di $p - 1$ sia uguale a $\prod_{i=1}^{k} p_i$, dove facciamo l'ipotesi che alcuni fattori possano essere ripetuti e dove, essendo $p - 1$ pari, $p_1 = 2$. Vale allora, per ipotesi induttiva,

$$|C_p| = 1 + |C_2| + \sum_{i=2}^{k} |C_{p_i}| \leq 1 + \sum_{i=2}^{k} \lfloor \log p_i \rfloor \leq 1 + \log \frac{p-1}{2} \leq \log p,$$

e la tesi segue dal fatto che, essendo $|C_p|$ intero per definizione, $|C_p| \leq \log p$ implica $|C_p| \leq \lfloor \log p \rfloor$. □

La definizione di $|C_p|$ che abbiamo adottato non tiene conto della lunghezza dei singoli elementi che compongono il certificato e quindi del numero di bit che servono per codificarli. Verifichiamo ora che la lunghezza di un certificato risulta comunque polinomiale rispetto a $\log p$.

Consideriamo una sequenza $(p', x, p_1, \ldots, p_k, C_{p_1}, \ldots, C_{p_k})$ che faccia parte del certificato di p. Possiamo considerare i termini C_{p_i} come "puntatori" ad altre sequenze nel certificato di p; poiché sono univocamente determinati dai termini p_i, possono essere ignorati. Per costruzione, le $k + 2$ quantità p', x, $p_1, \ldots, p_k$ sono minori o uguali a p e possono quindi essere rappresentate con $O(k \log p)$ bit. Notiamo inoltre che $k \leq \log p$, in quanto $\prod_{i=1}^{k} p_i = p' \leq p$. Quindi un certificato, che è composto da $O(\log p)$ sequenze, è complessivamente dato da $O(\log^3 p)$ bit.

Valutiamo ora il tempo necessario a verificare un certificato di Pratt.

Lemma 3.3. *La correttezza di un certificato di primalità C_p può essere verificata eseguendo $O(\log^3 p)$ operazioni aritmetiche su numeri di $O(\log p)$ bit.*

Dim. Consideriamo una delle n-uple $T = (p', x, p_1, \ldots, p_k, C_{p_1}, \ldots, C_{p_k})$ che compongono C_p. Poiché il certificato è costruito ricorsivamente, abbiamo che $p' \leq p$ e $p_i < p$, $i = 1, 2, \ldots, k$. Essendo $p_i \geq 2$, si ha che $k \leq \log p$. La verifica della correttezza di T consiste nei seguenti passi:

- Verificare che $(p', x) = 1$. Poiché $p' \leq p$ e $x < p$, il calcolo del massimo comun divisore può essere completato in $O(\log^2 p)$ operazioni aritmetiche utilizzando l'algoritmo di Euclide.
- Verificare che $x^{p'-1} \equiv_{p'} 1$. La potenza t-esima di un numero può essere calcolata con $O(\log t)$ operazioni aritmetiche, utilizzando successivi elevamenti al quadrato (metodo detto *delle potenze ripetute*). L'operazione di modulo, effettuata dopo ogni moltiplicazione, mantiene la lunghezza degli operandi $O(\log p)$.
- Verificare che $\prod_{i}^{k} p_i = p' - 1$. Richiede $O(\log p)$ operazioni, in quanto $k < \log p$.

- Verificare che $x^{(p'-1)/p_i} \not\equiv_{p'} 1$, per $i = 1, \ldots, k$. In questo caso dobbiamo ripetere $k = O(\log p)$ volte un'operazione di elevamento a potenza. Il costo complessivo è dato quindi da $O(\log^2 p)$.

Il passo più costoso richiede dunque $O(\log^2 p)$ operazioni aritmetiche. Poiché, per il Lemma 3.2, $|C_p| = O(\log p)$, ne consegue che il numero di operazioni sufficienti a controllare il certificato sono $O(\log^3 p)$. $\square$

Possiamo quindi enunciare il seguente teorema

Teorema 3.4. PRIMO $\in$ **NP** $\cap$ **coNP**.

Dim. L'appartenenza di PRIMO alla classe **coNP** segue dal fatto che un certificato per COMPOSTO per un numero p è semplicemente costituito da una coppia di numeri x e y tali che $xy = p$. Questo certificato può essere chiaramente verificato in tempo polinomiale rispetto a $\log p$.

Il Lemma 3.1 garantisce l'esistenza di un certificato C_p per ogni primo p, mentre i Lemmi 3.2 e 3.3 dimostrano che il costo della verifica di C_p è polinomiale in $\log p$, fornendo quindi la dimostrazione che PRIMO $\in$ **NP**. $\square$

Concludiamo questa sezione riassumendo il risultato secondo cui PRIMO $\in$ **NP** $\cap$ **coNP** nei due seguenti algoritmi non deterministici.

Algoritmo non deterministico per PRIMO
Input   : $n > 1$

---

1. scegli un insieme di sequenze C_n.
2. verifica che C_n sia un certificato di primalità per n
3. se C_n è un certificato ritorna *Primo*

Algoritmo non deterministico per COMPOSTO
Input   : $n > 1$

---

1. scegli due numeri $1 < x, y < n$.
2. se $x \cdot y = n$ ritorna *Composto*

3.4 Algoritmi probabilistici

In questa sezione, presentiamo alcuni algoritmi probabilistici per la determinazione della primalità di un numero. Dire che PRIMO $\in$ **NP**$\cap$**coNP** significa dire che esiste un certificato "corto" sia di composizione sia di primalità e quindi che esiste una soluzione non deterministica efficiente per le istanze positive e negative del problema PRIMO.

Per ottenere un'efficiente soluzione deterministica non è sufficiente provare l'esistenza di un certificato di lunghezza polinomiale, ma bisogna anche determinare il certificato

Nel caso degli algoritmi probabilistici ci troviamo in una situazione in un certo senso intermedia. Se un problema ammettesse un gran numero di certificati, potremmo infatti sperare di determinarne uno corretto tramite un certo numero di scelte casuali.

Consideriamo ad esempio il problema di determinare se un numero n è composto. Se n è effettivamente composto, un metodo non deterministico può limitarsi ad "indovinare" un numero $1 < a < n$ tale che $a|n$. Un metodo deterministico, per ottenere lo stesso tipo di certificato, è invece costretto a determinare esplicitamente un numero a che divide n, cosa che a tutt'oggi non è noto si possa fare in tempo polinomiale rispetto a $\log n$. In un certo senso ogni divisore a di n costituisce un certificato (o "testimone") del fatto che n è composto. Un ipotetico algoritmo probabilistico potrebbe limitarsi ad estrarre a caso dei numeri $1 < a < n$ e verificare se $a|n$. Purtroppo la cardinalità dei divisori di un numero composto n è molto piccola rispetto a n e quindi questo metodo probabilistico, per quanto ammissibile, avrebbe scarsissime probabilità di rispondere correttamente in tempo polinomiale rispetto a $\log n$.

Nelle sezioni seguenti vedremo che esistono altri tipi di certificati per COMPOSTO che sono in qualche modo più semplici da determinare e che conducono ad algoritmi probabilistici efficienti, in quanto la frazione di certificati risulterà essere significativa rispetto al numero totale di candidati.

3.4.1 COMPOSTO $\in$ R

Il primo algoritmo che esaminiamo è basato sulle proprietà dei residui quadratici e del simbolo di Jacobi, definiti nella Sezione 3.2.

Basandoci sulla proprietà 3.1 possiamo sviluppare un test probabilistico di primalità. Nel seguito si dovrà intendere, se non viene specificato diversamente, che tutte le scelte casuali vengono effettuate secondo la distribuzione uniforme.

Dato n e scelto un valore a casualmente in $\mathbf{Z}_n^*$, controlliamo innanzitutto che valga $(a, n) = 1$. Se così non fosse, n sarebbe certamente composto. Se $(a, n) = 1$, allora calcoliamo $\left(\frac{a}{n}\right)$ e $a^{\frac{n-1}{2}}$. Se le due quantità non sono congruenti modulo n, allora n è composto. In questo caso possiamo dire che a è un "testimone" del fatto che n è composto.

Se le due quantità sono invece congruenti possiamo solo inferire che n è "probabilmente" primo.

Perché questo approccio sia corretto bisogna dimostrare che, per ogni numero composto n, esiste un consistente numero di "testimoni" della sua non-primalità. Questo viene dimostrato nel seguente teorema.

Teorema 3.5. *Per ogni numero composto dispari n, consideriamo l'insieme*

$$R_n = \{a \in \mathbf{Z}_n^* | \left(\frac{a}{n}\right) \equiv_n a^{\frac{n-1}{2}}\}.$$

Vale il risultato

$$|R_n| \le \frac{1}{2}|\mathbf{Z}_n^*|\,.$$

Dim. Dalla proprietà $\left(\frac{ab}{n}\right) = \left(\frac{a}{n}\right)\left(\frac{b}{n}\right)$ del simbolo di Jacobi, segue facilmente che $R_n \subseteq \mathbf{Z}_n^*$ è un gruppo moltiplicativo. Se dimostriamo che R_n è un sottogruppo proprio di $\mathbf{Z}_n^*$ otteniamo immediatamente la tesi, in quanto un sottogruppo ha una cardinalità che divide esattamente quella del gruppo del quale è un sottoinsieme.

Supponiamo per assurdo che per un certo numero composto n valga $|R_n| = |\mathbf{Z}_n^*|$. Consideriamo la fattorizzazione $n = \prod_i p_i^{\alpha_i}$ e fissiamo $q = p_1^{\alpha_1}$ e $m = n/q$. Scegliamo un generatore g di $\mathbf{Z}_q^*$ e denotiamo con $x = a$ la soluzione del sistema di congruenze

$$\begin{cases} x \equiv_q g\,, \\ x \equiv_m 1\,. \end{cases}$$

Per il Teorema Cinese del Resto, la soluzione esiste sempre, in quanto $(q, m) = 1$. Notiamo che poiché $p_i | m$ e $m | (a - 1)$, allora $a \equiv_{p_i} 1$ per ogni $i \ge 2$. Consideriamo ora due casi, in funzione del valore di α_1.

Caso 1. $\alpha_1 = 1$.

Possiamo scrivere $n = qm$, con $q = p_1$ primo e $m > 1$, poiché per ipotesi n non è primo. Abbiamo

$$\begin{aligned} \left(\frac{a}{n}\right) &= \left(\frac{a}{q}\right) \prod_{i>1} \left(\frac{a}{p_i^{\alpha_i}}\right) && \text{per definizione} \\ &= \left(\frac{g}{q}\right) \prod_{i>1} \left(\frac{1}{p_i^{\alpha_i}}\right) && \text{per la proprietà (3.2)} \\ &= \left(\frac{g}{q}\right) && \text{per la proprietà (3.1).} \end{aligned}$$

Poiché q è primo e un generatore non può essere un residuo quadratico, abbiamo che $\left(\frac{a}{n}\right) = \left(\frac{g}{q}\right) = -1$ e, per l'ipotesi $R_n = \mathbf{Z}_n^*$, $a^{(n-1)/2} \equiv_n -1$. Poiché $m|n$ abbiamo anche $a^{(n-1)/2} \equiv_m -1$, ma ciò contraddice la nostra scelta di a tale che $a \equiv_m 1$.

Caso 2. $\alpha_1 \ge 2$.

Poiché abbiamo supposto che $R_n = \mathbf{Z}_n^*$, abbiamo che

$$a^{\frac{n-1}{2}} \equiv_n \pm 1 \quad \Rightarrow \quad a^{n-1} \equiv_n 1 \quad \Rightarrow \quad g^{n-1} \equiv_q 1\,,$$

dove l'ultima congruenza segue da $q|n$ e $a \equiv_q g$. Poiché g è un generatore di $\mathbf{Z}_q^*$, il suo ordine nel gruppo è $\phi(q)$ e deve dividere $n - 1$. Inoltre, essendo $\alpha_1 > 1$, p_1 deve dividere $\phi(q)$ e quindi $p_1 | (n - 1)$. Ma nessun numero primo può dividere contemporaneamente n e $n - 1$.

Poiché in entrambi i casi abbiamo ottenuto una contraddizione, l'assunto $R_n = \mathbf{Z}_n^*$ deve essere falso e quindi la cardinalità di R_n è un sottomultiplo di quella di $\mathbf{Z}_n^*$, il che prova la tesi. $\qquad\square$

Il risultato che abbiamo presentato suggerisce il seguente algoritmo.

Test di primalità 1

Input   : n dispari.

Ouput : *Primo* o *Composto.*

---

1. scegli a caso un elemento $a \in \mathbf{Z}_n \setminus \{0\}$.
2. se $(a, n) \neq 1$,   ritorna *Composto.*
3. se $\left(\frac{a}{n}\right) \equiv_n a^{\frac{n-1}{2}}$,   ritorna *Primo*
4.   altrimenti   ritorna *Composto*

È chiaro dunque che quando questo test, che abbiamo indicato come *Test di primalità 1*, ed è noto come Algoritmo di Solovay-Strassen, viene applicato ad un numero primo, restituisce sempre la risposta corretta, mentre quando è applicato ad un numero composto fornisce la risposta corretta con una probabilità non inferiore a 1/2. Ne consegue che la probabilità di commettere un errore, iterandolo k volte, è al più uguale, trattandosi di prove indipendenti, a $(\frac{1}{2})^k$. Poiché il test applicato ad un numero n ha un costo polinomiale rispetto a $\log n$, in tempo polinomiale in $\log n$ l'errore può essere reso esponenzialmente piccolo.

La discussione precedente implica il seguente teorema.

Teorema 3.6. *Il problema* COMPOSTO *appartiene alla classe* **R**. $\square$

3.4.2 Un algoritmo BPP

Vediamo ora un test probabilistico molto semplice che (a differenza del Test 1 che opera sempre correttamente quando l'input è un numero primo), può commettere errori sia quando l'input è un numero primo sia quando è composto.

Test di primalità 2

Input   : n dispari, $k > 1$.

Ouput : *Primo* o *Composto.*

---

1. se $n = c^h$ per qualche $c, h > 1$, ritorna *Composto.*
2. scegli a caso k valori indipendenti
    $a_1, \ldots, a_k \in \mathbf{Z}_n \setminus \{0\}$ con distr. unif.
3. se per un a_i vale $(a_i, n) \neq 1$, ritorna *Composto.*
4. calcola $v_i = a_i^{(n-1)/2} \pmod{n}$, per $i = 1, \ldots, k$.
5. se esiste i tale che $v_i \not\equiv_n \pm 1$, ritorna *Composto.*
6. se per ogni i vale $v_i \equiv_n 1$, ritorna *Composto.*
7.   altrimenti   ritorna *Primo*

Il costo del Test 2 è chiaramente dominato dall'esecuzione delle linee 1 e 4, dove intervengono calcoli di potenze. Alla linea 1 l'algoritmo controlla se esistono due numeri $c, x > 1$ tali che $n = c^x$. Il massimo valore che x

può assumere è chiaramente $\log n$, mentre il minimo è 2, nel caso n sia un quadrato. Quindi è sufficiente verificare se n è una potenza x-esima per $x = 2, \ldots, \log n$. Questo calcolo può essere svolto in un tempo polinomiale rispetto a $\log n$, utilizzando il seguente metodo di bisezione.

Fissiamo inizialmente l'intervallo $[a, b] = [2, n]$. Ad ogni passo del metodo consideriamo il punto di mezzo c dell'intervallo corrente $[a, b]$. Se $c^x = n$, abbiamo stabilito che n è una potenza; se $c^x < n$ (risp. $c^x > n$) allora possiamo restringere la ricerca al sottointervallo $[c, b]$ (risp. $[a, c]$). Se l'intervallo contiene meno di 3 numeri possiamo verificare direttamente se $a^x = n$ o $b^x = n$. Poiché ad ogni passo del metodo la lunghezza dell'intervallo ammissibile si dimezza, possiamo concludere che al più dopo un numero di passi proporzionale a $\log n$, il metodo si arresta.

La linea 4 contiene un elevamento a potenza calcolato modulo n, e ripetuto k volte. Utilizzando il metodo delle potenze ripetute il calcolo può essere portato a termine in tempo polinomiale rispetto a $\log n$.

Complessivamente il Test 2 richiede quindi $O(k \log^{O(1)} n)$ operazioni.

Per analizzare l'errore introdotto dal Test 2, verrà utilizzato il seguente lemma.

Lemma 3.4. *Sia n un numero composto dispari diverso dalla potenza di un primo. Supponiamo che per un valore $a \in \mathbf{Z}_n^*$ valga $a^{(n-1)/2} \equiv_n -1$. Allora la cardinalità dell'insieme*

$$S_n = \left\{ x \in \mathbf{Z}_n^* \,|\, x^{(n-1)/2} \equiv_n \pm 1 \right\},$$

soddisfa la relazione $|S_n| \leq \frac{1}{2} |\mathbf{Z}_n^*|$.

Dim. Come nella dimostrazione del Teorema 3.5 notiamo che S_n è un sottogruppo di $\mathbf{Z}_n^*$ e dimostrando che $S_n \neq \mathbf{Z}_n^*$ otteniamo la tesi.

Sia $n = \prod_i^t p_i^{k_i}$ la fattorizzazione di n. Per ipotesi abbiamo che $t \geq 2$. Siano $q = p_1^{k_1}$ e $m = n/q$. Poiché $(m, q) = 1$, possiamo utilizzare il Teorema Cinese del Resto per individuare un valore $x = b$ che soddisfi il sistema di congruenze

$$\begin{cases} x \equiv_q a, \\ x \equiv_m 1. \end{cases}$$

In modo analogo al procedimento usato nella dimostrazione del Teorema 3.5, possiamo dedurre che

$$b^{(n-1)/2} \equiv_q a^{(n-1)/2} \equiv_q -1,$$
$$b^{(n-1)/2} \equiv_m 1.$$

Nel caso valga $b^{(n-1)/2} \equiv_n 1$, i residui modulo q e m devono valere entrambi 1; allo stesso modo, se vale $b^{(n-1)/2} \equiv_n -1$ devono valere entrambi -1. Poiché abbiamo scelto b in modo che $b^{(n-1)/2}$ abbia diversi residui rispetto ai due fattori, ne consegue che $b^{(n-1)/2} \not\equiv_n \pm 1$ e quindi $b \notin S_n$. Abbiamo allora dimostrato che S_n è un sottoinsieme proprio di $\mathbf{Z}_n^*$. □

Il Test 1 era basato sulla congruenza tra il simbolo di Jacobi $\left(\frac{a}{n}\right)$e la potenza $(n-1)/2$-esima di a. Nel Test 2 richiediamo solo che questa potenza valga 1 o -1, e quindi non è richiesto il simbolo di Jacobi, che non viene calcolato. Il caso in cui n possiede un solo fattore primo, non contemplato dal Lemma 3.4, viene verificato in tempo polinomiale al primo passo del test.

Teorema 3.7. *Sia* $k \geq 1$. *Per ogni numero dispari* n, *la probabilità che il Test 2 applicato a* n *e* k *introduca un errore è* $O(1/2^k)$.

Dim. Supponiamo che n sia primo. L'unico passo in cui l'algoritmo può sbagliare, identificando n come composto, corrisponde alla riga 6, nel caso in cui tutti i valori b_i sono residui quadratici. La probabilità che un elemento di $\mathbf{Z}_n^*$ sia un residuo quadratico è esattamente $\frac{1}{2}$ e quindi otteniamo una probabilità di errore $1/2^k$, estraendo a caso e indipendentemente k elementi, secondo la distribuzione uniforme.

Se n è una potenza, nella linea 1 viene riconosciuto come composto. Se non è una potenza, l'unico errore può essere commesso alla linea 7, se almeno uno dei residui vale -1 e gli altri valgono ± 1. Per il Lemma 3.4 la probabilità che un elemento scelto a caso appartenga a S_n è al più $\frac{1}{2}$; perciò la probabilità che gli altri $k-1$ elementi b_i diano tutti residui uguali a ± 1 è al più $1/2^{k-1}$.

$\square$

Dal Teorema 3.7 segue che i problemi PRIMO e COMPOSTO possono essere risolti in tempo polinomiale con un algoritmo probabilistico, con una probabilità di ottenere un risultato corretto maggiore di $\frac{1}{2} + \epsilon$, per ϵ costante. Perciò sia PRIMO che COMPOSTO appartengono alla classe **BPP**.

3.4.3 PRIMO $\in$ **R**

Abbiamo dimostrato che ogni numero primo possiede un certificato verificabile in tempo polinomiale. Purtroppo questo non implica che sia possibile riconoscere un numero primo in tempo polinomiale, perché la costruzione di un certificato di Pratt per p richiede la fattorizzazione di $p-1$, un problema che non è noto si possa risolvere in tempo polinomiale.

Il miglior algoritmo deterministico noto risolve il problema della primalità con costo computazionale $O((\log n)^{c \log \log \log n})$, ossia subesponenziale, ma non polinomiale; inoltre non fornisce un certificato verificabile polinomialmente della correttezza del risultato prodotto.

Nel seguito descriviamo l'algoritmo probabilistico di Goldwasser e Kilian (per brevità GK) basato sulla teoria delle curve ellittiche in campi finiti. A differenza degli altri algoritmi probabilistici visti, lo scopo di questo metodo è di fornire per ogni numero primo un certificato di primalità verificabile in tempo polinomiale. Le prestazioni dell'algoritmo GK sono riassunte nei seguenti teoremi.

Teorema 3.8. *Dato un numero primo* p, *l'algoritmo GK fornisce un certificato che può essere verificato in tempo* $O(\log^4 p)$. $\square$

Teorema 3.9. *L'algoritmo GK termina in tempo medio polinomiale su una frazione almeno $1 - O(2^{-k^{1/\log\log k}})$ di tutti i numeri primi di lunghezza k.*   □

Descrivendo l'algoritmo GK ci limiteremo a considerare i casi nei quali i numeri in input siano primi e valuteremo sotto quali condizioni e con quale costo il metodo restituisce un certificato di primalità verificabile in tempo polinomiale. La generalizzazione ad input sia primi che composti è immediata, in quanto nelle sezioni precedenti abbiamo dimostrato l'esistenza di algoritmi probabilistici efficienti per certificare che un dato numero è composto. Potremo quindi immaginare di eseguire contemporaneamente il metodo GK e, ad esempio, il Test 1 su un input n, ed attendere che uno dei due, in tempo medio polinomiale, fornisca una prova circa la primalità o la composizione di n.

Ricordiamo che se un problema P può essere risolto in tempo atteso polinomiale da un algoritmo probabilistico che fornisce sempre il risultato corretto, allora $P \in \textbf{ZPP} = \textbf{R} \cap \textbf{coR}$. L'algoritmo GK (congiuntamente ad un test di non-primalità) non basta tuttavia a dimostrare che Primo $\in \textbf{ZPP}$ (e quindi che Primo $\in \textbf{R}$). Infatti c'è una frazione di numeri, sia pur esponenzialmente piccola, per i quali l'algoritmo GK richiede tempo più che polinomiale. Un metodo più complesso, basato in parte sulle idee utilizzate nell'algoritmo GK, permette di dimostrare che Primo$\in \textbf{R}$. Abbiamo tuttavia preferito presentare, per ragioni di maggiore semplicità espositiva l'algoritmo GK, che, pur costituendo un risultato più debole, ha dato un impulso fondamentale alle ricerche nel settore.

La veridicità di una ben nota congettura ha importanti conseguenze sul tempo di esecuzione dell'algoritmo GK. Vale infatti il seguente risultato.

Teorema 3.10. *Sia $\pi(x)$ la cardinalità dell'insieme dei numeri primi minori di x. Se esistono due costanti $c_1, c_2 > 0$ tali che per ogni x sufficientemente grande valga*

$$\pi(x + \sqrt{x}) - \pi(x) \geq \frac{c_2\sqrt{x}}{\log^{c_1} x}, \tag{3.7}$$

allora l'algoritmo GK termina in tempo medio polinomiale su tutti gli input.   □

Come vedremo, la validità della disuguaglianza 3.7 è implicata dalla famosa congettura di Cramer sul massimo intervallo tra numeri primi consecutivi, secondo cui $\pi(x + \log^2 x) > \pi(x)$.

Per descrivere le idee sulle quali si basa l'algoritmo GK premettiamo una breve sezione che introduce le equazioni ellittiche.

Proprietà delle curve ellittiche. Una equazione cubica in forma normale, detta anche forma di Weierstrass generalizzata, è data da

$$y^2 + a_1 xy + a_2 y = x^3 + a_3 x^2 + a_4 x + a_5, \tag{3.8}$$

dove i coefficienti a_i appartengono ad un campo $\textbf{K}$.

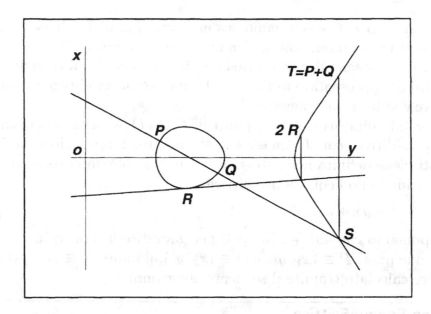

Figura 3.1. Esempio di "somma" tra punti di una curva ellittica. Dati P e Q si calcola il punto $T = P + Q$

Definizione 3.8. *La curva ellittica E corrispondente alla equazione (3.8) è l'insieme di tutte le soluzioni $(x, y) \in \mathbf{K}'^2$, dove $\mathbf{K}'$ è un campo che coincide con $\mathbf{K}$ o lo estende.*

In altre parole una curva ellittica è il luogo dei punti che soddisfano l'equazione (3.8) in un determinato campo. Solitamente $\mathbf{K}$ viene fatto coincidere con $\mathbf{C}$, $\mathbf{R}$, $\mathbf{Q}$, o con campi finiti come $\mathbf{Z}_p$.

Uno dei problemi essenziali nello studio delle curve ellittiche consiste nel determinare se una data curva contiene punti appartenenti ad un campo dato. In particolare se il campo considerato è $\mathbf{Q}$ o $\mathbf{Z}$ il problema rientra chiaramente nello studio delle equazioni diofantee.

Le curve ellittiche godono della seguente proprietà: dati due punti di una curva C su un campo $\mathbf{K}$ è possibile determinarne un terzo, appartenente allo stesso campo. Come vedremo questo nasce dal fatto che i punti di una curva ellittica formano un gruppo abeliano additivo.

Per formalizzare questa osservazione, supponiamo che C contenga, oltre ai punti che soddisfano l'equazione, anche un punto specifico, detto punto all'infinito I. Le ragioni dell'introduzione di I saranno chiare fra poco.

Consideriamo due punti P e Q appartenenti alla curva C (come illustrato in Figura 3.1) e mostriamo come ottenere un terzo punto T sulla curva C. Dimostreremo poi che T appartiene effettivamente alla curva e può essere determinato efficientemente per via algebrica.

Consideriamo la retta congiungente P e Q. Questa retta può intersecare la curva C in un punto S o non intersecarla affatto. In quest'ultimo caso supporremo che la terza intersezione tra la retta PQ e C sia costituita dal punto all'infinito I. Consideriamo ora una retta parallela all'asse y passante per S. Questa retta intersecherà C in un ulteriore punto T. Date le coordinate dei punti P e Q è semplice calcolare la posizione di S e T. Il caso di due punti coincidenti è rappresentato in figura dal punto R: la congiungente viene fatta coincidere con la retta tangente.

È possibile dimostrare che i punti di $C \cup \{I\}$, costituiscono un gruppo abeliano additivo, con I come elemento neutro. L'operazione additiva tra due punti viene definita nello stesso modo in cui abbiamo ottenuto T da P e Q. Se consideriamo l'equazione ellittica

$$y^2 = x^3 + ax + b, \tag{3.9}$$

dove imponiamo che $4a^3 + 27b^2 \neq 0$ per garantire la non coincidenza delle radici, e due punti $P \equiv (x_1, y_1)$ e $Q \equiv (x_2, y_2)$, il punto $T \equiv (x_3, y_3) = P + Q$ può essere calcolato tramite il seguente algoritmo.

Algoritmo SommaEllittica
Input   : P e Q su $y^2 = x^3 + ax + b$.
Ouput : $T = P + Q$.

---

1. se $x_1 = x_2$ e $y_1 = -y_2$ ritorna I.
2. se $x_1 \neq x_2$ allora $\lambda = (3x_1^2 + a)/(2y_1)$
3.   altrimenti $\lambda = (y_2 - y_1)/(x_2 - x_1)$
4. poni $x_3 = \lambda^2 - x_1 - x_2$
5. poni $y_3 = \lambda(x_3 - x_1) - y_1$
6. ritorna (x_3, y_3).

Perché l'algoritmo per il calcolo di $P + Q$ sia corretto è necessario che il campo di riferimento non abbia caratteristica 2 o 3. In generale il punto cruciale è costituito dalle divisioni alle linee 2 e 3, che richiedono l'esistenza dell'inverso di $2y_1$ e di $x_2 - x_1$. Nel caso si lavori in $\mathbf{Z}_n^*$ è semplice controllare che $P + Q$ sia ben definito.

La "moltiplicazione" di un punto P della curva per uno scalare k può essere definita nel seguente modo:

$$0P = I,$$
$$kP = (k-1)P + P \quad \text{per } k \text{ dispari}, \tag{3.10}$$
$$kP = \frac{k}{2}P + \frac{k}{2}P \quad \text{per } k \text{ pari}.$$

Il calcolo di kP può quindi essere effettuato procedendo come nel caso dell'elevamento a potenza in $\mathbf{Z}_n^*$, e richiede $O(\log k)$ "addizioni" tra punti della curva.

Definizione 3.9. *Sia $(p, 4a^3 + 27b^2) = 1$. Denotiamo con $E_p(a, b)$ l'insieme dei punti $(x, y) \in \mathbf{Z}_p^2$ che soddisfano l'equazione (3.9) unito all' elemento particolare I.*

Per p primo, l'insieme $E_p(a, b)$ con l'operazione di SommaEllittica costituisce un gruppo, denominato gruppo ellittico.

Denotiamo con $N_p(a,b)$ l'ordine di $E_p(a,b)$. Quando non ci sono ambiguità utilizzeremo le abbreviazioni E_p e N_p. Infine con $O_{E_p}(Q)$ denotiamo l'ordine dell'elemento Q nel gruppo ellittico E_p.

Schoof ha dimostrato che la cardinalità di un gruppo ellittico E_p può essere calcolata in tempo proporzionale a $\log^9 p$. Come vedremo, tale risultato è alla base dell'algoritmo GK.

Nel seguito utilizzeremo alcune proprietà chiave degli insiemi E_p, per p primo o composto. Le riassumiamo nei seguenti teoremi.

Teorema 3.11. *Sia N_p l'ordine di un gruppo ellittico con elementi in $GF(p)$. Vale allora*

$$p - 2\sqrt{p} + 1 \le N_p \le p + 2\sqrt{p} + 1. \qquad (3.11)$$

□

Teorema 3.12. *Per ogni gruppo ellittico E esistono due numeri naturali m_1 e m_2, con $m_2 | m_1$, tali che E è isomorfo a $\mathbf{Z}_{m_1} \times \mathbf{Z}_{m_2}$.* □

L'algoritmo GK è basato sulla possibilità di scegliere a caso curve ellittiche con elementi in $GF(p)$ fino a che l'ordine della curva prescelta non appartenga ad uno specifico sottoinsieme dei numeri naturali. Il seguente risultato di Lenstra ci consente di mettere in relazione la probabilità di estrarre una curva del "giusto" ordine con la densità di questo sottoinsieme nell'intervallo $[p - \sqrt{p}, p + \sqrt{p}]$.

Teorema 3.13 (Lenstra). *Sia p un numero primo e S un sottoinsieme di $\mathbf{N}$. Sia S'_p l'intersezione tra S e l'intervallo $[p - \sqrt{p}, p + \sqrt{p}]$. Allora esiste $c > 0$ tale che*

$$\mathrm{Prob}\{N_p(a,b) \in S\} \ge \frac{c(|S'_p| - 2)}{\sqrt{p} \log p},$$

dove a e b sono scelti casualmente in $\mathbf{Z}_p$, col vincolo che $4a^3 + 27b^2 \not\equiv_p 0$. □

Come vedremo, questo teorema consente di mettere in relazione il costo computazionale dell'algoritmo GK con le proprietà di distribuzione dei numeri primi in piccoli intervalli, sganciandolo da ulteriori collegamenti con le proprietà delle curve ellittiche.

Proprietà di E_n per n composto. In generale le curve ellittiche con elementi in $\mathbf{Z}_n$, per n composto, non formano gruppi. Tuttavia esiste una semplice proiezione da E_n a E_p, se $p > 3$ è primo e $p | n$. Dato un elemento $x \in \mathbf{Z}_n$, indichiamo con $(x)_p$ il valore di x su $\mathbf{Z}_p$, ovvero $x \bmod p$. Dato un punto $Q \equiv (x, y) \in E_n(a, b)$ definiamo $(Q)_p \in E_p((a)_p, (b)_p)$ come $((x)_p, (y)_p)$ e $I_p = I$.

Questa proiezione è legittima in quanto, essendo $(n, 4a^3 + 27b^2) = 1$, si ha anche $4a^3 + 27b^2 \not\equiv_p 0$. Consideriamo ora la possibilità di sommare elementi di E_n.

Definizione 3.10. *Dati due punti* $P, Q \in E_n$ *diciamo che la somma* $P + Q$ *è ben definita se, calcolandola con l'algoritmo SommaEllittica, gli elementi inversi richiesti, ovvero* $(2y_1)^{-1}$ *e* $(x_2 - x_1)^{-1}$, *esistono nell'anello* $\mathbf{Z}_n$. *Analogamente diremo che* kP *è ben definito se tutte le somme previste dal procedimento (3.10) sono ben definite.*

Dimostriamo ora un lemma che mette in relazione le proiezioni da E_n a E_p con il concetto di somma ben definita.

Lemma 3.5. *Siano* P *e* Q *due punti in* E_n *e* $p > 3$ *numero primo tale che* $p | n$. *Se* $P + Q$ *è ben definito, allora abbiamo* $(P + Q)_p = (P)_p + (Q)_p$.

Dim. La dimostrazione segue facilmente da un'analisi delle regole utilizzate per sommare due elementi di una curva ellittica. Abbiamo i seguenti casi

1. $I + P = P + I = P$,

2. $(x, y) + (x, -y) = I$,

3. $(x, y) + (x, y) = \left(\dfrac{S_1}{2y}, \dfrac{S_2}{2y} \right)$,

4. $(x_1, y_1) + (x_2, y_2) = \left(\dfrac{T_1}{x_2 - x_1}, \dfrac{T_2}{x_2 - x_1} \right)$, per $x_1 \neq x_2$.

Con i simboli S_i e T_i abbiamo indicato polinomi rispettivamente in a, b, x, y e a, b, x_1, x_2, y_1, y_2.

Il caso in cui uno dei due punti coincide con I è banalmente verificato; perciò nel seguito supponiamo che $P, Q \neq I$, il che implica $(P)_p, (Q)_p \neq I$.

Se $P + Q$ è della forma 2, anche $(P)_p + (Q)_p$ lo sarà, e quindi il lemma è verificato.

Se $P = Q = (x, y)$ (con $y \neq 0$), allora $(P)_p = (Q)_p = ((x)_p, (y)_p)$. Usando la regola 3, vediamo che

$$P + Q = \left(\frac{S_1(x, y, a, b)}{2y}, \frac{S_2(x, y, a, b)}{2y} \right).$$

Chiaramente $P + Q$ esiste solo se $(2y, n) = 1$, il che implica $(y)_p \neq 0$. Allora, sempre per la regola 3, abbiamo

$$(P)_p + (Q)_p = \left(\frac{S_1((x)_p, (y)_p, (a)_p, (b)_p)}{2(y)_p}, \frac{S_2((x)_p, (y)_p, (a)_p, (b)_p)}{2(y)_p} \right).$$

Poiché stiamo calcolando la stessa funzione razionale modulo n e modulo p, usando argomenti che sono congruenti modulo p, i due valori calcolati risulteranno anch'essi congruenti modulo p, e quindi la tesi è verificata.

L'ultimo caso può essere trattato similmente. $\qquad \square$

Si noti che non è chiaro se si ottiene un risultato univoco calcolando kP in modi diversi in E_n, per n composto. Il seguente corollario consente di evitare questa difficoltà.

Corollario 3.1. *Sia* $P \in E_n$ *e* $kP = I$. *Se* $p > 3$ *è primo e* $p | n$, *allora* $(kP)_p = I_p$. $\qquad \square$

L'algoritmo GK. Descriviamo ora l'algoritmo GK, che può essere visto come un metodo per dimostrare la primalità di un numero primo p, così come i Test 1 e 2 della Sezione 3.4 costituiscono dimostrazioni di composizione.

Algoritmo GK

Input   : un numero intero p.
Ouput   : un certificato di primalità per p.

---

1. poni $p_0 = p$
2. poni $i = 0$
3. poni $limite= 2^{(\log p)^{c/\log\log\log p}}$
4. poni $prova= \emptyset$
5. ripeti per $p_i \geq limite$
6.   ripeti
7.   scegli $a, b \in \mathbf{Z}_{p_i}$
8.   calcola $N_{p_i}(a, b)$
9.   fino a che $(4a^3 + 27b^2, p) = 1$ e $N_{p_i}/2$ è primo
10.   ripeti
11.   scegli $M \in E_{p_i}(a, b)$
12.   fino a che $M \neq I$ e $qM = I$
13.   poni $i \leftarrow i + 1$
14.   poni $p_i \leftarrow q$
15.   poni $prova \leftarrow prova \cup (M, p_i, a, b)$
16. fine ripeti
17. se p_i è composto allora esegui di nuovo GK su p
18. ritorna $prova$

Suddividiamo la descrizione dell'algoritmo in tre parti.

1. Dato un numero p, di cui vogliamo certificare la primalità, generiamo uniformemente a caso gruppi ellittici modulo p (linee 6–9). Questo viene eseguito semplicemente scegliendo casualmente $a, b \in \mathbf{Z}_p$, tali che $4a^3 + 27b^2 \not\equiv_p 0$. Sia $E_p(a, b)$ il gruppo scelto a caso. A questo punto, utilizzando il già citato metodo di Schoof che ha costo $O(\log^9 p)$, calcoliamo l'ordine $N_p(a, b)$ di $E_p(a, b)$ (linea 8).

   Utilizziamo ora uno degli algoritmi probabilistici che abbiamo visto, per determinare se $N_p(a, b)$ è uguale a $2q$, dove q è primo (linea 9). Questa operazione è relativamente semplice e la probabilità di errore può essere resa esponenzialmente piccola.

   Se N_p è della forma $2q$ proseguiamo, altrimenti ripetiamo il passo 1.

2. Una volta determinato un gruppo con ordine $2q$, scegliamo a caso punti sulla curva (escludendo I) fino a che otteniamo un elemento di ordine q (linee 10–12).

   Punti casuali sulla curva possono essere ottenuti come segue. Si determinano casualmente dei valori $x \in \mathbf{Z}_p$ e si sceglie y come una delle radici quadrate di $x^3 + ax + b$ modulo n, se esistono. Il procedimento viene ripetuto se $x^3 + ax + b$ non è un residuo quadratico.

Le radici quadrate modulo un numero primo p possono essere calcolate probabilisticamente in un tempo medio $O(\log^3 p)$.

3. A questo punto esibiamo la curva, rappresentata dai coefficienti a e b, il valore q e il punto di ordine q. Se q è primo, allora, per ragioni che vedremo in seguito, anche p è primo. Il problema si riduce quindi ricorsivamente alla dimostrazione che q è primo, che verrà effettuata con lo stesso metodo, fino ad arrivare ad un valore q' sufficientemente piccolo da consentire una dimostrazione deterministica efficiente di primalità.

Questa descrizione ad alto livello contiene le idee principali sulle quali si basa l'algoritmo di GK. La dimostrazione della correttezza dell'algoritmo e la valutazione del suo costo richiedono alcune precisazioni di carattere tecnico.

In particolare tre punti chiave richiedono maggiore dettaglio: a) stabilire le condizioni in base a cui è opportuno verificare la primalità di un numero tramite la procedura ricorsiva e probabilistica descritta sopra, e quando conviene invece affidarsi ad un test deterministico; b) giustificare il fatto che la primalità di $N_p/2 = q$ venga certificata in modo probabilistico; c) dimostrare che l'algoritmo GK fornisce effettivamente una prova della primalità di p.

a) Il miglior test di deterministico primalità è dovuto a Adleman, Pomerance e Rumely (test APR) e consente di verificare la primalità di un numero n in tempo $(\log n)^{c' \log \log \log n}$, dove c' è una opportuna costante. Esiste quindi una costante c tale che i numeri minori di $2^{(\log n)^{c/ \log \log \log n}}$ possono essere verificati in tempo polinomiale in $\log n$.

L'algoritmo GK tiene traccia della dimensione dell'input originario e passa dall'algoritmo probabilistico a quello deterministico non appena i numeri in gioco risultano inferiori ad una soglia stabilita in modo che l'algoritmo deterministico risulti polinomiale rispetto alla dimensione originale dell'input.

L'uso del test deterministico APR non è legato a motivi di efficienza, poiché il costo dell'algoritmo GK rimarrebbe comunque polinomiale rispetto a $\log n$, anche non ricorrendo al test APR. A cambiare è invece la frazione dei numeri primi che possono essere certificati polinomialmente senza fare ricorso ad ulteriori assunzioni. Intuitivamente, i numeri "piccoli" costituiscono la base su cui costruire le catene di certificati di primalità. Il fatto di poter certificare deterministicamente questi numeri aumenta le nostre possibilità di costruire catene di certificati validi per numeri più grandi.

b) Come abbiamo visto, l'algoritmo GK determina la primalità di $N_p/2 = q$ utilizzando un algoritmo probabilistico. Apparentemente questo sembra distruggere ogni speranza di ottenere un certificato che sia sicuramente, e non "probabilisticamente", corretto, perché l'algoritmo potrebbe generare un certificato errato o incappare in un ciclo di lunghezza infinita. Tuttavia il fatto che viene generato un certificato, anziché una semplice risposta "Sì\No", consente di risolvere questo problema. Infatti il certificato prodotto dall'algoritmo GK è verificabile in tempo polinomiale, e quindi se la procedura produce un certificato non valido, sarà sufficiente iterarla fino a che il certificato ottenuto non risulti corretto.

Inoltre possiamo immaginare di eseguire contemporaneamente a GK un algoritmo deterministico A (di costo esponenziale rispetto a $\log p$), che cerca un certificato di Pratt per p. L'esecuzione contemporanea di due programmi può essere effettuata semplicemente alternando le istruzioni dell'uno e dell'altro. Il beneficio è costituito dal fatto che la presenza dell'algoritmo A garantisce che la coppia (A,GK) termini per ogni input. Il fatto che A richieda un tempo esponenziale non influisce sul tempo medio richiesto dalla coppia (A,GK), perché A terminerà prima di GK solo in una frazione esponenzialmente piccola di casi.

c) Vogliamo dimostrare la correttezza dell'algoritmo GK, mostrando come l'output dell'algoritmo GK possa essere effettivamente utilizzato per certificare che p è primo. Vale il seguente lemma.

Lemma 3.6. *Sia n un numero non divisibile per 2 o 3. Se esistono q, a, b e $M \in E_n(a,b)$ tali che $q > n^{\frac{1}{2}} + 1 + 2n^{\frac{1}{4}}$, q sia primo, $(n, 4a^3 + 27b^2) = 1$, $M \neq I$, e $qM = I$, allora n è primo.*

Dim. Supponiamo per assurdo che n sia composto. Allora esisterà un numero primo $3 < p < \sqrt{n}$ tale che $p|n$. Se $qM = I$, per il Corollario 3.1 vale anche $qM_p = I_p$ e quindi $O_{E_p}(M_p)|q$. Tuttavia per il Teorema 3.11 abbiamo che

$$O_{E_p}(M_p) \leq N_p \leq p + 1 + 2\sqrt{p} < n^{\frac{1}{2}} + 1 + 2n^{\frac{1}{4}} < q.$$

Siccome q è primo, abbiamo $O_{E_p}(M_p) = 1$, ovvero $M_p = I_p$ e quindi $M = I$, che contraddice le ipotesi. $\qquad \square$

Ora possiamo mostrare come l'output dell'algoritmo consenta di verificare la primalità di p.

Teorema 3.14. *La primalità di ogni primo p può essere verificata in tempo $O(\log^4 p)$ utilizzando l'output dell'algoritmo GK.*

Dim. La prima quadrupla che l'algoritmo produce ha la forma (M, q, a, b), dove $(p, 4a^3 + 27b^2) = 1$, $M \in E_p$, p non è un multiplo di 2 o 3 e $qM = I$. Questi fatti possono essere verificati in tempo $O(\log^3 p)$. Per il Lemma 3.6 è chiaro che la primalità di $q = p_1$ implica la primalità di p. In generale la primalità di p_i segue da quella di p_{i-1}. Sia (M_k, p_k, a_k, b_k) l'ultima quadrupla generata. È sufficiente dimostrare la primalità di p_k. Per costruzione, p_k è tale che la sua primalità può essere verificata deterministicamente in tempo sublineare rispetto a $\log p$, utilizzando il metodo APR. Infine notiamo che

$$p_i \leq \frac{p_{i-1} + 2\sqrt{p_{i-1}}}{2},$$

e siccome per $x > 36$ vale $(x + 2\sqrt{x})/2 < (2/3)x$, p_i si riduce di un fattore almeno $3/2$ rispetto a p_{i-1}, da cui $k = O(\log p)$. Otteniamo così un tempo totale $O(\log^4 p)$, che (incidentalmente) coincide con il tempo sufficiente a verificare un certificato di Pratt. $\qquad \square$

Il costo computazionale del metodo GK. Per dimostrare che p è primo, l'algoritmo deve eseguire $O(\log p)$ iterazioni del ciclo più esterno (linee 5–16). Ad ogni iterazione il metodo deve

(1) individuare un gruppo ellittico modulo p_i il cui ordine sia il doppio di un numero primo q;

(2) individuare un elemento nel gruppo il cui ordine sia q.

Il tempo sufficiente a verificare se un gruppo ha l'ordine corretto è proporzionale a $\log^9 p_i$, facendo ricorso al metodo di Schoof, mentre il tempo per determinare probabilisticamente se q è primo è proporzionale a $\log^4 p_1$. Il punto (1) richiede quindi un tempo medio $T_{p_i} \cdot O(\log^9 p_i)$, dove T_{p_i} è il numero medio di gruppi che devono essere presi in esame prima di trovarne uno con le caratteristiche cercate. Valuteremo nel seguito T_{p_i}.

Per quanto riguarda (2), la ricerca di un punto (x, y) sulla curva richiede in media l'estrazione di $2p_i/N_{p_i}$ numeri casuali, prima di trovare una coppia $(x, y) \in E_{p_i}$. Poiché E_{p_i} è isomorfo a $\mathbf{Z}_{2q}$, per qualche q, metà dei punti avranno ordine q. Il numero di punti che devono essere estratti casualmente prima di trovarne uno con ordine q è quindi in media pari a 2. Per determinare se un punto P ha ordine q, è sufficiente verificare l'uguaglianza $qP = I$. Poiché questa operazione richiede tempo $O(\log^3 p_i)$, il tempo sufficiente a determinare un elemento di ordine q è pari a

$$2 \cdot \frac{2p_i}{N_{p_i}} \cdot O(\log^3 p_i) = O(\log^3 p_i) \,.$$

Sommando rispetto a tutti i p_i, che sono $O(\log p)$, e notando che $p_i < p$, otteniamo

$$T(p) = \sum_{i=1}^{O(\log p)} T_{p_i} O(\log^9 p_i) = O(\log^{10} p) \cdot \max_i(T_{p_i}) \,.$$

L'applicazione del Teorema 3.10 alla distribuzione di N_{p_i} consente di ottenere un limite superiore al valore di T_{p_i} che dipende esclusivamente dal modo in cui i numeri primi sono distribuiti in piccoli intervalli. Sia S l'insieme di tutti i numeri uguali al doppio di un primo. Sia $S'_{p_i} \subseteq S$ il sottoinsieme degli elementi di S che appartengono all'intervallo $[p_i - \sqrt{p_i}, p_i + \sqrt{p_i}]$. La cardinalità di S'_{p_i} è quindi uguale al numero dei primi in $[(p_i - \sqrt{p_i})/2, (p_i + \sqrt{p_i})/2]$. Ricordando la definizione di $\pi(x)$ e T_{p_i} e il Teorema 3.10, otteniamo allora

$$T_{p_i} = O\left(\frac{\sqrt{p_i} \log p_i}{\pi\left(\frac{p_i + \sqrt{p_i}}{2}\right) - \pi\left(\frac{p_i - \sqrt{p_i}}{2}\right) - 2} \right) \,.$$

Supponendo che la distribuzione asintotica dei numeri primi, ovvero $\pi(x) \approx x/\log x$, valga negli intervalli $[(p_i - \sqrt{p_i})/2, (p_i + \sqrt{p_i})/2]$, si ottiene $T_{p_i} = O(\log^2 p_i)$ e quindi un tempo complessivo "euristico" $O(\log^{12} p)$ per l'algoritmo GK.

Quanti primi vengono riconosciuti ? Dimostriamo ora che l'algoritmo GK termina in tempo medio polinomiale per la grande maggioranza dei numeri primi. Il risultato che otterremo è riassunto dal seguente teorema.

Teorema 3.15. *La probabilità che l'algoritmo GK termini in tempo atteso* $O(k^{12})$ *su un input di lunghezza* k *è data da*

$$1 - O(2^{-k^{1/\log\log k}}).$$ □

Per dare una idea di come decresce $2^{-k^{1/\log\log k}}$ all'aumentare di k, tabuliamo alcuni valori.

k	$2^{-k^{1/\log\log k}}$
10	0.728536
10^2	0.023751
10^4	0.000280
10^8	$1.72 \cdot 10^{-14}$

La dimostrazione del Teorema 3.15 necessita del seguente risultato di Heath-Brown sulla distribuzione dei numeri primi in piccoli intervalli.

Teorema 3.16 (Heath-Brown). *Per ogni coppia di interi* a, b, *sia* $\sharp_p[a,b]$ *il numero di primi* x *tali che* $a \le x \le b$. *Sia inoltre*

$$\jmath(a,b) = \begin{cases} 1 & \text{se } \sharp_p[a,b] \le (b-a)/(2\lfloor \log a \rfloor) \\ 0 & \text{altrimenti.} \end{cases}$$

Esiste un valore α *tale che, per ogni* x *sufficientemente grande, vale*

$$\sum_{x \le a \le 2x} \jmath(a, a + \sqrt{a}) \le x^{\frac{5}{6}} \log^\alpha x.$$ □

Sia PR_k l'insieme dei numeri primi di lunghezza k. Consideriamo uno spazio di probabilità definito dalla scelta iniziale casuale di un numero primo in PR_k da sottoporre all'algoritmo e dalle scelte casuali effettuate durante l'esecuzione.

Utilizzeremo variabili casuali $P_0(k)$ per denotare l'input dell'algoritmo e $N_i(k)$, per $0 \le i \le k$, per denotare l'ordine di un gruppo ellittico dalle giuste caratteristiche, individuato nella i-esima iterazione delle linee 6–9 dell'Algoritmo GK.

Nell'analisi che segue supporremo per semplicità che, nel caso alla i-esima iterazione non venga determinato un gruppo ellittico opportuno (cioè con un ordine $2q$, per q primo), l'algoritmo GK fallisca. In questo caso porremo $N_j(k) = 0$ per ogni j maggiore o uguale a i. Questa assunzione rende più "debole" l'algoritmo e quindi i risultati che otterremo si applicano anche all'algoritmo GK "originale" che abbiamo descritto. Ricordiamo infatti che, nel caso il test probabilistico sulla primalità di q non fornisca il risultato sperato, l'algoritmo GK viene eseguito nuovamente partendo da $P_0(k)$.

Il simbolo $P_{i+1}(k) \leftarrow N_{i(k)}/2$ denota, per $1 \leq i \leq k$, il valore del numero primo p_i utilizzato alla i-esima iterazione del ciclo principale dell'algoritmo.

Facciamo ora alcune osservazioni che saranno utili nella dimostrazione del Teorema 3.15.

Osservazione 1. Per il Teorema 3.11 sull'ordine dei gruppi ellittici, abbiamo che $N_i(k) \in [P_i(k) \pm \sqrt{P_i(k)}]$ e quindi $P_i(k) \in [\frac{1}{2}P_{i-1}(k) \pm \frac{1}{2}\sqrt{P_{i-1}(k)}]$.

Osservazione 2. Poiché il ciclo principale dell'algoritmo termina non appena $P_i(k) \leq 2^{(\log P_0(k))^{1/\log\log k}}$, un limite superiore al numero delle iterazioni è dato da $B = k - k^{1/\log\log k}$, dove k è la lunghezza dell'input.

Osservazione 3. Per semplicità supporremo che l'algoritmo fallisca, e che gli $N_j(k)$ valgano 0, per $j \geq i$, non appena il numero di curve ellittiche estratte a caso durante l'i-esimo ciclo supera $\log^3 P_i(k)$ senza che ne venga individuata una di ordine opportuno.

Procediamo ora alla dimostrazione del Teorema 3.15.

Dimostrazione del Teorema 3.15. In base alle Osservazioni 1, 2, e 3, la probabilità che l'algoritmo GK termini in tempo atteso $O(k^{12})$ su un input casuale di lunghezza k è data dalla probabilità che, per ogni $i < B$, $P_i(k)$ sia primo. Sarà quindi sufficiente dimostrare che la probabilità che esista un indice i per cui $P_i(k)$ è primo e $P_{i+1}(k) = 0$ è $O(2^{-k^{1/\log\log k}})$.

Utilizzeremo i seguenti Lemmi.

Lemma 3.7. *Per ogni $i \leq k - 6$, vale*

$$P_i(k) \in \left[\frac{P_0(k)}{2^i} \pm 7\sqrt{\frac{P_0(k)}{2^i}}\right].$$

$\square$

Lemma 3.8. *Sia $\epsilon > 0$. Per ogni k sufficientemente grande, vale*

$$\sum_{2^k \leq a \leq 2^{k+1}} \jmath\left(a \pm \frac{a}{2}\right) < 2^{(\frac{5}{6}+\epsilon)k},$$

dove con l'espressione $\jmath(x \pm y)$ indichiamo $\jmath(x - y, x + y)$.

$\square$

Il Lemma 3.7 può essere facilmente dimostrato per induzione, mentre il Lemma 3.8 discende direttamente dal Teorema 3.16.

Sia Υ una funzione definita come $\Upsilon(x) = 1$ se esiste $a \in \{x \pm i\sqrt{x} \mid -7 \leq i \leq 7\}$ tale che $\jmath(a \pm \sqrt{a}/2) = 1$ e $\Upsilon(x) = 0$ altrimenti. Intuitivamente abbiamo che, se $\Upsilon(t) = 0$, allora per tutti i numeri x nell'intervallo $[t \pm 7\sqrt{t}]$ si può trovare velocemente un numero primo nell'intervallo $[x \pm \sqrt{x}]$.

Lemma 3.9. *Sia $\epsilon \geq 0$. Per ogni k sufficientemente grande, vale*

$$\sum_{2^k \leq a \leq 2^{k+1}} \Upsilon(t) = O(2^{(\epsilon+\frac{5}{6})k}).$$

Dim. Dalle definizioni di Υ e $\jmath$ segue che

$$\sum_{2^k \leq t \leq 2^{k+1}} \Upsilon(t) \leq \sum_{2^k \leq t \leq 2^{k+1}} \sum_{a \in \{t+i\sqrt{t}, -7 \leq i \leq 7\}} \jmath(a \pm \frac{1}{2}\sqrt{a}).$$

Tuttavia, si può facilmente dimostrare che al massimo 30 valori di t riceveranno un contributo uguale a 1 da $\jmath(a)$. Otteniamo quindi

$$\sum_{2^k \leq t \leq 2^{k+1}} \Upsilon(t) \leq \sum_{2^k - 7\sqrt{2^k} \leq a \leq 2^{k+1} + 7\sqrt{2^{k+1}}} 30\jmath(a \pm \frac{1}{2}\sqrt{a})$$

e applicando il Lemma 3.8

$$\sum_{2^k \leq t \leq 2^{k+1}} \Upsilon(t) \leq \sum_{2^{k-1} \leq a \leq 2^{k+2}} 30\jmath(a \pm \frac{1}{2}\sqrt{a}) = O(2^{(\frac{5}{6}+\epsilon)k}).$$

$\square$

Lemma 3.10. *Sia i un intero tale che $1 \leq i \leq B$ e $i < k - 6$. Vale*

$$\text{Prob}\left\{ P_i(k) = 0 | \Upsilon(\lfloor \frac{P_0(k)}{2^i} \rfloor) = 0, P_{i-1}(k) \text{ è primo} \right\} = O(e^{-k^2}).$$

Dim. Per ogni valore

$$P_{i-1}(k) \in \left[\frac{P_0(k)}{2^{i-1}} \pm 7\sqrt{\frac{P_0(k)}{2^{i-1}}} \right],$$

la cardinalità dell'insieme degli interi che sono il doppio di un numero primo nell'intervallo $[P_{i-1}(k) \pm 2\sqrt{P_{i-1}(k)}]$ è uguale al numero dei primi nell'intervallo $[P_{i-1}(k)/2 \pm \sqrt{P_{i-1}(k)}]$.

Se $\Upsilon(P_0(k)/2^i) = 0$, allora esistono a e $|i| \leq 7$, tali che l'intervallo $[a \pm \frac{1}{2}\sqrt{a}]$ è interamente contenuto in $[P_{i-1}(k)/2 \pm \sqrt{P_{i-1}(k)}]$ e $\natural_p[a \pm \frac{1}{2}\sqrt{a}] > \sqrt{a}/\lfloor \log a \rfloor$. Il numero dei primi contenuti in $[P_{i-1}(k)/2 \pm \sqrt{P_{i-1}(k)}]$ è quindi maggiore di $\sqrt{a}/\lfloor \log a \rfloor$.

Per il Teorema 3.10, il numero atteso di gruppi ellittici estratti nell'i-esima iterazione dell'algoritmo, prima di trovarne uno il cui ordine sia della forma $2q$, è

$$O\left(\frac{\sqrt{P_{i-1}(k)} \log P_{i-1}(k)}{|S_{P_{i-1}(k)}|} \right).$$

Quindi la probabilità che dopo $\log^3 P_{i-1}(k)$ tentativi non venga trovato un "buon" gruppo ellittico è minore di

$$\left(1 - \frac{1}{\log^2 P_{i-1}(k)} \right)^{\log^3 P_{i-1}(k)} = O(e^{-k}).$$

$\square$

Utilizzando i risultati dei lemmi precedenti possiamo ora procedere al calcolo della probabilità P_F che l'algoritmo GK non termini in tempo atteso

$O(k^{12})$ su un input casuale di lunghezza k. Denotiamo con $\mathcal{E}(i,k)$ l'evento $P_{i+1}(k) = 0, P_i(k)$ primo e con $\mathcal{Y}(i,k)$ il valore $\Upsilon(\lfloor P_0(k)/2^{i+1}\rfloor)$. Abbiamo

$$P_F \leq \mathrm{Prob}\{\exists\, 0 \leq i \leq B, \mathcal{E}(i,k)\}$$

$$\leq \sum_{i=1}^{B} \mathrm{Prob}\{\mathcal{E}(i,k)\}$$

$$\leq \sum_{i=1}^{B} \mathrm{Prob}\{\mathcal{E}(i,k)\,|\,\mathcal{Y}(i,k) = 1\}\cdot \mathrm{Prob}\{\mathcal{Y}(i,k)) = 1\}$$

$$+ \sum_{i=1}^{B} \mathrm{Prob}\{\mathcal{E}(i,k)\,|\,\mathcal{Y}(i,k) = 0\}\cdot \mathrm{Prob}\{\mathcal{Y}(i,k) = 0\}\,.$$

Per il Lemma 3.10, il contributo dato dal termine

$$\sum_{i=1}^{B} \mathrm{Prob}\{\mathcal{E}(i,k)\,|\,\mathcal{Y}(i,k) = 0\}\cdot \mathrm{Prob}\{\mathcal{Y}(i,k) = 0\}$$

è ininfluente agli effetti del risultato finale, e quindi da qui in avanti lo ignoreremo. Abbiamo allora

$$P_F \leq \sum_{i=1}^{B} \mathrm{Prob}\{\mathcal{Y}(i,k) = 1\}$$

$$\leq \sum_{i=1}^{B} \sum_{q \in PR_k} \mathrm{Prob}\{\mathcal{Y}(i,k) = 1|P_0(k) = q\}\cdot \mathrm{Prob}\{P_0(k) = q\}$$

$$= \sum_{i=1}^{B} \sum_{q \in PR_k} \frac{\Upsilon(\lfloor\frac{q}{2^{i+1}}\rfloor)}{|PR_k|}\,.$$

La sommatoria $\sum_{q \in PR_k} \Upsilon(\lfloor\frac{q}{2^{i+1}}\rfloor)$ può essere sostituita da

$$\sum_{2^{k-i}\leq t\leq 2^{k-i+1}} \Upsilon(t)2^{i+1}\,,$$

in quanto al più 2^{i+1} tra i $q \in PR_k$ verranno fatti corrispondere allo stesso $t = \lfloor q/2^{i+1}\rfloor$. Infine, applicando il Lemma 3.9, otteniamo, per $\epsilon > 0$,

$$P_F \leq \frac{1}{|PR_k|} \sum_{i=1}^{B} \sum_{2^{k-i}\leq t\leq 2^{k-i+1}} \Upsilon(t)2^{i+1}$$

$$= O\left(\frac{k}{2^k}\right) \sum_{i=1}^{B} 2^{i+1} 2^{(\frac{5}{6}+\epsilon)(k-i)}$$

$$= O\left(\frac{k}{2^k}\right) 2B(2^{(\frac{5}{6}+\epsilon)k+\frac{1}{6}B}) = O(2^{-k^{1/\log\log k}})\,.$$

$\square$

Gli algoritmi che abbiamo analizzato sono essenzialmente metodi diversi per determinare certificati di primalità o composizione che siano verificabili efficientemente.

Nell'ambito degli algoritmi non deterministici la generazione di un certificato di composizione è banale, e il metodo di Pratt permette di ottenere un certificato di primalità in modo elementare. Il non determinismo consente di "scovare", senza incorrere in penalizzazioni in tempo, i certificati anche quando sono estremamente "rari", come nel caso di due interi p e q, con $pq = n$, che certificano la composizione di n.

Nell'ambito degli algoritmi probabilistici ci si rivolge a criteri di primalità e composizione che forniscono un insieme più ampio di possibili testimoni e un meccanismo per generarli in modo casuale. Il problema *Composto* ammette algoritmi concettualmente semplici, come il Test 1, che essenzialmente tentano di trovare un testimone della composizione del numero in ingresso. Se tale testimone viene determinato allora il numero è certamente composto, altrimenti è primo con alta probabilità. L'approccio opposto è rappresentato dall'algoritmo GK, (con qualche limitazione, emendata successivamente da Adleman e Huang) che cerca di generare probabilisticamente un certificato di primalità per il numero in ingresso. Se l'algoritmo GK ha successo il suo output costituisce un certificato della primalità del numero in ingresso; se GK fallisce, allora il numero in ingresso è "probabilmente" composto. L'esistenza di algoritmi in con errore *one-sided* per entrambi i problemi permette di concludere che sia Primo sia Composto appartengono a $\mathbf{ZPP} = \mathbf{R} \cap \mathbf{coR}$.

Alcuni autori pensano che l'appartenenza a $\mathbf{ZPP}$ costituisca un forte indizio di appartenenza a $\mathbf{P}$. La questione è dibattuta, in quanto, relativamente ad un oracolo casuale, vale $\mathbf{P} = \mathbf{ZPP} = \mathbf{R}$, mentre esistono oracoli specifici per i quali $\mathbf{P} \neq \mathbf{ZPP}$ ed altri per cui $\mathbf{R} \neq \mathbf{ZPP}$. Nella prossima sezione vedremo come l'appartenenza di Primo a $\mathbf{P}$ sia legata ad una famosa congettura in teoria dei numeri.

3.5 L'algoritmo di Miller

Nelle sezioni precedenti abbiamo descritto alcuni algoritmi probabilistici, dalle diverse caratteristiche, per i problemi Primo e Composto.

In particolare abbiamo analizzato l'algoritmo GK, il cui *tempo di esecuzione* è legato alla veridicità della congettura di Cramer. Vediamo ora un algoritmo deterministico polinomiale per Primo (l'algoritmo di Miller), la cui *correttezza* è legata all'Ipotesi Estesa di Riemann (ERH).

La funzione zeta di Riemann è definita come

$$\zeta(s) = \sum_{n=1}^{\infty} \frac{1}{n^s} \, ,$$

dove $s \in \mathbf{C}$. Indichiamo con $\Re(x)$ la parte reale di un numero complesso x. L'ipotesi di Riemann, conosciuta anche sotto il nome di congettura di

Artin, afferma che per tutti gli zeri complessi x dell'equazione $\zeta(x) = 0$ vale $\Re(x) = \frac{1}{2}$. Questa congettura è stata verificata sperimentalmente per centinaia di milioni di zeri di $\zeta(x)$, ma la sua dimostrazione rimane uno dei grandi problemi aperti della matematica.

Per un numero primo p ed un generatore di $\mathbf{Z}_p^*$ fissato, definiamo la funzione

$$\chi(a) = \begin{cases} e^{2\pi i (\mathrm{ind}_p a)/q} & \text{se } (a,p) = 1, \\ 0 & \text{altrimenti}, \end{cases}$$

dove $q | (p-1)$.

L'ipotesi estesa di Riemann afferma che per gli zeri x della funzione

$$L_\chi(s) = \sum_{n=1}^{\infty} \frac{\chi(n)}{n^s}$$

tali che $0 \le \Re(x) \le 1$, vale $\Re(x) = \frac{1}{2}$.

Dimostreremo che, nel caso valga la ERH, allora il seguente algoritmo risolve in tempo polinomiale i problemi PRIMO e COMPOSTO.

Algoritmo di Miller

Input   : $n > 1$ dispari.

Ouput   : *Primo* o *Composto*.

---

1. se $n = m^s$ per $s, m > 1$, ritorna *Composto*
2. ripeti per $a = 1, 2, \cdots, c\log^2 n$.
3.   se $a > 1$ e $a | n$, ritorna *Composto*.
4.   se $a^{n-1} \not\equiv_n 1$, ritorna *Composto*.
5.   poni $m = n - 1$.
6.   ripeti fino a che m è pari.
7.   poni $m = m/2$.
8.   se $(a^m - 1, n) \notin \{1, n\}$, ritorna *Composto*.
9.   fine ripeti
10. fine ripeti
11. ritorna *Primo*.

Premettiamo la definizione di due funzioni che saranno utili in seguito.

Definizione 3.11. *Sia $n = \prod_i^m p_i^{\alpha_i}$ la fattorizzazione in numeri primi di un numero dispari n. Le due funzioni $\lambda(n)$ e $\lambda'(n)$ sono definite come*

$$\lambda(n) = mcm(p_1^{\alpha_i - 1}(p_1 - 1), \ldots, p_m^{\alpha_m - 1}(p_m - 1)),$$
$$\lambda'(n) = mcm(p_1 - 1, \ldots, p_m - 1),$$

dove mcm denota il minimo comune multiplo.

Dimostriamo ora alcune proprietà di λ e λ'.

Lemma 3.11. *Se $\lambda'(n) \nmid (n-1)$, allora esistono due numeri primi p e q tali che*

1. $p|n$, $(p-1) \nmid (n-1)$, $q^m|(p-1)$, e $q^m \nmid (n-1)$ per qualche intero $m \geq 1$.

2. se a non è un residuo di ordine q modulo p, allora $a^{n-1} \not\equiv_n 1$.

Dim. Siano $q_1, \ldots, q_n$ i fattori primi di n. Si ha allora $\lambda'(n) \nmid (n-1)$, il che implica $(q_i - 1) \nmid (n-1)$, per qualche i. Ponendo $p = q_i$, otteniamo che $p|n$ e $(p-1) \nmid (n-1)$. Da ciò segue che devono esistere un primo q ed un intero $m \geq 1$ tali che $q^m|(p-1)$ e $q^m \nmid (n-1)$. Quindi p e q soddisfano la condizione 1. Mostriamo ora che soddisfano anche la 2.

Supponiamo per assurdo che $a^{n-1} \equiv_n 1$. Poiché $p|n$, abbiamo $a^{n-1} \equiv_p 1$. Sia ora b un generatore di $\mathbf{Z}_p^*$ e sia e l'indice di a rispetto a b. Otteniamo $b^{e(n-1)} \equiv_p 1$ e siccome $b^m \equiv 1$ implica $(p-1)|m$, abbiamo

$$(p-1)|e(n-1). \qquad (3.12)$$

Il fatto che a sia un non-residuo di ordine q implica che $q \nmid e$ e quindi dal fatto che $q^m|(p-1)$ e dalla (3.12) segue $q^m|(n-1)$, il che è una contraddizione. $\square$

Il Lemma 3.11 giustifica l'introduzione del concetto di *minimo non-residuo di ordine* q.

Definizione 3.12.

- $N(p,q)$ *denota il minimo intero* a *che è un non-residuo di ordine* q *in* $\mathbf{Z}_p^*$.

- $N(pq)$ *denota, per* $p \neq q$, *il minimo intero* a *tale che* $\left(\frac{a}{pq}\right) \neq 1$.

Possiamo ora enunciare il risultato che collega ERH e il test di primalità di Miller.

Teorema 3.17 (Ankeny). *Se l'Ipotesi Estesa di Riemann è vera, allora* $N(p,q) = O(|p|^2)$ *e* $N(pq) = O(|pq|^2)$. $\square$

Questo teorema sostanzialmente ci dice che nella ricerca di un non-residuo in $\mathbf{Z}_p^*$ possiamo limitarci a prendere in considerazione solo $c \log^2 p$ valori, dove c è una costante.

Il problema di individuare deterministicamente un non-residuo con un metodo che non faccia ipotesi sulla validità della ERH è ancora aperto. Dal punto di vista probabilistico il problema è invece abbastanza semplice, in quanto scegliendo a caso un elemento di $\mathbf{Z}_p^*$ la probabilità che si tratti di un non-residuo è almeno $\frac{1}{2}$.

In particolare, usando il Teorema 3.17 ed il Lemma 3.11, possiamo dedurre che, se $\lambda'(n) \nmid (n-1)$, allora esiste $a \leq c|n|^2$ tale che $a^{n-1} \not\equiv_n 1$.

Diamo ora una definizione che ci permette di suddividere i numeri composti in due classi, A e B. Questa divisione e la successiva dimostrazione delle proprietà dei numeri che appartengono ad A o B, risulterà essenziale nella dimostrazione del risultato principale, espresso dal Teorema 3.18.

Definizione 3.13. *Siano* $q_1, \ldots, q_m$ *i divisori primi di* n. *Diremo che* n *è di tipo* A *se per qualche* $1 \leq j \leq m$ *vale* $\sharp_2(\lambda'(n)) > \sharp_2(q_j - 1)$ *e che* n *è di tipo* B *se* $\sharp_2(\lambda'(n)) = \sharp_2(q_1 - 1) = \cdots = \sharp_2(q_m - 1)$.

Esempio 3.3. Il numero $8619 = 3 \cdot 13^2 \cdot 17$ è di tipo A. Abbiamo infatti $\natural_2(3-1) = \natural_2(2^1) = 1$, $\natural_2(13-1) = \natural_2(2^2 \cdot 3) = 2$ e $\natural_2(17-1) = \natural_2(2^4) = 4$, mentre

$$\natural_2(\lambda'(8619)) = \natural_2[\mathrm{mcm}((3-1)(13-1)(17-1)] = \natural_2(2^4 \cdot 3) = 4 \,.$$

Il numero $198505 = 5 \cdot 29 \cdot 37^2$ è invece di tipo B. In questo caso vale $\natural_2(5-1) = \natural_2(2^2) = 2$, $\natural_2(29-1) = \natural_2(2^2 \cdot 7) = 2$, $\natural_2(37-1) = \natural_2(2^2 \cdot 3^2) = 2$ e

$$\natural_2(\lambda'(198505)) = \natural_2[\mathrm{mcm}((5-1)(29-1)(37-1)] = \natural_2(2^2 \cdot 3^2 \cdot 7) = 2 \,.$$

Lemma 3.12. *Sia n un numero composto di tipo A con almeno due divisori primi distinti p e q tali che $\natural_2(\lambda'(n)) = \natural_2(p-1) > \natural_2(q-1)$. Fissiamo inoltre un numero a, $1 < a < n$, tale che $\left(\frac{a}{p}\right) = -1$. Allora uno tra a e $(a^{\lambda'(n)/2} \bmod n) - 1$ deve avere un fattore maggiore di 1 in comune con n.*

Dim. Supponiamo che $(a,n) = 1$ (non può essere $(a,n) = n$ perché $a < n$). Essendo $(q-1)|\lambda'(n)$ e $\natural_2(q-1) < \natural_2(\lambda'(n))$, abbiamo che $(q-1)|(\lambda'(n)/2)$ e quindi

$$a^{\frac{\lambda'(n)}{2}} \equiv_q 1 \,. \tag{3.13}$$

Poiché $(a^{\lambda'(n)/2})^2 \equiv_p 1$, abbiamo che $a^{\lambda'(n)/2} \equiv_p \pm 1$. Se supponiamo che $a^{\lambda'(n)/2} \equiv_p 1$, allora $(p-1)|(\mathrm{ind}_p a)(\lambda'(n)/2)$, e quindi $\mathrm{ind}_p a$ è pari. D'altro canto, da $\left(\frac{a}{p}\right) = -1$ segue che $\mathrm{ind}_p a$ è dispari e quindi

$$a^{\lambda'(n)/2} \equiv_p -1 \,. \tag{3.14}$$

Dalla (3.13) segue che $q|((a^{\lambda'(n)/2} \bmod n) - 1)$, mentre la (3.13) implica che $p \nmid ((a^{\lambda'(n)/2} \bmod n) - 1)$, essendo p dispari. Quindi $(a^{\lambda'(n)/2} \bmod n) - 1$ deve avere un fattore maggiore di 1 in comune con n. $\qquad\square$

Lemma 3.13. *Sia n un numero composto di tipo B con almeno due divisori primi distinti p e q. Supponiamo inoltre che ci sia un intero a, $1 < a < n$, tale che $\left(\frac{a}{pq}\right) = -1$. Allora uno tra a e $(a^{\lambda'(n)/2} \bmod n) - 1$ deve avere un fattore maggiore di 1 in comune con n.*

Dim. La dimostrazione è analoga a quella del Lemma 3.12. $\qquad\square$

Lemma 3.14. *Se $p|n$, $\lambda'(n)|m$ e $k = \natural_2(m/\lambda'(n)) + 1$, allora*

$$a^{\lambda'(n)/2} \equiv_p a^{m/2^k} \,.$$

Dim. Da $a^{\lambda'(n)} \equiv_p 1$ segue che $a^{\lambda'(n)/2} \equiv_p \pm 1$. Consideriamo i due possibili casi $(+1$ e $-1)$ separatamente. Se $a^{\lambda'(n)/2} \equiv_p 1$, allora $a^{m/2^k} \equiv_p 1$, poiché, per come è definito k e dal fatto che $\lambda'(n)|m$, si ha $(\lambda'(n)/2)|(m/2^k)$.

Se $a^{\lambda'(n)/2} \equiv_p -1$, notiamo che

$$a^{m/2^k} \equiv_p (a^{\lambda'(n)/2)})^{m/\lambda'(n)2^{k-1}} \equiv_p (-1)^{m/\lambda'(n)2^{k-1}} \equiv_p -1,$$

poiché $m/\lambda'(n)2^{k-1}$ è dispari. □

Possiamo ora presentare due teoremi che riassumono le proprietà dell'algoritmo di Miller, relativamente a correttezza e tempo di calcolo.

Teorema 3.18. *Se la ERH è vera, l'algoritmo di Miller classifica correttamente come primo o composto ogni numero intero n.*

Dim. Se n è primo viene sempre riconosciuto come tale, per cui possiamo limitare la dimostrazione al caso in cui n è composto e possono verificarsi i tre casi seguenti:

1. n è una potenza di un numero primo,
2. $\lambda'(n) \nmid (n-1)$,
3. $\lambda'(n)|(n-1)$.

Caso 1. Se n è una potenza di un primo, viene riconosciuto come composto alla linea 1 dell'algoritmo.

Caso 2. Se $\lambda'(n) \nmid (n-1)$, allora per il Lemma 3.11 esistono p e q tali che, se $a = N(p,q) \leq c\log^2 p \leq c\log^2 n$, allora $a^{n-1} \not\equiv_n 1$, e quindi n non può essere primo, per il Piccolo Teorema di Fermat. Poiché alla linea 4 dell'algoritmo questo test viene eseguito per tutti gli $a \leq c\log^2 n$, per un'opportuna costante c, l'algoritmo riconosce correttamente n come composto.

Caso 3. Se $\lambda'(n)|(n-1)$ e n non è una potenza di un primo, consideriamo due sottocasi

- Supponiamo che n sia di tipo A. Allora per i Lemmi 3.12 e 3.14 possiamo scegliere p e k, con $k < \natural_2(n-1)$, tali che se $a = N(p,2)$, allora o $a|n$ oppure $((a^{(n-1)/2^k} \mod ,n) - 1 n) \neq 1, n$. Poiché $N(p,2) \leq c\log^2 n$, n viene riconosciuto come composto nelle linee 3 oppure 6–9 del test.

- Supponiamo che n sia di tipo B. Allora, supponendo che n non sia la potenza di un primo, per i Lemmi 3.13 e 3.14, possiamo scegliere p, q e $k \geq \natural_2(n-1)$ in modo tale che se $a = N(pq)$ allora $a|n$ oppure $((a^{(n-1)/2^k} \mod ,n) - 1, n) \notin \{1, n\}$. Siccome $N(pq) \leq c\log^2 n$, n viene riconosciuto come composto nelle linee 3 o 6–9, come nel sottocaso precedente.

□

Teorema 3.19. *L'algoritmo di Miller classifica un intero n come primo o composto in tempo $O(\log^5 n \log\log n \log\log\log n)$.*

Dim. Il primo passo dell'algoritmo consiste nel controllare se n è una potenza. Poiché gli esponenti possibili sono al più $O(\log n)$ è semplice mostrare che questo passo richiede al massimo $O(\log^4 n)$ operazioni.

Le linee 2–10 vengono ripetute $c \log^2 n$ volte. La linea 3 richiede $O(\log^2 n)$ operazioni e la linea 4 ne richiede $O(\log n \, M(\log n))$, dove $M(w)$ è il numero di operazioni sufficienti a moltiplicare numeri di w bit. Le linee 6–9, che vengono ripetute al più $\log n$ volte, richiedono complessivamente $O((\log n \, M(\log n) + \log^2 n) \log n)$ operazioni, in quanto il massimo comun divisore può essere calcolato con costo $O(\log^2 n)$. Sommando tutti i contributi ed utilizzando l'algoritmo di Schönhage e Strassen [133] per la moltiplicazione di numeri binari di lunghezza w in tempo $O(w \log w \log \log w)$, si ottiene la tesi.   □

L'algoritmo di Miller può essere reso indipendente dalla ERH, a scapito del costo computazionale. Vale infatti il seguente teorema, che enunciamo senza dimostrazione

Teorema 3.20. *Indipendentemente dalla ERH, valgono*

$$N(p,q) = O(p^{1+\epsilon+1/4\sqrt{e}})$$
$$N(pq) = O((pq)^{\epsilon+1/4\sqrt{e}}),$$

per ogni $\epsilon > 0$.   □

È dunque possibile modificare l'algoritmo di Miller sostituendo nella linea 2 il numero di iterazioni $c \log^2 n$ con il limite superiore suggerito dal Teorema 3.20. In tal modo l'algoritmo è corretto indipendentemente dalla validità della ERH, ma il costo diventa esponenziale, e precisamente $O(n^{0.134})$.

Concludiamo il capitolo con due tabelle che sintetizzano le prestazioni degli algoritmi che abbiamo analizzato e lo stato dell'arte riguardo alla complessità computazionale del problema PRIMO. Denotiamo con k la lunghezza del numero p del quale vogliamo determinare la primalità, e con c una costante positiva. Si noti che alcuni degli algoritmi descritti ammettono raffinamenti, per i quali rimandiamo alle fonti bibliografiche.

Alg.	Classe	Costo	Congettura
Pratt[1]	**NP**	$O(k^3)$	
Test 1	**coR**	$\mathrm{poly}(k)$	
Test 2	**BPP**	$\mathrm{poly}(k)$	
GK	**ZPP**	$O(k^{12})$	Cramer
Miller		$O(2^{0.134\,k})$	
Miller	**P**	$O(k^5 \log k \log \log k)$	ERH
APR		$O(k^{c \log \log k})$	

PRIMO	$\in$	**NP** $\cap$ **coNP**
PRIMO	$\in$	**ZPP**
PRIMO	$\in$	**DTIME**$[k^{c \log \log k}]$

---

[1] Il costo si riferisce al tempo sufficiente a verificare il certificato.

Esercizi

Esercizio 3.1. Si determini il certificato di Pratt del numero 571.

Esercizio 3.2. Dire dove fallisce la verifica di correttezza del certificato di Pratt del numero 1045. (Suggerimento: si decomponga 1045 come $55 \cdot 19$ e si mostri che è impossibile ottenere un certificato di Pratt per il numero 55.)

Esercizio 3.3. Dimostrare che l'insieme R_n, definito nel Teorema 3.5, è un gruppo moltiplicativo. (Suggerimento: si sfrutti la proprietà $\left(\frac{ab}{n}\right) = \left(\frac{a}{n}\right)\left(\frac{b}{n}\right)$ del simbolo di Jacobi.)

Esercizio 3.4. Si determini un limite superiore al costo dei Test di primalità 1 e 2.

Esercizio 3.5. Considerando il Test di primalità 1, applicato al numero $n = 15$, si determini un valore di a tale che il Test restituisca `Primo` ed un valore di a tale che il Test restituisca `Composto`. (Suggerimento: si noti che $14 \equiv_{15} -1$ e $(-1)^7 = -1$.)

Esercizio 3.6. In riferimento al Lemma 3.4, si determini la cardinalità dell'insieme S_{15}.

Esercizio 3.7. Dimostrare il Lemma 3.7.

Esercizio 3.8. Determinare tutti i punti che appartengono alla curva ellittica $y^2 = x^3 + 2x + 1$ su $\mathbf{Z}_5$. (Suggerimento: si determinino innanzitutto i valori $v \in \mathbf{Z}_5$ per i quali l'equazione $y^2 \equiv_5 v$ ha soluzione. Si valuti poi il polinomio $x^3 + 2x + 1$ per ogni $x \in \mathbf{Z}_5$.)

Esercizio 3.9. Considerando la curva ellittica $y^2 = x^3 + 3x + 2$ su $\mathbf{Z}_7$, calcolare $T = P + Q$, dove $P \equiv (4,1)$ e $Q \equiv (2,3)$, utilizzando l'algoritmo SommaEllittica. Si verifichi che il risultato ottenuto appartiene alla curva.

Esercizio 3.10. Con riferimento alla terminologia introdotta nella Definizione 3.13, dire se i seguenti numeri sono di tipo A o B: 1105, 1885, 3993, 1683.

3.6 Note bibliografiche

Il problema di determinare se un numero è primo o composto, così come il problema di fattorizzare un numero, sono tra i più studiati nell'ambito della Teoria dei Numeri, sia sul versante teorico sia su quello computazionale. La storia dei primi studi in questo campo, dal crivello di Eratostene ai risultati di Fermat, Eulero, Legendre e Gauss, è riportata, con dovizia di dettagli, in [52].

Il lettore interessato ai recenti metodi computazionali in teoria dei numeri e in particolare ai test di primalità e agli algoritmi per la fattorizzazione può consultare [47] e [21]. Un buon testo introduttivo sugli algoritmi probabilistici, che contiene l'analisi di alcuni test di primalità, è [105].

Molte delle caratterizzazioni dei numeri primi hanno scarso interesse da un punto di vista computazionale. Ad esempio, il famoso risultato di Wilson, in base al quale p è primo se e solo se $p|(1 + (p - 1)!)$, o anche il citato Piccolo Teorema di Fermat sul quale Pratt ha basato il suo metodo, conducono entrambi ad algoritmi molto dispendiosi, l'uno richiedendo il calcolo del fattoriale, l'altro della fattorizzazione di $p - 1$.

In tempi recenti, l'evoluzione degli elaboratori elettronici, e lo sviluppo della complessità computazionale hanno posto nuovi obiettivi agli studi sulla primalità.

Il metodo di Pratt [116], che in quanto non-deterministico ha scarso interesse pratico, ha mostrato che PRIMO ∈ **NP**, fornendo il primo esempio "naturale" di problema appartenente alla classe **NP** ∩ **coNP**, ma che si pensa non appartenga a **P**.

Come abbiamo visto, l'algoritmo di Miller [97] è un metodo deterministico di costo polinomiale per stabilire se un numero è composto. La validità dell'algoritmo di Miller è però legata alla correttezza della ERH, che non è stata ancora dimostrata, a dispetto di evidenze teoriche e sperimentali. In particolare il metodo di Miller si basa su un risultato di Ankeny [15] che afferma che, assumendo vera la ERH, se un numero n dispari è composto, allora esiste un numero $p < 2\log^2 n$ tale che o $(p, n) \neq 1$ oppure $\left(\frac{p}{n}\right) \not\equiv_n p^{(n-1)/2}$.

Sul versante probabilistico abbiamo visto che il Test di Primalità 1 (dovuto a Solovay e Strassen [138]) prova che COMPOSTO appartiene a **R**. Il Test di Primalità 2 che in qualche modo ne è una versione semplificata, mostra invece che PRIMO ∈ **BPP**.

Un altro algoritmo ben noto, che non abbiamo esaminato, è il cosiddetto metodo Miller-Rabin [124]. Si tratta di un algoritmo **R** per COMPOSTO, che risulta più semplice da implementare rispetto al metodo di Solovay e Strassen, perché non è basato sul simbolo di Jacobi ed ha una probabilità di errore più bassa ($\frac{1}{4}$ invece di $\frac{1}{2}$).

Rispetto alla dimostrazione che COMPOSTO ∈ **R**, quella per cui PRIMO ∈ **R**, ha dovuto attendere circa 10 anni, e risulta molto più complessa. Il primo risultato che abbiamo esaminato al riguardo, è costituito dal metodo GK (dai nomi dei due autori, Goldwasser e Kilian [70]). Questo metodo si basa sulle proprietà delle curve ellittiche in campi finiti, ed in particolare su un risultato di Schoof [134] che permette di calcolare in tempo polinomiale l'ordine di un gruppo ellittico. (Due testi di riferimento sulle curve ellittiche sono [76, 84].)

L'algoritmo GK utilizza il metodo deterministico APR [5] per determinare se alcuni numeri "piccoli" sono primi. Il metodo APR, piuttosto complesso, ha un costo asintotico proporzionale a $(\log n)^{c \log \log \log n}$, dove c è una costante positiva, e si basa su proprietà dei campi ciclotomici. Il metodo APR non è implementabile efficientemente, ma sono successivamente apparse versioni semplificate, dovute a Lenstra e Cohen, utilizzabili in pratica.

Il metodo GK costituisce un risultato parziale in quanto, come il metodo di Miller, basa la sua validità su una congettura. Anche nel caso la congettura non si rivelasse fondata, il metodo GK fallisce su una frazione esponenzialmente piccola di input. Poco dopo l'apparizione del metodo GK, Adleman e Huang [3] hanno dimostrato che Primo $\in \mathbf{R}$, con una prova molto complessa, basata su tecniche di geometria algebrica e sulla teoria delle varietà abeliane. Il costo del metodo di Adleman e Huang non è immediatamente deducibile dall'articolo citato, ma Johnson in [79] stima che sia almeno $\Omega(\log^{100} n)$ e quindi di interesse esclusivamente teorico. Una versione modificata del metodo GK, denominata algoritmo Atkin-Goldwasser-Kilian [16, 99] permette invece di certificare la primalità di numeri di grandi dimensioni (100-200 cifre) in tempi ragionevoli ed una sua implementazione fa parte, ad esempio, delle funzioni disponibili nel pacchetto software *Mathematica* della Wolfram Research.

4. Casualità e Complessità

4.1 Introduzione

Un processo casuale è un procedimento assimilabile ad un ideale lancio di una monetina, dove l'esito del lancio non può essere predetto che con probabilità $\frac{1}{2}$. Il termine "ideale" è necessario, in quanto in pratica è difficile generare un processo che sia intrinsecamente casuale. La stessa esistenza della casualità pura potrebbe essere messa in dubbio. Dal punto di vista computazionale il concetto ideale di casualità viene utilizzato nell'ambito delle classi e degli algoritmi probabilistici, in cui si presuppone l'esistenza di una fonte esterna in grado di produrla. Il precedente capitolo ha presentato un certo numero di esempi a tale proposito: gli algoritmi probabilistici per la primalità sono stati descritti ipotizzando l'esistenza di una fonte esterna in grado di generare "casualità pura".

Nella pratica algoritmica, tuttavia, si procede secondo metodologie radicalmente diverse, che fanno ricorso, ogni qual volta un algoritmo richiede uno o più numeri casuali, ad un *generatore di numeri pseudocasuali*. Tale generatore è un programma che chiede in input un *seme* di partenza e restituisce un numero, funzione del seme, che svolge le funzioni del numero casuale richiesto.

Un argomento di ricerca molto importante consiste nell'analizzare, nell'ambito di computazioni che utilizzano risorse limitate, le relazioni che intercorrono tra casualità e pseudocasualità, ossia tra sequenze casuali e sequenze che, pur prodotte deterministicamente, sono in qualche senso assimilabili alle prime.

Il passaggio da algoritmi probabilistici ideali ad algoritmi che fanno ricorso ad un generatore pseudocasuale è cruciale. Infatti nel primo caso possiamo parlare di algoritmi probabilistici in modo proprio, mentre nel secondo siamo di fronte ad algoritmi il cui output dipende dal valore dei semi dati in ingresso al generatore. Tali semi sono in genere numeri da scegliere in un piccolo intervallo, mentre il numero prodotto dal generatore appartiene ad un intervallo molto più ampio. La componente casuale risiede nel seme, a partire dal quale si innesta un processo che è a tutti gli effetti deterministico. Tuttavia questo processo deve essere in grado di generare numeri che non possano essere distinti da numeri casuali se non utilizzando una notevole quantità di risorse. Al riguardo, nelle sezioni dedicate ai generatori pseudocasuali, vedremo come, basandosi su opportune congetture, sia possibile costruire sequenze che *sembrano* casuali ad ogni macchina le cui risorse siano opportunamente limitate.

Il processo di trasformazione di un algoritmo probabilistico in un algoritmo dove la casualità sta solo nel seme in ingresso ad un generatore è detto *derandomizzazione*. Tale termine sta ad indicare una diminuzione della quantità di casualità richiesta dall'algoritmo, se non la sua eliminazione.

Questa trasformazione dà vita alla questione dell'esistenza di generatori pseudocasuali in grado di simulare efficientemente le computazioni probabilistiche, collegando così casualità e pseudocasualità con questioni di complessità computazionale, in cui ci si interroga circa le relazioni tra classi deterministiche e probabilistiche.

Questo capitolo è organizzato come segue.

Nella Sezione 4.2 presentiamo un procedimento di derandomizzazione completa, che mette in mostra come le classi probabilistiche **R** e **BPP** siano contenute nella classe dei problemi risolubili tramite famiglie di circuiti booleani deterministici di dimensione polinomiale e senza vincoli di uniformità, dove è proprio la non uniformità a consentire una simulazione efficiente (si consulti il Capitolo 2 per le definizioni di non uniformità).

La Sezione 4.3 si occupa di due tipi di generatori pseudocasuali, basati su diverse assunzioni, e di un risultato (il Lemma dell'or esclusivo) che consente di amplificare le proprietà di pseudocasualità dei generatori utilizzando l'operazione di or esclusivo. I generatori presentati metteranno in luce, da punti di vista diversi, il legame tra casualità in presenza di risorse limitate e complessità computazionale. Inoltre il lettore incontrerà una struttura combinatoriale, il block design, che recita un ruolo di primo piano nella simulazione della casualità.

La Sezione 4.4 e le successive sono dedicate ad approfondire il ruolo e la natura di un'altra struttura che interviene in modo importante nei processi di derandomizzazione, ossia il *grafo espansivo*. Vista la portata dell'argomento e i suoi collegamenti con altri campi della complessità computazionale, viene dato molto spazio a questa nozione, agli strumenti di algebra lineare che servono per studiarla, oltre che alle applicazioni alla pseudocasualità.

4.2 Derandomizzazione

Prima di entrare nel vivo della discussione sulla pseudocasualità, oggetto di studio della prossima sezione, vediamo un semplice esempio che mostra alcune limitazioni del calcolo probabilistico, mettendo in rilievo un contesto in cui la casualità può essere completamente rimossa.

Abbiamo già anticipato che si parla di derandomizzazione quando si elimina o si riduce l'accesso ad una fonte di casualità, sostituendo così ad un algoritmo probabilistico un algoritmo deterministico oppure un altro algoritmo probabilistico che utilizza meno bit casuali.

In questa sezione, facciamo riferimento al modello dei circuiti booleani non uniformi e ne evidenziamo il ruolo ai fini di capire i limiti della potenza delle computazioni probabilistiche eseguibili in tempo polinomiale.

Definizione 4.1 (Circuito probabilistico). *Un circuito booleano probabilistico è caratterizzato da due classi di ingressi, ossia*

- *input di tipo casuale, a ciascuno dei quali viene assegnato (casualmente e secondo la distribuzione uniforme) un valore in $\{0,1\}$;*
- *gli input $x_1, \ldots, x_n$ da cui dipende la funzione f da calcolare.*

Diciamo che il circuito "calcola" $f_n(x_1, \ldots, x_n)$ se valgono le due seguenti proprietà:

- *per ogni input $x_1, \ldots, x_n$ tale che $f_n(x_1, \ldots, x_n) = 0$, l'output del circuito è 0, indipendentemente dal valore degli input casuali;*
- *per ogni $x_1, \ldots, x_n$ tale che $f_n(x_1, \ldots, x_n) = 1$, l'output del circuito è 1, con probabilità almeno $\frac{1}{2}$; in questo caso i bit casuali si dicono "testimoni" per l'ingresso $x_1, \ldots, x_n$.*

In analogia con la nozione di famiglia di circuiti deterministici, che abbiamo incontrato nel Capitolo 2, definiamo ora il concetto di famiglia di circuiti probabilistici.

Definizione 4.2 (Famiglia). *Sia f una famiglia di funzioni booleane, il cui n-esimo membro è $f_n : \{0,1\}^n \rightarrow \{0,1\}$. Facendo riferimento alla definizione classica di famiglia di circuiti, nel caso probabilistico, parliamo di n-esimo membro C_n della famiglia come di un circuito con n ingressi $x_1, \ldots, x_n$ e con m bit casuali $r_1, \ldots, r_m$. Se almeno la metà delle 2^m possibili scelte per $r_1, \ldots, r_m$ sono testimoni per $x_1, \ldots, x_n$ (ossia certificano il valore corretto di $f_n(x_1, \ldots, x_n)$ quando questo è 1), allora diciamo che C_n calcola la funzione f_n.*

Possiamo ora dimostrare un teorema che mostra come i circuiti probabilistici di dimensione polinomiale possano essere efficientemente simulati da circuiti deterministici non uniformi di dimensione polinomiale. La principale conseguenza di questo risultato è la dimostrazione che la classe **R** è contenuta in **P**/Poly, che è la classe dei problemi risolubili tramite famiglie di circuiti non uniformi di dimensione polinomiale.

Teorema 4.1 (Teorema di Adleman). *Una funzione booleana calcolabile da un circuito probabilistico di dimensione polinomiale è calcolabile da un circuito deterministico di dimensione polinomiale.*

Dim. Il punto di partenza è l'esistenza, per ogni n, di un circuito probabilistico C_n per il calcolo della funzione booleana f_n.

Vediamo come costruire, a partire da C_n, un circuito deterministico D_n. I possibili input per il circuito sono 2^n (gli argomenti da cui dipende f_n), oltre ai 2^m possibili valori che possono essere assegnati alle variabili casuali. Costruiamo allora una matrice M con 2^n righe e 2^m colonne, in modo che ad ogni riga corrisponda uno specifico ingresso e ad ogni colonna uno specifico assegnamento alle variabili casuali. L'elemento (i, j) della matrice M è pari ad 1 se il j-esimo assegnamento a $r_1, \dots, r_m$ è un testimone (positivo) per l'i-esimo ingresso.

A questo punto procediamo eliminando dalla matrice M tutte le righe corrispondenti ad input per cui $f_n = 0$. La matrice così ottenuta presenta la seguente proprietà: almeno metà degli elementi in ogni riga è uguale ad 1, il che implica che esiste una colonna con almeno metà degli elementi uguale ad 1. Questo significa che esiste almeno un assegnamento di valori in $\{0, 1\}$ a $r_1, \dots, r_m$ che funge da testimone per almeno metà degli input per cui $f_n = 1$. Denotiamo con $r_1^1, \dots, r_m^1$ tale assegnamento. Costruiamo ora un circuito T_n^1 che coincide con C_n, dopo aver eseguito l'assegnamento $r_i \leftarrow r_i^1$, $i = 1, 2, \dots, m$. Si noti che, per definizione, il circuito T_n^1 calcola correttamente f_n su almeno metà delle istanze. A questo punto, si opera un'ulteriore riduzione della matrice M, eliminando la colonna corrispondente a $r_1^1, \dots, r_m^1$ e tutte le righe corrispondenti ad input di cui $r_1^1, \dots, r_m^1$ è testimone, ossia tutte le righe che contengono 1 in tale colonna.

A partire dalla matrice così ottenuta, si può applicare nuovamente il procedimento descritto, arrivando alla definizione di un circuito T_n^2. Il procedimento dimezza (almeno) ogni volta il numero di righe e pertanto termina certamente entro n passi generando i circuiti $T_n^1, T_n^2, \dots, T_n^k$, $k \leq n$.

Il circuito D_n cercato viene costruito mettendo in OR le uscite dei circuiti $T_n^1, T_n^2, \dots, T_n^k$. È immediato verificare che la dimensione di D_n è al più n volte la dimensione di C_n.   □

Una dimostrazione diversa, dovuta a Gill, consente di confrontare la classe **BPP** con la classe **P/Poly**, e di dimostrare che anche **BPP** è contenuta in **P/Poly**. In tale dimostrazione bisogna naturalmente fare riferimento ad una nozione più generale di circuito probabilistico.

Questi risultati mettono in rilievo che le nozioni di computazione probabilistica limitata in tempo polinomiale e di circuito non uniforme di dimensione polinomiale sono in stretta relazione; più precisamente questi ultimi hanno una potenza almeno pari a quella delle computazioni probabilistiche di tempo polinomiale.

Esempi più sofisticati di derandomizzazione saranno presentati nella prossima sezione, dove si parlerà di generatori pseudocasuali.

4.3 Generatori pseudocasuali

4.3.1 Il lemma dell'or esclusivo

Il Lemma dell'or esclusivo, dovuto a Yao, può essere espresso in diversi modi e in diversi contesti ed è legato al concetto di *impredicibilità*. Come preciseremo meglio in seguito, l'output di una funzione booleana f è detto impredicibile rispetto ad una classe di complessità, se nessun algoritmo che opera entro i limiti sulle risorse imposti da quella classe riesce a prevedere correttamente l'output di f con una probabilità significativamente maggiore di $\frac{1}{2}$.

Informalmente, il Lemma afferma che se abbiamo un predicato o funzione booleana f il cui output è solo *debolmente impredicibile* rispetto ad una fissata classe di complessità $\mathcal{C}$, allora il predicato

$$F(x_1, x_2, \ldots, x_t) = \bigoplus_{i=1}^{t} f(x_i) \, ,$$

ottenuto combinando con l'or esclusivo ($\oplus$) sufficienti valori del predicato f, è *essenzialmente impredicibile* da algoritmi che appartengono a $\mathcal{C}$.

Il Lemma dell'or esclusivo può essere quindi visto come un metodo standard per aumentare l'impredicibilità di una data funzione booleana. Come vedremo nelle sezioni successive il concetto di impredicibilità è strettamente collegato a quello di pseudocasualità. Intuitivamente, un valore che non può essere previsto da macchine che dispongono di una determinata quantità di risorse, svolge, per tali macchine, il ruolo di un valore casuale ed è pertanto detto pseudocasuale.

Nel seguito di questa sezione assumeremo che i circuiti booleani e i predicati restituiscano non valori in $\{0, 1\}$, bensì in $\{-1, 1\}$. La sostituzione del valore booleano b con $b' = (-1)^b$ permette notevoli semplificazioni. In particolare in questo contesto l'or esclusivo corrisponde al prodotto. Infatti se $a' = (-1)^a$, $b' = (-1)^b$ e $c = a \oplus b$ allora $(-1)^c = a' \cdot b'$.

Per precisare e quantificare il concetto di impredicibilità, definiamo ora una misura che esprime quanto una famiglia di circuiti approssimi il comportamento di un dato algoritmo. Useremo il simbolo $E[X]$ per denotare il *valor medio* di una variabile casuale X.

Definizione 4.3. *Sia P un algoritmo probabilistico che ha come input stringhe di bit e come output valori in $\{\pm 1\}$. Siano $\mathbf{X} = \{X_n\}$ una famiglia di variabili casuali tale che, per ogni n, la variabile X_n è distribuita su $\{0, 1\}^n$, e $\mathbf{C} = \{C_n\}$ una famiglia di circuiti.*

La correlazione di P con $\mathbf{C}$ su $\mathbf{X}$ è la funzione $c : \mathbf{N} \to \mathbf{R}$ tale che

$$c(n) = E[C_n(X_n) \cdot P(X_n)] \, ,$$

dove la media è calcolata rispetto alla variabile casuale X_n, per ogni n, e su P, per ogni possibile valore dei bit casuali utilizzati da P.

Diremo che una classe di complessità ha correlazione al più $c(\cdot)$ con P su $\mathbf{X}$ se, per ogni famiglia di circuiti $\mathbf{C}$ nella classe, la correlazione di $\mathbf{C}$ e P su $\mathbf{X}$ è minore di $c(\cdot)$.

Vediamo alcuni casi limite per chiarire il concetto di correlazione.

Esempio 4.1. Per ogni n, la funzione $c(n)$ equivale ad una media di valori in $\{-1, 1\}$ e quindi avremo $c(n) \in [-1, 1]$. Se $c(n) = 1$ allora $C_n(X_n)$ e

$P_n(X_n)$ coincidono per ogni X_n. Viceversa se $c(n) = -1$, abbiamo sempre $C_n(X_n) = -P(X_n)$. In entrambi i casi la correlazione è massima ed effettivamente possiamo utilizzare C_n per calcolare P per gli input di lunghezza n.

Se $C_n(X_n)$ e $P(X_n)$ sono assolutamente non correlati il prodotto $C_n(X_n) \cdot P(X_n)$ assumerà i valori -1 e 1 un numero approssimativamente uguale di volte e avremo quindi $c(n) \approx 0$.   □

Enunciamo ora il Lemma dell'or esclusivo nella sua generalità e con riferimento al modello di calcolo non uniforme.

Lemma 4.1 (Lemma di Yao). *Sia P un algoritmo probabilistico che ha come input stringhe di bit e come output valori in $\{\pm 1\}$. Sia $\mathbf{X} = \{X_n\}$ una famiglia di variabili casuali tale che, per ogni n, la variabile X_n è distribuita su $\{0,1\}^n$.*

Sia $s : \mathbf{N} \to \mathbf{N}$ una funzione che rappresenta la dimensione dei membri di una famiglia di circuiti e sia $\delta : \mathbf{N} \to [-1,1]$ una funzione tale che $|\delta(n)| < 1 - 1/p(n)$ per qualche polinomio p e per n sufficientemente grande.

Definiamo il predicato

$$P^{(t)}(x_1, x_2, \ldots, x_{t(n)}) = \prod_{i=1}^{t(n)} P(x_i) \,, \tag{4.1}$$

dove $x_1, \ldots, x_{t(n)} \in \{0,1\}^n$ e consideriamo la famiglia di variabili casuali $\mathbf{X}^{(t)} = \{X_n^{(t)}\}$ tale che $X_n^{(t)}$ consiste di $t(n)$ copie indipendenti di X_n.

Supponiamo che $\delta(\cdot)$ sia un limite alla correlazione di famiglie di circuiti di dimensione $s(\cdot)$ con P su $\mathbf{X}$.

Allora per ogni $\epsilon : \mathbf{N} \to [0,1]$, la funzione

$$\delta^{(t)}(n) = \delta(n)^{t(n)} + \epsilon(n) \,,$$

è un limite alla correlazione di famiglie di circuiti di dimensione $s'(n)$, con $P^{t(n)}$ su $\mathbf{X}^{(t)}$, dove

$$s'(t(n) \cdot n) = \mathrm{poly}\left(\frac{\epsilon(n)}{n}\right) \cdot s(n) - \mathrm{poly}(n \cdot t(n)) \,,$$

e con la notazione $\mathrm{poly}(e)$ indichiamo un'espressione polinomiale in e.   □

Tralasciando alcuni dettagli di carattere tecnico, il Lemma di Yao afferma che se l'output di un algoritmo probabilistico P ha correlazione $\delta(n)$ con i circuiti di dimensione $s(n)$, allora l'or esclusivo dell'output di P calcolato in $t(n)$ punti, ha una correlazione pari a circa $\delta(n)^{t(n)}$. La correlazione, essendo un valore minore di 1, decade in modo geometrico al crescere di $t(n)$ e quindi la combinazione (tramite or esclusivo) di più valori calcolati da P risulta sensibilmente più impredicibile del semplice output di P, da parte di circuiti di dimensione confrontabile. Ricordiamo ancora che avendo supposto, senza perdita di generalità, che l'output di P sia in $\{\pm 1\}$, l'operazione logica di or esclusivo corrisponde al prodotto aritmetico.

Abbiamo enunciato il Lemma dell'or esclusivo nella sua versione non uniforme. La versione uniforme è analoga e si ottiene imponendo che i circuiti C_n siano costruibili in tempo polinomiale rispetto alla loro dimensione e che le funzioni s, t, δ e ϵ siano calcolabili nello stesso limite di tempo.

Il Lemma dell'or esclusivo può essere dimostrato in diversi modi, con ipotesi e conclusioni leggermente diverse. La versione che abbiamo enunciato è dovuta a Levin, e la sua dimostrazione si riduce essenzialmente alla ripetuta applicazione del seguente lemma.

Lemma 4.2 (Lemma di Levin). *Siano P_1 e P_2 due predicati, $l : \mathbf{N} \to \mathbf{N}$ tale che $l(n) \leq n$, e $P(x) = P_1(y) \cdot P_2(z)$, dove $x = yz$, $|y| = l(|x|)$ e con $|x|$ denotiamo la lunghezza della stringa binaria x. Sia $\mathbf{x} = \{X_n\}$ una famiglia di variabili casuali tale che i primi $l(n)$ bit di X_n sono statisticamente indipendenti dai rimanenti. Denotiamo con $\mathbf{Y} = \{Y_{l(n)}\}$ e $\mathbf{Z} = \{Z_{n-l(n)}\}$ le due famiglie di variabili casuali che coincidono con $\mathbf{X}$ sui primi $l(n)$ bit e sugli ultimi $n - l(n)$ bit.*

Siano $\delta_1(\cdot)$ e $\delta_2(\cdot)$ limiti alla correlazione delle famiglie di circuiti rispettivamente di dimensione $s_1(\cdot)$ con P_1 su $\mathbf{Y}$ e di dimensione $s_2(\cdot)$ con P_2 su $\mathbf{Z}$.

Allora per ogni $\epsilon : \mathbf{N} \to \mathbf{R}$, la funzione

$$\delta(n) = \delta_1(l(n)) \cdot \delta_2(n - l(n)) + \epsilon(n)$$

è un limite per la correlazione delle famiglie dei circuiti di dimensione $s(n)$ con P su $\mathbf{X}$, dove

$$s(n) = \min\left\{ \frac{s_1(l(n))}{\mathrm{poly}(n \cdot \epsilon(n))}, s_2(n - l(n)) - n \right\}.$$

Dim. Come osservato precedentemente, il prodotto $P(\cdot) = P_1(\cdot) \cdot P_2(\cdot)$ corrisponde effettivamente all'or esclusivo dei due predicati $P_1(\cdot)$ e $P_2(\cdot)$.

Supponiamo per assurdo che esista una famiglia di circuiti $\mathbf{C}$ di dimensione $s(\cdot)$ la cui correlazione con P su $\mathbf{X}$ sia superiore a $\delta(\cdot)$. Denotiamo con Y_l (rispettivamente, Z_m) la proiezione di X_n sui primi $l = l(n)$ bit (rispettivamente, sugli ultimi $m = n - l(n)$ bit). Otteniamo

$$\begin{aligned}
\delta(n) &< \mathrm{E}[C_n(X_n) \cdot P(X_n)] \\
&= \mathrm{E}[C_n(Y_l, Z_m) \cdot P_1(Y_l) \cdot P_2(Z_m)] \\
&= \mathrm{E}[P_1(Y_l) \cdot \mathrm{E}[C_n(Y_l, Z_m) \cdot P_2(Z_m)]],
\end{aligned} \tag{4.2}$$

dove nell'ultima espressione, la media esterna è calcolata su Y_l e la media interna su Z_m. Per ogni $y \in \{0,1\}^l$ fissato, sia

$$T(y) = \mathrm{E}[C_n(y, Z_m) \cdot P_2(Z_m)].$$

Dalla (4.2) ricaviamo

$$\mathrm{E}[T(Y_l) \cdot P_1(Y_l)] > \delta(n) \,. \tag{4.3}$$

Mostreremo ora che la disuguaglianza (4.3) contraddice le ipotesi su P_1 o su P_2.

Dimostriamo innanzitutto il seguente fatto.

Fatto 4.1. *Per ogni $y \in \{0,1\}^l$ e per tutti gli n (eccetto eventualmente un numero finito) vale $|T(y)| \le \delta_2(m)$.*

Osserviamo che fissando un valore di y che contraddice il Fatto 4.1, otteniamo un circuito $C'_m(z) = C_n(y,z)$ di dimensione $s(n) + l < s_2(m)$ che ha correlazione con P_2 maggiore di quanto consentito dall'ipotesi del lemma su P_2.

Possiamo così affermare che il valore di $T(y)/\delta_2(m)$ giace nell'intervallo $[-1,1]$ e che $T(y)$, in base all'equazione (4.3), ha una buona correlazione con P_1. Mostreremo che partendo dalla funzione T possiamo definire un circuito che contraddice le ipotesi su P_1.

Supponiamo che dato y sia possibile calcolare $T(y)$. In questo modo avremmo un algoritmo che restituisce un risultato appartenente all'intervallo $[-1,1]$ con correlazione $\delta(n)/\delta_2(m) > \delta_1(l)$ con P_1 su Y_l. Questo fatto è *quasi* in contraddizione con le ipotesi su P_1. Il termine *quasi* è stato usato perché per avere una vera contraddizione l'output dovrebbe essere in $\{-1,1\}$ e non in $[-1,1]$. Analogamente otterremmo una contraddizione dello stesso tipo se l'ipotetico algoritmo fosse in grado di approssimare $T(y)$ usando un circuito di dimensione $s_1(l)$. Mostriamo ora come una tale approssimazione sia in effetti ottenibile.

Fatto 4.2. *Per ogni n, sia $l = l(n)$, $m = n - l(n)$, $q = \mathrm{poly}(n/\epsilon(n))$ e $y \in \{0,1\}^l$. Sia inoltre*

$$\tilde{T}(y) = \frac{1}{q} \sum_{i=1}^{q} C_n(y, z_i) \cdot \sigma_i \,,$$

dove $(z_1, \sigma_1), \dots, (z_q, \sigma_q)$ è una sequenza di q valori casuali estratti in accordo alla distribuzione $(Z_m, P_2(Z_m))$. Allora vale

$$\mathrm{Prob}\{|T(y) - \tilde{T}(y)| > \epsilon(n)\} < 2^{-l(n)} \,. \tag{4.4}$$

La dimostrazione del Fatto 4.2 discende dalla definizione di $T(y)$, applicando la *disuguaglianza di Chernoff*

$$\mathrm{Prob}\{|\Sigma| \ge t\sqrt{n}\} \le e^{-t^2/2} \,,$$

dove Σ è la somma di n variabili indipendenti che assumono i valori $\{+1, -1\}$ con la stessa probabilità.

Il Fatto 4.2 suggerisce di approssimare $T(y)$ calcolando la media di $C_n(y, z_i)\sigma_i$ rispetto alla sequenza casuale $(z_1, \sigma_1), \dots, (z_q, \sigma_q)$. Se tale sequenza può essere generata efficientemente in modo uniforme abbiamo ottenuto l'algoritmo approssimante che cercavamo. Alternativamente possiamo sfruttare la non uniformità per ottenere una sequenza che vada bene per tutte le possibili scelte di y. Una tale sequenza esiste, perché, con probabilità strettamente maggiore di zero, una sequenza scelta a caso va bene per tutti i $2^{l(n)}$ possibili valori di y.

In entrambi i casi, abbiamo mostrato l'esistenza di un circuito di dimensione $\mathrm{poly}(n/\epsilon(n))s(n)$ che, ricevuto in input $y \in \{0,1\}^{l(n)}$, calcola $(T(y) \pm \epsilon(n))/\delta_2(m)$. Notiamo che questo valore è correlato con P_1 per un fattore almeno

$$\frac{\delta(n)}{\delta_2(m)} - \frac{\epsilon(n)}{\delta_2(m)} = \delta_1(l),$$

il che *quasi* contraddice le ipotesi.

La contraddizione si trova superando l'inconveniente che l'output sia in $[-1,1]$, anziché in $\{-1,1\}$ come desiderato. Questo si realizza modificando il circuito in modo che, calcolato $r \in [-1,1]$, esso emetta 1 con probabilità $(1+r)/2$ e -1 con probabilità $(1-r)/2$. Poiché questa modifica preserva la correlazione, otteniamo così la contraddizione desiderata. □

Applicando ripetutamente il Lemma 4.2 è possibile derivare il Lemma dell'or esclusivo. Senza scendere nei dettagli, che prevedono diversi tecnicismi, rileviamo che la derivazione nasce dal fatto che possiamo scrivere

$$P^{(t)}(x_1, x_2, \ldots, x_{t(n)}) = P(x_1) \cdot P^{(t-1)}(x_2, \ldots, x_{t(n)}),$$

ed applicare il Lemma 4.2 al prodotto (che corrisponde ad un or esclusivo) $P \cdot P^{(t-1)}$.

La prima versione del Lemma dell'or esclusivo è apparsa nel contesto delle funzioni *one-way*, la cui esistenza, come vedremo nelle prossime sezioni, è strettamente legata a quella dei generatori pseudocasuali. Intuitivamente le funzioni *one-way* sono funzioni facili da calcolare e difficili da invertire.

Definizione 4.4. *Una funzione* $f : \{0,1\}^* \to \{0,1\}^*$ *è detta* one-way *se esiste un algoritmo deterministico di costo polinomiale che calcola* f *e se per ogni algoritmo probabilistico polinomiale* A *e per ogni polinomio* $p(\cdot)$ *vale*

$$\mathrm{Prob}\{A(f(x)) = x\} < \frac{1}{p(|x|)},$$

dove la probabilità è calcolata rispetto a tutte le possibili scelte di x *e ai bit casuali utilizzati nell'algoritmo* A.

In altre parole, una funzione è one-way se qualsiasi algoritmo probabilistico polinomiale non è in grado di risalire a x, partendo dal valore di $y = f(x)$, (cioè a calcolare $f^{-1}(y)$) se non con bassissima probabilità. È possibile dare definizioni alternative di funzione *one-way*, in particolare facendo riferimento ad una famiglia di circuiti probabilistici anziché ad un algoritmo e/o facendo riferimento ad algoritmi con vincoli sulle risorse diversi dalla limitazione polinomiale in tempo utilizzata nella Definizione 4.4. La caratteristica essenziale delle funzioni *one-way* rimane comunque la stessa: una asimmetria, dal punto di vista della complessità, tra il calcolo di $y = f(x)$ e il calcolo (anche solo probabilistico) di $f^{-1}(y)$.

Vi sono diverse funzioni che sono ritenute *one-way* nel senso della Definizione 4.4, ma nessuno ha finora dimostrato che effettivamente esistano funzioni *one-way*. La difficoltà del problema è sottolineata dal fatto che da una eventuale prova della loro esistenza si potrebbe ricavare la dimostrazione della congettura **NP≠P**. Nonostante sia una assunzione più forte di **NP≠P**, l'esistenza di funzioni *one-way* è considerata, al pari di questa, una ragionevole ipotesi di lavoro.

4.3.2 Generatori pseudocasuali da funzioni difficili da invertire

Le funzioni difficili da invertire o funzioni *one-way*, costituiscono uno strumento base nella teoria e nelle applicazioni della crittografia.

In questa sezione vediamo come sfruttare una funzione *one way* per costruire un generatore pseudocasuale. La funzione prescelta è l'elevamento a potenza in un gruppo ciclico, la cui inversa, (il logaritmo discreto) è ritenuta non calcolabile in tempo polinomiale. Alla base di questo approccio c'è naturalmente l'ipotesi che *esistano* funzioni one-way.

Definiamo informalmente *generatore pseudocasuale crittograficamente robusto* o generatore CSPR (dall'inglese Cryptographically Strong Pseudo-Random bit generator) un programma G che, ricevuto in input un numero casuale s, detto *seme*, genera una sequenza di bit pseudocasuali $b_1, b_2, \ldots$ tali che

- Ogni bit b_i è generato in tempo polinomiale rispetto alla lunghezza del seme s.
- I bit b_i sono computazionalmente *impredicibili*, ossia, dato G e noti i primi k bit generati, con $k = O(\log s)$, ma non s, non è possibile "prevedere" il bit b_{k+1} in tempo polinomiale.

Precisiamo ora in che senso i bit prodotti dal nostro generatore devono essere "impredicibili". A tal scopo definiamo un test, detto *next-bit-test*, che deve essere soddisfatto.

Definizione 4.5. *Sia P un polinomio e $S = \{S_k\}$ una famiglia di multiset[1] tali che ogni S_k contiene sequenze di bit di lunghezza $P(k)$, eventualmente ripetute. Sia P_1 un polinomio.* Una *famiglia di predizioni è una famiglia di circuiti booleani $C = \{C_k^\alpha\}$ per cui ogni C_k^α ha dimensione minore di $P_1(k)$, α ingressi, con $\alpha < P(k)$, e un output. Fornendo in ingresso al circuito C_k^α i primi α bit di una sequenza $s \in S_k$ otterremo come output il bit b. Detta $p_{k,\alpha}^C$ la probabilità che b sia uguale all'$(\alpha+1)$-esimo bit di s, diremo che S supera*

---

[1] Con il termine *multiset* denotiamo un insieme che può contenere elementi ripetuti.

il next-bit-test *se, per ogni famiglia di predizioni C, per ogni polinomio Q, per tutti i k sufficientemente grandi e per ogni* $\alpha < P(k)$*, vale*

$$p_{k,\alpha}^C \leq \frac{1}{2} + \frac{1}{Q(k)} .$$

Il concetto di impredicibilità che utilizziamo è legato a quello di complessità computazionale, in quanto una sequenza supera il next-bit-test quando qualsiasi algoritmo polinomiale che cerca di determinare il bit successivo trae un vantaggio solo marginale dalla conoscenza dei bit precedenti.

Una apparente limitazione del next-bit-test è costituita dal fatto di essere basato sulla predicibilità di ogni singolo bit, e non su proprietà globali della sequenza pseudocasuale. Tuttavia Yao ha dimostrato il seguente risultato che mette in relazione il next-bit-test con i test statistici polinomiali che definiamo nel seguito.

Teorema 4.2 (Yao). *Una famiglia S supera il next-bit-test se e solo se soddisfa tutti i test statistici polinomiali.*

Il concetto di *test statistico* può essere formalizzato come segue.

Definizione 4.6. *Siano P e* P_1 *due polinomi. Sia* $S = \{S_k\}$ *una famiglia di multiset per cui ogni* S_k *contiene sequenze di bit di lunghezza* $P(k)$*. Un* test statistico polinomiale *è una famiglia di circuiti booleani* $C = \{C_k\}$ *con le seguenti caratteristiche. Ogni circuito* C_k *ha dimensione minore di* $P_1(k)$*,* $P(k)$ *input e un output. Sia* $p_{k,S}^C$ *la probabilità che* C_k*, ricevuta in ingresso una sequenza scelta a caso in* S_k*, produca 1. Analogamente, sia* $p_{k,R}^C$ *la probabilità che* C_k*, ricevuta in ingresso una sequenza casuale lunga* $P(k)$*, produca 1. Diremo che la famiglia S soddisfa tutti i test statistici polinomiali se, per ogni test statistico polinomiale C e per ogni polinomio Q, vale la disuguaglianza*

$$|p_{k,S}^C - p_{k,R}^C| < \frac{1}{Q(k)} ,$$

per ogni k sufficientemente grande.

Idealmente, l'output di un buon generatore pseudocasuale dovrebbe essere indistinguibile da una sequenza veramente casuale. Nella pratica, questa indistinguibilità viene verificata per mezzo di alcuni test statistici, mentre vorremmo che il nostro generatore potesse superare *tutti i possibili* test statistici di costo polinomiale. Il Teorema 4.2 garantisce che questo avviene se il nostro generatore è in grado di soddisfare il next-bit-test.

Possiamo dare ora una definizione formale di generatore CSPR e enunciare un insieme di condizioni che devono essere soddisfatte perché sia possibile costruire un tale generatore.

Definizione 4.7. *Sia Q un polinomio, I un insieme di sequenze di bit, e* $I_k \subseteq I$ *l'insieme delle sequenze lunghe k. Sia A un algoritmo deterministico che, ricevuto in input un seme* $x \in I_k$*, genera una sequenza di bit* s_x *lunga*

$Q(k)$. Sia $S_k = \{s_x \mid x \in I_k\}$. Diremo che A è un generatore Q-CSPR se $S = \{S_k\}$ supera il next-bit-test.

In generale ogni sequenza pseudocasuale a risulterà prima o poi periodica, perché il generatore è deterministico e utilizza una quantità finita di risorse di calcolo. Ogni sequenza periodica $s = xyyy\cdots$ è caratterizzata da un *antiperiodo* x, eventualmente di lunghezza nulla, e da un periodo y. Idealmente vorremmo una sequenza con un periodo il più lungo possibile o alternativamente con un lungo antiperiodo, se prevediamo di usarne solo la parte iniziale.

Possiamo dimostrare che, per la maggior parte dei semi, le sequenze prodotte da un generatore CSPR mostrano un buon comportamento dal punto di vista della periodicità, ovvero non presentano antiperiodo e periodo simultaneamente "corti".

Siano α e β due interi. Diciamo che una sequenza di bit è (α, β)-periodica se l'antiperiodo è al più lungo α bit e se la lunghezza del periodo è inferiore a β bit. Vale il seguente teorema.

Teorema 4.3. *Sia* $Q = P_1 + P_2 + 2P_3 + 1$, *dove* P_1, P_2 *e* P_3 *sono polinomi, e* G *un generatore* Q-CSPR. *Sia* δ_k *la frazione dei semi di lunghezza* k *per i quali* G *genera un sequenza* $(P_1(k), P_2(k))$-*periodica. Allora* $\delta_k < 1/P_3(k)$, *per* k *sufficientemente grande.*

Dim. Supponiamo, per assurdo, che valga $\delta_k \geq 1/P_3(k)$ per un numero infinito di valori e sia k uno di tali valori. Denotiamo con ϵ_i la frazione dei semi di lunghezza k per i quali i primi $P_1(k) + P_2(k) + i$ bit generati formano una sequenza $(P_1(k), P_2(k))$-periodica. Abbiamo allora

$$1 = \epsilon_0 \geq \epsilon_1 \geq \ldots \geq \epsilon_{2P_3(k)} \geq \delta_k \geq \frac{1}{P_3(k)} \, .$$

Sia i tale che $e_i - e_{i+1} \leq \frac{1}{2}(1/P_3(k))$, dove $0 \leq i < 2P_3(k)$. (Notiamo che se un tale i non esistesse avremmo $\epsilon_0 > 1$.) Consideriamo il seguente algoritmo A_k che "predice" l'$(i+1)$-esimo bit in una sequenza $b_1, b_2, \ldots, b_{Q(k)}$ generata partendo da un seme di lunghezza k.

1. Sia $S = b_1, b_2, \ldots, b_i$.
2. Se S non è $(P_1(k), P_2(k))$-periodica, scegli b_{i+1} a caso.
3. In caso contrario, determina b_{i+1} in modo da preservare la $(P_1(k), P_2(k))$-periodicità.

Per la scelta di i e poiché $\epsilon_i \geq 1/P_3(k)$, A_k calcola b_{i+1} correttamente con una probabilità maggiore di $\frac{1}{2} + 1/(2P_3(k))$. Ciò costituisce una contraddizione, in quanto A_k, per un numero infinito di valori di k, può essere trasformato in un circuito polinomiale equivalente. $\qquad\square$

Consideriamo ora uno schema generale per la costruzione di un generatore pseudocasuale e vediamo poi quali condizioni devono essere soddisfatte perché esso sia un generatore CSPR.

Sia B un predicato definito in un dominio D con 2^k elementi, tale che $B(x) = 1$ per metà degli $x \in D$ e sia f una funzione da D in D. Un metodo possibile per generare una sequenza pseudocasuale a partire da un seme x_0 consiste nel calcolare la sequenza $x_{i+1} = f(x_i)$ e ottenere i bit pseudocasuali come $b_i = B(x_i)$. Il seguente esempio mostra che questo approccio può fallire miseramente se B ed f non sono scelti accuratamente.

Esempio 4.2. Se $D = \{0, 1, \ldots, 2^n - 1\}$, $B(x) = x \bmod 2$ e $f(x) = 3 \cdot x \bmod 2^n$, a seconda della scelta del seme x, otterremo la sequenza $\{0, 1, 0, 1, \ldots\}$ oppure $\{1, 0, 1, 0, \ldots\}$, che non possono certo dirsi casuali. $\Box$

Per mezzo del Teorema 4.4 mostreremo che un generatore costruito secondo questo schema generale può effettivamente essere un generatore CSPR, sotto opportune condizioni.

I predicati che utilizzeremo sono organizzati in insiemi o famiglie, come segue.

Definizione 4.8. *Sia S_n un sottoinsieme degli interi la cui rappresentazione è lunga esattamente n bit. Diremo che B è un* insieme di predicati *se*

$$B = \{B_i : D_i \to \{0, 1\} \mid i \in S_n, n \in \mathbf{N}\},$$

dove D_i è un sottoinsieme degli interi rappresentati con al più n bit.

Definiamo ora i concetti di *accessibilità* e di *inapprossimabilità* di un insieme di predicati.

Definizione 4.9. *Sia B un insieme di predicati e $I_n = \{(i, x) \mid i \in S_n, x \in D_i\}$. Diremo che B è* accessibile *se esistono due costanti c_1 e c_2 e un algoritmo probabilistico A tali che, per un input n, A si ferma dopo al più n^{c_1} passi e restituisce, con probabilità $1 - 1/2^{c_2}$ un elemento $(i, x) \in I_n$ scelto uniformemente, e con probabilità $1/2^{c_2}$ il simbolo "?".*

Un insieme di predicati è quindi accessibile se in tempo polinomiale possiamo scegliere uniformemente un predicato della famiglia e un valore appartenente al dominio del predicato e se ammettiamo che (con bassa probabilità) l'algoritmo di scelta possa fallire.

Definizione 4.10. *Siano B un insieme di predicati e P un polinomio. Denotiamo con c_n^P la dimensione minima di un circuito $C[i, x]$ che calcola correttamente $B_i(x)$ per almeno una frazione $\frac{1}{2} + 1/P(n)$ degli input $(i, x) \in I_n$. Diremo che tale circuito $(1/P(n))$-approssima B e che B è* inapprossimabile *se c_n^P cresce più velocemente di qualsiasi polinomio in n, per ogni scelta di P.*

Possiamo ora enunciare alcune condizioni sufficienti per la costruzione di un generatore CSPR. Gli ingredienti fondamentali, come vedremo, sono un predicato B e una funzione f tali che sia "facile" calcolare $f(x)$ e $B(f(x))$ conoscendo x, ma sia "difficile" calcolare $B(f(x))$ conoscendo solo $f(x)$.

Teorema 4.4. *Siano Q un polinomio e $B = \{B_i : D_i \to \{0,1\} \,|\, i \in S_n, n \in$ $\mathbf{N}\}$ un insieme di predicati accessibile e inapprossimabile. Sia $I = \{(i,x) \in$ $I_n | n \in \mathbf{N}\}$, ovvero l'insieme delle coppie (i,x) dove i identifica un predicato di B e x un valore del dominio di B_i. Inoltre supponiamo che*

(1) esista una funzione $f : (i,x) \in I \to D_i$, calcolabile in tempo polinomiale, tale che

(2) $f_i \equiv f(i,\cdot) : D_i \to D_i$ sia una permutazione, per ogni $i \in S_n$;

(3) esista un predicato $h : (i,x) \in I \to B_i(f_i(x))$ calcolabile in tempo polinomiale.

È allora possibile costruire un generatore Q-CSPR.

Dim. Sia $n \in \mathbf{N}$. Per ipotesi B è accessibile; consideriamo perciò il corrispondente algoritmo probabilistico A e le relative costanti c_1 e c_2. Sia $c = Q(n)$ la lunghezza della sequenza pseudocasuale desiderata e sia $n' = \lfloor n^{1/c_1} \rfloor$. I seguenti passi corrispondono ad un generatore Q-CSPR G che genera una sequenza di $Q(n)$ bit pseudocasuali partendo da un seme casuale r di n bit.

1. Esegui A sull'input n' usando i bit casuali di r.
2. Se il risultato di A è "?" allora genera una sequenza composta da c zeri.
3. Altrimenti, se A ha selezionato a caso un input $(i,x) \in I_{n'}$:
   a) Genera la sequenza $T_{i,x} = x = f_i(x), f_i^2(x), \ldots, f_i^x(x)$.
   b) Per $j = c, c-1, \ldots, 2, 1$, emetti il bit $B_i(f_i^j(x))$.

Supponiamo per semplicità che A non dia mai come risultato "?" e che $n' = n$; il caso generale può essere dimostrato analogamente.

   G prende un input casuale (i,x) e genera la sequenza $S_{i,x} = (s_j)_{j=1,\ldots,c}$, dove $s_j = B_i(f_i^{c-j+1}(x))$.

   La sequenza $T_{i,x}$ può essere costruita in tempo polinomiale, in quanto per ipotesi la funzione f, e quindi ogni funzione f_i, è calcolabile in tempo polinomiale rispetto a n. Una volta calcolata e memorizzata $T_{i,x}$, ogni bit $s_j \in S_{i,x}$ può essere determinato in tempo polinomiale. Infatti per l'ipotesi (3), $s_j = B_i(f_i^{c-j+1}(x))$ è facile da calcolare dato $f_i^{c-j}(x)$. Da ciò segue che G è calcolabile in tempo polinomiale.

   Verifichiamo ora che G è crittograficamente robusto. Siano P_1 e P_2 due polinomi. Vogliamo dimostrare che, quando n è sufficientemente grande, per ogni $k \in \{1, \ldots, c-1\}$, un circuito C con meno di $P_1(n)$ porte non può "predire" correttamente s_{k+1} con probabilità maggiore di $\frac{1}{2} + 1/P_2(n)$. Assumiamo per assurdo che esista un insieme infinito di interi F tale che, per ogni $n \in F$, esista un circuito C_n con meno di $P_1(n)$ componenti che predice s_{k+1} con probabilità almeno $\frac{1}{2} + 1/P_2(n)$. (La probabilità è calcolata su tutti i possibili semi di lunghezza n.) Consideriamo allora il seguente algoritmo polinomiale A, che fa riferimento al circuito C_n e che a sua volta può essere trasformato in un circuito di dimensione polinomiale.

1. Per un input $(i,x) \in I_n$, $n \in F$, genera la sequenza di bit

$$S = (b_1, \ldots, b_k) = (B_i(f_i^k(x)), \ldots, B_i(f_i^2(x)), B_i(f_i(x))) \,.$$

2. Sia y il bit calcolato dal circuito C_n a partire dai k bit in S.
3. Restituisci y come output di A.

In base alle ipotesi fatte, l'algoritmo A $(1/P_2(n))$-approssima B, ovvero $A(i,x) = B_i(x)$ per un frazione $\frac{1}{2} + 1/P_2(n)$ degli input $(i,x) \in I_n$. Infatti notiamo che i bit $b_1, \ldots, b_k$ sono i primi k della sequenza $S_{i,f_i^{k-c}(x)}$. Quindi $A(i,x) = B_i(x)$ se e solo se C_n predice correttamente il $(k+1)$-esimo bit di $S_{i,f_i^{k-c}(x)}$. Ma ciò accade per almeno una frazione $\frac{1}{2} + 1/P_2(n)$ degli input $(i,x) \in I_n$. Infatti abbiamo supposto che C_n predica correttamente il bit $k+1$ delle sequenze $S_{i,x}$ almeno per una frazione $\frac{1}{2} + 1/P_2(n)$ degli input e per l'ipotesi (2) sappiamo che la funzione f_i (e quindi anche la f_i^{k-c}) è una permutazione. Abbiamo quindi contraddetto l'ipotesi che B sia inapprossimabile e dimostrato la tesi.   □

Come esempio di funzione inversa ritenuta intrattabile sul quale basare la robustezza crittografica del generatore pseudocasuale che costruiremo esplicitamente, consideriamo il logaritmo discreto. La funzione diretta, facile da calcolare, corrisponde all'elevamento a potenza di un generatore in un gruppo ciclico.

Definizione 4.11. *Sia p un numero primo e sia $\mathbf{Z}_p^*$ il gruppo ciclico rispetto alla moltiplicazione modulo p. Sia g un generatore di $\mathbf{Z}_p^*$. La funzione $f_{p,g}$: $x \to g^x \bmod p$, per $x \in \mathbf{Z}_p^*$, definisce una permutazione di $\mathbf{Z}_p$. Il problema del* logaritmo discreto *con input p, g e y consiste nel determinare $x \in \mathbf{Z}_p^*$ tale che $g^x \bmod p = y$ ovvero nel calcolo di $f_{p,g}^{-1}(y)$.*

La funzione $f_{p,g}(x)$ è evidentemente calcolabile in tempo polinomiale rispetto a $\log p$ e si ritiene sia una funzione one-way. Attualmente l'algoritmo più veloce per il calcolo di $f_{p,g}^{-1}$, ovvero del logaritmo discreto, è dovuto ad Adleman [2] ed ha costo computazionale $O(2^{c\sqrt{\log p \log \log p}})$.

La difficoltà del calcolo di $f_{p,g}^{-1}(y)$ non risiede nella specifica scelta di g o di y. In particolare è possibile dimostrare che se $f_{p,g}^{-1}(y)$ potesse essere calcolato in tempo polinomiale per una frazione $1/\mathrm{poly}(\log p)$ delle coppie (g,y), allora potrebbe essere calcolato in tempo polinomiale per ogni g e y. Rispetto a p, l'unico caso noto per il quale il problema è risolvibile efficientemente è invece costituito dai numeri primi p tali che $p-1$ possiede solo fattori primi "piccoli". Questo caso, trattato da Pohlig e Hellman in [115], si presenta solo in una frazione esponenzialmente piccola dei possibili p e quindi non inficia la potenziale intrattabilità del calcolo del logaritmo discreto.

Esempio 4.3. Consideriamo il calcolo del logaritmo discreto in $\mathbf{Z}_p^*$ con $p = 2^n + 1$. Dato il numero primo p, un generatore g, e y, vogliamo determinare un numero x tale che $y \equiv_p g^x$. Mostriamo come sia possibile costruire bit per bit la rappresentazione binaria di $x = \sum_{i=0}^{n-1} b_i 2^i$. Ricordando che per ogni generatore g vale $g^{(p-1)/2} \equiv_p -1$, abbiamo

$$y^{(p-1)/2} = (g^x)^{(p-1)/2} = (g^{(p-1)/2})^x = (-1)^x . \tag{4.5}$$

Quindi se $y^{(p-1)/2} \equiv 1$, x è pari e $b_0 = 0$. Analogamente, se $y^{(p-1)/2} \equiv -1$, x è dispari e $b_0 = 1$.

Determinato così b_0, passiamo al calcolo di b_1. Consideriamo il valore $y' = yg^{-b_0} = g^{x'}$, dove $x' = \sum_{i=1}^{n-1} b_i 2^i$. Ripetendo il procedimento utilizzato in (4.5) otteniamo

$$y'^{(p-1)/4} = g^{x'(p-1)/4} = (g^{(p-1)/2})^{x'/2} = (-1)^{x'/2} .$$

Abbiamo quindi $b_1 = 0$ o $b_1 = 1$ a seconda che $y'^{(p-1)/4}$ sia congruente a 1 o -1. Iterando questo procedimento è chiaramente possibile ottenere, un bit alla volta, la rappresentazione di x.   □

Al fine di costruire un generatore CSPR è opportuno utilizzare un problema intrattabile il cui output sia in $\{0,1\}$. Il problema del logaritmo discreto su $\mathbf{Z}_p^*$ è (presumibilmente) intrattabile, ma l'output prodotto consiste in un numero tra 0 e $p-1$. Consideriamo ora un altro problema, correlato non banalmente al calcolo del logaritmo discreto ed il cui risultato è in $\{0,1\}$.

Definizione 4.12. *Sia g un generatore di $\mathbf{Z}_p^*$, t un residuo quadratico e $2s < p$ l'indice di t rispetto a g, ovvero $t = g^{2s} \bmod p$. Allora $g^s \in \mathbf{Z}_p^*$ viene chiamata radice quadrata principale di t (rispetto a g). L'altra radice, ovvero $g^{s+(p-1)/2} \bmod p$, verrà chiamata radice non-principale.*

Il problema di determinare se una radice data è principale o non-principale è più complesso di quanto potrebbe apparire a prima vista. Dimostreremo infatti che il problema del logaritmo discreto diventa semplice qualora sia disponibile un oracolo per il problema della radice principale. Notiamo che la relazione inversa è invece immediata. Sia infatti x una radice di y in $\mathbf{Z}_p^*$, rispetto ad un generatore g e sia noto l'indice s di x, ovvero il logaritmo discreto di x. Allora x è la radice principale se e solo se $s \leq (p-1)/2$.

Definizione 4.13. *Sia g un generatore di $\mathbf{Z}_p^*$ e $x \in \mathbf{Z}_p^*$. Definiamo $B_{p,g}(x) = 1$ se x è la radice quadrata principale di x^2 e $B_{p,g}(x) = 0$ altrimenti.*

Il seguente lemma mostra il collegamento tra il calcolo del logaritmo discreto e il problema di decidere se una radice è principale.

Lemma 4.3. *Sia $\mathcal{O}[p,g,x]$ un oracolo tale che, per ogni primo p, per ogni generatore g di $\mathbf{Z}_p^*$ e per ogni $x \in \mathbf{Z}_p^*$ valga $\mathcal{O}[p,g,x] = B_{p,g}(x)$. Allora esiste un algoritmo polinomiale in $\log p$ che usa l'oracolo $\mathcal{O}[p,g,x]$ e risolve il problema del logaritmo discreto in $\mathbf{Z}_p^*$ per ogni primo p.*

Dim. Mostreremo un algoritmo che, dato $y \in \mathbf{Z}_p^*$, calcola l'indice x di y rispetto al generatore g. Il calcolo di x avviene bit per bit da destra a sinistra. Durante l'esecuzione, la variabile i contiene la parte destra della rappresentazione binaria di x e la variabile k è tale che il suo indice (denotato con $\mathrm{ind}(k)$) è uguale alla parte sinistra di x. Immaginando che i e $\mathrm{ind}(k)$

siano due stringhe di bit, l'algoritmo sposta l'ultimo bit di ind(k) in cima ad i, fino a che $k = g^0 = 1$. A quel punto abbiamo ottenuto $i = x$. Nel seguito identifichiamo ogni numero con la sua rappresentazione binaria.

L'algoritmo ha un costo polinomiale rispetto a $\log p$. Infatti, come abbiamo visto nella Sezione 3.2.3, decidere se un numero è un residuo quadratico richiede tempo polinomiale rispetto a $\log p$. Anche il problema di calcolare le radici di un residuo quadratico (passo 8) si può risolvere con un algoritmo probabilistico polinomiale [4]. □

Algoritmo Radice Principale → Logaritmo Discreto
Input   : p primo, g generatore di $\mathbf{Z}_p^*$, $y \in \mathbf{Z}_p^*$.
Ouput : $x = \text{ind}(y)$.

---

1. poni $k = y$ e $i =$ "stringa vuota"
2. se $k = 1$, poni $x = i$ e termina,
3. se i è un residuo quadratico:
4.   poni $i = 0\,i$
5. altrimenti
6.   poni $i = 1\,i$
7.   poni $k = g^{-1} \cdot k \bmod p$
8. calcola le radici di k.
9. poni k uguale alla radice principale (usando $\mathcal{O}[p,g,x]$).
10. torna al passo 2.

È possibile modificare questo algoritmo in modo da ottenere comunque un risultato significativo anche nel caso l'oracolo sia di tipo probabilistico e restituisca il risultato corretto solo per una frazione (strettamente maggiore di $\frac{1}{2}$) dei casi. Vale il seguente teorema, che enunciamo senza dimostrazione.

Teorema 4.5. *Sia Q un polinomio e sia $\mathcal{O}_Q[p,g,x]$ un oracolo (probabilistico) tale che, per ogni primo p e per ogni generatore g di $\mathbf{Z}_p^*$, abbiamo $\mathcal{O}_Q[p,g,x] = B_{p,g}(x)$ per una frazione almeno pari a $\frac{1}{2} + 1/Q(\log p)$ degli $x \in \mathbf{Z}_p^*$. Allora esiste un algoritmo probabilistico che usando l'oracolo $\mathcal{O}_Q$ risolve il problema del logaritmo discreto per ogni p in tempo atteso polinomiale rispetto a $\log p$.* □

Descriviamo ora come sia possibile sfruttare l'intrattabilità del logaritmo discreto, e la sua relazione con il problema della radice principale, per costruire esplicitamente un generatore CSPR. Utilizzeremo il seguente risultato di Bach (la cui dimostrazione si trova in [20]).

Lemma 4.4. *Esiste un algoritmo probabilistico che, dato un intero n, sceglie uniformemente e in tempo atteso polinomiale un numero intero di n bit fornendo nel contempo la sua fattorizzazione.* □

Teorema 4.6. *Supponendo che il calcolo del logaritmo discreto sia un problema intrattabile, è possibile costruire un generatore CSPR.*

Dim. Sia S_{2n} l'insieme di tutti gli interi i espressi esattamente con $2n$ bit, (cioè tali che $2^{2n-1} \le i \le 2^{2n} - 1$) e tali che i primi n bit di i rappresentino un primo p e i successivi n un generatore g per $\mathbf{Z}_p^*$. Sia $i \in S_{2n}$, con p corrispondente ai primi n bit di i e g agli altri n, $D_i = \mathbf{Z}_p^*$ e per $x \in \mathbf{Z}_p^*$ sia $B_i(x) = B_{p,g}(x)$. Vogliamo mostrare che l'insieme di predicati $B = \{B_i | i \in S_{2n}\}$ è accessibile e inapprossimabile.

Consideriamo l'accessibilità di B. In tempo polinomiale probabilistico possiamo selezionare casualmente e uniformemente un numero primo p tra tutti i primi lunghi n bit e ottenere la fattorizzazione di $p - 1$.

Ciò può essere ottenuto generando ripetutamente dei numeri k, insieme alla loro fattorizzazione, fino a che $k + 1$ risulta primo. In base al Lemma 4.4, k può essere generato in tempo atteso polinomiale in n e la primalità di $k+1$ può essere verificata in tempo polinomiale con un algoritmo probabilistico. In accordo alla distribuzione dei numeri primi, il numero atteso di tentativi è $O(n)$ e quindi globalmente il tempo atteso del procedimento sarà polinomiale rispetto ad n. Supponiamo quindi che sia stato selezionato un numero primo $p = k + 1$. Utilizziamo il seguente metodo per generare un tripletta (p, g, x) tale che g sia un generatore di $\mathbf{Z}_p^*$ e $x \in \mathbf{Z}_p^*$.

1. Generiamo a caso $2n$ valori booleani.
2. Se i primi n bit rappresentano un generatore di $\mathbf{Z}_p^*$ e i secondi n un elemento di $\mathbf{Z}_p^*$, terminiamo, altrimenti torniamo al primo passo.

Dobbiamo dimostrare che questo metodo è sufficientemente veloce. La generazione di x non crea problemi, in quanto almeno $\frac{1}{2}$ delle volte otterremo un $x \in \mathbf{Z}_p^*$. Infatti p è compreso tra 2^{n-1} e $2^n - 1$ mentre x viene generato nell'intervallo $[0, 2^n)$.

Per quanto riguarda g, la probabilità che sia un generatore è almeno pari a $1/(12 \log_e \log_e(p-1))$. Ciò segue dal fatto che, per ogni primo p, i generatori di $\mathbf{Z}_p^*$ sono $\phi(p-1)$ e Rosser e Schoenfield [130] hanno dimostrato che, per $k > 3$, vale $\phi(k) > 1/(6 \log_e \log_e k)$. Il fatto di conoscere la fattorizzazione di $p - 1$ permette poi di verificare velocemente se g è o meno un generatore. Infatti si può dimostrare banalmente che g è un generatore solo se, per ogni fattore primo f_i di $p - 1$, vale $g^{(p-1)/f_i} \not\equiv_p 1$. Abbiamo così dimostrato che B è accessibile. Verifichiamo ora che è anche inapprossimabile.

Supponiamo, per assurdo, che esistano due polinomi P_1 e P_2 e un insieme infinito $F \subseteq \mathbf{N}$ tali che, per $n \in F$, esiste un circuito C_n di dimensione $P_1(n)$ che calcola $B_{p,g}(x)$ correttamente per una frazione almeno $\frac{1}{2} + 1/P_2(n)$ degli input, lunghi n bit, p, g e x. Un argomento di conteggio mostra che esiste una frazione pari ad almeno $1/P_2(n)$ delle coppie (p, g) per le quali il circuito C_n valuta $B_{p,g}(x)$ correttamente per almeno una frazione $\frac{1}{2} + 1/(2P_2(n))$ degli $x \in \mathbf{Z}_p^*$.

Per mezzo del Teorema 4.5 possiamo ora facilmente dimostrare che esiste un algoritmo probabilistico A che usa C_n come oracolo e che, per ogni $n \in F$, risolve il problema del logaritmo discreto per almeno una frazione $1/P_2(n)$ dei numeri primi espressi con n bit.

Questo viola l'assunzione fatta circa l'intrattabilità del problema del logaritmo discreto, poiché A può essere a sua volta trasformato in un circuito equivalente di dimensione polinomiale.

Verifichiamo infine che B soddisfa le ipotesi del Teorema 4.4. Un seme è costituito da una coppia (i, x), dove i corrisponde alla concatenazione di p e g. Definiamo $f_i(x) = g^x \bmod p$. Notiamo che, dato $x \in \mathbf{Z}_p^*$, è semplice controllare se $g^x \bmod p$ è una radice quadrata principale, e calcolare quindi $B_i(f_i(x))$. Basta infatti controllare se $x \leq (p-1)/2$. Le altre ipotesi sono banalmente verificate. $\qquad\square$

Combinando i risultati dei Teoremi 4.4, 4.5 e 4.6 possiamo costruire esplicitamente il seguente generatore pseudocasuale, la cui "robustezza" è garantita dalla (congetturata) intrattabilità del problema del logaritmo discreto. Abbiamo infatti dimostrato che se esistesse un metodo efficiente per predire i bit della sequenza, esisterebbe anche un circuito di dimensione polinomiale per risolvere il problema del logaritmo discreto.

Generatore CSPR

Input   : n, c, seme casuale.

Ouput   : un vettore $v \equiv (v_1, \ldots, v_c)$ di c bit pseudocasuali.

---

1. ripeti
2.   scegli k, con $2^{n-1} \leq k < 2^n - 1$, con il metodo di Bach
3.   se $p = k + 1$ è primo esci dal ciclo
4. fine ripeti

5. ripeti
6.   scegli due numeri, g e x, di n bit
7.   se g genera $\mathbf{Z}_p^*$ e $x \in \mathbf{Z}_p^*$, esci dal ciclo
8. fine ripeti

9. poni $T(0) = x$
10. ripeti per j da 1 a c
11. $T(j) = g^{T(j-1)} \bmod p$
12. fine ripeti

13. ripeti per j da c a 1
14.   se $T(j-1) \leq (p-1)/2$
15.   poni $v_{c-j+1} = 1$
16.   altrimenti
17.   poni $v_{c-j+1} = 0$
18.   fine se
19. fine ripeti

20. ritorna v

4.3.3 Generatori pseudocasuali da funzioni che richiedono circuiti di dimensione esponenziale

Nella sezione precedente abbiamo mostrato come costruire un generatore pseudocasuale sotto l'ipotesi che il problema del logaritmo discreto sia intrattabile. Questo risultato è stato successivamente generalizzato da Yao e da Impagliazzo et al., i quali hanno mostrato che si può ottenere un generatore pseudocasuale a partire da qualsiasi permutazione o funzione one-way. L'approccio utilizzato è sostanzialmente lo stesso: si suppone che la funzione f sia one-way, si calcola la sequenza $x_0, f(x_0), f(f(x_0)), \ldots$ e, in base a questa, una sequenza $\{b_i\}$ di bit pseudocasuali. Si mostra poi che se un circuito polinomiale C riesce a prevedere i bit b_i con un certo successo, allora è possibile utilizzare C per calcolare efficientemente f^{-1}, contraddicendo quindi l'ipotesi che f sia una funzione one-way.

I generatori pseudocasuali possono essere usati, sotto opportune ipotesi, nella simulazione deterministica di algoritmi probabilistici. In questo caso il requisito che il generatore abbia costo polinomiale può essere fatto cadere, se ciò non incide in modo drastico sul costo asintotico della simulazione.

In particolare, fissata una classe di complessità $\mathcal{C}$, considereremo generatore pseudocasuale qualsiasi algoritmo, anche di costo non polinomiale, che produce una sequenza non distinguibile da una sequenza casuale dagli algoritmi che appartengono alla classe $\mathcal{C}$.

Definizione 4.14. *Una collezione di funzioni*

$$G = \{G_n : \{0,1\}^{l(n)} \to \{0,1\}^n\},$$

che denotiamo con $G : l \Rightarrow n$, è detta generatore pseudocasuale se, per ogni circuito C di dimensione n abbiamo

$$|\mathrm{Prob}\{C(y) = 1\} - \mathrm{Prob}\{C(G(x)) = 1\}| < \frac{1}{n},$$

dove y e x sono scelti uniformemente a caso rispettivamente in $\{0,1\}^n$ e in $\{0,1\}^l$.

Diremo che un generatore è *veloce* se è deterministico e se il tempo di esecuzione è al più esponenziale rispetto alla dimensione dell'input (proporzionale a $2^{O(l)}$) ossia se il generatore è calcolabile entro i limiti computazionali espressi dall'appartenenza alla classe di complessità **EXPTIME** (si veda la Sezione 2.2).

L'uso di generatori pseudocasuali di costo esponenziale rispetto alla dimensione dell'input (il seme casuale) risulta perfettamente legittimo nella simulazione deterministica di algoritmi probabilistici. In particolare, notiamo che se il seme casuale ha lunghezza logaritmica rispetto alla dimensione del problema, la generazione della sequenza pseudocasuale avrà costo polinomiale. Inoltre, come il seguente lemma mette in evidenza, il costo complessivo della simulazione dipende sia dal costo del generatore sia dal costo dell'algoritmo che stiamo simulando, che vanno quindi considerati contemporaneamente.

Premettiamo la definizione di *funzione costruibile in tempo*.

Definizione 4.15. *Una funzione* $t : \mathbf{N} \to \mathbf{N}$ *tale che* $t(n) \geq n \log n$ *è detta* funzione costruibile in tempo *se esiste una MdT che in tempo* $O(t(n))$ *produce una rappresentazione di* $t(n)$, *partendo dall'input composto da* n *'1'.*

Questa definizione serve a metterci al riparo da effetti indesiderati che possono verificarsi utilizzando funzioni costo patologiche (vedi [35]).

Lemma 4.5. *Se esiste un generatore pseudocasuale veloce* $G : l(n) \Rrightarrow n$ *allora per ogni funzione costruibile in tempo* $t = t(n)$, *un algoritmo probabilistico* A *di costo* t *può essere simulato da un algoritmo deterministico di costo* $2^{O(l(t^2))}$.

Dim. La simulazione può essere suddivisa in due fasi. Nella prima fase, A, che usa $O(t)$ bit casuali, viene simulato da un algoritmo probabilistico A', che usa $l(t^2)$ bit casuali ed ha costo $2^{O(l(t^2))}$. A' è ottenuto componendo G ed A, ovvero fornendo in input ad A la sequenza generata da G.

Siccome l'output di G è sostanzialmente indistinguibile da una sequenza casuale per tutti i circuiti di dimensione t^2 e poiché un algoritmo di costo t può essere simulato da un circuito di dimensione t^2, segue che l'output di G è visto da A come perfettamente casuale. Quindi le probabilità di accettazione dei due algoritmi A e A' saranno sostanzialmente le stesse.

Nella seconda fase si procede simulando deterministicamente A', provando tutti i possibili semi casuali e scegliendo l'output che si presenta il maggior numero di volte. I semi possibili sono $2^{l(t^2)}$ e ogni computazione richiede tempo $2^{O(l(t^2))}$; quindi complessivamente il costo della simulazione sarà $2^{l(t^2)+O(l(t^2))} = 2^{O(l(t^2))}$. $\qquad\square$

L'assunzione che permette di costruire un generatore pseudocasuale veloce è l'esistenza di funzioni non approssimabili tramite circuiti di dimensione esponenziale. Più in generale, possiamo definire il concetto di funzione "difficile" per i circuiti di una dimensione prefissata.

Definizione 4.16. *Sia* $f : \{0,1\}^n \to \{0,1\}$ *una funzione booleana. Diremo che* f *è* (ϵ, S)-*difficile se per ogni circuito* C *di dimensione* S *con* n *input vale*

$$\left| \mathrm{Prob}\{C(x) = f(x)\} - \frac{1}{2} \right| < \frac{\epsilon}{2},$$

dove x *è scelto uniformemente a caso in* $\{0,1\}^n$.

Con la seguente definizione introduciamo una nozione di *difficoltà* che per semplicità lega ad un solo parametro sia la dimensione di un circuito che approssima una funzione f sia la bontà dell'approssimazione.

Definizione 4.17. *Sia* $f : \{0,1\}^* \to \{0,1\}$ *una funzione booleana e sia* f_m *la restrizione di* f *ad input di lunghezza* m. *La difficoltà di* f *in* m, *denotata con* $H_f(m)$, *è il massimo intero* h_m *tale che* f_m *è* $(1/h_m, h_m)$-*difficile*.

Data una funzione *difficile* per una certa classe, è sufficiente valutarla in un punto per ottenere un bit che apparirà casuale a tutti gli algoritmi che hanno a disposizione meno risorse di calcolo. Si pone tuttavia il problema di ottenere più di un singolo bit pseudocasuale partendo da un solo seme casuale. Il metodo che illustreremo ottiene questo valutando la funzione non direttamente sul seme casuale, ma su diversi sottoinsiemi dei bit che lo compongono. In un certo senso, partendo da un seme casuale generiamo il numero voluto di *semi derivati* e da questi i bit pseudocasuali desiderati.

Per far sì che i bit generati in questo modo appaiano casuali, questi semi derivati devono essere costruiti opportunamente. Intuitivamente cercheremo sottoinsiemi che siano il più possibile indipendenti gli uni dagli altri, ovvero che abbiano intersezioni reciproche di piccola cardinalità. Questo per garantire che i bit così calcolati non siano fortemente correlati, e perciò "perdono" la proprietà richiesta. Il seguente esempio mostra i potenziali effetti negativi di una forte correlazione.

Esempio 4.4. Supponiamo di avere a disposizione un seme casuale r di n bit e di voler generare bit pseudocasuali utilizzando la funzione

$$f(x_1, x_2, x_3) = \begin{cases} 0 & \text{se } x_1 + x_2 + x_3 \leq 1 \\ 1 & \text{se } x_1 + x_2 + x_3 \geq 2 \, , \end{cases}$$

che calcola quale tra i valori 0 e 1 è assunto più volte dalle variabili x_1, x_2 e x_3. Se scegliamo tre bit qualsiasi dal seme r e li combiniamo con f, il risultato che otteniamo è chiaramente casuale. Consideriamo il seguente metodo per generare t bit pseudocasuali $b_1, \ldots, b_t$, partendo da $r = r_1 r_2 \cdots r_n$.

$$b_1 = f(r_1, r_2, r_3) \, ,$$
$$b_2 = f(r_2, r_3, r_4) \, ,$$
$$\cdots \quad \cdots$$
$$b_t = f\big(r_{1+(t \bmod n)}, r_{1+(t+1 \bmod n)}, r_{1+(t+2 \bmod n)}\big) \, .$$

I bit b_j, presi singolarmente, sono evidentemente casuali, perché ciascuno dipende da tre bit di r, che è casuale per ipotesi. Tuttavia la sequenza $b_1, \ldots, b_t$ non è una sequenza pseudocasuale soddisfacente, perché i bit che la compongono sono fortemente correlati. Infatti, un semplice conteggio (che lasciamo come esercizio al lettore) mostra che, se ammettiamo che i bit di r abbiano la stessa probabilità di essere uguali a 1 o a 0, abbiamo che $b_{j+1} = b_j$ con probabilità $\frac{3}{4}$, e pertanto b_{j+1} può essere predetto con una certa accuratezza a partire da b_j. □

La seguente definizione ci permette di esprimere in modo rigoroso il grado di "indipendenza" di una famiglia di sottoinsiemi di un insieme dato.

Definizione 4.18. *Una famiglia di insiemi* $\{S_1, \ldots, S_n\}$ *dove* $S_i \subseteq \{1, \ldots, l\}$ *per* $i = 1, \ldots, n$, *è detta* (k, m)-design *se* $|S_i| = m$ *per ogni* i *e se* $|S_i \cap S_j| \leq k$ *per ogni* $i \neq j$. *Una matrice* $\{0, 1\}^{n \times l}$ *corrisponde ad un* (k, m)-design *se le sue* n *righe, interpretate come sottoinsiemi di* $\{1, \ldots, l\}$, *costituiscono un* (k, m)-design.

Definizione 4.19. *Sia A una matrice $n \times l$ con elementi in $\{0,1\}$, sia f una funzione booleana e $x = (x_1, \ldots, x_l)$ una stringa booleana. Denotiamo con $f_A(x)$ il vettore di n bit calcolato applicando la funzione f ai sottoinsiemi identificati da x dei bit delle n righe di A.*

Esempio 4.5. Consideriamo l'insieme $M = \{1, 2, \ldots, 8\}$ e la famiglia $S = \{S_1, S_2, S_3\}$, con $S_i \subseteq M$, dove

$$S_1 = \{1, 2, 3, 4\},$$
$$S_2 = \{1, 5, 6, 7\},$$
$$S_3 = \{2, 3, 5, 8\}.$$

La famiglia S costituisce un $(2,4)$-design. Infatti $|S_1| = |S_2| = |S_3| = 4$, $|S_1 \cap S_2| = |S_2 \cap S_3| = 1$ e $|S_1 \cap S_3| = 2$.

La matrice A corrispondente ad S ha una riga per ogni insieme S_i di S ed una colonna per ogni elemento di M:

$$A = \begin{pmatrix} 1\,1\,1\,1\,0\,0\,0\,0 \\ 1\,0\,0\,0\,1\,1\,1\,0 \\ 0\,1\,1\,0\,1\,0\,0\,1 \end{pmatrix}.$$

Sia $f(x_1, x_2, x_3, x_4)$ una funzione booleana e sia x un vettore booleano del quale per chiarezza numeriamo le componenti.

$$x = [0_1\ 1_2\ 0_3\ 0_4\ 1_5\ 1_6\ 1_7\ 0_8].$$

Le 3 componenti del vettore $y = f_A(x)$ sono date da

$$y_1 = f(0_1, 1_2, 0_3, 0_4),$$
$$y_2 = f(0_1, 1_5, 1_6, 1_7),$$
$$y_3 = f(1_2, 0_3, 1_5, 0_8). \qquad \Box$$

Il seguente lemma mostra che è effettivamente possibile costruire dei design nei quali i sottoinsiemi siano quasi indipendenti. Questo risultato verrà utilizzato nella dimostrazione del Lemma 4.8.

Lemma 4.6. *Per tutti gli interi n ed m tali che $\log n \leq m \leq n$ esiste una matrice $n \times l$ che è un $(\log n, m)$-design, dove $l = O(m^2)$. Inoltre la matrice può essere calcolata da una macchina di Turing che usa spazio $O(\log n)$.*

Dim. Vogliamo costruire n diversi sottoinsiemi di $\{1, \ldots, l\}$ che abbiano dimensione m e che, presi due a due, abbiano intersezioni di piccola cardinalità. Possiamo supporre per semplicità che m sia la potenza di un numero primo. Se così non fosse, sostituiamo m con la più piccola potenza di 2 maggiore di m.

Poniamo $l = m^2$ e identifichiamo i numeri in $\{1, \ldots, l\}$ con le coppie ordinate $< a, b >$ di elementi di $\mathbf{Z}_m$. Dato un qualsiasi polinomio q su $\mathbf{Z}_m$ definiamo l'insieme $S_q = \{< a, q(a) > \mid a \in \mathbf{Z}_m\}$. Consideriamo tutti gli insiemi di questo tipo, per q che varia tra tutti i polinomi su $\mathbf{Z}_m$ di grado al più $\log n$. Valgono le seguenti proprietà.

1. La cardinalità di ogni insieme S_q è uguale a m. Infatti le m coppie che appartengono a ciascun insieme sono distinte, differendo per il primo elemento di ogni coppia.

2. L'intersezione di ogni coppia di insiemi S_q e $S_{q'}$ contiene al più $\log n$ elementi. Infatti i due polinomi distinti q e q' non possono coincidere in un numero di punti maggiore del loro grado.

3. Ci sono almeno n insiemi S_q distinti. Infatti i polinomi di grado al più $\log n$ su $\mathbf{Z}_m$ sono $m^{\log n+1}$ che per ipotesi è maggiore di n.

Questi insiemi costituiscono quindi un $(\log n, m)$-design, e possono essere facilmente calcolati per mezzo di semplici operazioni su $\mathbf{Z}_m$ che, essendo $m \leq n$, sono eseguibili con spazio $O(\log n)$. $\Box$

Nel caso in cui $m = O(\log n)$ è possibile ridurre anche l a $O(\log n)$. Vale infatti il seguente lemma.

Lemma 4.7. *Sia c una costante positiva. Per tutti gli interi n ed $m = c \log n$, esiste una matrice $n \times l$ che rappresenta un $(\log n, m)$-design, dove $l = O(c^2 \log n)$. Inoltre la matrice può essere calcolata in tempo polinomiale in n.* $\Box$

I Lemmi 4.6 e 4.7 suggeriscono di generare una sequenza pseudocasuale espandendo il seme x in $f_A(x)$, per una opportuna matrice A. Il seguente lemma mostra quali condizioni devono essere soddisfatte per ottenere effettivamente un generatore pseudocasuale.

Lemma 4.8. *Siano m, n ed l numeri interi. Sia $f : \{0,1\}^m \to \{0,1\}$ tale che $H_f(m) \geq n^2$ e sia A una matrice $\{0,1\}^{n \times l}$ che rappresenta un $(\log n, m)$-design. Allora la funzione $G : l \Rightarrow n$ definita come $G(x) = f_A(x)$ è un generatore pseudocasuale.*

Dim. Diamo un accenno delle idee principali utilizzate nella dimostrazione.

Supponiamo, per assurdo, che G non sia un generatore pseudocasuale; mostreremo che questo contraddice l'assunzione $H_f(m) \geq n^2$.

Se G non è un generatore pseudocasuale esisterà un circuito C di dimensione n tale che

$$|\operatorname{Prob}\{C(y) = 1\} - \operatorname{Prob}\{C(G(x)) = 1\}| > \frac{1}{n}$$

dove x e y sono scelti uniformemente rispettivamente in $\{0,1\}^l$ e $\{0,1\}^n$. Dimostriamo che questo implica che un bit di $f_A(x)$ può essere predetto a partire dai precedenti.

Per ogni i, $0 \leq i \leq n$, definiamo una distribuzione E_i in $\{0,1\}^n$ come segue. I primi i bit sono uguali ai primi i bit di $f_A(x)$, dove x è scelto casualmente in $\{0,1\}^l$, mentre i restanti $n - i$ bit sono scelti uniformemente a caso. La distribuzione E_i è così costituita da una sequenza di bit pseudocasuali concatenata con una sequenza di bit casuali.

Definiamo ora $p_i = \text{Prob}\{C(z) = 1\}$, dove z è scelto in accordo a E_i. Siccome $p_0 - p_n > 1/n$, è chiaro che per qualche i avremo $p_{i-1} - p_i > 1/n^2$. Usando questo fatto possiamo costruire un circuito che predice l'i-esimo bit.

Definiamo come segue un circuito probabilistico D che prende come input i primi $i - 1$ bit di $f_A(x)$, ovvero $y_1, \ldots, y_{i-1}$ e predice l'i-esimo bit, y_i. Per prima cosa D genera $n - i + 1$ bit casuali, $r_i, \ldots, r_n$, e dato l'input $y = y_1, \ldots, y_{i-1}$, calcola il valore $v = C(y_1, \ldots, y_{i-1}, r_i, \ldots, r_n)$. Se $v = 1$ allora D ritorna r_i, in caso contrario D restituisce il complemento di r_i. È possibile dimostrare che

$$\text{Prob}\{D(y_1, \ldots, y_{i-1}) = y_i\} - \frac{1}{2} > \frac{1}{n^2}, \tag{4.6}$$

dove la probabilità è calcolata su tutte le possibili scelte di x e dei bit r_i. La quantità $1/n^2$ che compare in (4.6) e che chiameremo *bias*, ci dà una misura di quanto l'output di D si discosta da un valore casuale. È possibile fissare il valore dei bit r_i in modo da ottenere un algoritmo deterministico D' che mantenga lo stesso bias $1/n^2$ di D.

In questo modo otteniamo un circuito che, noti $y_1, \ldots, y_{i-1}$, predice y_i. Trasformiamo ora questo circuito in uno che predice y_i, noti $x_1, \ldots, x_l$. Senza perdita di generalità possiamo supporre che y_i dipenda da $x_1, \ldots, x_m$, cioè che valga $y_i = f(x_1, \ldots, x_m)$. Siccome y_i non dipende dagli altri bit di x, la probabilità $\text{Prob}\{D(y_1, \ldots, y_{i-1}) = y_i\}$, dove x è scelto a caso, è uguale alla media su tutte le possibili scelte di $x_{m+1}, \ldots, x_l$ della stessa espressione, dove soltanto i bit $x_1, \ldots, x_m$ sono scelti a caso. Da ciò si può dedurre l'esistenza di una particolare scelta di valori da assegnare a $x_{m+1}, \ldots, x_l$ in modo tale da mantenere il bias di $1/n^2$.

Notiamo che ogni bit $y_1, \ldots, y_{i-1}$ dipende da al più $\log n$ dei bit $x_1 \ldots, x_m$, per le proprietà del design A. Quindi è possibile calcolare ogni y_j con una formula booleana di dimensione lineare in n che usa solo i bit necessari. In questo modo possiamo ottenere un circuito $D''(x_1, \ldots, x_m)$ di dimensione al più n^2, che predice $y_i = f(x_1, \ldots, x_m)$ con un bias maggiore di $1/n^2$, il che contraddice l'assunzione $H_f(m) > n^2$. □

Il seguente teorema fornisce condizioni necessarie e sufficienti per l'esistenza di generatori pseudocasuali *veloci* e costituisce il risultato principale di questa sezione.

Teorema 4.7. *Per ogni funzione s tale che $l \leq s(l) \leq 2^l$, le due seguenti affermazioni sono equivalenti.*

1. *Per qualche $c > 0$, esiste una funzione in* **EXPTIME** *con difficoltà uguale a $H_f(l) = s(l^c)$.*
2. *Per qualche $c > 0$, esiste un generatore pseudocasuale veloce $G : l \Rightarrow s(l^c)$.*

Dim. Vediamo la dimostrazione della relazione (1) $\Rightarrow$ (2) che fornisce una condizione sufficiente alla costruzione di un generatore pseudocasuale *veloce*.

Sia f un funzione in **EXPTIME** con difficoltà uguale a $s(l^c)$. Costruiamo come segue un generatore pseudocasuale *veloce* $G : l \Rrightarrow n$ per $n = s(m^{c/4})$. Per ogni n, sia A_n la matrice la cui esistenza è garantita dal Lemma 4.6 per $m = l^{1/2}$. Notiamo che questa matrice $n \times l$ corrisponde ad un $(\log n, m)$- design. Inoltre, per la scelta dei parametri, vale la disuguaglianza $H_f(m) > n^2$. Quindi per il Lemma 4.8, la funzione $G_n(x) = f_{A_n}(x)$ è un generatore pseudo-casuale. Il fatto che $G = \{G_n\}$ sia *veloce* discende semplicemente dall'ipotesi che $f \in$ **EXPTIME**.

La relazione (2) $\Rightarrow$ (1) richiede una dimostrazione particolarmente tecnica e rimandiamo quindi il lettore interessato agli articoli [109] e [17]. $\square$

Il teorema precedente può essere confrontato con il risultato analogo per i generatori pseudocasuali polinomiali, dovuto a Impagliazzo, Levin e Lubin [77], che generalizza la costruzione della Sezione 4.3.2, e che enunciamo di seguito.

Teorema 4.8. *Le due affermazioni seguenti sono equivalenti.*

- *Esistono funzioni one-way.*
- *Esistono generatori pseudocasuali $G : n^\epsilon \Rrightarrow n$, per ogni $0 < \epsilon < 1$, calcolabili in tempo polinomiale.* $\square$

4.3.4 Costruzione di grafi e matrici

La realizzazione di generatori pseudocasuali efficienti è spesso collegata con la costruzione esplicita di grafi e matrici che condividono opportune proprietà con grafi e matrici casuali.

Un esempio al riguardo è la costruzione di *block design* che abbiamo visto nella Sezione 4.3.3; un altro verrà presentato nella Sezione 4.4 dove vedremo la costruzione esplicita di *grafi espansivi*, che presentano alcune proprietà tipiche dei grafi casuali e che possono essere utilizzati per ridurre il numero di bit casuali nelle computazioni probabilistiche.

Accenniamo ora alla costruzione esplicita di matrici che condividono opportune caratteristiche con le matrici casuali.

Siano $X_1, X_2, \ldots, X_n$ variabili booleane casuali. Se le variabili X_i sono tra loro indipendenti, allora lo spazio degli eventi deve avere dimensione almeno pari a 2^n. Tuttavia spesso è sufficiente ipotizzare un grado di indipendenza molto più debole rispetto all'indipendenza totale, ad esempio l'indipendenza di qualsiasi sottoinsieme delle variabili di dimensione al più k, detta indipendenza di grado k. Inoltre è talvolta possibile concedere un certo livello di bias. Sotto queste ipotesi, lo spazio degli eventi può addirittura avere dimensione polinomiale, e se fosse costruibile esplicitamente, potrebbe essere utilizzato in un processo di derandomizzazione.

Consideriamo ora la costruzione di matrici con le seguenti caratteristiche

- elementi in $\{-1, +1\}$;

- n colonne, che possiamo associare ad n variabili casuali X_i a valori in $\{-1, +1\}$;
- m righe, corrispondenti agli eventi.

Diremo che una matrice M è ε-biased se, per ogni insieme di variabili $X_{i_1}, X_{i_2}, \ldots, X_{i_t}$, dove $\{i_1, \ldots, i_t\} \subseteq \{1, \ldots, n\}$, si ha che

$$|\text{Prob}\{X_{i_1} X_{i_2} \cdots X_{i_t} = 1\} - \text{Prob}\{X_{i_1} X_{i_2} \cdots X_{i_t} = -1\}| \leq \varepsilon.$$

Se qualsiasi insieme di h colonne di M dà origine ad una matrice ε-biased, diremo che M è (ε, h)-biased.

La costruzione di matrici ε-biased è in stretta relazione con la costruzione di matrici corrispondenti a codici lineari, problema che sorge in teoria dei codici.

Infatti, una matrice $m \times n$ $M \equiv (m_{ij})$ è ε-biased se e solo se le colonne della matrice $M' \equiv (\frac{1}{2} - \frac{1}{2} m_{ij})$ generano un "codice lineare" su $GF(2)$, con distanza $\frac{m}{2}(1 - \varepsilon)$, in cui ogni coppia di parole distinte si trova a distanza d, con $\frac{m}{2}(1 - \varepsilon) \leq d \leq \frac{m}{2}(1 + \varepsilon)$.

Il lettore si può facilmente convincere che il problema di costruire matrici ε-biased e con il minor numero possibile di righe è un'altra "versione" del problema della generazione efficiente di sequenze pseudocasuali.

Si noti che, prendendo una matrice casuale, si ottiene $m = O(\frac{n}{\varepsilon^2})$; la miglior costruzione esplicita è stata ottenuta da Alon e altri in [11] e produce invece la limitazione $m = O(n\varepsilon^{-2}(\log(n/\varepsilon))^{-2})$.

4.3.5 Il confronto tra P e BPP

Avendo esaminato la questione della generazione di numeri pseudocasuali, è ora opportuno sottolineare il naturale legame che sussiste tra la possibilità di ottenere generatori pseudocasuali molto efficienti e l'effettiva potenza delle classi di complessità probabilistiche **BPP**, **R** e **ZPP**, in relazione alla classe **P**.

Consideriamo la questione della derandomizzazione nel contesto di computazioni di lunghezza polinomiale. Prendiamo in esame la simulazione deterministica di un algoritmo **BPP** che utilizzi m bit casuali ed abbia tempo di esecuzione T. Se alla generazione di tali bit fosse possibile sostituire la generazione di solamente $O(\log m)$ bit casuali, seguita nella loro *espansione* in m bit pseudocasuali (che sembrino casuali ad ogni algoritmo **BPP**) ottenuta in tempo T^d, con d costante, allora si potrebbe procedere ad una derandomizzazione completa, eseguendo l'algoritmo per ogni possibile scelta dei $\log m$ bit casuali, ossia complessivamente $O(m^c)$ volte, con c costante, ed infine restituendo in output il risultato più frequente.

In questo modo si otterrebbe un algoritmo deterministico, con costo in tempo $O(m^c T^d)$, ossia una simulazione deterministica polinomiale per ogni algoritmo **BPP**, da cui si avrebbe che **P** = **BPP**.

Allo stato attuale delle conoscenze, la simulazione deterministica di algoritmi probabilistici non ha ancora raggiunto il grado di efficienza necessario per ottenere tale risultato. Tuttavia sono stati dimostrati una serie di risultati condizionali che mostrano l'esistenza, a patto che siano vere ragionevoli congetture, di generatori pseudocasuali sufficientemente potenti da consentire di dimostrare che $\mathbf{P} = \mathbf{BPP}$ (si veda ad esempio [78]).

4.4 Grafi espansivi

4.4.1 Definizioni

I grafi espansivi (in inglese *expander graphs*) hanno giocato e giocano un ruolo fondamentale nello studio di problemi sia teorici che pratici. Questi grafi servono infatti come componenti base nella costruzione di reti di interconnessione molto importanti, quali i superconcentratori, di algoritmi paralleli per l'ordinamento e la selezione, ma sono anche utilizzati nella individuazione di metodi per ridurre il numero di bit casuali in computazioni probabilistiche e nella dimostrazione di limitazioni inferiori di complessità.

Vediamo innanzitutto la definizione di espansione per grafi bipartiti.

Definizione 4.20. *Un grafo bipartito con n nodi di ingresso M_l, n nodi di uscita M_r e kn archi, si dice (n, k, ε)-espansivo se per ogni insieme $X \subseteq M_l$ di nodi di ingresso con $|X| \leq \frac{n}{2}$, si ha che $|N(X)| \geq |X|(1 + \varepsilon)$, dove $N(X)$ denota l'insieme di nodi adiacenti a X in M_r, ed ε è una costante positiva.*

La quantità ε viene detta fattore di espansione.

È facile costruire grafi espansivi con un elevato numero di archi. Il caso limite è quello del grafo bipartito completo che raggiunge naturalmente il massimo valore possibile per il fattore di espansione. Come vedremo più avanti, il fattore di espansione può essere visto come una misura del *grado di connettività* del grafo. L'interesse sta nell'individuazione di grafi che garantiscono un buon fattore di espansione con un costo contenuto, ad esempio pur essendo *sparsi*, ossia costituiti da *pochi* archi; al riguardo, vedremo nel seguito che è possibile dimostrare l'esistenza di grafi sparsi espansivi. Il caso estremo è quello di grafi espansivi con un numero di archi lineare nel numero di nodi (k costante), ed è su questo tipo di grafi espansivi che concentreremo la nostra analisi. Infatti tali grafi conciliano l'esigenza di fornire espansione con quella di essere caratterizzati da *basso costo*, combinando così un'estrema sparsità con una notevole ricchezza di connettività.

È relativamente semplice dimostrare l'esistenza di grafi espansivi sparsi con metodi non costruttivi. In particolare, si dimostra che un grafo casuale e sparso è espansivo con alta probabilità. Nonostante ciò, risulta piuttosto difficile individuare questo tipo di grafi tramite costruzioni deterministiche (o esplicite). La prima costruzione è stata trovata 10 anni dopo l'individuazione di costruzioni probabilistiche. Persino ora, il fattore di espansione di cui godono le costruzioni esplicite note è sensibilmente peggiore di quello ottenuto tramite costruzioni probabilistiche, a parità di numero di archi.

Una classe di grafi in stretta parentela con i grafi espansivi è la classe dei concentratori.

Definizione 4.21. *Un concentratore* $(M, \theta, k, \alpha, \beta)$*-limitato, con* $0 < \theta, \alpha < 1$ *e* $\beta > 0$*, è un grafo con* M *nodi di ingresso,* θM *nodi di uscita e* kM *archi, tale che qualsiasi insieme di al più* $s \leq \alpha M$ *nodi di ingresso è connesso ad almeno* βs *nodi di uscita. Il valore* k *è detto* densità *del concentratore.*

Un caso particolare molto usato è il seguente.

Definizione 4.22. *Un concentratore con parametri* $(M, \frac{1}{2}, d, \alpha, \beta)$ *è un concentratore* $(M, \frac{1}{2}, d, \alpha, \beta)$*-limitato, i cui nodi di ingresso (rispettivamente uscita) hanno grado* d *(rispettivamente* $2d$*).*

Un'altra classe di grafi estremamente interessante è quella dei *superconcentratori*.

Definizione 4.23. *Un superconcentratore è un grafo con* M *nodi di ingresso,* M *di uscita e* kM *archi, tale che presi due insiemi qualsiasi di* $s \leq M$ *ingressi e uscite, questi possono essere collegati da* s *cammini disgiunti rispetto ai nodi. Il valore* k *è detto* densità *del superconcentratore, che viene talvolta detto* (M, k)*-superconcentratore.*

Queste classi di grafi, inizialmente introdotte allo scopo di determinare limitazioni inferiori di complessità (si veda il Capitolo 7), hanno successivamente svolto un ruolo importante nello sviluppo di efficienti reti di comunicazione, specialmente reti telefoniche, dove è necessario garantire connessioni dedicate tra certi insiemi di nodi.

Dato un grafo bipartito composto da due insiemi di nodi U_1 e U_2, con $|U_1| = |U_2|$, siamo interessati all'esistenza di un insieme minimo di archi che connetta U_1 e U_2 senza tralasciare nessun nodo. Definiamo a tale scopo il concetto di *matching perfetto*.

Definizione 4.24. *Un* matching perfetto *in un grafo bipartito con* $2n$ *vertici è un insieme di* n *archi che incidono su tutti i vertici.*

Per il Teorema di Hall (di cui presentiamo nel seguito la dimostrazione), in un concentratore limitato con $\beta \geq 1$ esiste un *matching perfetto* tra qualsiasi insieme di al più αM nodi di ingresso e insiemi di nodi di uscita della stessa dimensione. Infatti:

Teorema 4.9 (Hall). *Sia* $G = (X \cup Y, E)$ *un grafo bipartito. Allora, esiste un* matching *tra* X *ed un sottoinsieme di* Y *se e solo se* $|N(S)| \geq |S|$ *per ogni sottoinsieme* $S \subseteq X$*, dove* $N(S) \subseteq Y$ *denota l'insieme di nodi adiacenti a* S*.*

Dim. Supponiamo che esista un *matching* tra X ed un sottoinsieme di Y. Allora, per ogni $S \subseteq X$, i vertici in Y accoppiati con i vertici di S formano un sottoinsieme di dimensione $|S|$. Quindi $|N(S)| \geq |S|$.

Viceversa, supponiamo che $|N(S)| \geq |S|$, per ogni $S \subseteq X$. Dato un *matching* qualsiasi M, con $|M| < |X|$, mostriamo come si possa costruire un *matching* M', con $|M'| = |M| + 1$. Se $|M'| < |X|$ il procedimento può essere ripetuto. In questo modo, ad ogni passo, incrementiamo la cardinalità del *matching* corrente di una unità, fino a raggiungere la condizione voluta, vale a dire $|M'| = |X|$.

Dato un *matching* M, diremo che un vertice è *libero* rispetto ad M, se non è adiacente ad alcun arco appartenente ad M.

Consideriamo allora un vertice libero x_0. Dato che $|N(\{x_0\})| \geq |\{x_0\}| = 1$, deve esistere almeno un arco (x_0, y_1). Se anche y_1 era libero, possiamo aggiungere l'arco (x_0, y_1) a M, ottenendo un *matching* M' di cardinalità $|M'| = |M| + 1$.

Se invece y_1 non è libero, deve esistere un vertice x_1 tale che l'arco (x_1, y_1) appartiene a M. Allora, dall'ipotesi $|N(S)| \geq |S|$, per ogni $S \subseteq X$, segue che

$$|N(\{x_0, x_1\})| \geq |\{x_0, x_1\}| = 2,$$

ed esiste dunque un altro vertice y_2, diverso da y_1, adiacente a x_0 oppure a x_1. Se y_2 è libero, allora M' risulta immediatamente definito. Se y_2 non è libero, allora consideriamo il vertice x_2 tale che l'arco (x_2, y_2) appartiene a M, e ripetiamo il procedimento precedente selezionando un nuovo vertice y_3 adiacente ad almeno uno dei vertici x_0, x_1, x_2. Continuando in questo modo, dato che G è finito, dobbiamo necessariamente fermarci in corrispondenza di un vertice y_k ancora libero.

Ogni vertice y_i $(1 \leq i \leq k)$ è adiacente ad almeno uno tra i vertici $x_0, x_1, \ldots, x_{i-1}$, ed è dunque possibile definire un cammino

$$y_k, x_s, y_s, x_t, y_t, \ldots, y_w, x_0$$

nel quale gli archi $x_i y_i$ appartengono a M, mentre gli archi alternati, del tipo (y_k, x_s), (y_s, x_t), ... non vi appartengono. Possiamo così costruire un nuovo *matching* M' definito esclusivamente dagli archi alternati del cammino. Poiché gli archi agli estremi del cammino, (y_k, x_s) e (y_w, x_0) sono entrambi in M', abbiamo $|M'| = |M| + 1$, come richiesto.   □

Il fatto che solo grafi che siano concentratori limitati garantiscano l'esistenza di certi *matching* rende questo tipo di grafi uno strumento molto attraente per misurare proprietà di connettività, quali l'esistenza di un certo numero di cammini disgiunti tra determinati insiemi di nodi.

4.5 Esistenza e costruzione probabilistica di grafi espansivi

In questa sezione, presentiamo una dimostrazione dell'esistenza di grafi espansivi. Come vedremo, questa dimostrazione consente di derivare una semplice costruzione probabilistica dei grafi espansivi. Dimostreremo infatti che un grafo casuale è espansivo con alta probabilità.

Consideriamo per semplicità una definizione più restrittiva di grafo espansivo.

Definizione 4.25. *Un grafo bipartito avente n nodi di ingresso e n nodi di uscita, si dice (α, β, n, d)-espansivo se*

1. *ciascun nodo ha grado d;*
2. *per ogni sottoinsieme X di $k \leq \alpha n$ nodi di ingresso, si ha che $|N(X)| > \beta k$.*

Generalmente siamo interessati al caso in cui $\beta > 1$ e d è piccolo. Possiamo inoltre notare che $\alpha\beta < 1$ poiché, per $k = \alpha n$, deve risultare $n \geq |N(X)| > \beta k = \alpha\beta n$.

Teorema 4.10. *Per ogni $\alpha > 0$ e $\beta > 1$ tali che $\alpha\beta < 1$, esiste un intero d tale che, per ogni n esiste un grafo (α, β, n, d)-espansivo. In particolare, un grafo casuale d-regolare, risulta (α, β, n, d)-espansivo se $d = \Omega\left(\frac{\beta}{(1-\alpha\beta)}\right)$. Alternativamente, per ogni β, è possibile scegliere un qualsiasi $d > 1 + \beta$ per ottenere un grafo espansivo a patto che $\alpha < \beta^{-1} e^{-\frac{\beta+1+\ln\beta}{d-\beta-1}}$.*

Dim. La costruzione di un grafo casuale d-regolare è piuttosto semplice. Si può procedere come segue. Per prima cosa ciascun nodo di ingresso ed uscita viene rimpiazzato da un insieme di d "punti". Il grafo bipartito risultante è composto da dn nodi di ingresso e dn nodi di uscita. Su di esso si costruisce poi un matching perfetto casuale. (Si noti che esistono $(dn)!$ matching perfetti casuali differenti.) A questo punto si collassa ciascun insieme di d punti nel corrispondente nodo di partenza.

Si osservi che il grafo così ottenuto potrebbe essere un multigrafo, nel senso che potrebbero esserci più archi tra una singola coppia di nodi.

Indichiamo con V l'insieme dei nodi di ingresso e con U l'insieme dei nodi di uscita.

Se il grafo non è espansivo, allora deve esistere un sottoinsieme $S \subseteq V$ di dimensione $k \leq \alpha n$ ed un sottoinsieme $T \subseteq U$ di dimensione βk tale che $N(S) \subseteq T$. La probabilità p che esista un tale insieme è al più

$$p \leq \sum_{k=1}^{\alpha n} \binom{n}{k} \binom{n}{\beta k} \frac{\binom{d\beta k}{dk}(dk)!(dn - dk)!}{(dn)!}.$$

Questa limitazione superiore si ottiene sommando la probabilità che tutti i vicini dei nodi di S appartengano a T, su tutti i valori di k da 1 a αn e tutti i sottoinsiemi $S \subseteq V$ e $T \subseteq U$ di dimensione rispettivamente k e βk. Il numero di scelte possibili per i sottoinsiemi S e T è dato da $\sum_{k=1}^{an} \binom{n}{k}\binom{n}{\beta k}$. Una volta fissati S e T, possiamo calcolare esattamente la probabilità che $N(S) \subseteq T$. Se $N(S) \subseteq T$, allora ciascuno dei dk punti associati ai nodi di S è accoppiato ad un punto di T. Ci sono $\binom{d\beta k}{dk}$ modi di scegliere questi punti tra quelli associati ai nodi di T. Per ciascuna di queste scelte, esistono $(dk)!$ possibili matching da S e $(dn - dk)!$ possibili matching da $V \setminus S$ a punti non accoppiati. Ciascuno di questi matching è scelto con probabilità $1/(dn)!$.

Allo scopo di semplificare la limitazione su p, faremo uso dell'approssimazione di Stirling:

$$n! \simeq \sqrt{n}\left(\frac{n}{e}\right)^n,$$

per ottenere una limitazione superiore sul coefficiente binomiale $\binom{\gamma a}{a}$, dove $\gamma \geq 1 + \varepsilon$ per un fissato $\varepsilon > 0$. Risulta infatti

$$\binom{\gamma a}{a} = \frac{(\gamma a)!}{((\gamma - 1)a)!\, a!}$$

$$\simeq \frac{\sqrt{\gamma a}\left(\frac{\gamma a}{e}\right)^{\gamma a}}{\sqrt{(\gamma - 1)a}\left(\frac{(\gamma-1)a}{e}\right)^{(\gamma-1)a}\sqrt{a}\left(\frac{a}{e}\right)^a}$$

$$= \frac{\sqrt{\gamma a}\,\gamma^{\gamma a}}{\sqrt{(\gamma - 1)a}\,(\gamma - 1)^{(\gamma-1)a}\sqrt{a}}$$

$$\simeq \frac{\gamma^{\gamma a}}{\sqrt{a}\,(\gamma - 1)^{(\gamma-1)a}}$$

$$= \frac{1}{\sqrt{a}}\left(\frac{\gamma}{(1 - 1/\gamma)^{\gamma-1}}\right)^a,$$

dove si è usato il fatto che per $\gamma \geq 1 + \varepsilon$, $\frac{\gamma}{\gamma - 1}$ giace tra 1 e $\frac{1+\varepsilon}{\varepsilon}$ e può essere trattato come un fattore costante.

Per semplificare ulteriormente l'espressione così ottenuta, abbiamo bisogno di una limitazione inferiore su $(1 - 1/\gamma)^{\gamma-1}$. Dallo sviluppo in serie di Taylor

$$\ln(1 + x) = x - \frac{1}{2}x^2 + \frac{1}{3}x^3 - \dots,$$

si ottiene

$$(1 - 1/x)^{x-1} = e^{\left(-\frac{1}{x} - \frac{1}{2x^2} - \frac{1}{3x^3} - \dots\right)(x-1)}$$

$$= e^{\left(-1 - \frac{1}{2x} - \frac{1}{3x^2} - \dots\right) + \left(\frac{1}{x} + \frac{1}{2x^2} + \frac{1}{3x^3} + \dots\right)}$$

$$= e^{-1 + \frac{1}{2x} + \frac{1}{6x^2} + \frac{1}{12x^3} + \dots}$$

$$\geq e^{-1},$$

e $(1 - 1/x)^{x-1}$ è una funzione decrescente di x. La sostituzione $x = \gamma$ fornisce infine

$$\binom{\gamma a}{a} \leq \frac{1}{\sqrt{a}} (\gamma e)^a \, .$$

Applicando questa limitazione ai coefficienti binomiali, e l'approssimazione di Stirling ai fattoriali, la limitazione superiore sulla probabilità p diventa

$$p \leq \sum_{k=1}^{\alpha n} \frac{1}{\sqrt{dn} \left(\frac{dn}{e}\right)^{dn}} \left[\frac{1}{\sqrt{k}} \left(\frac{ne}{k}\right)^k \frac{1}{\sqrt{\beta k}} \left(\frac{ne}{\beta k}\right)^{\beta k} \sqrt{dk} \left(\frac{dk}{e}\right)^{dk} \right.$$
$$\left. \frac{1}{\sqrt{dk}} \left(\frac{\beta}{(1-1/\beta)^{\beta-1}}\right)^{dk} \sqrt{d(n-k)} \left(\frac{d(n-k)}{e}\right)^{d(n-k)} \right]$$
$$\leq \sum_{k=1}^{\alpha n} \left(k^{d-1-\beta} n^{1+\beta-d} e^{1+\beta} \beta^{d-\beta} \left(\frac{1}{(1-1/\beta)^{\beta-1}}\right)^d \left(1-\frac{k}{n}\right)^{d\left(\frac{n}{k}-1\right)} \right)^k$$
$$\leq \sum_{k=1}^{\alpha n} \left(\alpha^{d-\beta-1} e^{1+\beta} \beta^{d-\beta} \left(\frac{(1-\alpha)^{1/\alpha-1}}{(1-1/\beta)^{\beta-1}}\right)^d \right)^k$$
$$\leq \sum_{k=1}^{\alpha n} (\alpha^{d-\beta-1} e^{1+\beta} \beta^{d-\beta})^k \, .$$

La prima maggiorazione discende dall'applicazione della limitazione sui binomiali e dall'uso dell'approssimazione di Stirling; la seconda si ricava trascurando $\frac{1}{\sqrt{k}}$ e $\frac{1}{\sqrt{\beta k}}$ dal numeratore, in quanto sono minori di 1, e sostituendo $\sqrt{d(n-k)}$ con $\sqrt{dn}$. La terza maggiorazione si ottiene sostituendo k con αn in $k^{d-\beta-1}$ ed in $\left(1-\frac{k}{n}\right)^{d(n/k-1)}$ poiché sono entrambi funzioni crescenti di k (come vedremo, $d > \beta + 1$). Infine, l'ultima maggiorazione si ottiene poiché $(1-\alpha)^{1/\alpha-1}$ è una funzione crescente di α, $(1-1/\beta)^{\beta-1}$ è una funzione crescente di $1/\beta$, e $\alpha < 1/\beta$.

Per $d > \beta + 1 + \frac{\beta+1+\ln\beta}{\ln(1/(\alpha\beta))}$, il primo termine nella serie, $\alpha^{d-\beta-1} e^{1+\beta} \beta^{d-\beta}$, è minore di 1 e la serie è geometrica. Quindi, per

$$d \simeq \beta + 1 + \frac{\beta + 1 + \ln\beta}{\ln(1/(\alpha\beta))}$$

la probabilità che un grafo casuale non sia espansivo è strettamente minore di 1. Se $\alpha\beta = 1 - \varepsilon$, per un fissato $\varepsilon < 1$, allora

$$\ln\left(\frac{1}{\alpha\beta}\right) = \ln\left(\frac{1}{1-\varepsilon}\right) \simeq \varepsilon = 1 - \alpha\beta \, ,$$

da cui $d \simeq \frac{\beta}{1-\alpha\beta}$. Alternativamente, per β e d fissati, è necessario imporre $\alpha < \beta^{-1} e^{-(\beta+1+\ln\beta)/(d-\beta-1)}$. $\qquad\square$

La maggior parte dei grafi risulta dunque espansiva, e ciò potrebbe indurre a pensare che sia facile trovarne uno. Tuttavia abbiamo già anticipato che questo non è vero.

4.6 Costruzione deterministica di grafi espansivi

In questa sezione vediamo un esempio di costruzione esplicita di grafi espansivi. Più precisamente, dimostriamo il seguente teorema.

Teorema 4.11 (Gabber e Galil). *Per $n = m^2$, il grafo G_n (descritto più avanti) è $(n, 7, \varepsilon)$-espansivo, per $\varepsilon \geq \frac{1}{16}$.*

Per semplificare la dimostrazione, all'interno di questa sezione, utilizziamo la definizione di grafo $(n, 7, \varepsilon)$-espansivo, ossia di grafo bipartito tale che:

1. possiede n nodi di ingresso M_l, n nodi di uscita M_r e al più $7n$ archi;
2. per ogni insieme $X \subseteq M_l$ di nodi di ingresso con $|X| = n/2$, se $N(X)$ denota l'insieme di nodi adiacenti a X in M_r, allora $|N(X)| \geq |X|(1 + \varepsilon)$.

Una dimostrazione del tutto analoga può essere derivata per il caso in cui si prendono in considerazione tutti gli insiemi $|X| \leq n/2$.

4.6.1 Costruzione del grafo G_n

Visualizzeremo il grafo come un grafo bipartito i cui archi collegano gli elementi di una matrice quadrata M_l di ordine m agli elementi di un'altra matrice quadrata M_r di ordine m. Ogni vertice del grafo viene rappresentato tramite il suo indice di riga e di colonna (i, j) nella matrice corrispondente, dove $0 \leq i, j \leq m - 1$.

Il grafo espansivo G_n è costruito tramite 7 permutazioni da M_l a M_r. Più precisamente, per ogni permutazione σ, e per ogni elemento $(i, j) \in M_l$, si definisce un arco tra il vertice (i, j) ed il corrispondente vertice $\sigma(i, j) \in M_r$. Poiché ciascuna permutazione introduce $n = m^2$ archi, G_n ha complessivamente $7n = 7m^2$ archi.

Descriviamo nel seguito le 7 permutazioni. (L'addizione va intesa come addizione modulo m.)

1. $\sigma_1(i, j) = (i, j)$;
2. $\sigma_2(i, j) = (i, j + 2i)$;
3. $\sigma_3(i, j) = (i, j + 2i + 1)$;
4. $\sigma_4(i, j) = (i, j + 2i + 2)$;
5. $\sigma_5(i, j) = (i + 2j, j)$;
6. $\sigma_6(i, j) = (i + 2j + 1, j)$;
7. $\sigma_7(i, j) = (i + 2j + 2, j)$.

Dato G_n, vogliamo mostrare che per ogni insieme di vertici $A \subseteq M_l$ di cardinalità uguale a $\frac{n}{2}$, la cardinalità dell'insieme di vertici adiacenti, in M_r è almeno pari a $|A|(1 + \varepsilon)$. La dimostrazione di questo fatto consiste in tre passi fondamentali.

1. **Passaggio al continuo.** Trasformare il problema dell'espansione di G_n in un problema continuo (in cui l'espansione corrisponde all'area di una opportuna regione) e dimostrare che se questo è caratterizzato da un fattore di espansione ε, allora anche G_n è ε-espansivo. Come vedremo, il passaggio al continuo consente di semplificare il problema riducendo le permutazioni da 7 a 3.

2. **Il fattore di espansione.** Nel caso continuo, l'espansione può essere espressa tramite un parametro legato all'area. Mostrare che vale $\varepsilon \geq \frac{2-\sigma}{8}$.

3. **Uso del dominio di Fourier.** Convertire il problema al dominio di Fourier per valutare σ mostrando che vale $\sigma \leq \sqrt{3}$. Da questa limitazione si ricava infine una limitazione inferiore pari ad $\frac{1}{16}$ per il fattore di espansione ε del grafo G_n.

4.6.2 Passaggio al continuo

È opportuno premettere alcune definizioni e notazioni. Tratteremo gli elementi di $\mathbf{R}^2$ come numeri complessi $a_0 + ia_1$, dove a_0 è la parte reale (o coordinata x) e a_1 è la parte immaginaria (o coordinata y). Se a è il numero complesso $a_0 + ia_1$, allora $Re(a) = a_0$, $|a| = a_0^2 + a_1^2$, e $\|a\| = \sqrt{a_0^2 + a_1^2}$. Il complesso coniugato di a viene indicato con $\bar{a}$.

Vogliamo dimostrare che, dato un insieme X di $\frac{n}{2}$ punti in M_l, si ha $|N(X)| \geq (1 + \varepsilon)\frac{n}{2}$.

Per passare al continuo, alle due matrici M_l e M_r facciamo corrispondere l'insieme $\{(i,j) \mid 0 \leq i,j < 1\}$. Chiameremo dominio l'insieme S_l associato a M_l (che corrisponde dunque alla parte sinistra del grafo), e codominio l'insieme S_r associato a M_r (che corrisponde alla parte destra di G_n). Il grafo espansivo $\hat{G}$ nel caso continuo è definito dalle seguenti tre permutazioni da S_l a S_r, dove l'addizione tra reali è eseguita modulo 1:

1. $\tau_0(i,j) = (i,j)$;
2. $\tau_1(i,j) = (i,j+2i)$;
3. $\tau_2(i,j) = (i+2j,j)$.

Descriviamo ora la relazione tra il caso continuo e quello discreto. Ad ogni elemento $m_{i,j}$ della matrice M si fa corrispondere una regione quadrata di lato $\frac{1}{m}$ in S, con coordinata minima pari a $(\frac{i}{m}, \frac{j}{m})$. Più formalmente, per ogni $(i,j) \in M$, sia $S_{(i,j)} = \{(\frac{i+u}{m}, \frac{j+v}{m}) \mid 0 \leq u,v < 1\}$. Dato un insieme $X \subseteq M$ di vertici nel caso discreto, la corrispondente superficie $A_X \subseteq S$ nel caso continuo è definita da

$$A_X = \bigcup_{(i,j)\in X} S_{(i,j)}.$$

Si noti che la superficie A_X è discontinua a tratti su $[0,1)^2$.

Per semplicità di trattazione, descriviamo il caso in cui $m = 7$ e X consiste solo nel vertice $(\frac{i}{m}, \frac{j}{m})$. Si consideri un punto $p \in A_X$, dove

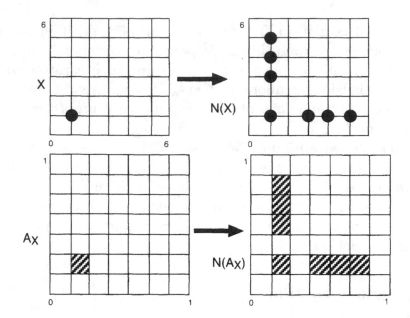

Figura 4.1. Relazione tra caso continuo e caso discreto

$p = \{(\frac{i+u}{m}, \frac{j+v}{m}) \mid 0 \le u, v < 1\}$. La prima permutazione τ_0 fa corrispondere alla regione quadrata con coordinata minima pari a $(\frac{i}{m}, \frac{j}{m})$ la stessa regione in $N(A_X)$. La seconda permutazione τ_1 fa corrispondere alla regione quadrata con coordinata minima pari a $(\frac{i}{m}, \frac{j}{m})$ la regione in $N(A_X)$ definita da $(\frac{i+u}{m}, \frac{j+v+2i+2u}{m})$. Poiché $0 \le 2u + v < 3$, allora abbiamo che

$$\left(\frac{i}{m}, \frac{j+2i}{m}\right) \le \tau_1(p) < \left(\frac{i+u}{m}, \frac{j+2i+3}{m}\right).$$

Ci sono tre casi.

- Se $0 \le 2u + v < 1$, allora $\tau_1(p) \in S_{\sigma_2(i,j)}$;
- Se $1 \le 2u + v < 2$, allora $\tau_1(p) \in S_{\sigma_3(i,j)}$;
- Se $2 \le 2u + v < 3$, allora $\tau_1(p) \in S_{\sigma_4(i,j)}$;

Lo stesso ragionamento può essere applicato a τ_2 rispetto alle permutazioni σ_5, σ_6, σ_7.

Nella Figura 4.1, diamo una descrizione grafica, nel caso in cui $(i,j) = (1,1)$. Da questa figura è chiaro che le tre funzioni continue τ_0, τ_1, τ_2 corrispondono alle sette funzioni discrete $\sigma_1, \dots, \sigma_7$.

Per semplicità di notazione, da questo punto in avanti la notazione A_X verrà sostituita da A. Supponiamo che X sia un insieme di $\frac{n}{2}$ vertici in M_l, in modo che A abbia in S_l misura di Lebesgue $\mu(A) = \frac{1}{2}$. Il nostro scopo è di identificare i "vicini" di A ($N(A)$) in S_r. Applichiamo le tre permutazioni definite sopra in modo da ottenere le tre superfici discontinue A_0, A_1 e A_2 in S_r. I vicini di A corrisponderanno all'unione di queste tre superfici. In particolare, dato $X \subseteq M$, sia $A \subseteq S_l$ la superficie corrispondente nel dominio continuo. Allora abbiamo che $N(A) = A_0 \cup A_1 \cup A_2 \subseteq S_r$, dove

$$A_0 = A = \bigcup_{(i,j) \in X} S_{\tau_0(i,j)}$$

$$A_1 = \bigcup_{(i,j) \in A} S_{\tau_1(i,j)}$$

$$A_2 = \bigcup_{(i,j) \in A} S_{\tau_2(i,j)} .$$

Diamo ora una definizione di espansione nel continuo. Sia $\hat{G}$ la versione continua del grafo G_n, definita come sopra.

Definizione 4.26. $\hat{G}$ *si dice* espansore continuo *con fattore ε se, $\forall A \subseteq S_l$ con $\mu(A) = \frac{1}{2}$, si ha che $\mu(N(A)) \geq \frac{1+\varepsilon}{2}$.*

Il seguente risultato mette in luce un legame tra l'espansione nel continuo a quella nel discreto.

Lemma 4.9. *Siano G e $\hat{G}$ rispettivamente il grafo espansivo e la sua versione continua. Se $\hat{G}$ è un espansore continuo con fattore ε, allora G è un grafo bipartito con fattore di espansione ε.*

Dim. Sia X un qualsiasi sottoinsieme di M_l di cardinalità $\frac{n}{2}$ e sia A l'insieme continuo associato a X. Osserviamo per prima cosa che $\mu(A) = \frac{1}{2} = \frac{|X|}{n}$. Se $\hat{G}$ è un espansore continuo con fattore ε, allora abbiamo $\mu(N(A)) \geq \frac{1+\varepsilon}{2}$, che, in conseguenza di $\frac{|X|}{n} = \mu(A)$, implica $\frac{|N(X)|}{n} = \mu(N(A))$, da cui $|N(X)| \geq \frac{(1+\varepsilon)n}{2} = (1 + \varepsilon)|X|$. $\qquad \square$

4.6.3 Il fattore di espansione

Ci occupiamo ora dell'analisi del fattore di espansione. Sia ϕ la funzione caratteristica di $A = A_0$, definita da

$$\phi(x,y) = \begin{cases} 1 & \text{se } (x,y) \in A \\ -1 & \text{altrimenti} . \end{cases}$$

In modo del tutto analogo, siano ϕ_1 e ϕ_2 le funzioni caratteristiche di A_1 e A_2.

Cerchiamo innanzitutto di ottenere un'espressione per il fattore di espansione ε in termini di queste funzioni caratteristiche. Consideriamo separatamente A_1 e A_2 con i loro fattori di espansione e poi deriviamo il fattore di espansione prendendo il massimo dei due. Dalla definizione di espansione nel continuo e dalle relazioni $\mu(A) = \frac{1}{2}$ e $N(A) = A \cup A_1 \cup A_2$ segue che

$$\varepsilon \leq 2\mu(N(A)) - 1 = \frac{\mu(A \cup A_1 \cup A_2) - \mu(A)}{\mu(A)} .$$

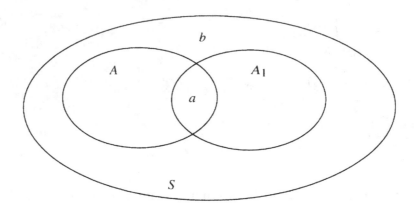

Figura 4.2. Relazioni tra le varie aree

Allora, definendo

$$\varepsilon_1 = \frac{\mu(A \cup A_1) - \mu(A)}{\mu(A)}$$

$$\varepsilon_2 = \frac{\mu(A \cup A_2) - \mu(A)}{\mu(A)} \; ,$$

risulta

$$\mu(A \cup A_1 \cup A_2) - \mu(A) \geq \mu(A \cup A_1) - \mu(A) = \varepsilon_1 \mu(A)$$
$$\mu(A \cup A_1 \cup A_2) - \mu(A) \geq \mu(A \cup A_2) - \mu(A) = \varepsilon_2 \mu(A) \; ,$$

da cui $\varepsilon \geq \max \{ \varepsilon_1, \varepsilon_2 \}$.
    Sia ora

$$\sigma_1 = \int_S \phi(x,y)\phi_1(x,y).$$

La funzione σ_1 è uguale alla differenza tra l'area in S in cui le funzioni caratteristiche ϕ e ϕ_1 sono le stesse e l'area in cui differiscono. Sia $a = A \cap A_1$ e sia $b = S - (A \cup A_1)$.

    Con riferimento alla Figura 4.2, dal fatto che l'area di S è uguale a 1, e le aree di A e di A_1 sono uguali a $\frac{1}{2}$, si ottiene:

$$1 - b = \mu(A \cup A_1) = \varepsilon_1 \mu(A) + \mu(A) = \frac{1}{2}\left(1 + \varepsilon_1\right) \; ,$$

$$\frac{1}{2} - a = \mu(A \cup A_1) - \mu(A) = \frac{1}{2}\varepsilon_1 \; ,$$

la cui risoluzione dà $a = b = \frac{1}{2}\left(1 - \varepsilon_1\right)$.

    Poiché σ_1 è uguale all'area in S in cui ϕ e ϕ_1 sono le stesse meno l'area in cui differiscono, abbiamo che

$$\sigma_1 = a + b + [1 - (a + b)] = 2(a + b) - 1 \, ,$$

ossia $\sigma_1 = 1 - 2\varepsilon_1$.

Riscrivendo l'uguaglianza precedente in termini di ε_1, otteniamo $\varepsilon_1 = \frac{1-\sigma_1}{2}$. In modo del tutto analogo, possiamo definire σ_2 e ottenere $\varepsilon_2 = \frac{1-\sigma_2}{2}$.

Poiché l'espansione totale è almeno pari al massimo tra ε_1 e ε_2, che è maggiore della media $\frac{\varepsilon_1+\varepsilon_2}{2}$, si può ottenere il fattore di espansione ε determinando una limitazione per $\sigma = \sigma_1 + \sigma_2$.

Vale il seguente risultato, che sarà dimostrato nella prossima sezione.

Lemma 4.10. $\sigma = \sigma_1 + \sigma_2 < \sqrt{3}$. $\square$

Usando il Lemma 4.10, otteniamo una limitazione inferiore di $\frac{1}{16}$ al fattore di espansione, in quanto

$$\varepsilon \geq \max(\varepsilon_1, \varepsilon_2) \geq \frac{\varepsilon_1 + \varepsilon_2}{2} = \frac{2 - \sigma_1 - \sigma_2}{4} \geq \frac{2 - \sqrt{3}}{4} \geq \frac{1}{16}.$$

A questo punto, si può utilizzare il Lemma 4.9 per dimostrare che il grafo G_n è espansivo con fattore di espansione ε.

4.6.4 Uso del dominio di Fourier

Estendiamo le funzioni ϕ, ϕ_1, e ϕ_2, in modo che siano definite su tutto $\mathbf{R}^2$, copiando le funzioni stesse in ciascuna regione $[j, j+1) \times [k, k+1)$, per ciascuna coppia di interi j, k. Le serie di Fourier bidimensionali associate alle funzioni $\phi(x, y)$, $\phi_1(x, y)$, e $\phi_2(x, y)$, sono date da

$$\phi(x, y) : \sum_{(m,n) \in Z^2} h(m, n) e^{2\pi i(mx+ny)}, \quad \text{dove } h(m, n) = \int_S \frac{\phi(x, y)}{e^{2\pi i(mx+ny)}};$$

$$\phi_1(x, y) : \sum_{(m,n) \in Z^2} h_1(m, n) e^{2\pi i(mx+ny)}, \quad \text{dove } h_1(m, n) = \int_S \frac{\phi_1(x, y)}{e^{2\pi i(mx+ny)}};$$

$$\phi_2(x, y) : \sum_{(m,n) \in Z^2} h_2(m, n) e^{2\pi i(mx+ny)}, \quad \text{dove } h_2(m, n) = \int_S \frac{\phi_2(x, y)}{e^{2\pi i(mx+ny)}}.$$

Le serie $\phi(x, y)$, $\phi_1(x, y)$ e $\phi_2(x, y)$ soddisfano le condizioni di Dirichlet, che nel seguito elenchiamo, applicandole al caso di $\phi(x, y)$.

1. $\phi(x, y)$ è definita ed assume un solo valore tranne che, eventualmente, per un numero finito di punti in S;
2. $\phi(x, y)$ è periodica con periodo S;
3. $\phi(x, y)$ e la sua derivata $\phi'(x, y)$ sono continue a tratti in S.

Possiamo così concludere che la serie associata alla funzione ϕ converge esattamente a $\phi(x, y)$ per ogni coppia (x, y) appartenente all'insieme dei punti di continuità. Analogamente le serie di Fourier associate alle funzioni ϕ_1 e ϕ_2 convergono alle funzioni stesse in tutti i punti di continuità.

I due fatti seguenti sono importanti per l'analisi che seguirà.

Fatto 4.3. $h(0,0) = \int_S \phi(x,y) = 0$.

Dim.   Abbiamo visto che $h(m,n) = \int_S \phi(x,y)e^{-2\pi i(mx+ny)}$, da cui segue che $h(0,0) = \int_S \phi(x,y)$. Poiché A ha misura $\frac{1}{2}$ e S ha misura 1, risulta $\int_S \phi(x,y) = \mu(A) - \mu(S \setminus A) = 0$.   □

Fatto 4.4. $\int_S \phi(x,y)^2 = \sum_{(m,n)\in Z^2} |h(m,n)|^2 = 1$.

Dim.   Dalla definizione di ϕ e dal fatto che $\mu(S) = 1$, segue $\int_S \phi(x,y)^2 = \mu(S) = 1$. Dall'espansione di Fourier di ϕ segue invece che $\int_S \phi(x,y)^2 = \sum_{(m,n)\in Z^2} |h(m,n)|^2$.   □

4.6.5 Limitazione superiore a σ

Ci occuperemo ora di dimostrare il Lemma 4.10. Per prima cosa, dimostriamo due lemmi che saranno utili più avanti.

Lemma 4.11. [Identità di Parseval] *Siano* $f(x) = \sum_{n=1}^{\infty} f_n\phi_n(x)$ *e* $g(x) = \sum_{m=1}^{\infty} g_m\phi_m(x)$, *dove* $\{\phi_n(x) \mid n = 0,1,2,\ldots\}$ *è una base ortonormale. Allora*

$$\int_S \overline{f(x)}g(x) = \sum_{n=1}^{\infty} \overline{f_n}g_n \ .$$

   □

Lemma 4.12. *Per ogni* $x, y \in \mathbf{C}$, *e per ogni* $\gamma > 1$, *abbiamo* $2Re(\bar{x}y) \leq \gamma |x|^2 + \frac{1}{\gamma} |y|^2$.

Dim.   Siano $x = a_0 + ia_1$ e $y = b_0 + ib_1$. Osserviamo per prima cosa che $2Re(\bar{x}y) = a_0b + 0 + a_1b_1$. La tesi segue allora da

$$0 \leq \left| \sqrt{\gamma}\, x - \frac{1}{\sqrt{\gamma}}\, y \right|^2 =$$

$$= \left| \sqrt{\gamma}(a_0 + ia_1) - \frac{1}{\sqrt{\gamma}}(b_0 + ib_1) \right| =$$

$$= \left(\sqrt{\gamma}\, a_0 - \frac{1}{\sqrt{\gamma}}\, b_0 \right)^2 + \left(\sqrt{\gamma}\, a_1 - \frac{1}{\sqrt{\gamma}}\, b_1 \right)^2 =$$

$$= -2(a_0b_0 + a_1b_1) + \gamma(a_0^2 + a_1^2) + \frac{1}{\gamma}(b_0^2 + b_1^2) =$$

$$= -2Re(\bar{x}y) + \gamma |x|^2 + \frac{1}{\gamma} |y|^2 \ .$$

   □

Nel lemma seguente ricaviamo un'espressione per σ in termini dei soli *coefficienti armonici* h della funzione ϕ.

Lemma 4.13.

$$\sigma = \sigma_1 + \sigma_2 = \sum_{(m,n) \in Z^2} \overline{h(m,n)}(h(m-2n,n) + h(m,n-2m)).$$

Dim. Osserviamo innanzitutto come sia possibile esprimere h_1 in termini di h:

$$\phi_1(x,y) = \phi(x,y+2x) = \sum_{(m,n) \in Z^2} h(m,n)e^{2\pi i(mx+n(y+2x))} .$$

Siano $m' = m + 2n$ e $n' = n$. Allora

$$\phi_1(x,y) = \sum_{(m',n') \in Z^2} h(m'-2n',n')e^{2\pi i(m'x+n'y)} .$$

Come già notato, ϕ_1 può essere espressa tramite la sua espansione in serie di Fourier

$$\phi_1 = \sum_{(m,n) \in Z^2} h_1(m,n)e^{2\pi i(mx+ny)} .$$

Si ottiene allora

$$h_1(m,n) = h(m-2n,n)$$

e in modo del tutto analogo

$$h_2(m,n) = h(m,n-2m) .$$

Poiché $\phi(x,y)$ è un numero reale per ogni $x,y \in S$, possiamo scrivere

$$\sigma_1 = \int_{x,y \in S} \phi(x,y)\phi_1(x,y) = \int_{x,y \in S} \overline{\phi(x,y)}\phi_1(x,y) .$$

A questo punto possiamo utilizzare l'Identità di Parseval (si veda il Lemma 4.11) per ottenere un'espressione per σ_1 in termini di h:

$$\sigma_1 = \int_{x,y \in S} \phi(x,y)\phi_1(x,y) =$$

$$= \int_{x,y \in S} \overline{\phi(x,y)}\phi_1(x,y) =$$

$$= \sum_{(m,n) \in Z^2} \overline{h(m,n)}h_1(m,n) =$$

$$= \sum_{(m,n) \in Z^2} \overline{h(m,n)}h_(m-2n,n) .$$

Analogamente

$$\sigma_2 = \sum_{(m,n) \in Z^2} \overline{h(m,n)}h(m,n-2m) ,$$

e la tesi segue combinando le due espressioni ottenute per σ_1 e σ_2.   □

Per la dimostrazione del Lemma 4.10 utilizzeremo infine il seguente lemma.

Lemma 4.14. *Sia* $z \in Z^2$, $z \neq (0,0)$. *Si considerino i quattro punti* $\tau_1(z)$, $\tau_1^{-1}(z)$, $\tau_2(z)$ *e* $\tau_2^{-1}(z)$. *Allora una delle due seguenti proprietà deve valere.*

1. *Uno dei quattro punti ha norma minore rispetto alla norma di* z, *mentre gli altri tre hanno norma maggiore della norma di* z;
2. *Due dei quattro punti hanno norma uguale alla norma di* z, *mentre gli altri due hanno norma maggiore della norma di* z.

Dim. Sia $z = (m, n)$.

1. Sia $m \neq n$. Se $m > n$, risulta $\|\tau_1^{-1}(z)\| < \|z\|$ e $\|\tau_1(z)\|, \|\tau_2(z)\|$, e $\|\tau_2^{-1}(z)\|$ sono tutti maggiori di $\|z\|$. Se $m < n$, allora $\|\tau_2^{-1}(z)\| < \|z\|$ e $\|\tau_2(z)\|, \|\tau_1(z)\|$, e $\|\tau_1^{-1}(z)\|$ sono tutti maggiori di $\|z\|$. In entrambi i casi la condizione (1) vale.
2. Sia $m = n$. Allora $\|\tau_1^{-1}(z)\| = \|\tau_2^{-1}(z)\| = \|z\|$ e la condizione (2) è soddisfatta.

□

Diamo adesso l'idea di come, dai lemmi visti finora, si possa dare una limitazione superiore a σ. Per prima cosa riscriviamo l'espressione per σ ricavata nel Lemma 4.13 nel seguente modo:

$$\sigma = \sum_{m,n \in Z} \overline{h(m,n)}[h(m - 2n, n) + h(m, n - 2m)] =$$

$$= \sum_{m,n \in Z} [\overline{h(m,n)}h(m - 2n, n) + \overline{h(m,n)}h(m, n - 2m)] =$$

$$= \sum_{m,n \in Z} [\overline{h(m,n)}h(\tau_1^{-1}(m,n)) + \overline{h(m,n)}h(\tau_2^{-1}(m,n))] .$$

Si applica quindi il Lemma 4.11 indipendentemente a ciascuno dei termini di questa somma, che sono del tipo $\overline{h(m,n)}h(m', n')$, per $m, n \in Z$. Si ottiene poi una disuguaglianza del tipo $2Re(\sigma) \leq \sum \alpha(m,n)|h(m,n)|^2$, dove la somma è una somma infinita. A questo punto si scelgono i valori per γ nel Lemma 4.12 in modo tale che, quando si combinano i termini tramite raccoglimento, nessuno dei coefficienti superi il valore $2\sqrt{3}$. Viene così ricavata la relazione

$$2Re(\sigma) \leq 2\sqrt{3} \sum_{m,n \in Z} |h(m,n)|^2 .$$

Infine, dal Fatto 4.4 (si veda la Sezione 4.6.4) segue $\sum_{m,n \in Z} |h(m,n)|^2 = 1$, da cui $Re(\sigma) \leq \sqrt{3}$.

Cerchiamo ora di capire quale sia l'intuizione dietro l'assegnamento di valori a γ. Rappresentiamo ciascun coefficiente armonico $h(m,n)$ come un punto nel piano Z^2 di coordinate (m, n). Per semplicità, indichiamo con V l'insieme di tutti i punti corrispondenti ai coefficienti armonici. Per $i, j \in V$, utilizziamo l'arco orientato da i verso j, (i, j), per denotare il prodotto $\bar{i}j$, dove $\bar{i}$ rappresenta il complesso coniugato del coefficiente armonico i. Definiamo quindi il seguente insieme di archi

$$E = \{ (i, \tau_1^{-1}(i)), (i, \tau_2^{-1}(i)) \mid i \in V \} \ .$$

Dalle definizioni date segue che la somma dei prodotti corrispondenti a ciascun arco dell'insieme E è pari a σ.

Avendo riscritto il problema in termini del grafo infinito $G = (V, E)$, il problema è ora quello di ottenere una limitazione superiore per la parte reale della somma degli archi di E. Cerchiamo di determinare il contributo di un singolo coefficiente i a questa somma. Ad ogni punto $i = h(m, n)$, associamo quattro vicini: $j_1 = h(\tau_1(m, n))$, $j_2 = h(\tau_2(m, n))$, $j_3 = h(\tau_1^{-1}(m, n))$ e $j_4 = h(\tau_2^{-1}(m, n))$. I vicini di i coincidono con i punti connessi ad i da un arco appartenente all'insieme E, ossia (j_1, i), (j_2, i), (i, j_3), (i, j_4). Per il Lemma 4.12, possiamo maggiorare i prodotti corrispondenti a ciascun arco (i, j) come segue

$$2(i, j) = 2\overline{h(i)}h(j) \leq \gamma(i, j)\, |h(i)|^2 + \frac{1}{\gamma(i, j)}\, |h(j)|^2 \ ,$$

dove $\gamma(i, j)$ è una costante relativa all'arco (i, j) il cui valore viene assegnato come

$$\gamma(i, j) = \begin{cases} \sqrt{3} & \text{se } \|i\| > \|j\| \\ 1 & \text{se } \|i\| = \|j\| \\ \frac{1}{\sqrt{3}} & \text{se } \|i\| < \|j\| \ . \end{cases}$$

Applicando il Lemma 4.12 a ciascun arco e sommando su E, otteniamo la disuguaglianza

$$2Re\left(\sum_{(i,j) \in E} (i, j) \right) \leq \sum_{i \in Z^2} \alpha_i |h(i)|^2 \ ,$$

vale a dire

$$2Re(\sigma) \leq \sum_{i \in Z^2} \alpha_i |h(i)|^2 \ .$$

Per valutare il costo α_i associato al termine $|h(i)|^2$, consideriamo il punto i ad esso associato. Poiché ci sono esattamente quattro archi di E che contengono i come estremo, il costo massimo α_i sarà pari alla somma dei contributi dovuti a ciascuno dei quattro archi. Dobbiamo allora stimare il contributo massimo dovuto a ciascun arco. Per questo utilizziamo il Lemma 4.14. Ci sono due casi da considerare, e dimostreremo come per entrambi risulti $\alpha_i \leq 2\sqrt{3}$.

1. $i = h(m, n)$ con $m \neq n$. Ci sono tre punti, diciamo j_1, j_2 e j_4, di norma maggiore alla norma di i, ed un quarto punto, j_3 di norma minore. Per definizione, abbiamo allora $\gamma_1 = \sqrt{3}, \gamma_2 = \sqrt{3}, \gamma_3 = \sqrt{3}$ e $\gamma_4 = \frac{1}{\sqrt{3}}$, e, applicando il Lemma 4.12, otteniamo una limitazione per ciascun arco:

$$2(j_1, i) \leq \sqrt{3}\, |h(j_1)|^2 + \frac{1}{\sqrt{3}}\, |h(i)|^2 \,,$$

$$2(j_2, i) \leq \sqrt{3}\, |h(j_2)|^2 + \frac{1}{\sqrt{3}}\, |h(i)|^2 \,,$$

$$2(i, j_3) \leq \sqrt{3}\, |h(i)|^2 + \frac{1}{\sqrt{3}}\, |h(j_3)|^2 \,,$$

$$2(i, j_4) \leq \frac{1}{\sqrt{3}}\, |h(i)|^2 + \sqrt{3}\, |h(j_4)|^2 \,.$$

Il valore di α_i corrispondente al termine $|h(i)|^2$ è dato dalla somma dei contributi di ciascun arco, che risulta maggiorata da

$$\alpha_i \leq \frac{1}{\sqrt{3}} + \frac{1}{\sqrt{3}} + \sqrt{3} + \frac{1}{\sqrt{3}} = 2\sqrt{3} \,.$$

2. $i = h(m, n)$ con $m = n$. Ci sono due punti, diciamo j_1 e j_2, la cui norma è maggiore alla norma di i, ed altri due punti, j_3 e j_4 di norma uguale a quella di i. Otteniamo dunque i seguenti valori per γ: $\gamma_1 = \sqrt{3}$, $\gamma_2 = \sqrt{3}, \gamma_3 = 1$ e $\gamma_4 = 1$. L'applicazione del Lemma 4.12 a ciascun arco fornisce

$$2(j_1, i) \leq \sqrt{3}\, |h(j_1)|^2 + \frac{1}{\sqrt{3}}\, |h(i)|^2$$

$$2(j_2, i) \leq \sqrt{3}\, |h(j_2)|^2 + \frac{1}{\sqrt{3}}\, |h(i)|^2$$

$$2(i, j_3) \leq |h(i)|^2 + |h(j_3)|^2$$
$$2(i, j_4) \leq |h(i)|^2 + |h(j_4)|^2 \,.$$

Sommando i quattro contributi otteniamo

$$\alpha_i \leq 2 + \frac{2}{\sqrt{3}} \leq 2\sqrt{3} \,.$$

Abbiamo così dimostrato che, per ogni termine $|h(i)|^2$, $i \in Z^2$, il coefficiente α_i ad esso associato è limitato superiormente da $2\sqrt{3}$. Sostituendo questa limitazione nell'equazione

$$2Re(\sigma) \leq \sum_{i \in Z^2} \alpha_i |h(i)|^2 \,,$$

si ottiene

$$2Re(\sigma) \le 2\sqrt{3} \sum_{m,n \in Z} |h(m,n)|^2 \,,$$

da cui segue infine $Re(\sigma) \le \sqrt{3}$.

4.7 Applicazioni

In questa sezione ci dedichiamo ad applicazioni dei grafi espansivi, con particolare attenzione alle questioni che chiamano in causa strumenti di algebra lineare e di probabilità. Un ruolo importante avranno anche la costruzione di codici lineari e la riduzione del numero di bit casuali da utilizzare negli algoritmi probabilistici.

4.7.1 Riduzione del numero di bit casuali

Sia M_C una *MdT probabilistica* che riconosce un linguaggio W. Supponiamo che per istanze di lunghezza n, M_C usi b bit casuali. Per $w \in \{0,1\}^n$ e $\rho \in \{0,1\}^b$, usiamo la notazione $M_C(w, \rho) = $ *accetta o rifiuta* per intendere che M_C, sull'istanza w, utilizzando la sequenza casuale ρ, accetta o rifiuta l'istanza w. La probabilità di errore di M_C sull'istanza $w \in W$ è data da $\frac{|B_w|}{2^b}$, dove $B_w = \{\rho \mid M(w, \rho) = $ *rifiuta*$\}$ mentre la probabilità di errore di M_C è data da $\max_w \frac{|B_w|}{2^b}$.

Sia ora $\frac{1}{2}$ il limite superiore alla probabilità di errore di M_C. Un metodo per aumentare la probabilità di successo di M_C è di ripetere la computazione più volte sulla stessa stringa w per valori indipendenti di ρ. In questo modo, dopo k esecuzioni, la probabilità di errore viene ridotta a 2^{-k}. La casualità può così essere vista come una risorsa poiché, mentre la probabilità di errore passa da $\frac{1}{2}$ a 2^{-k}, il numero di bit casuali utilizzati passa da b a kb. Questo metodo presenta però lo svantaggio di non fare un uso efficiente dei bit casuali, ciascuno dei quali viene utilizzato una sola volta e poi scartato.

Vogliamo ora analizzare la quantità di casualità necessaria e sufficiente a far decrescere fino ad una soglia fissata l'errore in una computazione probabilistica. Al riguardo, vedremo come sia possibile utilizzare un certo tipo di grafo espansivo. Esiste infatti, come vedremo, un'interessante connessione tra la costruzione di un particolare grafo espansivo e l'abilità di migliorare le prestazioni di una macchina probabilistica facendo un uso efficiente dei bit casuali. Tale costruzione dev'essere esplicita e deve consentire di ridurre il numero di bit casuali senza comportare un aumento del tempo e/o dello spazio utilizzati.

Il tipo di grafo espansivo che utilizzeremo è il cosiddetto *grafo espansivo sbilanciato*.

Definizione 4.27. *Un grafo espansivo si dice (l, r, d, s)-sbilanciato se ha l nodi a* sinistra *e r nodi a* destra, *se ciascun nodo di sinistra ha grado d e per ogni sottoinsieme A di almeno s nodi di sinistra, risulta $N(A) \ge \frac{r}{2}$.*

I grafi espansivi sbilanciati godono anche della seguente proprietà *inversa*. Per ogni insieme di $\frac{r}{2}$ nodi di destra, la cardinalità dell'insieme dei vicini di sinistra è maggiore o uguale a $l - s$.

È possibile dimostrare che i grafi espansivi sbilanciati esistono, benché la dimostrazione non sia costruttiva.

Teorema 4.12. *Per ogni m, esiste un grafo espansivo α-sbilanciato, dove $\alpha = (m^{\log m}, m, 2\log^2 m, m)$.*

Dim. Proveremo l'esistenza di questi grafi proponendone una costruzione probabilistica. Selezioniamo i $2\log^2 m$ archi connessi a ciascun nodo sinistro scegliendo un insieme casuale di cardinalità $2\log^2 m$ dagli m nodi di destra. Indichiamo con $\mathrm{Prob}\{|N(A)| \leq \frac{m}{2}\}$ la probabilità che esista un sottoinsieme A di nodi di sinistra, di cardinalità m, tale che $|N(A)| \leq \frac{m}{2}$. Se $m > 2$, allora si ha che

$$
\mathrm{Prob}\{|N(A)| \leq \frac{m}{2}\} \leq \binom{m^{\log m}}{m} 2^{-2m\log^2 m} \binom{m}{\frac{m}{2}} \leq
$$
$$
\leq m^{m\log m} 2^{-2m\log^2 m} 2^m =
$$
$$
= 2^{m\log^2 m} 2^{-2m\log^2 m} 2^m =
$$
$$
= 2^{m - m\log^2 m} < 1 \ .
$$

$\square$

Per $m = 2^b$, consideriamo il grafo espansivo $(2^{b^2}, 2^b, 2b^2, 2^b)$-sbilanciato. Etichettiamo i 2^{b^2} nodi di sinistra con le 2^{b^2} stringhe appartenenti all'insieme $\{0,1\}^{b^2}$ e i 2^b nodi di destra con le stringhe dell'insieme $\{0,1\}^b$. Diciamo che una famiglia di grafi espansivi G_b, $b > 2$, ammette una costruzione esplicita se esiste una funzione calcolabile in tempo polinomiale che, in corrispondenza di una stringa che identifica un nodo di sinistra, produce tutte le stringhe che etichettano i nodi di destra ad esso adiacenti.

Teorema 4.13. *Se esiste una costruzione esplicita di un grafo espansivo $(2^{b^2}, 2^b, 2b^2, 2^b)$-sbilanciato, allora per ogni $MdTP$ M_C che usa b bit casuali, ed ha probabilità di errore $\frac{1}{2}$, esiste un'altra $MdTP$ N_C che usa b^2 bit casuali ed ha probabilità di errore $2^{-(b^2-b)}$.*

Dim. Supponiamo che esista una costruzione esplicita di un grafo espansivo $(2^{b^2}, 2^b, 2b^2, 2^b)$-sbilanciato. Allora N_C può essere costruita a partire da un grafo espansivo e da una copia di M_C. In corrispondenza dell'istanza w e della sequenza casuale ρ, $N_C(w, \rho)$ tratta $\rho \in \{0,1\}^{b^2}$ come un nodo sinistro del grafo espansivo e simula M_C usando come ingressi casuali le stringhe $\mu \in \{0,1\}^b$ che etichettano i $2b^2$ nodi di destra a cui ρ è collegato. Poiché ciascuna stringa che rappresenta un nodo di sinistra è lunga b^2 bit, N_C utilizza b^2 bit casuali.

La diminuzione dell'errore segue direttamente dalla proprietà che ciascun insieme di $\frac{r}{2}$ nodi di destra è adiacente ad almeno $l - s$ nodi di sinistra. Infatti, poiché M_C accetta con probabilità di errore $\frac{1}{2}$, l'insieme delle computazioni di M_C che accettano istanze $w \in W$ può essere visto come una selezione di un insieme S di nodi di destra di cardinalità $|S| = \frac{r}{2} = \frac{2^b}{2}$. Grazie alla proprietà di espansione, l'insieme $N(S)$ dei nodi di sinistra adiacenti ai nodi di S ha cardinalità almeno $2^{b^2} - 2^b$. Allora N_C fallisce nel riconoscere una stringa $w \in W$ se seleziona una stringa casuale di b^2 bit corrispondente ad un nodo sinistro che non appartiene all'insieme $|N(S)|$; la probabilità che ciò accada è data da

$$\frac{2^{b^2} - |N(S)|}{2^{b^2}} \leq \frac{2^{b^2} - (2^{b^2} - 2^b)}{2^{b^2}} = 2^{-(b^2-b)} \ .$$

$\square$

Se si confronta il risultato del Teorema 4.13 con il metodo della ripetizione di un algoritmo probabilistico (per cui abbiamo visto che la probabilità di errore passa da $\frac{1}{2}$ a 2^{-k}, mentre il numero di bit casuali utilizzati passa da b a kb), si vede che, usando lo stesso numero di bit casuali, si ha una probabilità di errore inferiore di un fattore 2^{b^2-2b}.

4.7.2 Espansione ed autovalori

Abbiamo visto come, a fronte di dimostrazioni esistenziali, sia oltremodo difficile individuare costruzioni esplicite per i grafi espansivi.

Questo fatto conduce all'idea di generare casualmente un grafo sparso e poi dimostrarne l'espansività. Purtroppo questo approccio va incontro a difficoltà teoriche, perché la verifica richiede un elevato costo computazionale [38]. Si sono cercate allora tecniche di tipo euristico; lo strumento più efficiente al riguardo è dato da una limitazione in termini del *secondo autovalore* del grafo. Tale limitazione fu scoperta indipendentemente da Tanner [140] e Alon e Milman [13], e successivamente applicata in vari modi.

Prima di presentare questi risultati, introduciamo alcuni elementi di *teoria algebrica dei grafi*. Per un approfondimento si rimanda ai testi specializzati, come ad esempio [51].

Strumenti di algebra lineare.

1. Data una matrice $A \in \mathbf{C}^{m \times n}$, si definisce matrice trasposta coniugata di A la matrice $B \in \mathbf{C}^{n \times m}$ tale che

   $$b_{ij} = \overline{a_{ji}} \,,$$

   dove $\overline{a_{ji}}$ è il coniugato del numero complesso a_{ji}, e si indica con A^H. Se $A \in \mathbf{R}^{m \times n}$, la trasposta coniugata di A coincide con la matrice trasposta così definita

   $$B = A^T \,, \qquad b_{ij} = a_{ji} \,.$$

2. Una matrice $A \in \mathbf{C}^{n \times n}$ si dice *hermitiana* se $A^H = A$.
3. Una matrice $A \in \mathbf{R}^{n \times n}$ si dice *simmetrica* se $A^T = A$.

4. Una matrice $A \in \mathbf{R}^{n \times n}$ si dice *non negativa* se $a_{ij} \geq 0$, per ogni $1 \leq i, j \leq n$.

5. Il simbolo $Tr(A)$ (*traccia di A*) denota la somma degli elementi della diagonale principale della matrice quadrata A.

6. Una matrice non negativa ha un autovalore non negativo r tale che il modulo di tutti gli altri autovalori non eccede r. Ad r corrisponde un autovettore non negativo.

7. Si definisce *norma L_2* di un vettore $\mathbf{v} = (v_i)$ il valore $(\sum_i |v_i|^2)^{\frac{1}{2}}$.

8. Una matrice A si dice riducibile se esiste una matrice di permutazione P tale che

$$P^{-1}AP = \begin{pmatrix} X & 0 \\ Y & Z \end{pmatrix},$$

dove X e Z sono matrici quadrate. Altrimenti A si dice irriducibile.

9. L'autovalore massimo di una matrice non negativa è sempre maggiore o uguale all'autovalore massimo di una sua sottomatrice principale e l'uguaglianza vale solo se la matrice è riducibile.

10. Se si fa crescere un elemento di una matrice non negativa, l'autovalore massimo non decresce; in particolare cresce in senso stretto se la matrice è irriducibile.

11. Tutti gli autovalori di una matrice hermitiana sono reali.

12. Una matrice simmetrica di ordine n e rango r ha almeno $n - r$ autovalori nulli.

13. (**Disuguaglianze di Cauchy**) Se A è una matrice hermitiana con autovalori $\lambda_1 \geq \lambda_2 \geq \ldots \geq \lambda_n$ e B una delle sue sottomatrici principali, con autovalori $\mu_1 \geq \mu_2 \geq \ldots \geq \mu_m$, allora vale $\lambda_{n-m+i} \leq \mu_i \leq \lambda_i$.

14. Sia A una matrice hermitiana con autovalori $\lambda_1 \geq \lambda_2 \geq \ldots \geq \lambda_n$. Sia A partizionata in m^2 blocchi in modo tale che i blocchi diagonali siano quadrati. Sia B la matrice $m \times m$ il cui elemento in posizione (i, j) è uguale alla media delle somme sulle righe del blocco (i, j) della matrice A. Allora se B ha autovalori $\mu_1 \geq \mu_2 \geq \ldots \geq \mu_m$, vale $\lambda_{n-m+i} \leq \mu_i \leq \lambda_i$. Inoltre, se per qualche intero k, $0 \leq k \leq m$, abbiamo che $\mu_i = \lambda_i$ per $i = 1, 2, \ldots, k$ e $\lambda_{n-m+i} = \mu_i$ per $i = k+1, k+2, \ldots, m$, allora tutti i blocchi della matrice A hanno somme costanti sulle righe e sulle colonne.

15. (**Teorema di Rayleigh-Ritz**) Sia A una matrice hermitiana con autovalori $\lambda_1 \geq \lambda_2 \geq \ldots \geq \lambda_n$. Allora

$$\lambda_1 = \max_{x \neq 0} \frac{x^H A x}{x^H x} = \max_{x^H x = 1} x^H A x;$$

e

$$\lambda_n = \min_{x \neq 0} \frac{x^H A x}{x^H x} = \min_{x^H x = 1} x^H A x \ .$$

In generale, per $k = 2, \ldots, n - 1$, risulta

$$\lambda_k = \max_{x \neq 0, x \perp V_k} \frac{x^H A x}{x^H x} \ ,$$

dove V_k è l'insieme degli autovettori associati agli autovalori $\lambda_1, \ldots, \lambda_{k-1}$, e la notazione $x \perp V_k$ indica che il vettore x è ortogonale a tutti i vettori che appartengono a V_k. In modo equivalente risulta

$$\lambda_{n-k} = \min_{x \neq 0, x \perp U_k} \frac{x^H A x}{x^H x} \, ,$$

dove U_k è l'insieme degli autovettori associati agli autovalori $\lambda_n, \lambda_{n-1}, \ldots, \lambda_{n-k+1}$.

16. (**Teorema del min-max di Courant e Fischer**) Sia $A \in C^{n \times n}$ una matrice hermitiana con autovalori $\lambda_1 \geq \lambda_2 \geq \ldots \geq \lambda_n$. Allora risulta

$$\lambda_{n-k+1} = \min_{V_k} \max_{x \neq 0, x \in V_k} \frac{x^H A x}{x^H x} \, ,$$

$$\lambda_k = \max_{V_k} \min_{x \neq 0, x \in V_k} \frac{x^H A x}{x^H x} \, ,$$

dove V_k è un qualunque sottospazio di C^n di dimensione k, per $k = 1, 2, \ldots, n$.

17. Se A è una matrice $m \times n$, si ha che $\lambda^n P_{AA^T}(\lambda) = \lambda^m P_{A^T A}(\lambda)$, dove $P_B(\lambda)$ indica il polinomio caratteristico di una matrice B.

Proprietà algebriche e geometriche di grafi. In questo paragrafo e nel successivo vedremo alcune relazioni fondamentali tra proprietà algebriche e geometriche di grafi. Le domande a cui si vuole rispondere riguardano l'informazione su proprietà strutturali di un grafo che sono contenute nel suo spettro. Da un certo punto di vista, non si può pensare che in generale lo spettro caratterizzi completamente un grafo, in quanto esistono grafi *cospettrali* (con lo stesso spettro) non isomorfi. Tuttavia vedremo come alcune proprietà spettrali diano informazioni importanti.

Dato un grafo G sull'insieme di vertici $V = \{a_1, \ldots, a_n\}$, la sua *matrice di adiacenza* è la matrice $B = (b_{ij})$, dove $b_{ij} = 1$ se esiste un arco tra a_i e a_j e $b_{ij} = 0$, altrimenti. Per i grafi non diretti, la matrice di adiacenza risulta simmetrica e di traccia nulla. Nel seguito, se non diversamente specificato, prenderemo in considerazione solo grafi non diretti.

Lo spettro della matrice B ($\lambda(B)$) è detto spettro del grafo G e si indica anche con $\lambda(G)$. Dato che B è una matrice simmetrica, lo spettro di G consiste di n numeri reali. Si noti che una matrice di adiacenza definisce univocamente un grafo, mentre dato un grafo ad esso è associata una classe di matrici di adiacenza $\mathcal{A}$, dove se $A_1, A_2 \in \mathcal{A}$, allora $A_1 = P^T A_2 P$ e P è una matrice di permutazione.

Un *cammino di lunghezza* m è una sequenza di m archi adiacenti tra loro e del tipo

$$\{a_i, a_{i+1}\}, \{a_{i+1}, a_{i+2}\}, \ldots, \{a_{i+m-1}, a_{i+m}\} \, .$$

I vertici a_i e a_{i+m} sono gli *estremi* del cammino.

Se consideriamo la matrice B^2, risulta evidente che l'elemento in posizione (i,j), $\sum_{t=1}^{n} a_{it} a_{tj}$, è pari al numero di cammini di lunghezza 2 aventi i vertici a_i e a_j come estremi. In generale, l'elemento in posizione (i,j) della matrice B^k risulta uguale al numero di cammini di lunghezza k aventi i vertici a_i e a_j come estremi.

Un grafo G si dice *connesso* se ogni coppia di vertici a e b è unita da un cammino avente a e b come estremi. In caso contrario, il grafo si dice *non connesso*. La proprietà di connettività, essendo riflessiva, simmetrica e transitiva, definisce una relazione di equivalenza sull'insieme dei vertici di G: diremo che due vertici sono equivalenti se sono connessi. In questo modo si induce una partizione dei vertici in classi di equivalenza:

$$V = V_1 \cup V_2 \cup \ldots \cup V_t \ .$$

I sottografi indotti $G(V_1), G(V_2), \ldots, G(V_t)$, formati dai vertici di ciascuna classe di equivalenza e dagli archi ad essi incidenti, sono chiamati *componenti connesse* di G.

La connettività di un grafo ha una interpretazione diretta in termini della matrice di adiacenza B. È infatti possibile permutare le righe di B in modo tale che B diventi una matrice diagonale a blocchi, in cui ciascun blocco B_i rappresenta la matrice di adiacenza della componente connessa $G(V_i)$ $(i = 1, 2, \ldots, t)$.

Sia ora G un grafo connesso. Si dice *distanza* $d(a,b)$ tra i vertici a e b la lunghezza del cammino minimo tra a e b. La massima distanza tra due vertici del grafo è chiamata *diametro*.

Lemma 4.15. *Sia G un grafo connesso con diametro d. Allora G ha almeno $d+1$ autovalori distinti.*

Dim. Siano a e b due vertici di G tali che $d(a,b) = d$. Indichiamo con $a = a_0, a_1, \ldots, a_d = b$ il cammino minimo di lunghezza d tra i due vertici. Allora abbiamo che $d(a_0, a_i) = i$, per ogni $i = 1, 2, \ldots, d$. Da questo discende che la matrice B^i ha un elemento diverso da zero nella posizione individuata da a_0 e a_i, mentre l'elemento nella stessa posizione delle matrici $I, B, \ldots, B^{i-1}$ è uguale a zero. Questo significa che la matrice B^i non può essere una combinazione lineare di $I, B, \ldots, B^{i-1}$. Dunque, il grado del polinomio minimo di B è almeno $d+1$. Infine, essendo B reale e simmetrica, essa è simile ad una matrice diagonale e di conseguenza gli zeri del polinomio minimo (che sono gli autovalori di B) sono distinti. $\square$

Un'altra matrice che può essere associata naturalmente ad un grafo è la *matrice di incidenza*.

Dato un grafo $G = (V, E)$ sull'insieme di vertici $V = \{a_1, \ldots, a_n\}$ e l'insieme di archi $E = \{\alpha_1, \ldots, \alpha_m\}$, la sua matrice di incidenza è la matrice $A = (a_{ij})$, dove $a_{ij} = 1$ se il vertice a_j è incidente all'arco α_i e $a_{ij} = 0$, altrimenti.

Vale il seguente risultato, che mette in relazione la matrice di incidenza con la matrice di adiacenza.

Teorema 4.14. *Siano A e B le matrici rispettivamente di incidenza e adiacenza di un grafo G. Sia D la matrice diagonale, il cui elemento i-esimo d_i è uguale al grado del vertice a_i. Si ha che*

$$A^T A = D + B.$$

Dim. Il prodotto scalare tra la i-esima e la j-esima colonna di A (per $i \neq j$) è uguale ad 1 se e solo se l'arco $(a_i, a_j) \in E$. Il prodotto scalare della colonna i-esima con se stessa è uguale al grado del vertice a_i. $\square$

Una variante della matrice di incidenza è la *matrice di incidenza orientata* il cui elemento (i, j) è definito come segue.

$$a_{ij} = \begin{cases} 1 \text{ se } a_j \text{ è un vertice iniziale di } \alpha_i \\ -1 \text{ se } a_j \text{ è un vertice terminale di } \alpha_i \\ 0 \text{ altrimenti .} \end{cases}$$

Ogni riga della matrice di incidenza orientata contiene esattamente due elementi diversi da zero, uno pari a 1 e l'altro a -1.

Teorema 4.15. *Sia G un grafo, e siano A e B rispettivamente le sue matrici di incidenza orientata e di adiacenza. Sia D la matrice diagonale, il cui elemento i-esimo d_i è uguale al grado del vertice a_i. Si ha che*

$$A^T A = D - B.$$

Dim. Il prodotto scalare tra la i-esima e la j-esima colonna di A (per $i \neq j$) è uguale a -1 se e solo se l'arco $(a_i, a_j) \in E$, mentre il prodotto scalare della colonna i-esima con se stessa è uguale al grado del vertice a_i. $\square$

La matrice di incidenza orientata può essere utilizzata per determinare il numero di componenti connesse di un grafo G.

Teorema 4.16. *Sia G un grafo con n nodi e sia t il numero delle sue componenti connesse. La matrice di incidenza orientata A di G ha rango $n - t$.*

Dim. Indichiamo con $G(V_1), G(V_2), \ldots, G(V_t)$ le componenti connesse del grafo G. È possibile etichettare i vertici e gli archi di G in modo tale che, in analogia a quanto visto per la matrice di adiacenza, anche la matrice di incidenza orientata A possa essere riscritta come una matrice diagonale a blocchi in cui ciascun blocco A_i rappresenti la matrice di incidenza orientata della componente connessa $G(V_i)$ $(i = 1, 2, \ldots, t)$. Sia n_i il numero di vertici appartenenti alla componente $G(V_i)$. Dimostreremo che $\text{rank}(A_i) = n_i - 1$. Il teorema segue quindi poiché risulta $\text{rank}(A) = \sum_{i=1}^{t} \text{rank}(A_i)$.

Indichiamo con β_j la colonna della matrice A_i relativa al vertice $a_j \in V_i$. Dato che ciascuna riga di A_i contiene esattamente due elementi diversi da 0, uno pari a -1 e l'altro a 1, abbiamo che la somma delle colonne di A_i è pari al vettore nullo. Questo significa che le colonne non sono linearmente indipendenti, da cui $\text{rank}(A_i) \leq n_i - 1$.

Supponiamo ora di avere una relazione lineare $\sum b_j \beta_j = 0$, dove la somma è estesa a tutte le colonne di A_i e in cui non tutti i coefficienti siano nulli. Ad esempio, supponiamo che il coefficiente b_k relativo alla colonna β_k sia diverso da zero. Gli elementi non nulli nella colonna β_k sono quelli i cui indici di riga corrispondono agli archi incidenti con il vertice a_k. Per ciascuna di queste righe esiste solo un'altra colonna β_l avente un elemento diverso da zero sulla stessa riga. Allora, poiché i due elementi sono opposti in segno (sono pari a 1 e a -1) affinché la relazione lineare sia soddisfatta, è necessario che $b_k = b_l$.

In generale, risulta che se $b_k \neq 0$, allora $b_l = b_k$ per tutti i vertici a_l adiacenti ad a_k. Dal fatto che il grafo $G(V_i)$ è connesso, segue allora che tutti i coefficienti b_j sono uguali tra loro, e la relazione lineare diventa semplicemente un multiplo dell'espressione $\sum \beta_j = 0$. Il rango di A_i deve pertanto essere esattamente uguale a $n_i - 1$.   □

La matrice $F = A^T A$ del Teorema 4.15 è detta *matrice laplaciana* di G.

Teorema 4.17. *La matrice laplaciana F di ordine n ha rango al più $n - 1$.*

Dim. Segue dal Teorema 4.16 e dal fatto che $F = A^T A$. In particolare risulta $\text{rank}(F) = n - 1$ quando il grafo G è connesso.   □

Si noti che la matrice F è simmetrica, singolare (la somma degli elementi di ciascuna riga è uguale a zero) e semidefinita positiva. Inoltre, F possiede un autovalore nullo che ha come autovettore il vettore con componenti costanti, come si può verificare facilmente.

Sia ora $x = (x_1, x_2, \ldots, x_n)^T$ un vettore reale. Allora

$$x^T F x = x^T A^T A x = \sum_{\{a_i, a_j\} \in E} (x_i - x_j)^2 ,$$

dove la somma è estesa a tutti gli archi del grafo G.

Siano $0 = \lambda_n \leq \lambda_{n-1} \leq \ldots \leq \lambda_1$ gli autovalori di F. L'autovalore λ_{n-1}, che denotiamo con $\mu(G)$, viene detto *connettività algebrica* di G.

L'uso di questo termine nasce dal fatto che $\mu(G)$ è in stretta relazione con le caratteristiche di connettività di G. Per prima cosa, dal Teorema 4.17 e dal fatto che F è semidefinita positiva, segue che $\mu(G) \geq 0$. In particolare, $\mu(G) = 0$ se e solo se il grafo G non è connesso. Infatti, in questo caso $\text{rank}(F) \leq n - 2$ e F ha almeno 2 autovalori nulli. È inoltre chiaro che il grafo G è connesso se e solo se la matrice laplaciana è irriducibile. Infatti, se tale matrice è riducibile, allora esistono coppie di nodi che non possono essere collegati tra loro da nessun cammino.

Utilizzando la teoria degli autovalori di matrici simmetriche, si può dare la seguente caratterizzazione della connettività algebrica.

Teorema 4.18. *Sia U l'insieme di vettori reali di ordine n con norma L_2 uguale a 1 e ortogonali al vettore $(1, 1, \ldots, 1)^T$. Allora*

$$\mu(G) = \min_{x \in U} x^T F x = \min_{x \in U} \sum_{\{a_i, a_j\} \in E} (x_i - x_j)^2 .$$

    □

Valgono inoltre i seguenti risultati.

Lemma 4.16. *Siano G_1 e G_2 due grafi definiti su insiemi disgiunti di archi e sullo stesso insieme di vertici. Allora $\mu(G_1 \cup G_2) \geq \mu(G_1) + \mu(G_2)$.*

Dim. Osserviamo per prima cosa che $F(G_1 \cup G_2) = F(G_1) + F(G_2)$, dove $F(G)$ è la matrice laplaciana del grafo G. Inoltre, dal Teorema 4.18 segue che

$$\mu(G_1) = \min_{x \in U} x^T F(G_1) x \ ,$$

$$\mu(G_2) = \min_{x \in U} x^T F(G_2) x \ ,$$

dove l'insieme U è definito come nel Teorema 4.18. Allora, si ottiene

$$\mu(G_1 \cup G_2) = \min_{x \in U} x^T F(G_1 \cup G_2) x =$$

$$= \min_{x \in U} x^T (F(G_1) + F(G_2)) x \geq$$

$$\geq \min_{x \in U} x^T F(G_1) x + \min_{x \in U} x^T F(G_2) x =$$

$$= \mu(G_1) + \mu(G_2) \ .$$

$\square$

Il Lemma 4.16 ci permette di verificare che la connettività algebrica è una funzione che soddisfa $\mu(G_1) \leq \mu(G_2)$, se $G_1 = (V, E_1)$, $G_2 = (V, E_2)$ e $E_1 \subseteq E_2$.

Lemma 4.17. *Se G_1 è il grafo ottenuto da G eliminando un vertice e i suoi archi incidenti, si ha che $\mu(G_1) \geq \mu(G) - 1$.*

Dim. Definiamo un nuovo grafo G' ottenuto aggiungendo a G_1 un vertice a_n connesso ad ogni altro vertice. La matrice laplaciana di G' è data da

$$F(G') = \begin{pmatrix} F(G_1) + I & -u^T \\ -u & n-1 \end{pmatrix} \ ,$$

dove $u = (1, 1, \ldots, 1)^T$. Sia v l'autovettore della matrice $F(G_1)$ relativo alla connettività algebrica. Si ha che

$$F(G') \begin{pmatrix} v \\ 0 \end{pmatrix} = [\mu(G_1) + 1] \begin{pmatrix} v \\ 0 \end{pmatrix} \ ,$$

dove si è utilizzato il fatto che l'autovettore relativo alla connettività algebrica è ortogonale al vettore u. $\mu(G_1) + 1$ risulta perciò essere un autovalore di $F(G')$ diverso da zero, da cui segue che

$$\mu(G') \leq \mu(G_1) + 1 \ .$$

Il lemma segue infine dal fatto che la connettività algebrica è una funzione non decrescente per i grafi che hanno lo stesso insieme di vertici. Abbiamo infatti $\mu(G) \leq \mu(G') \leq \mu(G_1) + 1$, da cui $\mu(G_1) \geq \mu(G) - 1$. $\square$

Introduciamo ora le nozioni di *connettività rispetto ai vertici* e *connettività rispetto agli archi*, due misure classiche della connettività di un grafo.

Definizione 4.28. *La connettività di un grafo G rispetto ai vertici, $v(G)$, è uguale al numero di vertici che vanno tolti per rendere G non connesso.*

Definizione 4.29. *La connettività di G rispetto agli archi, $e(G)$, è uguale al numero di archi che devono essere tolti per rendere G non connesso.*

Valgono le seguenti proprietà:

- $v(G) = n - p$, dove p è l'ordine del massimo sottografo non connesso di G.
- $e(G)$ è sempre minore o uguale al grado minimo dei vertici di G.
- Se G è il grafo completo di ordine n, allora $v(G) = e(G) = n - 1$.

Lemma 4.18. *Se G è un grafo diverso dal grafo completo, allora*

$$0 \leq \mu(G) \leq v(G) \leq e(G) \leq d_m .$$

Dim. Sia G^* il grafo non connesso che si ottiene da G rimuovendo $v(G)$ vertici. Allora si ha che $\mu(G^*) = 0$. Da ripetute applicazioni del Lemma 4.17, risulta $\mu(G^*) \geq \mu(G) - v(G)$. Sia ora $k = e(G)$ e sia $\alpha_{i_1}, \alpha_{i_2}, \dots, \alpha_{i_k}$ un insieme di k archi la cui rimozione rende G non connesso. Il grafo non connesso così ottenuto ha esattamente due componenti connesse, G_1 e G_2, e ciascuno degli archi rimossi collega un vertice di G_1 ad un vertice di G_2. Sia quindi x_{h_j} il vertice adiacente a α_{i_j} che appartiene a G_1, per $j = 1, 2, \dots, k$. Si noti che i vertici $x_{h_1}, x_{h_2}, \dots, x_{h_k}$ non sono necessariamente distinti. Se la rimozione di $x_{h_1}, x_{h_2}, \dots, x_{h_k}$ rende G non connesso, allora $v(G) \leq k = e(G)$. Altrimenti $x_{h_1}, x_{h_2}, \dots, x_{h_k}$ sono gli unici vertici di G_1, e ciascuno ha dunque grado minore o uguale a k. Ma, dato che $e(G)$ costituisce una limitazione superiore al grado minimo dei vertici del grafo e che $e(G) = k$, segue immediatamente che ciascun vertice x_{h_i} ha grado esattamente k. Infine, dato che rimuovendo tutti i vertici adiacenti a x_{h_i} si ottiene un grafo non connesso, risulta $v(G) \leq k = e(G)$. $\qquad \square$

Nel caso in cui il grafo G sia regolare, si può dare un'altra caratterizzazione, che consente di mettere in relazione $\mu(G)$ con il secondo autovalore della matrice di adiacenza B.

Corollario 4.1. *Sia G un grafo regolare di grado d. Siano $t_1 \leq t_2 \leq \dots \leq t_{n-1} \leq t_n$ gli autovalori di B. Allora*

$$\mu(G) = d - t_{n-1} .$$

Dim. Dalla definizione della matrice F, abbiamo che $x^T F x = x^T (D - B)x = x^T D x - x^T B x$. Essendo il grafo regolare, si ha che $x^T D x = d x^T x$. Se ora consideriamo $x \in U$, dove l'insieme U è definito come nel Teorema 4.18, si ottiene $x^T D x = d$. Perciò, usando il Teorema 4.18, abbiamo $\mu(G) = \min_{x \in U} x^T F x = \min_{x \in U} \{d - x^T B x\} = d - \max_{x \in U} x^T B x$. La tesi segue ora dal fatto che il vettore $(1, 1, \dots, 1)^T$ è autovettore di B relativo all'autovalore $t_n = d$, e quindi $t_{n-1} = \max_{x \in U} x^T B x$. $\qquad \square$

Esempio 4.6. Verifichiamo che per il grafo completo di ordine n, K_n, risulta $\mu(K_n) = n$.

Osserviamo che la matrice di adiacenza B del grafo completo soddisfa $B = J - I$, dove J è la matrice con tutti gli elementi uguali a 1, e I è la matrice identità. Dunque risulta $\lambda(B) = \lambda(J) - 1$. Il problema di calcolare lo spettro di B è così ricondotto a determinare gli autovalori della matrice J.

La matrice J è simmetrica e di rango 1, perciò ha $n - 1$ autovalori nulli. Dal fatto che $Tr(J) = n = \sum_{i=1}^{n} \lambda_i(J)$, segue poi che l'unico autovalore non nullo è uguale a n.

Allora lo spettro del grafo K_n risulta essere $(n - 1, -1, -1, \ldots, -1)$. Dal Corollario 4.1, abbiamo allora che $\mu(K_n) = (n - 1) + 1 = n$.   □

Vediamo ora una caratterizzazione del secondo autovalore della matrice di adiacenza B, e quindi della connettività algebrica, che mette in luce la relazione tra questo parametro e le proprietà di connettività del grafo.

Teorema 4.19. *Sia G un grafo regolare di grado d e di ordine n. Siano x un vertice qualsiasi di G e δ il grado medio del sottografo indotto dai vertici di G non adiacenti a x. Allora*

$$\frac{\delta}{d} \leq \frac{\lambda_2^2 + \lambda_2(n - d)}{\lambda_2(n - 1) + d} \leq 1 - \frac{\mu(G)}{n} \, ,$$

dove λ_2 è il secondo autovalore del grafo G e $\mu(G)$ è la sua connettività algebrica.

Dim. Dividiamo l'insieme dei vertici di G in tre sottoinsiemi disgiunti: l'insieme costituito dal solo vertice x, l'insieme V_1 dei vertici adiacenti a x e l'insieme V_2 dei vertici non adiacenti a x. Si noti che l'insieme V_1 ha cardinalità d e l'insieme V_2 ha cardinalità $n - 1 - d$. La matrice di adiacenza di G, partizionata in blocchi corrispondenti a questi tre sottoinsiemi, assume la seguente forma:

$$B = \begin{pmatrix} 0 & 1 \ldots 1 & 0 \ldots 0 \\ \hline 1 & & \\ \vdots & B_1 & B_2 \\ 1 & & \\ \hline 0 & & \\ \vdots & B_2 & B_3 \\ 0 & & \end{pmatrix} \, ,$$

dove la prima riga corrisponde al vertice x, il blocco intermedio di righe all'insieme V_1 e l'ultimo blocco di righe all'insieme V_2. Se, per ciascuno dei 9 blocchi di B si calcola la media aritmetica della somma su ogni riga, si ottiene la seguente matrice 3×3:

$$\overline{B} = \begin{pmatrix} 0 & d & 0 \\ 1 & d - \nu - 1 & \nu \\ 0 & d - \delta & \delta \end{pmatrix} \, ,$$

dove ν è il numero medio di archi che collegano un vertice adiacente a x a vertici non adiacenti a x. Si osservi che gli $(n-d-1)d$ archi adiacenti ai vertici contenuti nell'insieme V_2 si possono suddividere in due gruppi: i $\delta(n-d-1)$ archi che connettono tra loro vertici di V_2, e i $d\nu$ archi che collegano i due insiemi V_1 e V_2. Si ha quindi

$$(n-d-1)d = \delta(n-d-1) + d\nu ,$$

da cui segue

$$\nu = \frac{(n-d-1)(d-\delta)}{d} .$$

Risolvendo l'equazione caratteristica di $\overline{B}$ si ottiene che d è l'autovalore massimo, mentre i rimanenti due autovalori soddisfano l'equazione

$$\lambda^2 - (\delta - \nu - 1)\lambda - \delta = 0 .$$

Poiché, in accordo a noti teoremi di separazione, lo spettro della matrice $\overline{B}$ separa lo spettro di B, abbiamo che

$$\lambda_2^2 - (\delta - \nu - 1)\lambda_2 - \delta \geq 0 ,$$

dove λ_2 denota il secondo autovalore di B. La tesi segue eliminando ν e risolvendo la disequazione per δ. La seconda disuguaglianza dell'enunciato del teorema può essere dimostrata effettuando la sostituzione $\mu(G) = d - \lambda_2$.

$\square$

Il Teorema 4.19 ci permette di osservare come al diminuire di λ_2, cioè all'aumentare della connettività algebrica, il grado medio δ del sottografo indotto da V_2 diminuisca. Questo significa che aumentano gli archi adiacenti al vertice x. D'altra parte, la diminuzione di δ comporta un aumento della quantità ν, a discapito del grado medio del sottografo indotto da V_1. In altre parole, gli archi tendono a connettere i vertici non adiacenti a x con i vertici adiacenti a x. La considerazione generale che emerge è la seguente: al decrescere di λ_2 il numero di archi tra vertici appartenenti allo stesso blocco della partizione di B tende a diminuire, mentre aumentano gli archi tra vertici in blocchi diversi.

Espansione e connettività algebrica. La matrice di adiacenza dei grafi bipartiti contiene una certa ridondanza. È infatti esprimibile nella forma

$$\begin{pmatrix} 0 & M \\ M^T & 0 \end{pmatrix} .$$

Consideriamo la matrice MM^T e notiamo che gli autovalori di MM^T sono uguali al quadrato degli autovalori della matrice $\begin{pmatrix} 0 & M \\ M^T & 0 \end{pmatrix}$.

Vediamo ora il legame tra il fattore di espansione di un grafo bipartito e il secondo autovalore della matrice MM^T. Successivamente, ne daremo una interpretazione in termini della connettività algebrica del grafo.

Sia $G = (A, B; E)$ un grafo bipartito con $|A| = N_A$, $|B| = N_B$, dove $N_B \leq N_A$, tale che ciascun nodo di A abbia grado d e ciascun nodo di B grado $\delta = dN_A/N_B$. Sia $M \equiv (m_{ij})$ la matrice per cui $m_{ij} = 1$ se $(a_i, b_j) \in E$, e $m_{ij} = 0$ altrimenti, e si consideri la matrice MM^T. Si può vedere facilmente che MM^T è semidefinita positiva ed ha quindi tutti gli autovalori non negativi e un insieme completo di autovettori ortonormali. Siano $\lambda_1 \geq \lambda_2 \geq \cdots \geq \lambda_M \geq 0$ gli autovalori di MM^T. La regolarità del grafo implica che $\lambda_1 = d\delta$. Se il grafo è connesso, λ_1 ha molteplicità algebrica 1.

Teorema 4.20 (Tanner). *Sia $0 < \alpha < 1$ e si consideri un sottoinsieme $X \subset A$ di cardinalità $|X| \leq \alpha M$. Sia $\Gamma(X)$ l'insieme dei nodi adiacenti a nodi in X. Allora*

$$|\Gamma(X)| \geq \frac{d^2}{\alpha(\lambda_1 - \lambda_2) + \lambda_2}|X| .$$

Dim. Consideriamo il caso in cui G è regolare di grado d e $|A| = |B| = n$. Indichiamo con a_i i vertici dell'insieme A e con b_j quelli dell'insieme B. Sia z il vettore caratteristico di un insieme X, con $X \subseteq A$ e $|X| = \alpha n$. Si osservi che $z^T z = |X| = \alpha n$. Consideriamo ora il vettore riga $c^T = z^T M$. Questo vettore contiene informazioni sui vertici b_j tali che esiste $a_i \in X$ per cui $(a_i, b_j) \in E$. Più precisamente, se c_i è l'i-esima componente di c^T, c_i indica quanti vertici $a_k \in X$ sono collegati a b_i. Dunque, la somma $c_1 + c_2 + \ldots + c_n$ corrisponde al numero di archi che *escono* dall'insieme X.

Per l'ipotesi di regolarità, abbiamo dunque che

$$c_1 + c_2 + \ldots + c_n = d|X| .$$

Osserviamo ora che

$$z^T M M^T z = c_1^2 + c_2^2 + \ldots + c_n^2 .$$

Sia $h = |\Gamma(X)|$. Notiamo che $c_i \neq 0$ se e solo se $b_i \in \Gamma(X)$. Dunque

$$c_1^2 + c_2^2 + \ldots + c_n^2 = c_{\delta_1}^2 + c_{\delta_2}^2 + \ldots + c_{\delta_h}^2 ,$$

dove $b_{\delta_i} \in \Gamma(X)$, per $i = 1, 2, \ldots, h$.

Utilizzeremo ora la disuguaglianza di Jensen, secondo cui

$$K \cdot (x_1^2 + x_2^2 + \ldots + x_K^2) \geq (x_1 + x_2 + \ldots + x_K)^2 .$$

Abbiamo

$$z^T M M^T z = c_{\delta_1}^2 + c_{\delta_2}^2 + \ldots + c_{\delta_h}^2 \geq$$
$$\geq \frac{1}{h}(c_{\delta_1} + c_{\delta_2} + \ldots + c_{\delta_h})^2 \geq$$
$$\geq \frac{1}{h}d^2|X|^2 ,$$

da cui si ricava

$$\frac{h}{|X|} = \frac{|\Gamma(X)|}{|X|} \geq d^2 \frac{|X|}{z^T M M^T z} = d^2 \frac{z^T z}{z^T M M^T z} .$$

Utilizzeremo questa disuguaglianza nella forma

$$\frac{|\Gamma(X)|}{|X|} \geq d^2 \frac{z^T z}{z^T M M^T z} \ . \qquad (4.7)$$

Per ricavare la limitazione cercata, dobbiamo ottenere una limitazione inferiore per la quantità $(z^T z)/(z^T M M^T z)$ o, equivalentemente, una limitazione superiore per la quantità $(z^T M M^T z)/(z^T z)$.

Dato che la matrice $M M^T$ ha una base completa di autovettori ortonormali, possiamo esprimere il vettore z come una loro combinazione lineare, cioè possiamo scrivere

$$z = \sum_{i=1}^{n} \beta_i x_i \ ,$$

dove abbiamo indicato con x_i gli autovettori di $M M^T$, $i = 1, 2, \ldots, n$. Risulta così

$$z^T M M^T = \sum_{i=1}^{n} \beta_i x_i^T M M^T = \sum_{i=1}^{n} \beta_i \lambda_i x_i^T \ ,$$

dove λ_i è l'autovalore di $M M^T$ corrispondente all'autovettore x_i ($i = 1, \ldots, n$). Allora, dall'ortonormalità dei vettori x_i, segue che

$$z^T M M^T z = \left(\sum_{i=1}^{n} \beta_i \lambda_i x_i^T \right) \left(\sum_{j=1}^{n} n \beta_j x_j \right) = \sum_{i=1}^{n} \lambda_i \beta_i^2 \ .$$

Osserviamo ora che, sempre per l'ortonormalità degli autovettori,

$$z^T z = \sum_{i=1}^{n} \beta_i^2 \ .$$

Inoltre, assumendo che $\lambda_1 \geq \lambda_2 \geq \ldots \geq \lambda_n$, risulta

$$x_1 = \frac{1}{\sqrt{n}} u = \frac{1}{\sqrt{n}} [111 \ldots 1]^T \ .$$

Abbiamo allora $z^T x_1 = \beta_1$ e

$$z^T x_1 = \frac{1}{\sqrt{n}} (z_1 + z_2 + \ldots + z_n) = \frac{1}{\sqrt{n}} |X| = \alpha \sqrt{n} \ ,$$

da cui segue $\beta_1 = \alpha \sqrt{n}$. Ricordando che

$$z^T M M^T z = \sum_{i=1} n \lambda_i \beta_i^2 \ ,$$

otteniamo

$$z^T M M^T z = \lambda_1 \beta_1^2 + \sum_{i=2}^{n} \lambda_i \beta_i^2$$

$$= \alpha^2 n \lambda_1 + \sum_{i=2}^{n} \lambda_i \beta_i^2$$

$$\leq \alpha^2 n \lambda_1 + \lambda_2 \sum_{i=2}^{n} \beta_i^2 (+\beta_1^2 \lambda_2 - \beta_1^2 \lambda_2)$$

$$= \alpha^2 n \lambda_1 - \beta_1^2 \lambda_2 + \lambda_2 \sum_{i=1}^{n} \beta_i^2 = \alpha^2 n (\lambda_1 - \lambda_2) + \alpha n \lambda_2 ,$$

dove si è utilizzato il fatto che

$$\sum_{i=1}^{n} \beta_i^2 = z^T z = |X| = \alpha n .$$

In questo modo abbiamo ottenuto

$$\|c\|^2 = z^T M M^T z \leq |X|(\alpha(\lambda_1 - \lambda_2) + \lambda_2) ,$$

da cui

$$\frac{z^T M M^T z}{z^T z} \leq \alpha(\lambda_1 - \lambda_2) + \lambda_2 .$$

Sostituendo questa espressione nella disuguaglianza (4.7), otteniamo infine

$$\frac{|\Gamma(X)|}{|X|} \geq \frac{d^2}{\alpha(\lambda_1 - \lambda_2) + \lambda_2} .$$

$\square$

Il Teorema 4.20 mostra che il grafo G è un concentratore $(M, N/M, d, \alpha, \beta)$-limitato con

$$\beta \geq \frac{d^2}{\alpha(\lambda_1 - \lambda_2) + \lambda_2}.$$

Una volta che α è fissato, λ_2 diventa il solo parametro sconosciuto nella formula.

Il risultato del Teorema 4.20 può essere riscritto in termini della *connettività algebrica* $\mu(G)$, utilizzando le relazioni tra gli autovalori della matrice MM^T e quelli della matrice $\begin{pmatrix} 0 & M \\ M^T & 0 \end{pmatrix}$. Infatti, abbiamo che $\lambda_1 = d^2$, $\lambda_2 = l^2$, dove l è il secondo autovalore della matrice $\begin{pmatrix} 0 & M \\ M^T & 0 \end{pmatrix}$. Abbiamo quindi $\mu(G) = d - l$, da cui

$$\alpha(\lambda_1 - \lambda_2) + \lambda_2 = \alpha(d^2 - l^2) + l^2 =$$
$$= \alpha(d - l)(d + l) + l^2 - d^2 + d^2 =$$
$$= \alpha(d - l)(d + l) + (l - d)(l + d) + d^2 =$$

$$= (d - l)[\alpha(d + l) - (d + l)] + d^2 =$$
$$= \mu(G)(\alpha - 1)(d + l) + d^2 \ .$$

La limitazione del Teorema 4.20 diventa così

$$\frac{|\Gamma(X)|}{|X|} \geq \frac{d^2}{\mu(G)(\alpha - 1)(d + l) + d^2} =$$

$$= \frac{d^2}{d^2 - (1 - \alpha)\mu(G)(d + l)} =$$

$$= \frac{1}{1 - (1 - \alpha)\mu(G)\frac{(d+l)}{d^2}} \simeq 1 + (1 - \alpha)\frac{\mu(G)}{d} \ .$$

Il fattore di espansione ε, tale che $\frac{|\Gamma(X)|}{|X|} \geq 1 + \varepsilon$, è quindi approssimativamente dato da

$$\varepsilon \simeq (1 - \alpha)\frac{\mu(G)}{d} \ .$$

Corollario 4.2. *Se* $\mu(G) \dot{\geq} \frac{d\varepsilon}{1-\alpha}$*, allora* G *è un grafo espansivo con fattore di espansione* ε. $\qquad\qquad\square$

4.7.3 Autovalori e velocità di convergenza di processi di Markov

Le proprietà di espansione di un grafo sono in stretto collegamento con proprietà di *mescolamento veloce* (in inglese *rapidly mixing*) di catene di Markov.

Definizione 4.30 (Catena di Markov). *Sia* S *un insieme finito e supponiamo che ad ogni coppia di elementi* $i, j \in S$ *sia assegnato un numero non negativo* p_{ij}*, in modo tale che* $\sum_{j \in S} p_{ij} = 1$*, per ogni* $i \in S$*. Sia* $X_0, X_1, \ldots$ *una sequenza di variabili casuali che assumono valori in* S*. La sequenza* $X_0, X_1, \ldots$ *è una* catena di Markov *se*

$$\text{Prob}\{X_{n+1} = j \mid X_0 = i_0, \ldots, X_n = i_n\} = \text{Prob}\{X_{n+1} = j \mid X_n = i_n\} =$$
$$= p_{i_n j}$$

per ogni n *e per ogni sequenza* $i_0, \ldots, i_n \in S$ *per la quale* $\text{Prob}\{X_0 = i_0, \ldots, X_n = i_n\} > 0$.

L'insieme S *viene chiamato insieme degli stati della catena, mentre la matrice* $P \equiv (p_{ij})$ *è detta* matrice di transizione *della catena.*

Il significato intuitivo di *mescolamento veloce* per una catena di Markov è il seguente: la catena giunge nelle vicinanze della sua distribuzione stazionaria dopo un *piccolo* numero di passi (rispetto al numero di stati).

Vedremo come l'analisi della velocità di convergenza di catene di Markov consenta di studiare la velocità di convergenza di passeggiate aleatorie su grafi espansivi.

Consideriamo una catena di Markov X_0, X_1, ..., X_t, ..., dove abbiamo indicato con X_i, $i \geq 0$, le variabili aleatorie di un processo stocastico discreto. Sia $V = \{1, 2, \ldots, N\}$ lo spazio degli stati della catena e $P \equiv (p_{ij})$ la sua matrice di transizione. L'elemento p_{ij} che si trova nella i-esima riga e nella j-esima colonna della matrice P è dato da $p_{i,j} = \text{Prob}\{X_{t+1} = j \mid X_t = i\}$. Sia p_t la distribuzione di probabilità di X_t. Allora si ha che $p_t = P^t p_0$. Noi supporremo che la catena di Markov sia irriducibile e aperiodica, così che $P_{i,i} \geq \frac{1}{2}$. Sotto queste condizioni, è noto che la catena converge ad un'unica distribuzione stazionaria $\pi = \lim_{t \to \infty} p_t$, indipendentemente dalla distribuzione iniziale p_0. Vogliamo proprio analizzare la velocità con cui p_t converge a π. Definiamo dunque l'*eccesso di probabilità* dello stato i al tempo t come $e_{i,t} = p_{i,t} - \pi_i$. Sia $d_1(t)$ la distanza L_1 tra p_t e π al tempo t, ossia $d_1(t) = \sum_{i=1}^{N} |e_{i,t}|$. Sia inoltre $d_2(t)$ il quadrato della distanza L_2 tra p_t e π al tempo t, ossia $d_2(t) = \sum_{i=1}^{N} e_{i,t}^2$.

Definizione 4.31. *Si dice che una catena di Markov gode della proprietà di mescolamento rapido se $d_1(t) \leq \varepsilon$, dove t è un polinomio in $\log N$ e in $\log \frac{1}{\varepsilon}$.*

Vorremmo poter dimostrare direttamente che $d_1(t)$ decresce strettamente ad ogni passo della passeggiata aleatoria. Purtroppo ci sono problemi tecnici a lavorare direttamente su $d_1(t)$, per cui le dimostrazioni vengono fatte su $d_2(t)$, e poi viene utilizzata la disuguaglianza di Cauchy-Schwartz per inferire risultati su $d_1(t)$. Vedremo che la velocità con cui $d_2(t)$ decresce può essere espressa in termini della *conduttanza* della catena, una quantità che ne misura il grado di connettività.

Per definire la conduttanza, è conveniente vedere la catena come una passeggiata aleatoria su un opportuno grafo diretto e pesato $G_P(V, E)$ che viene associato alla matrice P e che chiameremo *grafo dei flussi ergodici di P*. Il peso dell'arco $w_{i,j}$ è definito come $\pi_i p_{i,j}$.

Definizione 4.32. *Sia $S \subseteq V$. La conduttanza $\Phi_P(S)$ è data da*

$$\Phi_P(S) = \frac{\sum_{i \in S} \sum_{j \in V \setminus S} w_{i,j}}{\sum_{i \in S} \pi_i} = \frac{\sum_{i \in S} \sum_{j \in V \setminus S} w_{i,j}}{\sum_{i \in S} \sum_{j \in V} w_{i,j}}.$$

Definizione 4.33. *La conduttanza Φ_P di P è data da*

$$\Phi_P = \min_{S \subseteq V : \sum_{i \in S} \pi_i \leq \frac{1}{2}} \Phi_P(S).$$

Vale il seguente teorema, al quale premettiamo la definizione di matrice stocastica.

Definizione 4.34. *Una matrice si dice stocastica se tutti i suoi elementi sono maggiori o uguali a zero e se la somma degli elementi di ogni riga è uguale a 1.*

Teorema 4.21. *Per ogni matrice stocastica P irriducibile e strettamente aperiodica e per ogni distribuzione iniziale p_0, si ha che*

$$d_2(t+1) \leq \left(1 - \frac{\Phi_P^2}{4}\right) d_2(t),$$

da cui abbiamo che

$$d_2(t) \leq \left(1 - \frac{\Phi_P^2}{4}\right)^t d_2(0).$$

Dim. Per chiarezza di esposizione dimostreremo il teorema nel caso speciale in cui il grafo associato alla catena di Markov sia regolare, di grado d, e non pesato. La dimostrazione nel caso generale è analoga, a parte complicazioni nei calcoli.

Con queste assunzioni, abbiamo che $P_{i,i} = \frac{1}{2}$ e, per ogni i, $P_{i,j} = \frac{1}{2d}$ per esattamente d valori di $j \neq i$. In un passo la probabilità associata a ciascun nodo cambia in accordo alla ricorrenza

$$p_{i,t+1} = \frac{1}{2} \, p_{i,t} + \frac{1}{2d} \sum_{j:(i,j)\in E} p_{j,t} \, .$$

Vale inoltre $\pi_i = 1/N$ per ogni i. Si noti che, a causa dell'uniformità di π, gli eccessi di probabilità di ogni stato si comportano analogamente alle probabilità di stato, cioè

$$e_{i,t+1} = p_{i,t+1} - \pi_i = \left(\frac{1}{2} \, p_{i,t} + \frac{1}{2d} \sum_{j:(i,j)\in E} p_{j,t}\right) - \pi_i =$$

$$= \frac{1}{2} \, (p_{i,t} - \pi_i) + \frac{1}{2d} \sum_{j:(i,j)\in E} (p_{j,t} - \pi_j) = \frac{1}{2} \, e_{i,t} + \frac{1}{2d} \sum_{j:(i,j)\in E} e_{j,t} \, .$$

Questo ci consente di analizzare gli effetti di un passo della passeggiata aleatoria direttamente sugli eccessi di probabilità. Dimostriamo ora due risultati che serviranno a limitare inferiormente la diminuzione di $d_2(t)$ nell'unità di tempo.

Fatto 4.5. $d_2(t) - d_2(t+1) \geq \frac{1}{2d} \sum_{(i,j)\in E}(e_{i,t} - e_{j,t})^2$.

Dim. Nella definizione di $d_2(t)$, gli eccessi di probabilità sono attribuiti ai nodi. Nell'analisi che segue, conviene invece attribuire tali eccessi agli archi. Intuitivamente, questo si fa simulando "mezzo passo" della catena di Markov, in modo che le probabilità risultino associate agli archi, e gli eccessi possano essere attribuiti come segue:

$$d_2(t) = \frac{1}{d} \sum_{(i,j)\in E} (e_{i,t}^2 + e_{j,t}^2) \, .$$

Vogliamo ora scrivere $d_2(t+1)$ in termini di $d_2(t)$. In primo luogo abbiamo

$$d_2(t+1) = \sum_{i=1}^{N} e_{i,t+1}^2 = \sum_{i=1}^{N} \left(\frac{1}{2} e_{i,t} + \frac{1}{2d} \sum_{j:(i,j)\in E} e_{j,t} \right)^2 =$$

$$= \sum_{i=1}^{N} \left(\frac{1}{2d} \sum_{j:(i,j)\in E} (e_{i,t} + e_{j,t}) \right)^2 .$$

Da questa equazione, si può notare come l'eccesso di probabilità relativo a ciascun nodo risulti mediato su tutti gli archi ad esso incidenti. Ogni arco contribuisce a $d_2(t)$ per una quantità pari a $(e_{i,t} + e_{j,t})^2/(4d^2)$ per ciascuno dei suoi estremi. Si osservi inoltre la presenza di effetti di mediazione tra gli archi incidenti ad uno stesso nodo, che sono misurati dai doppi prodotti. Applicando la disuguaglianza di Cauchy-Schwartz otteniamo

$$d_2(t+1) = \sum_{i=1}^{N} \left(\sum_{j:(i,j)\in E} \frac{1}{2d} (e_{i,t} + e_{j,t}) \right)^2 \leq$$

$$\leq \sum_{i=1}^{N} \left(\sum_{j:(i,j)\in E} \frac{1}{4d^2} \sum_{j:(i,j)\in E} (e_{i,t} + e_{j,t})^2 \right) =$$

$$= \frac{1}{4d} \sum_{i=1}^{N} \sum_{j:(i,j)\in E} (e_{i,t} + e_{j,t})^2 = \frac{1}{2d} \sum_{(i,j)\in E} (e_{i,t} + e_{j,t})^2 =$$

$$= \frac{1}{2d} \sum_{(i,j)\in E} 2(e_{i,t} + e_{j,t})^2 - \frac{1}{2d} \sum_{(i,j)\in E} 2(e_{i,t} + e_{j,t})^2 =$$

$$= d_2(t) - \frac{1}{2d} \sum_{(i,j)\in E} 2(e_{i,t} - e_{j,t})^2 .$$

Dunque, la diminuzione netta di $d_2(t)$ ad ogni passo è almeno pari a $\frac{1}{2d} \sum_{(i,j)\in E} (e_{i,t} - e_{j,t})^2$. □

Fatto 4.6. $\frac{1}{2d} \sum_{(i,j)\in E} (e_{i,t} - e_{j,t})^2 \geq \frac{\phi^2}{4} \sum_{i=1}^{N} e_{i,t}^2 = \frac{\phi^2}{4} d_2(t).$

Dim. Vogliamo ora dimostrare come la diminuzione netta di $d_2(t)$ ad ogni passo sia esprimibile in termini della conduttanza. Supponiamo che i vertici siano ordinati in accordo agli eccessi di probabilità al tempo t, vale a dire in modo tale che $e_{1,t} \geq e_{2,t} \geq \ldots \geq e_{N,t}$. Indichiamo con S_k il sottoinsieme formato dai primi k vertici di V; siano inoltre $\overline{S_k}$ il complementare di S_k in V e $\|S_k, \overline{S_k}\|$ il numero di archi aventi un vertice nell'insieme S_k e l'altro nell'insieme $\overline{S_k}$. Se $k \leq \frac{N}{2}$, allora $\pi(S_k) \leq \frac{1}{2}$ e la conduttanza di S_k è

$$\phi_{S_k} = \sum_{i\in S_k, j\in \overline{S_k}} \frac{\pi_i P_{i,j}}{\pi(S_k)} = \frac{\|S_k, \overline{S_k}\|/(Nd)}{k/N} .$$

Il numero di archi aventi un vertice in S_k e l'altro in $\overline{S_k}$ è perciò dato da $\phi_{S_k} kd \geq \phi kd$.

Osserviamo ora che un arco (i, j), per $i < j$, unisce gli insiemi

$$(S_i, \overline{S_i}), \ (S_{i+1}, \overline{S_{i+1}}), \ldots, (S_{j-1}, \overline{S_{j-1}}) \ .$$

Possiamo allora attribuire le variazioni di $d_2(t)$ dovute a questo arco come segue:

$$(e_{i,t} - e_{j,t})^2 = [(e_{i,t} - e_{i+1,t}) + (e_{i+1,t} - e_{i+2,t}) + \ldots + (e_{j-1,t} - e_{j,t})]^2 \geq$$

$$\geq \sum_{k=i}^{j-1} (e_{k,t} - e_{k+1,t})^2 \ .$$

Questo ci fornisce la limitazione

$$\sum_{(i,j) \in E} (e_{i,t} - e_{j,t})^2 \geq \sum_{k=1}^{N-1} (e_{k,t} - e_{k+1,t})^2 \, \|S_k, \overline{S_k}\|$$

$$\geq \sum_{k=1}^{N-1} (e_{k,t} - e_{k+1,t})^2 \, \phi kd \ .$$

Sfortunatamente questa limitazione non è abbastanza stretta, in quanto comporta errori che diventano tanto più significativi tanto più un arco è lungo. Ciò non sarebbe un problema se il numero di *archi lunghi* fosse basso, ma questo non si verifica a causa della regolarità del grafo. Infatti, al più d archi possono connettere il vertice v_k con v_{k+1}. Quindi ci saranno al più d archi di lunghezza 1, $2d$ di lunghezza 2, etc., e il numero di archi lunghi risulta così significativo. Dobbiamo quindi cercare di tenere conto in qualche modo della lunghezza degli archi.

Siano $e_{i,t}^+ = \max(e_{i,t}, 0)$ e $e_{i,t}^- = \min(e_{i,t}, 0)$. Poiché si ha

$$(e_{i,t} - e_{j,t})^2 \geq (e_{i,t}^+ - e_{j,t}^+)^2 + (e_{i,t}^- - e_{j,t}^-)^2$$

$$e_{i,t}^{+2} + e_{i,t}^{-2} = e_{i,t}^2 \ ,$$

chiaramente avremo che le due disuguaglianze

$$\frac{1}{2d} \sum_{(i,j) \in E} (e_{i,t}^+ - e_{j,t}^+)^2 \geq \frac{\phi^2}{4} \sum_{i=1}^{N} e_{i,t}^{+2}$$

$$\frac{1}{2d} \sum_{(i,j) \in E} (e_{i,t}^- - e_{j,t}^-)^2 \geq \frac{\phi^2}{4} \sum_{i=1}^{N} e_{i,t}^{-2}$$

implicano la disuguaglianza cercata, ossia

$$\frac{1}{2d} \sum_{(i,j) \in E} (e_{i,t} - e_{j,t})^2 \geq \frac{\phi^2}{4} \sum_{i=1}^{N} e_{i,t}^2 \ .$$

Consideriamo innanzitutto le componenti $e_{i,t}^+$. Utilizzando la disuguaglianza di Cauchy-Schwartz, si ottiene

$$\frac{\sum_{(i,j)\in E}(e_{i,t}^+ - e_{j,t}^+)^2}{2d\,\sum_{i=1}^N e_{i,t}^{+2}} = \frac{\sum_{(i,j)\in E}(e_{i,t}^+ - e_{j,t}^+)^2}{2d\,\sum_{i=1}^N e_{i,t}^{+2}} \cdot \frac{\sum_{(i,j)\in E}(e_{i,t}^+ + e_{j,t}^+)^2}{\sum_{(i,j)\in E}(e_{i,t}^+ + e_{j,t}^+)^2} \geq$$

$$\geq \frac{\left(\sum_{(i,j)\in E}(e_{i,t}^{+2} - e_{j,t}^{+2})\right)^2}{2d\left(\sum_{i=1}^N e_{i,t}^{+2}\right)\left(\sum_{(i,j)\in E}(e_{i,t}^+ + e_{j,t}^+)^2\right)}\,.$$

Dato che

$$\sum_{(i,j)\in E}(e_{i,t}^+ + e_{j,t}^+)^2 \leq 2\sum_{(i,j)\in E}(e_{i,t}^{+2} + e_{j,t}^{+2}) = 2d\sum_{i=1}^N e_{i,t}^{+2}\,,$$

possiamo maggiorare il denominatore della limitazione inferiore 4.8 nel seguente modo:

$$2d\left(\sum_{i=1}^N e_{i,t}^{+2}\right)\left(\sum_{(i,j)\in E}(e_{i,t}^+ + e_{j,t}^+)^2\right) \leq \left(2d\sum_{i=1}^N e_{i,t}^{+2}\right)^2\,.$$

Il numeratore della 4.8 può invece essere riscritto spezzando gli *archi lunghi* in archi unitari, ossia

$$\sum_{(i,j)\in E}(e_{i,t}^{+2} - e_{j,t}^{+2}) = \sum_{k=1}^{N-1}(e_{k,t}^{+2} - e_{k+1,t}^{+2})\,\|S_k,\overline{S_k}\|\,.$$

Vorremmo ora utilizzare la disuguaglianza $\|S_k,\overline{S_k}\| \geq \phi k d$, che però vale solo per $k \leq \frac{N}{2}$. Poiché deve risultare $e_{n/2,t}^+ = 0$ oppure $e_{n/2,t}^- = 0$, facciamo l'ipotesi che sia $e_{N/2,t}^+ = 0$, vale a dire $e_{i,t}^+ = 0$, per ogni $i \geq \frac{N}{2}$. Si può allora scrivere

$$\sum_{k=1}^{N-1}(e_{k,t}^{+2} - e_{k+1,t}^{+2})\,\|S_k,\overline{S_k}\| \geq \sum_{k=1}^{N-1}(e_{k,t}^{+2} - e_{k+1,t}^{+2})\,\phi k d =$$

$$= \sum_{k=1}^N e_{k,t}^{+2}\,(\phi k d - \phi(k-1)d) =$$

$$= \phi d\sum_{i=1}^N e_{i,t}^{+2}\,.$$

Infine, mettendo insieme i risultati così ricavati, otteniamo la limitazione

$$\frac{\sum_{(i,j)\in E}(e_{i,t}^+ - e_{j,t}^+)^2}{2d\,\sum_{i=1}^N e_{i,t}^{+2}} \geq \frac{\left(\phi d\sum_{i=1}^N e_{i,t}^{+2}\right)^2}{\left(2d\sum_{i=1}^N e_{i,t}^{+2}\right)^2} = \frac{\phi^2}{4}\,.$$

Per quanto riguarda i termini $e_{i,t}^-$, è possibile svolgere un'analisi del tutto analoga, tenendo però presente la possibilità che $e_{N/2,t}^- < 0$. Definiamo allora $f_{i,t} = e_{i,t} - e_{N/2,t}$. Poiché $f_{N/2,t}^- = f_{N/2,t}^+ = 0$, possiamo ripetere integralmente l'analisi fatta per i termini $e_{i,t}^+$ sui termini $f_{i,t}^+$ e $f_{i,t}^-$. Otteniamo così le disuguaglianze

$$\frac{1}{2d} \sum_{(i,j)\in E} (f_{i,t}^+ - f_{j,t}^+)^2 \geq \frac{\phi^2}{4} \sum_{i=1}^N f_{i,t}^{+^2} \, ,$$

$$\frac{1}{2d} \sum_{(i,j)\in E} (f_{i,t}^- - f_{j,t}^-)^2 \geq \frac{\phi^2}{4} \sum_{i=1}^N f_{i,t}^{-^2} \, ,$$

da cui segue

$$\frac{1}{2d} \sum_{(i,j)\in E} (f_{i,t} - f_{j,t})^2 \geq \frac{\phi^2}{4} \sum_{i=1}^N f_{i,t}^2 \, .$$

A questo punto la limitazione cercata segue osservando che

$$\sum_{(i,j)\in E} (e_{i,t} - e_{j,t})^2 = \sum_{(i,j)\in E} (f_{i,t} - f_{j,t})^2 \, ,$$

e che, poiché la somma di tutti gli eccessi di probabilità è pari a 0, risulta

$$\sum_{i=1}^N f_{i,t}^2 = \sum_{i=1}^N (e_{i,t} - e_{N/2})^2 = \sum_{i=1}^N (e_{i,t}^2 + e_{N/2}^2) \geq \sum_{i=1}^N e_{i,t}^2 \, .$$

$\square$

A questo punto la dimostrazione del teorema si completa velocemente. Infatti, mettendo insieme i Fatti 4.5 e 4.6, si ricava

$$d_2(t+1) \leq \left(1 - \frac{\phi^2}{4}\right) d_2(t) \, ,$$

da cui segue

$$d_2(t) \leq \left(1 - \frac{\phi^2}{4}\right)^t d_2(0) \, .$$

$\square$

Corollario 4.3. *Per ogni matrice stocastica P irriducibile e strettamente aperiodica e per ogni distribuzione iniziale p_0, si ha che*

$$d_1(t) \leq \sqrt{2N \left(1 - \frac{\Phi_P^2}{4}\right)} \, .$$

Dim. Segue immediatamente dal Teorema 4.21 applicando la disuguaglianza di Cauchy-Schwartz e tenendo conto del fatto che $d_2(0) \leq 2$. Infatti si ha che

$$d_1^2(t) = \left(\sum_{i=1}^{N} |e_{i,t}| \right)^2 \leq N \sum_{i=1}^{N} e_{i,t}^2 = N \, d_2(t) \ ,$$

da cui segue

$$d_1(t) \leq \sqrt{N \, d_2(t)} \leq \sqrt{2N \cdot \left(1 - \frac{\Phi_P^2}{4}\right)^t} \ .$$

$\square$

Abbiamo dunque ottenuto una limitazione per la velocità con cui $d_2(t)$ decresce e quindi per il tempo di mescolamento della catena di Markov, in termini della conduttanza.

Ci occupiamo adesso di confrontare le nozioni di conduttanza ed espansione per grafi non diretti e non pesati. In questo caso, la conduttanza di un grafo $G = (V, E)$ è definita come

$$\phi = \min_{|S| \leq \frac{|V|}{2}} \frac{|E_{S,\bar{S}}|}{|E_S|} \ .$$

Questa definizione va confrontata con quella di *indice di espansione* ossia

$$\eta = \min_{|S| \leq \frac{|V|}{2}} \frac{|N(S)|}{|S|} \ ,$$

dove $N(S)$ rappresenta l'insieme dei vertici in $\bar{S}$ adiacenti a vertici in S. Si noti che $\eta = 1 + \varepsilon$, dove ε è il fattore di espansione (si veda la Definizione 4.20).

Si noti che per un grafo d-regolare vale $\eta \geq \phi \geq \frac{\eta}{d}$. Allora, la velocità con cui $d_2(t)$ decresce può essere espressa in termini dell'indice di espansione η, ossia

$$d_2(t) \leq \left(1 - \frac{\eta^2}{4d^2}\right)^t d_2(0) \ .$$

4.7.4 Codici correttori di errori e grafi espansivi

In questa sezione presentiamo una classe di *codici correttori di errori* derivata dai grafi espansivi. Come vedremo, questa classe di codici (che indicheremo con CE per semplicità) presenta vantaggi computazionali che derivano dall'esistenza di algoritmi di decodifica estremamente efficienti.

Un codice correttore di errori è una funzione che trasforma *messaggi* in *parole del codice* e che può essere invertita anche se qualche carattere delle parole è stato alterato. Senza perdere di generalità, possiamo limitare la nostra analisi ai codici definiti sull'alfabeto $\{0, 1\}$.

Definizione 4.35. *Un* codice correttore di errori *di* lunghezza n, fattore di scala $r < 1$, e distanza minima $\delta < 1$, *è una funzione* $f : \{0,1\}^{rn} \to \{0,1\}^n$ *tale che, per ogni* $x, y \in \{0,1\}^{rn}$, $d(f(x), f(y)) \geq \delta n$. *Date due sequenze di bit* u *e* v, *denotiamo con* $d(u,v)$ *la loro distanza di Hamming, cioè il numero di bit in cui differiscono.*

Definizione 4.36. *Si dice* codifica *il processo di trasformazione di* $x \in \{0,1\}^{rn}$ *in* $f(x)$. *La* decodifica *corrisponde invece al processo di trasformazione di* $u \in \{0,1\}^n$ *nella stringa* $x \in \{0,1\}^{rn}$ *che minimizza la distanza* $d(f(x), u)$.

Il seguente lemma mostra che è possibile decodificare correttamente una versione alterata di $f(x)$ in cui siano stati cambiati meno di $\delta n/2$ bit.

Lemma 4.19. *Un codice di lunghezza* n *e distanza minima* δ *consente di correggere versioni alterate delle parole in cui siano stati cambiati al più* t *bit, per* $t < \frac{\delta n}{2}$.

Dim. Consideriamo l'insieme $S_k(u) = \{v \in \{0,1\}^n \mid d(u,v) \leq k\}$, che chiameremo sfera di raggio k centrata sulla stringa u. Ogni parola del codice affetta da al più t errori giace dunque in una sfera di raggio t centrata sulla parola corretta. Questo significa che affinché il codice sia in grado di correggere t errori, è sufficiente che le sfere di raggio $t < \frac{\delta n}{2}$ centrate sulle parole del codice siano tra loro disgiunte. Supponiamo per assurdo che ciò non si verifichi e che dunque esistano due parole, u_1 e u_2, ed una stringa v tali che

$$v \in S_t(u_1) \cap S_t(u_2) \ .$$

Allora, si ha che

$$d(u_1, u_2) \leq d(u_1, v) + d(u_2, v) \leq 2t < \delta n \ ,$$

in contraddizione col fatto che la distanza minima del codice sia δ. □

Un problema centrale in teoria dei codici è quello di trovare famiglie di codici per cui r e δ rimangano costanti al crescere di n. Queste famiglie si dicono *asintoticamente buone*.

Naturalmente, al crescere di n, diventa estremamente importante avere procedure di codifica e di decodifica che operino efficientemente. A questo proposito, una caratteristica importante dei codici basati sui grafi espansivi, è proprio quella di permettere un processo di decodifica efficiente. I CE possono essere decodificati in tempo sequenziale lineare, e tempo parallelo logaritmico, con un numero lineare di processori.

La costruzione dei CE può essere realizzata a partire da un grafo bipartito e da uno o più codici di lunghezza inferiore, che vengono detti *sottocodici*.

La definizione di un codice C di lunghezza n, secondo uno schema introdotto da Tanner (si veda [140]), avviene nel seguente modo. Tutti gli n nodi di sinistra del grafo bipartito sono associati alle variabili corrispondenti ai bit delle parole del codice. Chiameremo questi nodi *variabili*. Ciascun nodo di destra è invece associato ad un sottocodice definito sulle variabili associate ai nodi di sinistra ad esso adiacenti. In altre parole, a ciascun nodo di destra viene associato un sottocodice la cui lunghezza è pari al numero dei suoi vicini. Chiameremo questi nodi *clausole*.

Le parole del codice C sono definite dagli assegnamenti delle variabili che inducono una parola in ciascuna clausola. Più precisamente, un assegnamento di valori alle variabili definisce una parola se e solo se gli assegnamenti alle variabili connesse ad ogni clausola formano una parola del sottocodice associato.

La costruzione dei CE viene fatta sostanzialmente applicando lo schema di Tanner ad un grafo espansivo sbilanciato di grado basso, ed utilizzando sottocodici opportunamente scelti.

Vediamo allora cosa accade quando alcuni bit di una parola sono stati alterati. Grazie alle proprietà di espansione del grafo, questi bit saranno contenuti in molte clausole che, di conseguenza, non potranno più indurre parole del codice. La maggior parte dei bit alterati apparirà dunque in molte clausole che *vogliono* correggerli. L'espansione implica inoltre che ci saranno pochi bit non alterati che molte clausole cercheranno di modificare. Così, aggiornando tutti i bit come suggerito dalla maggioranza delle clausole, è possibile ottenere una riduzione del numero dei bit alterati.

La costruzione di CE viene condotta utilizzando i cosiddetti *codici lineari* come sottocodici. Vediamone quindi la definizione e alcune tra le principali proprietà.

Definizione 4.37. *Un codice di lunghezza n è detto* lineare *se le sue parole formano un sottospazio di* $\{0,1\}^n$.

Alcuni dei vantaggi dei codici lineari sono:

- Il vettore nullo è sempre una parola del codice.
- Le parole di un codice lineare con fattore di scala r formano uno spazio vettoriale di dimensione rn. I bit nel codice possono essere divisi in rn bit che rappresentano il messaggio e $(1-r)n$ bit ridondanti che sono combinazioni lineari dei bit del messaggio.
- La distanza minima in un codice lineare è pari al *peso minimo* di una parola non nulla diviso per la lunghezza del codice, dove il peso di una parola w è definito da $d(0,w)$. Questa proprietà segue immediatamente dal fatto che $d(v,w) = d(0, w-v)$.

Poiché un codice lineare C è un sottospazio di $\{0,1\}^n$, è conveniente definire una base $v_1, v_2, \ldots, v_{rn}$ in modo tale che ogni parola u si possa scrivere come

$$u = \left(\sum_{i=1}^{rn} \alpha_i v_i \right) \bmod 2 \, ,$$

dove i coefficienti α_i sono presi in $\{0,1\}$. Possiamo inoltre pensare al codice C come allo spazio generato dalle righe di una matrice $rn \times n$, definita da

$G = [v_1 v_2 \ldots v_{rn}]^T$. Questa matrice è detta *matrice generatrice del codice*. Se la base viene scelta in modo opportuno, la matrice generatrice di C può essere espressa nella forma $G = [I_{rn}|A]$, dove I_{rn} rappresenta la matrice identica $rn \times rn$, mentre A è una matrice $rn \times (1-r)n$ con elementi in $\{0,1\}$. Questa scelta della matrice G porta alla situazione seguente per quanto riguarda la codifica: il messaggio viene scelto assegnando il valore agli rn bit significativi, e i bit ridondanti possono essere calcolati moltiplicando il vettore degli rn bit del messaggio per la matrice A. Si noti che la codifica può essere effettuata in tempo proporzionale a n^2.

È possibile dare una definizione alternativa per i codici lineari. Consideriamo il *duale* $C^\perp$ del codice C, definito dal complemento ortogonale di C in $\{0,1\}^n$. Naturalmente, $C^\perp$ è uno spazio vettoriale di dimensione $(1-r)n$, ed è esso stesso un codice lineare di lunghezza n con fattore di scala $1-r$. Sia H la matrice $(1-r)n \times n$ generatrice di $C^\perp$. Per l'ortogonalità dei codici C e $C^\perp$, risulta $GH^T = 0$. Questo consente di definire il codice originale C come l'insieme dei vettori u tali che $uH^T = 0$. I codici definiti in questo modo sono comunemente chiamati *codici di controllo della parità* e la matrice H è detta *matrice di controllo della parità*.

Lemma 4.20. *Un codice lineare C verifica sempre una delle due seguenti proprietà:*

- *Il peso di ciascuna parola di C è pari.*
- *Metà delle parole di C hanno peso pari e l'altra metà peso dispari.*

Dim. Aggiungiamo una riga composta da elementi tutti uguali a 1 alla matrice di controllo della parità, ottenendo la matrice

$$H' = \begin{bmatrix} H \\ 1\ 1\ \ldots\ 1 \end{bmatrix}.$$

Se la riga aggiunta è linearmente indipendente dalle prime $(1-r)n$ righe, allora il codice C' definito sulla matrice H' è costituito da tutte le parole di C aventi peso pari. Poiché la dimensione di C' risulta uguale a $nr-1$, segue che esattamente metà delle parole di C devono avere peso pari.

Se invece l'ultima riga dipende linearmente dalle precedenti, allora ogni parola di C deve avere peso pari. □

Esempio 4.7. Consideriamo la seguente matrice di controllo della parità

$$H = \begin{bmatrix} 1\ 1\ 1\ 0\ 1\ 0\ 0 \\ 1\ 1\ 0\ 1\ 0\ 1\ 0 \\ 1\ 0\ 1\ 1\ 0\ 0\ 1 \end{bmatrix}.$$

Il codice lineare di lunghezza $n = 7$ associato ad H ha dimensione $7r = 4$. Infatti risulta $(1-r)n = (1-r)7 = 3$, da cui $7r = 4$. Le parole del codice sono date dalle stringhe $u = (u_1, u_2, \ldots, u_n)$ tali che $uH^T = 0$, cioè tali che

$$u_5 = u_1 \oplus u_2 \oplus u_3 \,,$$
$$u_6 = u_1 \oplus u_2 \oplus u_4 \,,$$
$$u_7 = u_1 \oplus u_3 \oplus u_4 \,.$$

$\square$

Nella costruzione dei CE vengono sempre utilizzati codici lineari come sottocodici. Questo ci assicura che lo stesso codice CE sia lineare. Il numero dei bit ridondanti di un CE è al più uguale alla somma del numero dei bit ridondanti in ciascun sottocodice.

Dimostriamo ora che i CE sono caratterizzati da una distanza minima elevata. Come sappiamo dal Lemma 4.19, questo implica la capacità del codice di correggere un notevole numero di errori.

Teorema 4.22. *Sia B un grafo bipartito, con n nodi di ingresso (detti variabili) e $\frac{d}{c}n$ nodi di uscita (detti clausole). Supponiamo che B sia regolare di grado d sulle variabili e di grado c sulle clausole. Sia S un codice lineare di lunghezza c, fattore di scala r e distanza minima ε. Sia infine $C(B,S)$ il codice lineare dato dagli assegnamenti di valore alle variabili tali che, per ogni clausola, le variabili vicine a quella clausola formino una parola di S. Se il fattore di espansione di B su tutti gli insiemi di dimensione al più αn è maggiore di $\frac{d}{c\varepsilon}$, allora $C(B,S)$ ha fattore di scala $dr - d + 1$ e distanza minima maggiore o uguale ad α.*

Dim. Per ottenere una limitazione sul fattore di scala del codice, è necessario contare il numero di vincoli lineari imposti dalle clausole. Ciascuna clausola, essendo associata ad un codice lineare con fattore di scala r e dimensione rc, induce $(1-r)c$ vincoli. Il numero totale di vincoli è quindi al più $n\frac{d}{c}(1-r)c = dn(1-r)$. Questo implica che il fattore di scala di $C(B,S)$ è pari ad almeno $1 - d(1-r)$, cioè che ci sono almeno $n(dr - d + 1)$ gradi di libertà.

Per ottenere la limitazione sulla distanza minima, dimostreremo che non ci possono essere parole non nulle di peso minore di αn.

Sia w una parola non nulla di peso al più αn e sia V l'insieme di variabili che sono uguali ad 1 in w. Ci sono $d|V|$ archi adiacenti alle variabili in V. Per la proprietà di espansione del grafo, questi archi saranno connessi ad un numero di clausole maggiore o uguale a $\frac{d}{c\varepsilon}|V|$. Il numero medio di archi per clausola sarà perciò minore di $c\varepsilon$. Questo implica che la parola w induce, in almeno una di queste clausole, una parola di peso minore di $c\varepsilon$, in contraddizione con il fatto che il peso minimo del codice S sia $c\varepsilon$. Dunque w non può essere una parola di $C(B,S)$. $\square$

Per ottenere un codice efficientemente decodificabile, è necessario poter sfruttare proprietà di espansione piuttosto forti. Infatti, in presenza di una forte espansione, gli insiemi di variabili alterate inducono, in molte clausole, parole che non appartengono al codice S. Utilizzando le clausole *non soddisfatte*, è allora possibile determinare quali variabili siano alterate. Vedremo tra breve come sia possibile applicare questo procedimento per decodificare codici di tipo CE.

4.7.5 Decodifica dei codici CE

In questa sezione presenteremo algoritmi paralleli e sequenziali di decodifica per un caso particolare di codice CE. Si tratta di un codice piuttosto semplice ottenuto a partire da un grafo B con fattore di espansione maggiore di una soglia opportuna su insiemi di dimensione al più αn, e da un sottocodice lineare S costituito da stringhe di lunghezza c e parità pari. Il codice S contiene 2^{c-1} parole, ed ha dunque dimensione $c-1$, vale a dire fattore di scala $\frac{c-1}{c}$. La sua distanza minima, definita dal peso minimo di una sua parola non nulla diviso per la lunghezza c, è uguale a $\frac{2}{c}$. Il codice $C(B, S)$ ha perciò fattore di scala $\left(1 - \frac{d}{c}\right)$ e distanza minima almeno αn. Sfortunatamente, non esistono costruzioni esplicite di grafi espansivi con fattore di espansione maggiore di $\frac{d}{2}$.

Gli algoritmi di decodifica per i CE sono progettati in modo tale che la loro correttezza possa essere dimostrata verificando che, quando viene ricevuta in ingresso una parola di peso sufficientemente basso, in uscita si ottiene il vettore nullo.

Decodifica parallela

Teorema 4.23. *Sia B un grafo bipartito, con n nodi di ingresso (variabili) di grado d e $\frac{d}{c} n$ nodi di uscita (clausole) di grado c, tale che tutti gli insiemi X di al più $\alpha_0 n$ variabili abbiano più di $\left(\frac{3}{4} + \varepsilon\right) d|X|$ vicini, per qualche $\varepsilon > 0$. Sia $C(B)$ il codice definito dagli assegnamenti di valore alle variabili per cui tutte le clausole risultano associate alle stringhe pari. Allora, il fattore di scala di $C(B)$ è almeno $\left(1 - \frac{d}{c}\right)$ ed esiste un algoritmo che corregge ogni frazione $\alpha < \frac{\alpha_0(1+4\varepsilon)}{2}$ di errori dopo $\log_{1/(1-2\varepsilon)}(\alpha n)$ passi paralleli di decodifica, dove ogni passo è eseguibile in tempo costante.*

Dim. Diremo che una clausola è *soddisfatta* se la parità delle variabili ad essa connesse è pari. Decodifichiamo il codice utilizzando un algoritmo parallelo in cui, ad ogni passo di decodifica, vengono eseguite le seguenti operazioni:

- ogni clausola calcola la parità delle variabili che corrispondono a nodi adiacenti;
- ogni variabile controlla se più della metà delle clausole ad essa vicine non sono soddisfatte; se questo accade, allora il valore della variabile viene complementato.

Supponiamo che l'algoritmo riceva in ingresso una parola di peso minore o uguale ad αn, dove $\alpha < \frac{\alpha_0(1+4\varepsilon)}{2}$. Definiremo *alterate* le variabili cui è assegnato valore 1. Sia S l'insieme delle variabili alterate. Dimostriamo allora che, dopo un passo di decodifica, l'algoritmo fornisce in uscita una parola con al più $(1-2\varepsilon)\alpha n$ variabili alterate. Ciò significa che $\log_{1/(1-2\varepsilon)}(\alpha n)$ passi paralleli di decodifica sono sufficienti per ottenere in uscita il vettore nullo. A questo scopo, esaminiamo le dimensioni dell'insieme F delle variabili alterate che non vengono modificate in un passo di decodifica, e dell'insieme E

delle variabili che erano originariamente corrette, ma che sono state alterate durante il passo di decodifica. Naturalmente, si ha che $F \subseteq S$.

Dopo un passo di decodifica l'insieme delle variabili alterate è dato da $F \cup E$. Sia $v = |S|$, e siano $\phi, \gamma, \delta \leq 1$ tali che $|F| = \phi v$, $|E| = \gamma v$, e $|N(S)| = \delta dv$. Per la proprietà di espansione del grafo, risulta $\delta > \frac{3}{4} + \varepsilon$.

Per dimostrare il teorema faremo vedere che

$$\phi + \gamma < \frac{\frac{1}{4}}{\frac{1}{4} + \varepsilon} < 1 - 2\varepsilon \ .$$

Infatti, vale

$$|F \cup E| \leq |F| + |E| = (\phi + \gamma)v = (\phi + \gamma)\alpha n \ .$$

Dimostriamo innanzitutto che $\phi < 4 - 4\delta$.

Possiamo limitare il numero dei vicini di S osservando che ogni variabile in F deve condividere almeno metà dei suoi vicini con altre variabili alterate. Infatti, per come è strutturato il passo dell'algoritmo, se il valore della variabile alterata non è stato complementato, allora almeno metà delle clausole ad essa vicine devono essere soddisfatte, cioè devono avere un numero pari di variabili adiacenti alterate. Così, ogni variabile in F può tenere conto di al più $\frac{3}{4}d$ vicini, e ogni variabile in $S \setminus F$ di al più d vicini. Questo fatto implica che

$$\delta dv \leq \frac{3}{4}d\phi v + d(1 - \phi)v \ ,$$

da cui segue

$$\phi \leq 4 - 4\delta \ .$$

Dimostriamo ora che

$$\gamma < \frac{\delta - \left(\frac{3}{4} + \varepsilon\right)}{\frac{1}{4} + \varepsilon} \ .$$

Supponiamo per assurdo che ciò sia falso. Sia E' un sottoinsieme di E di dimensione

$$\frac{\delta - \left(\frac{3}{4} + \varepsilon\right)}{\frac{1}{4} + \varepsilon} v \ .$$

Ogni variabile appartenente ad E' deve avere almeno $\frac{d}{2}$ archi connessi a clausole che appartengono all'insieme dei vicini di S. Il numero totale di vicini di $E' \cup S$ è perciò al più $\frac{d}{2}|E'| + \delta dv$. Dato che

$$|E' \cup S| \leq |E'| + |S| = \left(1 + \frac{\delta - \left(\frac{3}{4} + \varepsilon\right)}{\frac{1}{4} + \varepsilon}\right) v$$

$$= \left(1 + \frac{\delta - \left(\frac{3}{4} + \varepsilon\right)}{\frac{1}{4} + \varepsilon}\right) \alpha n < \left(\frac{1 + 4\varepsilon}{2}\right) \alpha_0 n$$

$$\leq \left(\frac{\frac{1}{2}}{\frac{1}{4} + \varepsilon}\right) \left(\frac{1 + 4\varepsilon}{2}\right) \alpha_0 n = \alpha_0 n \ ,$$

il grafo deve presentare un'espansione maggiore di $d\left(\frac{3}{4}+\varepsilon\right)$, da cui

$$\frac{d}{2}\,|E'| + \delta dv = \frac{d}{2}\left(\frac{\delta - \left(\frac{3}{4}+\varepsilon\right)}{\frac{1}{4}+\varepsilon}\right)\,v + \delta dv$$

$$> \left(\frac{3}{4}+\varepsilon\right)\,d\,\left(1+\frac{\delta - \left(\frac{3}{4}+\varepsilon\right)}{\frac{1}{4}+\varepsilon}\right)\,v\,.$$

Semplificando le espressioni ottenute, si verifica immediatamente che questa disuguaglianza non può essere soddisfatta. Abbiamo così raggiunto una contraddizione.

A questo punto, la dimostrazione si conclude combinando le due espressioni trovate:

$$\phi + \gamma < 4 - 4\delta + \frac{\delta - \left(\frac{3}{4}+\varepsilon\right)}{\frac{1}{4}+\varepsilon}$$

$$= \frac{1 - \left(\frac{3}{4}+\varepsilon\right) + 4\varepsilon - 4\varepsilon\delta}{\frac{1}{4}+\varepsilon}$$

$$= \frac{\frac{1}{4} - \varepsilon + 4\varepsilon(1-\delta)}{\frac{1}{4}+\varepsilon}$$

$$< \frac{\frac{1}{4} - \varepsilon + 4\varepsilon\left(\frac{1}{4}\right)}{\frac{1}{4}+\varepsilon}$$

$$= \frac{\frac{1}{4}}{\frac{1}{4}+\varepsilon}\,,$$

dove si è utilizzato il fatto che $\delta > \frac{3}{4}+\varepsilon$.   □

Decodifica sequenziale

Vedremo ora come sia possibile effettuare la decodifica in tempo sequenziale lineare. Supponiamo che il grafo su cui il codice è definito sia presentato in ingresso all'algoritmo di decodifica nella forma di due liste concatenate di gruppi di puntatori. La prima lista dovrebbe contenere un gruppo di puntatori per ogni variabile, e la seconda lista un gruppo di puntatori per ogni clausola. I puntatori associati ad una variabile dovrebbero puntare alle clausole che sono connesse alla variabile, mentre i puntatori associati ad una clausola dovrebbero puntare alle variabili contenute nella clausola stessa.

L'algoritmo sequenziale di decodifica consiste in due fasi: una fase di *set-up* nella quale vengono organizzati i dati, ed una fase di *decodifica* vera e propria che viene ripetuta fino a quando la parola è decodificata. Anche in questo caso diremo che una clausola è soddisfatta se la parità delle variabili ad essa connesse è pari.

Set-up:

   1. Si scorre la lista delle clausole, e per ogni clausola si calcola la parità delle variabili in essa contenute.

2. Si inizializzano d liste $L_0, L_1, \ldots, L_d$.
3. Si scorre la lista delle variabili. Per ogni variabile, si conta il numero delle clausole non soddisfatte in cui essa appare. Se questo numero risulta pari ad i, la variabile viene inserita nella lista L_i.

Decodifica:

1. Sia L_i l'ultima lista non vuota tra le liste $L_0, L_1, \ldots, L_d$. Se $i = 0$, allora l'algoritmo termina fornendo in uscita un messaggio di "decodifica completata"; in questo caso infatti, tutte le clausole sono soddisfatte. Se $0 < i \leq \frac{d}{2}$, allora l'algoritmo termina fornendo in uscita un messaggio di "decodifica non completabile".
2. Si sceglie la variabile, v, che si trova in testa alla lista L_i.
3. Si complementa il valore di v. Per ogni clausola che contiene v, si complementa il valore della parità della clausola stessa. Per ogni variabile w presente nelle clausole che contengono v, si aggiorna il contatore del numero delle clausole non soddisfatte che contengono w, si rimuove w dalla lista corrente, e lo si pone in coda alla lista appropriata.
4. Si ritorna al passo 1.

Proposizione 4.1. *L'algoritmo descritto ha un costo computazionale lineare per ogni grafo di grado costante.*

Dim. Poiché il grado di ogni variabile e di ogni clausola è costante, la fase di set-up richiede un tempo di esecuzione lineare. Inoltre, osserviamo che ogni volta che una variabile viene complementata durante la fase di decodifica, il numero di clausole di parità 1 diminuisce. Dunque, il ciclo di decodifica può essere eseguito al massimo una volta per ogni clausola. $\qquad\square$

Teorema 4.24. *Sia B un grafo bipartito con n nodi di ingresso (variabili) di grado d e $\frac{d}{c}n$ nodi di uscita (clausole) di grado c, tale che tutti gli insiemi X di al più αn variabili, abbiano almeno $\left(\frac{3}{4} + \varepsilon\right) d|X|$ nodi adiacenti, per qualche $\varepsilon > 0$. Sia $C(B)$ il codice formato dagli assegnamenti di valore alle variabili in corrispondenza dei quali le clausole assumono parità pari. Allora l'algoritmo sequenziale di decodifica che abbiamo descritto corregge fino ad una frazione $\alpha/2$ di errori eseguendo il ciclo di decodifica non più di $dn\alpha/2$ volte.*

Dim. Diremo che l'algoritmo di decodifica è nello stato (v, u) quando v variabili sono alterate e u clausole non sono soddisfatte. Possiamo pensare a u come ad una sorta di potenziale associato a v. Il nostro scopo è quello di dimostrare come il "potenziale" possa raggiungere quota zero. Per farlo, dimostreremo che se l'algoritmo di decodifica riceve in ingresso una parola di peso al più $\alpha n/2$, allora, ad ogni passo, ci sarà qualche variabile per cui il numero di clausole adiacenti non soddisfatte è maggiore del numero di quelle soddisfatte.

Esaminiamo innanzitutto quello che accade quando l'algoritmo si trova nello stato (v, u), con $v < \alpha n$. Sia s il numero di clausole soddisfatte adiacenti alle variabili alterate. Dalla proprietà di espansione del grafo segue che

$$u + s \geq \left(\frac{3}{4} + \varepsilon \right) dv .$$

Dato che ogni clausola soddisfatta adiacente ad una variabile alterata deve condividere almeno due archi con le variabili alterate, ed ogni clausola non soddisfatta deve averne almeno una, abbiamo

$$dv \geq u + 2s .$$

Combinando le due disuguaglianze precedenti, otteniamo

$$s \leq \left(\frac{1}{4} - \varepsilon \right) dv \qquad e \qquad u \geq \left(\frac{1}{2} + 2\varepsilon \right) dv .$$

Poiché ogni clausola non soddisfatta deve condividere almeno un arco con una variabile alterata, e dato che ci sono solo dv archi uscenti dalle variabili alterate, si ha che almeno una frazione $\left(\frac{1}{2} + 2\varepsilon \right)$ degli archi uscenti dalle variabili alterate deve essere connessa a clausole non soddisfatte. Questo implica che deve esistere qualche variabile alterata tale che una frazione $\left(\frac{1}{2} + 2\varepsilon \right)$ delle clausole adiacenti non sia soddisfatta. Naturalmente, questo non significa che l'algoritmo di decodifica deciderà di complementare una variabile alterata. Piuttosto, questo significa che il solo modo in cui l'algoritmo può fallire durante il processo di decodifica, è quello in cui viene complementato un numero di variabili non alterate, tale da rendere v maggiore di αn.

Supponiamo per assurdo che questo accada. Allora ci deve essere un istante in cui $v = \alpha n$. Dato che v era inizialmente minore o uguale a $\alpha n/2$, sappiamo che almeno $\alpha n/2$ variabili devono essere state complementate, e che ogni azione di complementazione può solo far diminuire il potenziale u. Questo implica che l'algoritmo si trova in uno stato $(\alpha n, u)$, con $u < \frac{d}{2} \alpha n$, poiché inizialmente valeva $u \leq \frac{d}{2} \alpha n$. Ma questo contraddice l'analisi condotta in precedenza. $\square$

Dimostriamo ora che il grafo B è espansivo se e solo se l'algoritmo di decodifica è corretto.

Teorema 4.25. *Sia B un grafo bipartito tra n variabili di grado d e $\frac{d}{c} n$ clausole di grado c, tale che l'algoritmo sequenziale di decodifica descritto sopra decodifichi con successo tutti gli insiemi di al più αn errori nel codice $C(B)$. Tutti gli insiemi di αn variabili devono perciò avere almeno*

$$\alpha n \left(1 + \frac{2 \frac{d-1}{2c}}{3 + \frac{d-1}{2c}} \right)$$

nodi adiacenti nel grafo B.

Dim. Presentiamo la dimostrazione solo nel caso in cui d è pari. Ogni volta che una variabile viene complementata, il numero di clausole non soddisfatte decresce di 2 ad ogni iterazione. Esaminiamo la prestazione dell'algoritmo quando la parola data in ingresso ha peso αn. Dato che l'algoritmo si arresta quando tutte le clausole sono soddisfatte, l'algoritmo, correggendo αn variabili alterate, deve far decrescere il numero di clausole non soddisfatte di almeno $2\alpha n$. Così, ogni parola di peso αn deve causare la non soddisfattibilità di almeno $2\alpha n$ clausole, e ciò significa che ogni insieme di αn variabili deve avere almeno $2\alpha n$ vicini. Poiché supponiamo che $c > d$, risulta

$$2 > 1 + \frac{2^{\frac{d-1}{2c}}}{3 + \frac{d-1}{2c}} \, ,$$

che completa la dimostrazione.   □

Esercizi

Esercizio 4.1. Siano $\mathbf{C} = \{C_n\}$ la famiglia dei circuiti booleani che calcolano la costante 1 e P un algoritmo probabilistico con output in $\{-1, +1\}$, che ricevuta una stringa di n bit restituisce 1 con probabilità 1/3 se n è pari e con probabilità 2/3 se n è dispari. Sia $\mathbf{X} = \{X_n\}$ la famiglia di variabili casuali tale che, per ogni n, X_n è distribuito uniformemente su $\{0,1\}^n$. Si calcoli, in base alla Definizione 4.3, la correlazione $c(n)$ di P con $\mathbf{C}$ su $\mathbf{X}$. (Suggerimento: si distinguano due casi, in base alla parità di n.)

Esercizio 4.2. Si determini il periodo e l'antiperiodo della sequenza $b_1, b_2, \ldots$ generata dal seguente algoritmo.

$$b_i = \begin{cases} 0 & \text{se } i = 1 \text{ o } i = 2, \\ 1 & \text{se } i = 3, \\ (\neg b_{i-3}) \lor (b_{i-1} \oplus b_{i-2}) & \text{se } i \geq 4, \end{cases}$$

dove $\lor$ e $\oplus$ denotano rispettivamente l'or e l'or esclusivo. (Suggerimento: si calcolino esplicitamente i primi bit della sequenza.)

Esercizio 4.3. Partendo dall'Esempio 4.3, si ricavi un algoritmo di costo polinomiale per il calcolo del logaritmo discreto in un campo $\mathbf{Z}_p^*$, con $p = 2^n + 1$.

Esercizio 4.4. Con riferimento alla Definizione 4.13, si calcoli $B_{7,3}(x)$ per ogni $x \in \mathbf{Z}_7$.

Esercizio 4.5. Utilizzando la costruzione descritta nella dimostrazione del Lemma 4.6, descrivere esplicitamente un $(2,3)$-design. (Suggerimento: si segua la costruzione citata ponendo $m = 3$ e $n = 4$.)

Esercizio 4.6. Determinare il fattore di espansione di un grafo la cui matrice di adiacenza è una matrice circolante simmetrica $n \times n$ (si veda la Definizione 5.17) la cui prima riga è

$$
\begin{array}{ccccccccc}
0 & 1 & 2 & & j & & n-j & & n-2 \ n-1 \\
(\ 0 & 1 & 1 & 0 \cdots & 0 & 1 & 0 \cdots & 0 & 1 \quad 0 \cdots 0 \quad 1 \quad \quad 1 \ ).
\end{array}
$$

4.8 Note bibliografiche

Il Lemma dell'or esclusivo, il cui enunciato è attribuito a Yao, ha cominciato a circolare nella presentazione che Yao faceva del suo lavoro [155], anche se non vi compariva esplicitamente. La prima dimostrazione è apparsa grazie a Levin [88], che ha dimostrato una versione uniforme del Lemma nell'ambito delle funzioni one-way. La dimostrazione del Lemma 4.1 e altre dimostrazioni di versioni leggermente diverse sono riportate in un articolo di Goldreich, Nisan e Widgerson [72] nel quale compare anche il Lemma 4.2, che generalizza il risultato usato da Levin per dimostrare il Lemma dell'or esclusivo. Segnaliamo inoltre il lavoro di Goldreich [71], che mostra tre risultati simili al Lemma dell'or esclusivo.

La costruzione di un generatore pseudocasuale basato sull'intrattabilità del problema del logaritmo discreto è dovuta a Blum e Micali [39]. Nello stesso anno Yao [155] ha dimostrato come basare la costruzione su una generica permutazione di tipo one-way. Infine Impagliazzo, Levin e Luby [77] hanno ulteriormente generalizzato questo risultato, mostrando che l'esistenza di un generatore pseudocasuale segue dall'esistenza di una funzione one-way qualsiasi, e viceversa. Per dimostrare questo risultato fondamentale, gli autori introducono il concetto di *entropia computazionale*. Informalmente, l'output di una funzione è imprevedibile e quindi casuale se contiene molta informazione, la cui misura è tipicamente chiamata entropia. Nota una funzione f (il generatore), se l'input x (il seme) è lungo n bit, il risultato $f(x)$ (il valore pseudocasuale) non può avere entropia maggiore di n. L'entropia computazionale è sostanzialmente la quantità di informazione che $f(x)$ *sembra* possedere, agli occhi di un avversario che ha a disposizione solo un tempo polinomiale per estrarre informazione da $f(x)$. Gli autori mostrano come ottenere funzioni la cui entropia computazionale sia superiore all'entropia effettiva dell'input, e da queste ottengono un generatore pseudocasuale.

I risultati enunciati nella Sezione 4.3.3 sono basati sul lavoro di Nisan e Widgerson [109] che contiene inoltre diversi risultati che legano pseudocasualità e complessità computazionale. Gli autori sono interessati in questo caso ad ottenere generatori pseudocasuali che siano di ausilio alla simulazione deterministica di algoritmi probabilistici, attraverso la derandomizzazione. Basandosi su funzioni che sono "difficili" rispetto ad una classe di complessità fissata, Nisan e Widgerson evitano di dover assumere l'esistenza di funzioni one-way e nel contempo ottengono risultati che sono applicabili a più classi di complessità, comprese quelle parallele.

Molti articoli hanno mostrato la connessione tra difficoltà di calcolo ed esistenza di generatori pseudocasuali. Tra questi segnaliamo il recente lavoro di Impagliazzo e Wigderson [78], dove si dimostra che se esiste un problema decisionale in **EXPTIME** che richiede circuiti di dimensione $2^{\Omega(n)}$, allora **P = BPP**.

Lo studio dei grafi espansivi, dei concentratori e in particolare dei superconcentratori ha interessato moltissimi studiosi, soprattutto riguardo alla loro costruzione esplicita.

In [93, 63, 9, 91] vengono date costruzioni esplicite di grafi espansivi, da cui si possono ottenere concentratori $(M, \frac{16}{17}, \frac{128}{17}, \frac{1}{2}, 1)$-limitati, che a loro volta forniscono superconcentratori di densità 273 [63]. In [9] e [91] si trovano le migliori costruzioni di grafi espansivi che portano rispettivamente a superconcentratori con densità 123 e 78. Nella Sezione 4.6 abbiamo descritto in dettaglio la costruzione esplicita dovuta a Gabber e Galil [63].

Per completezza, ricordiamo che le migliori costruzioni di superconcentratori sono state ottenute da Moshe Morgenstern [102, 103, 104] e che altre costruzioni interessanti si trovano in [111, 112, 140].

Per quanto riguarda infine il collegamento tra grafi espansivi e codici correttori di errori, l'esposizione della Sezione 4.7.4 è stata basata su un lavoro di Sipser e Spielman [136].

5. Complessità algebrica

In questo capitolo ci occuperemo di complessità computazionale nell'ambito di modelli che consentono di sfruttare la struttura algebrica dei problemi da analizzare.

I modelli di calcolo di tipo booleano (come le MdT o le famiglie di circuiti booleani) sono stati concepiti come strumenti di tipo generale e introdotti proprio per esigenze di universalità. Per questa ragione risultano privi di struttura: qualsiasi problema deve essere codificato opportunamente ed il processo di codifica rende immateriale la struttura del problema originario. Poiché questo potrebbe essere uno dei motivi per cui diventa ostico analizzare le computazioni, sembra ragionevole affrontare in primo luogo il problema della complessità computazionale in un contesto "strutturato", per poi passare all'ambito generale. Ad esempio, nel caso algebrico, l'idea è di studiare i problemi definiti su un ben preciso dominio, quale un campo, e di sfruttare le caratteristiche del campo e le proprietà delle operazioni su di esso definite. Il concetto di modello strutturato, sul quale ci concentreremo tra breve, gode proprio del vantaggio che le computazioni sono forzate ad utilizzare come operazioni primitive le operazioni definite in modo naturale e che le misure di complessità possono essere legate a proprietà algebriche (ad esempio il grado di un polinomio o il rango di una matrice).

Questo capitolo è logicamente suddiviso in due parti. Nelle prime tre sezioni ci occupiamo di alcuni modelli algebrici, mettendo in luce i loro diversi gradi di generalità e le differenze con i modelli booleani; nelle rimanenti sezioni ci concentriamo su due problemi di natura algebrica, il determinante ed il permanente, con lo scopo di metterne in rilievo il ruolo fondamentale per l'intera complessità algebrica.

Più precisamente il capitolo è organizzato come segue.

La Sezione 5.1 presenta il concetto di modello di calcolo strutturato, che, al contrario di un modello generale come la MdT, è basato sulla *struttura* del problema e dei dati su cui il problema è definito (ad esempio la struttura algebrica).

La Sezione 5.2 analizza la relazione tra i circuiti booleani ed i circuiti aritmetici, mostrando risultati di simulazione e mettendo in evidenza come, dal punto di vista della profondità, i circuiti booleani siano esponenzialmente più potenti dei circuiti aritmetici.

La Sezione 5.3 descrive alcuni importanti modelli di calcolo di natura algebrica e presenta le tecniche che sono state introdotte per ottenere limitazioni inferiori su tali modelli. Molti risultati, in particolare quelli usati per studiare il modello degli *span program*, utilizzano strumenti di algebra lineare.

La Sezione 5.4 illustra il ruolo *universale* del determinante nell'ambito dei problemi di natura algebrica, mentre la Sezione 5.5 mette in luce l'estrema difficoltà computazionale del calcolo del permanente, dimostrando per esso un risultato di completezza.

La Sezione 5.6 è dedicata all'esame della struttura riposta di cui gode il problema del calcolo del determinante; tale indagine prende spunto da un'interpretazione combinatoriale della proprietà che ne consente la risoluzione efficiente.

Infine, la Sezione 5.7 illustra il problema del calcolo del permanente di alcune matrici circolanti speciali, mostrando come anche in casi molto sparsi e strutturati tale problema sia tutt'altro che banale.

5.1 Modelli generali e modelli strutturati

In questa sezione presentiamo il concetto di modello di calcolo strutturato, che, al contrario di un modello generale come la MdT, è basato sulla *struttura* del problema e dei dati su cui il problema è definito (ad esempio la struttura algebrica).

Per chiarire cosa intendiamo per modello strutturato analizziamo innanzitutto, per contrasto, alcune caratteristiche comuni a modelli che riconosciamo come *generali*, quali MdT e circuiti booleani.

Tipicamente, in un modello generale, l'input e l'output di un problema necessitano di una codifica che dipende dal modello. Una volta codificato il problema, le operazioni hanno accesso diretto alla rappresentazione degli operandi, e possiamo addirittura pensare che gli operandi coincidano con la propria rappresentazione.

Per risolvere un problema con un MdT, ad esempio, dobbiamo innanzitutto stabilire in base a quale criterio codificare input e output. Supponendo si tratti di numeri interi, possiamo utilizzare la codifica binaria, e scrivere sul nastro della MdT la stringa binaria corrispondente all'input. Durante l'esecuzione del suo "programma" la MdT avrà accesso ai singoli bit che codificano l'input.

Una situazione analoga si presenta utilizzando il modello dei circuiti booleani. In questo caso l'input viene codificato da un insieme di valori booleani, o bit, e le operazioni ammesse nel modello agiscono direttamente su queste quantità.

Passiamo ora ad analizzare alcuni casi di modello strutturato.

Esempio 5.1. Un esempio di modello strutturato è costituito dai cosiddetti *alberi di confronto*. In questo caso, il modello contempla un insieme parzialmente ordinato D e tre predicati $<, =, >$. Questi tre predicati corrispondono alle tre operazioni primitive, ciascuna con costo unitario. Un'applicazione tipica di questo modello è costituita dall'analisi della complessità computazionale per problemi di ordinamento. Poiché il modello non prevede l'accesso alla rappresentazione degli operandi, possiamo dire che $a > b$, ma non di *quanto* a sia maggiore di b, nemmeno se supponiamo che l'insieme D sia costituito da quantità numeriche.

Nel modello degli alberi di confronto è possibile dimostrare un limite inferiore non banale per il problema dell'ordinamento, utilizzando la seguente idea. Dati n valori distinti, sono possibili $n!$ disposizioni, ma solo una di esse corrisponde alla sequenza ordinata che vogliamo determinare. Se l'output di ogni operazione di confronto è (Sì,No), un algoritmo che esegua t confronti può ottenere al più 2^t risultati diversi. Perché un algoritmo possa sempre determinare l'ordinamento corretto deve valere $2^t \geq n!$, altrimenti qualche possibile output non potrà essere determinato dopo l'esecuzione di t confronti. Ricordando l'approssimazione di Stirling del fattoriale,

$$n! \approx \sqrt{2\pi n} \left(\frac{n}{e}\right)^n,$$

otteniamo che il numero di confronti necessari per ottenere l'ordinamento è maggiore o uguale a $cn \log n$, dove c è una piccola costante. □

Uno dei più studiati modelli strutturati è costituito dai circuiti aritmetici. Un circuito aritmetico agisce su quantità che appartengono ad un insieme matematicamente ben strutturato, generalmente un campo, e le operazioni permesse nel modello sono solitamente $+, -, \times$, e $\div$.

Definizione 5.1 (Circuito aritmetico). *Un circuito aritmetico definito su un campo* $\mathbf{F}$ *è un grafo diretto, aciclico ed etichettato, i cui nodi appartengono a 4 categorie: input, output, operazione, costante.*

I nodi costante *sono etichettati con rappresentazioni di elementi di* $\mathbf{F}$, *i nodi* operazione *con uno dei simboli* $\{+, -, \times, \div\}$. *I nodi* input *ed* output *sono etichettati con variabili. Supponiamo inoltre che i nodi siano numerati in modo univoco.*

Un circuito aritmetico α *con* n *nodi di input (etichettati* $x_1, \ldots, x_n$*) e* m *nodi di output (*$y_1, \ldots, y_m$*), calcola una funzione* $f_\alpha : \mathbf{F}^n \to \mathbf{F}^m$ *nel modo seguente.*

Sia $\gamma : \{x_1, \ldots, x_n\} \to \mathbf{F}$ *un assegnamento di valori di* $\mathbf{F}$ *ai nodi di input. Definiamo* $v(i)$, *il valore calcolato dal nodo* i-*esimo, come*

$$v(i) = \begin{cases} c & \text{se } i \text{ è un nodo costante etichettato con } c; \\ \gamma(x_j) & \text{se } i \text{ è il } j\text{-esimo nodo di input}; \\ v(j) \odot v(k) & \text{se } i \text{ è un nodo operazione con } \odot \in \{+, -, \times, \div\}, \\ & \text{e gli archi } (j, i) \text{ e } (k, i) \text{ appartengono ad } \alpha; \\ v(j) & \text{se } i \text{ è di output e } (j, i) \in \alpha. \end{cases}$$

Il valore calcolato da α *è dato dalla* m-*upla* $(v(j_1), v(j_2), \ldots, v(j_m))$, *dove* $j_1, \ldots, j_m$ *sono i nodi di output (ordinati rispetto alla numerazione imposta ai nodi).*

Nel caso dei circuiti aritmetici, l'input di un problema deve essere codificato per mezzo di opportuni elementi del dominio sul quale il circuito agisce.

Emerge così la differenza sostanziale con i modelli generali, data dalla nella possibilità o meno di accedere alla rappresentazione degli operandi. Pertanto questi devono considerati, in un modello strutturato, come quantità *atomiche*.

Esempio 5.2. Consideriamo il problema di sommare due numeri interi, a e b. Un possibile circuito booleano ha in input la rappresentazione binaria di a e quella di b ed ottiene la rappresentazione di $a + b$ operando sui singoli bit. Se a e b sono rappresentati da n bit, saranno necessarie almeno n operazioni booleane per calcolare $a + b$. Se consideriamo un circuito aritmetico su $\mathbf{Q}$ per lo stesso problema, non dobbiamo preoccuparci della rappresentazione degli operandi, in quanto $a, b \in \mathbf{Q}$. Con una singola operazione $+$ otteniamo il risultato voluto, indipendentemente dalla dimensione degli operandi. $\square$

Alla luce dell'Esempio 5.2, il modello strutturato appare più potente del modello generale, in termini del numero di operazioni necessarie a risolvere il problema. Questa situazione può tuttavia ribaltarsi se consideriamo un diverso problema, come il prossimo esempio mette in luce.

Esempio 5.3. Consideriamo il seguente semplice problema: dato un numero intero a, restituire 0 o 1 a seconda che il numero sia pari o dispari. La soluzione per mezzo di un circuito booleano è immediata, essendo infatti sufficiente restituire il bit meno significativo della rappresentazione binaria di a. Ottenere la soluzione per mezzo di un circuito aritmetico che operi su un campo finito $\mathbf{Z}_p$, con p primo e $p > a$, è possibile, come vedremo nella Sezione 5.2.2, ma non altrettanto semplice. $\square$

Queste considerazioni mettono in luce la difficoltà ad effettuare confronti tra modelli generali e strutturati. Tuttavia vedremo alcuni importanti risultati nella Sezione 5.2, dove la potenza dei circuiti aritmetici su opportuni campi finiti sarà confrontata con quella dei circuiti booleani.

Passiamo ora ad un modello di calcolo (i programmi in linea retta) che caratterizzerà anche i prossimi due capitoli.

I *programmi in linea retta* (PLR) rappresentano un modello di calcolo in cui gli algoritmi possono essere agevolmente descritti da opportuni grafi. Prima di presentarne la definizione, che rivedremo nel Capitolo 7, è opportuno premettere la nozione di algoritmo non adattivo.

Definizione 5.2. *Un algoritmo si dice* non adattivo *se per tutte le istanze di una certa dimensione, la sequenza di locazioni di memoria attivate è la stessa (ossia tale sequenza è completamente determinata dalla lunghezza dell'istanza).*

Le restrizioni fondamentali dei programmi in linea retta rispetto a modelli generali (ossia equivalenti alla MdT) sono due:

1. gli algoritmi descritti da PLR sono non adattivi;
2. le funzioni di base operano su variabili appartenenti ad un dominio predefinito.

La seguente definizione ci consente di precisare quanto detto.

Definizione 5.3. *Un* programma in linea retta *è una sequenza di* assegnamenti *del tipo* $x := f(y, z)$, *dove* f *appartiene ad un insieme di funzioni di due variabili e* x, y, z *ad un insieme di variabili che possono assumere valori in un certo* dominio. *Si fa una sola restrizione: una variabile* x *che appaia nella parte sinistra di un assegnamento, non può comparire in alcun assegnamento precedente nella sequenza. Le variabili che compaiono solo nella parte destra di assegnamenti si dicono* variabili di ingresso.

Analizzando la definizione, riconosciamo facilmente le due restrizioni a cui abbiamo fatto riferimento sopra. Infatti la sequenza degli assegnamenti non dipende dai valori specifici assunti dalle variabili (non adattività) e l'insieme delle funzioni f opera a livello "atomico" su variabili appartenenti ad un dominio predefinito.

A questo punto, siamo in grado di mostrare che ad un PLR corrisponde in modo naturale un grafo, detto grafo della computazione.

Definizione 5.4. *Il* grafo della computazione *di un* PLR *è un grafo diretto e aciclico che ha un nodo* $\hat{r}$ *per ogni variabile* r *del programma e archi diretti* $(\hat{y}, \hat{x})$ *e* $(\hat{z}, \hat{x})$ *per ogni assegnamento del tipo* $x := f(y, z)$.

Questa corrispondenza associa il numero di vertici del grafo al numero di variabili usate dal PLR e quindi al numero di assegnamenti. Da questo discende che se si trovasse un modo per limitare inferiormente il numero di vertici di ogni grafo della computazione per un determinato problema computazionale, si avrebbe anche una limitazione inferiore alla lunghezza di ogni PLR per il problema stesso.

Riparleremo di PLR a più riprese nel seguito. Vediamo invece ora situazioni in cui il confine tra modello strutturato e generale non è ben delineato.

Considerando problemi per la cui soluzione è naturale operare tramite operazioni di confronto piuttosto che di tipo aritmetico, come accade per i problemi di ordinamento, la distinzione tra modelli generali e strutturati diventa meno netta, in quanto si perde il criterio secondo il quale un modello generale può accedere alla rappresentazione dei dati.

Per esemplificare questa situazione, concludiamo questa sezione confrontando due modelli che possono entrambi dirsi strutturati, in quanto non possono accedere alla rappresentazione dell'input, ma che impongono restrizioni diverse sulle computazioni ammissibili.

Consideriamo il seguente problema. Date due matrici quadrate A e B di ordine n, definiamo $C = A \diamond B$ come

$$C_{ij} = \min_{k=1}^{n}\{a_{ik} + b_{kj}\}\,.$$

Notiamo la somiglianza strutturale tra l'operazione $\diamond$ e il consueto prodotto di matrici. Se $C' = AB$ abbiamo infatti

$$C'_{ij} = \sum_{k=1}^{n} a_{ik} \cdot b_{kj}\,,$$

che mostra come le operazioni di somma e di prodotto vengano sostituite da min e somma.

Il calcolo di $A \diamond B$ deve la sua importanza al legame con il problema di determinare i cammini minimi (in inglese *shortest path*) tra tutte le coppie di nodi in un grafo. Dato infatti un algoritmo per il calcolo di $A \diamond B$ è possibile ottenere un algoritmo per i cammini minimi di costo asintotico equivalente.

Kerr ha dimostrato che nel modello dei PLR, se consentiamo solo operazioni del tipo $a + b$ e $\min(a, b)$, il calcolo di $A \diamond B$ richiede $\Omega(n^3)$ operazioni.

Come sappiamo, in questo modello la sequenza delle operazioni non dipende in alcun modo dal valore degli operandi. In pratica, anche se il calcolo di $\min(a, b)$ implica un'operazione di confronto, il modello non permette di sfruttare pienamente l'informazione ottenuta tramite il calcolo del minimo, in quanto non consente di specificare due diverse sequenze di operazioni a seconda che $\min(a, b) = a$ o $\min(a, b) = b$.

Consideriamo ora un modello più potente dei PLR, il modello dei *programmi ad albero*, nel quale ammettiamo la possibilità di scegliere, in base all'esito di una operazione di confronto, tra due diversi modi di proseguire la computazione. In questo caso, in funzione dell'input, avremo diverse possibili computazioni, la cui struttura corrisponde quindi ad un albero. Fredman ha dimostrato che, utilizzando un programma ad albero, è possibile calcolare $A \diamond B$ con $o(n^3)$ operazioni. Questo risultato rende rigorosa da un punto vista teorico l'intuizione che un modello che consente di modificare la sequenza di esecuzione in base all'input sia più potente di un modello che non gode di questa caratteristica.

La dimostrazione del risultato di separazione tra i due modelli si basa sul seguente teorema.

Teorema 5.1. *Date due matrici $n \times n$ A e B, il prodotto $A \diamond B$ può essere calcolato mediante $O(n^{\frac{5}{2}} \log^{\frac{1}{2}} n)$ confronti e addizioni.*

Dim. Dato un intero $m \leq n$, che determineremo in seguito, consideriamo una partizione di A e B in n/m sottomatrici di dimensione rispettivamente $n \times m$ e $m \times n$, ovvero

$$A = \left(A_1 \bigg| A_2 \bigg| \cdots \bigg| A_{\frac{n}{m}} \right)\,, \qquad B = \left(\frac{\begin{array}{c} B_1 \\ \vdots \\ B_{\frac{n}{m}} \end{array}}{} \right)\,.$$

È immediato verificare che

$$A \diamond B = \min\{A_1 \diamond B_1, A_2 \diamond B_2, \ldots, A_{\frac{n}{m}} \diamond B_{\frac{n}{m}}\}. \tag{5.1}$$

dove l'operazione di minimizzazione è eseguita elemento per elemento. Una volta calcolati gli n/m prodotti $A_i \diamond B_i$, ognuno di dimensione $n \times n$, il minimo può essere calcolato utilizzando $n^2(n/m) = n^3/m$ confronti. Mostriamo ora che il calcolo di $C = A_1 \diamond B_1$ può essere effettuato per mezzo di $O(m^2 n \log n)$ confronti. Poiché gli altri prodotti $A_j \diamond B_j$ si ottengono analogamente, il numero totale delle operazioni diventa così $O(mn^2 \log n)$.

Per ogni coppia di indici s e t, tali che $1 \leq r < s \leq m$, calcoliamo e ordiniamo le $2n$ differenze $a_{ir} - a_{is}$, e $b_{sj} - b_{rj}$, per $i, j = 1, \ldots, n$. Ciò può essere ottenuto mediante $O(m^2 \cdot n \log n)$ confronti e sottrazioni. Effettuata questa operazione, possiamo ottenere $C = A_1 \diamond B_1$ senza utilizzare ulteriormente i valori assunti dagli elementi di A e B. Infatti per ogni coppia di indici i e j possiamo determinare un valore t tale che $c_{ij} = a_{it} + b_{tj}$, poiché vale

$$a_{ir} + b_{rj} \leq a_{is} + b_{sj} \quad \Leftrightarrow \quad a_{ir} - a_{is} \leq b_{sj} - b_{rj}, \tag{5.2}$$

e la fase di ordinamento stabilisce implicitamente quali, tra le disuguaglianze (5.2), sono verificate.

Possiamo quindi concludere che $A \diamond B$ può essere calcolato mediante $O(n^3/m + mn^2 \log n)$ confronti e operazioni aritmetiche. Ponendo $m = (n/\log n)^{\frac{1}{2}}$ otteniamo $O(n^{\frac{5}{2}} \log^{\frac{1}{2}} n)$, come anticipato.

Nel corso della dimostrazione abbiamo assunto che A e B possano essere partizionate in n/m blocchi, dove $m = (n/\log n)^{\frac{1}{2}}$. Il valore di m prescelto può evidentemente non essere intero, ma è immediato verificare che porre $m = \lceil (n/\log n)^{\frac{1}{2}} \rceil$ non ha influenza sul costo asintotico dell'algoritmo. Per quanto riguarda la divisione in blocchi di A e B, se m non divide n, possiamo estendere A e B a matrici A' e B' di dimensione $n' = \lceil n/m \rceil m$, aggiungendo $n' - n$ righe e colonne che contengano elementi strettamente maggiori di $2 * M$, dove M è il massimo dei valori che compaiono in A e B. È immediato verificare che $A \diamond B$ è contenuto come sottomatrice in $A' \diamond B'$ e che il costo asintotico rimane invariato, in quanto $n' = O(n)$. $\square$

Il risultato enunciato nel Teorema 5.1 può essere ulteriormente raffinato, portando da $O(n^{\frac{5}{2}} \log^{\frac{1}{2}} n)$ a $O(n^{\frac{5}{2}})$ il numero di confronti e operazioni aritmetiche sufficienti per il calcolo di $A \diamond B$ e permettendo infine la costruzione uniforme di un programma ad albero di costo $O(n^3(\log \log n/ \log n)^{\frac{1}{3}}) = o(n^3)$ per la soluzione di questo problema, in contrasto con la limitazione inferiore $\Omega(n^3)$ che vale, come abbiamo detto, per i programmi in linea retta.

5.2 Circuiti aritmetici e circuiti booleani

In questa sezione mostreremo alcuni risultati che mettono in evidenza la diversità, in termini di "potenza" di calcolo, tra i circuiti aritmetici e i circuiti booleani.

Come abbiamo visto nella Sezione 5.1, i circuiti booleani costituiscono a buon diritto un modello *generale* di calcolo, in quanto consentono di identificare le quantità in gioco (i bit o valori booleani) con la loro rappresentazione. Al contrario, nel modello *strutturato* dei circuiti algebrici gli operandi sono in qualche modo "atomici" e non si può accedere direttamente alla loro rappresentazione. In virtù di questa caratteristica, acquista importanza lo specifico campo **F** sul quale il circuito aritmetico è definito. Consideriamo tre campi di riferimento, **Q**, $\mathbf{Z}_p$ e $\mathbf{Z}_{p^n}$. Nei primi due casi vedremo o che una simulazione efficiente tra circuiti booleani ed aritmetici può essere esibita oppure che la sua esistenza costituisce un problema aperto. Nel terzo e più interessante caso, un problema specifico mette in evidenza che il rapporto tra i circuiti booleani e quelli aritmetici muta a seconda della *caratteristica* del campo di riferimento. In particolare dimostreremo che i circuiti booleani sono esponenzialmente più potenti dei circuiti aritmetici su $\mathbf{Z}_{p^n}$, dal punto di vista della profondità.

5.2.1 Circuiti aritmetici su Q

Un elemento $q \in \mathbf{Q}$ può essere rappresentato in modo naturale per mezzo di due numeri interi a e b, espressi in notazione binaria, tali che $q = a/b$. Confrontiamo la potenza dei circuiti aritmetici su **Q** con quella dei circuiti booleani, limitatamente al calcolo delle funzioni che possono essere espresse per mezzo di operazioni aritmetiche. La prima cosa che notiamo è che, in generale, un circuito aritmetico di dimensione polinomiale può generare un output che espresso in notazione binaria ha lunghezza esponenziale. Da ciò segue che una simulazione efficiente per mezzo di un circuito booleano è impossibile. Tuttavia è stato dimostrato da Adleman [1] che una simulazione efficiente esiste, qualora si faccia riferimento non solo alla dimensione dell'input ma anche a quella dell'output, e se non vengono imposte condizioni di uniformità sul circuito.

La simulazione di un circuito booleano per mezzo di un circuito aritmetico su **Q** appare invece un problema ostico e si ritiene che non esista una simulazione generale efficiente, anche se non sono stati individuati esempi specifici.

Se consideriamo un'estensione dei circuiti aritmetici, nella quale sia possibile effettuare un test di uguaglianza a zero, possiamo definire il seguente problema. Dato un input $x \in \mathbf{Q}$ decidere se $x \in \mathbf{Z}$. La controparte booleana di questo problema, che consiste nel determinare se due numeri a e $b \neq 0$ di $O(m)$ cifre, soddisfano $b|a$, può essere risolta con un circuito di dimensione polinomiale in m. Viceversa sembra che l'unico modo di affrontare il problema con un circuito aritmetico conduca ad una dimensione $2^{O(m)}$ e passi attraverso la generazione di tutte le coppie di numeri a, b di lunghezza $O(m)$.

5.2.2 Circuiti aritmetici su $\mathbf{Z}_p$

Se il dominio di riferimento per il circuito aritmetico è un campo finito, non si pone il problema di una possibile esplosione esponenziale della rappresentazione del risultato, che rimane evidentemente confinato nell'ambito del campo. Come vedremo, il rapporto tra i circuiti booleani e quelli aritmetici muta a seconda della *caratteristica* del campo di riferimento.

Distinguiamo ora due casi. In questa sezione consideriamo i campi finiti del tipo $\mathbf{F} = \mathbf{Z}_p$, con p primo. Nella prossima vedremo i campi $\mathbf{F} = \mathbf{Z}_q = \mathbf{Z}_{p^n}$, con p piccolo e n grande.

Un elemento a di un campo finito $\mathbf{F} = \mathbf{Z}_p$, con p primo e $t = \lceil \log p \rceil$ può essere rappresentato da t cifre binarie $(b_0, \dots, b_{t-1})$ tali che $a' = \sum_{i=0}^{t-1} b_i 2^i$, $0 \le a' < p$, e $a' \equiv_p a$.

Consideriamo le funzioni $B_i : \mathbf{F} \to \{0,1\}$, che per ogni $a \in \mathbf{F}$ forniscono l'i-esimo bit della rappresentazione binaria di a. Se fosse possibile calcolare efficientemente le funzioni B_i con un circuito aritmetico allora sarebbe semplice simulare ogni circuito booleano, in quanto la simulazione delle singole operazioni logiche è immediata. Infatti, per $x,y \in \{0,1\}$, abbiamo che $(\neg x)$ può essere espresso come $(1-x)$, $(x \wedge y)$ come $(x * y)$ e $(x \vee y)$ come $(x + y - x * y)$.

Poiché ogni funzione B_i è definita in p punti, possiamo identificarla con un polinomio interpolatore di grado al più $p-1$.

Esempio 5.4. La funzione $B_0(x)$, che ci dice se x è pari o dispari, può essere definita come

$$B_0(x) = \sum_{i=0}^{\lfloor p/2 \rfloor} \left(1 - [x - (2i+1)]^{p-1} \right). \tag{5.3}$$

Poiché p è primo, per ogni $a \in \mathbf{F}$, $a \not\equiv 0$, vale $a^{p-1} \equiv 1$. Se x è pari, avremo $y_i = [x - (2i+1)]^{p-1} \equiv 1$ per ogni i, e quindi la somma dei termini $1 - y_i$ è nulla. Viceversa se x è dispari, esattamente per un j avremo $x \equiv (2j+1)$, quindi $y_j = 0$, e la sommatoria (5.3) risulterà uguale a 1. $\square$

Questo esempio mostra come sia possibile calcolare le funzioni B_i con circuiti aritmetici di dimensione proporzionale a p, mentre non sono noti metodi in cui la dimensione sia dell'ordine di $\log p$ o anche polinomiale in $\log p$.

Per il confronto nell'altra direzione vale il seguente teorema.

Teorema 5.2. *Sia p primo e $\mathbf{F} = \mathbf{Z}_p$. Sia $\mathcal{C}$ un circuito aritmetico su $\mathbf{F}$ di dimensione s e profondità d. Abbiamo che $\mathcal{C}$ può essere simulato da un circuito booleano la cui dimensione cresce rispetto ad s di un fattore polinomiale in $\log p$ e la cui profondità è*

$$O(d \log p (\log \log p)^2) \quad \text{se } \mathcal{C} \text{ include divisioni,}$$
$$O(d \log \log p) \quad \text{se } \mathcal{C} \text{ non include divisioni,}$$

$\square$

Questo risultato si basa sul fatto che addizione e moltiplicazione modulo p possono essere effettuate da un circuito booleano di dimensione $(\log p)^{O(1)}$ e profondità $O(\log \log p)$ [27]. L'inversione modulo p può invece essere calcolata da un circuito booleano di dimensione e profondità $O(\log p (\log \log p)^2)$

Considerando p come una costante, per quanto grande, la simulazione a cui si fa riferimento nel Teorema 5.2 risulta naturalmente efficiente. Diversa è la situazione se consideriamo p come un parametro in base al quale valutare il costo. In questo caso, la profondità aumenta sostanzialmente (di un fattore $O(\log p (\log \log p)^2))$ qualora si debbano simulare circuiti che fanno uso della divisione.

Se consideriamo il caso particolare in cui $\log p$ e s sono polinomiali in n e d è polinomiale in $\log n$, è possibile mostrare che, per mezzo di una rappresentazione ridondante degli elementi in **F**, possiamo simulare un circuito aritmetico di dimensione s e profondità d con un circuito booleano di dimensione $O(sn^2)$ e profondità $O(d \log^2 n)$.

5.2.3 Circuiti aritmetici su $\mathbf{Z}_{p^n}$

Nella sezione precedente abbiamo considerato circuiti aritmetici sul campo finito $\mathbf{Z}_p$, nel quale la cardinalità coincide con la caratteristica. Consideriamo ora un campo finito del tipo $\mathbf{F} = \mathbf{Z}_{p^n}$, con p piccolo ed n grande. In questo caso la cardinalità, p^n, è molto più grande della caratteristica p. Come vedremo, questa differenza tra cardinalità e caratteristica mette in evidenza in modo inequivocabile la diversa potenza di circuiti aritmetici e booleani.

Vale infatti il seguente risultato, del quale daremo successivamente una giustificazione.

Teorema 5.3. *Sia p un numero primo, $n \geq 1$, $\mathbf{F} = \mathbf{Z}_p \subseteq \mathbf{K} = \mathbf{Z}_{p^n}$. Per ogni $0 < a < p^n$ definiamo una funzione $\pi_{\mathbf{K}}^a : \mathbf{K} \to \mathbf{K}$ tale che $\pi_{\mathbf{K}}^a(x) = x^a$, per $x \in \mathbf{K}$.*

1. *La funzione $\pi_{\mathbf{K}}^a$ può essere calcolata da un circuito booleano di dimensione $(n \log p)^{O(1)}$ e profondità $O(n \log p)$.*
2. *La profondità di ogni circuito aritmetico $\mathcal{C}$ su $\mathbf{K} = \mathbf{Z}_{p^n}$ che calcola $\pi_{\mathbf{K}}^a$, con $a \leq p^n/2$, è maggiore o uguale a*

$$\min(\log a, \ \log(p^n/2 - a + 1), \ n \log p - \log n - \log \log p - 1),$$

$\square$

Il seguente corollario del Teorema 5.3 fornisce il gap esponenziale tra circuiti aritmetici e booleani che stavamo cercando. Afferma infatti che la funzione x^a, in un campo $\mathbf{K} = \mathbf{Z}_{p^n}$, e sotto opportune ipotesi che legano a, n e p, può essere calcolata da un circuito booleano di profondità polinomiale rispetto a $\log n$, mentre ogni circuito aritmetico per lo stesso problema ha una profondità almeno proporzionale ad n.

Corollario 5.1. *Nelle ipotesi del Teorema 5.3, se $p \leq n$ e $p^{n-2} \leq a \leq p^{n-1}$, allora $\pi_{\mathbf{K}}^a$ può essere calcolata da un circuito booleano di dimensione $n^{O(1)}$ e profondità $(\log n)^{O(1)}$, mentre qualsiasi circuito aritmetico su $\mathbf{K}$ che calcola $\pi_{\mathbf{K}}^a$ ha profondità $\Omega(n)$.*

Dim. Il limite superiore segue dal Teorema 5.3 (punto 1). Il limite inferiore sulla profondità del circuito aritmetico discende immediatamente dal Teorema 5.3 (punto 2) e dal vincolo $p^{n-2} \leq a \leq p^{n-1}$. $\qquad\square$

Il punto (1.) del Teorema 5.3, in base al quale esiste un circuito booleano di dimensione $(n \log p)^{O(1)}$ e profondità $(n \log p)$ che calcola la funzione $\pi_{\mathbf{K}}^a$, deriva da alcuni risultati di Fich e Tompa [57], e von zur Gathen [66] sul calcolo di potenze di polinomi.

Il punto (2.) del Teorema 5.3, in base al quale per la profondità di ogni circuito $\mathcal{C}$ su $\mathbf{K} = \mathbf{Z}_q$ che calcola $\pi_{\mathbf{K}}^a$, con $e \leq q/2$, abbiamo il limite inferiore

$$\min(\log a, \log(q/2 - a + 1), \log q - \log \log q - 1),$$

deriva da un risultato di von zur Gathen [65], per dimostrare il quale dobbiamo premettere alcune definizioni e risultati.

Definizione 5.5. *Data una funzione razionale $f \in \mathbf{F}[x]$, definiamo il grado di f, che denotiamo con $\deg(f)$, come il massimo tra $\deg(g)$ e $1 + \deg(h)$, dove $f = g/h$, $g, h \in \mathbf{F}[x]$ e $(g, h) = 1$. Supponiamo che, per un polinomio p, $\deg(p)$ sia definito come di consueto.*

Diamo ora una definizione di *funzione calcolata* da un circuito aritmetico, che tiene conto delle possibili divisioni per 0 che possono aver luogo per input specifici.

Definizione 5.6. *Sia $\mathcal{C}$ un circuito aritmetico su $\mathbf{F}$ con input $x_1, \ldots, x_n$. Il dominio di definizione di $\mathcal{C}$, denotato con $\mathrm{def}(\mathcal{C}) \subseteq \mathbf{F}^n$, consiste in quei valori $a \in \mathbf{F}^n$ per i quali in $\mathcal{C}$ non vengono eseguite divisioni per 0. Diciamo che $\mathcal{C}$ calcola la funzione $f : \mathbf{F}^n \to \mathbf{F}$ se $\mathcal{C}$ genera come output $f(x)$ per ogni $x \in \mathrm{def}(\mathcal{C})$.*

Notiamo che, in base alla precedente definizione, non sono imposte condizioni sul comportamento del circuito per valori $x \notin \mathrm{def}(\mathcal{C})$.

Il seguente teorema mostra una relazione molto semplice tra la profondità di un circuito e il grado della funzione razionale calcolata.

Teorema 5.4 (Kung). *Sia $\mathcal{C}$ un circuito aritmetico di profondità $D(\mathcal{C})$ che calcola una funzione razionale $\phi_{\mathcal{C}}$. Vale allora*

$$\deg(\phi_{\mathcal{C}}) \leq 2^{D(\mathcal{C})}. \tag{5.4}$$

Dim. Etichettiamo i nodi di $\mathcal{C}$ in base alla loro distanza dall'input. Al livello 0 avremo polinomi di grado 0 (le costanti di $\mathbf{F}$) o di grado 1 (le variabili in input). Ogni livello combina, per mezzo delle operazioni $+, -, *, /$, risultati intermedi calcolati ai livelli precedenti. Combinando due funzioni razionali $f = f_1/f_2$ e $g = g_1/g_2$ otteniamo una funzione il cui grado non supera $2d = 2\max(\deg(f), \deg(g))$. Consideriamo ad esempio l'operazione di moltiplicazione $f * g = (f_1 g_1)/(f_2 g_2)$ e supponiamo senza perdita di generalità che $deg(f) \geq \deg(g)$, e quindi che $2d = 2\deg(f)$. In base alla Definizione 5.5 abbiamo

$$\deg(f * g) \leq \max(\deg(f_1) + \deg(g_1), 1 + \deg(f_2) + \deg(g_2)). \qquad (5.5)$$

Distinguiamo due casi, ossia $\deg(f) = \deg(f_1)$ e $deg(f) = 1 + \deg(f_2)$. Nel primo caso, ricordando anche l'assunto $\deg(f) \geq \deg(g)$, abbiamo $\deg(f_1) - 1 \geq \deg(f_2)$, $\deg(f_1) \geq \deg(g_1)$ e $\deg(f_1) - 1 \geq \deg(g_2)$. Dalla (5.5) otteniamo

$$\deg(f * g) \leq \max(2\deg(f_1)), 1 + 2(\deg(f_1) - 1)) = 2\deg(f_1) = 2d.$$

Nel secondo caso, $deg(f) = 1 + \deg(f_2)$, abbiamo $\deg(f_2) + 1 \geq \deg(f_1)$, $\deg(f_2) + 1 \geq \deg(g_1)$ e $\deg(f_2) \geq \deg(g_2)$ e otteniamo

$$\deg(f * g) \leq \max(2\deg(f_2) + 2), 2\deg(f_2) + 1) = 2(\deg(f_2) + 1) = 2d.$$

I casi relativi alle altre operazioni $(+, /, -)$ si dimostrano analogamente. Riassumendo, abbiamo allora

$$\deg(f \circ g) \leq 2\max(\deg(f), \deg(g)),$$

dove $\circ$ denota una delle quattro operazioni aritmetiche. Questo fatto indica che, procedendo da un livello al successivo, il grado delle funzioni razionali calcolate cresce al più di un fattore 2, e da ciò segue immediatamente la tesi.

$\square$

Il seguente lemma mette in relazione la profondità di un circuito con il grado della funzione che il circuito calcola su un sottoinsieme dei possibili input.

Lemma 5.1. *Sia* **F** *un campo arbitrario,* A *un sottoinsieme finito di* **F**, *con* $s \geq 2$ *elementi,* $f \in \mathbf{F}[x] \backslash \{0\}$ *una funzione di grado* b, *con* $1 \leq b \leq s$, C *un circuito aritmetico su* **F** *che calcola* f *in* A, *e* d *la profondità di* C. *Abbiamo che*

1. se $A \subseteq \mathrm{def}(C)$, *allora* $d \geq \min(\log b, \log(s - b + 1))$;
2. se $A \cap \mathrm{def}(C) = \emptyset$, *allora* $d \geq \log s - \log \log s$.

Dim.

1. Supponiamo che la funzione f calcolata da C sia uguale a $\phi_C = g_1/g_2$, con $g_1, g_2 \in F[x]$, $g_2 \neq 0$, $(g_1, g_2) = 1$, e sia $h = g_1 - g_2 f$. Poiché $A \subseteq \mathrm{def}(C)$ e $\phi_C(a) = f(a)$ per ogni $a \in A$, abbiamo che $h(a) = 0$ per $a \in A$ e che $\prod_{a \in A} (x - a)$ divide h. Se $h = 0$, allora $\deg(g_1) \geq \deg(f) = b$. Se $h \neq 0$, allora o $\deg(g_1) \geq s$ o $\deg(g_2) \geq s - b$, e la tesi segue dal Teorema 5.4.

2. Per ogni vertice $v \in C$, denotiamo con $D(v)$ la profondità alla quale si trova v. In particolare avremo $D(v) = d$ se v è il vertice di output e $D(v) = 0$ se v è un vertice di input o costante. Per $0 \leq i \leq d$, sia L_i' l'insieme dei vertici a profondità i, e sia $L_i \subseteq L_i'$ il sottoinsieme dei vertici nei quali viene eseguita una divisione. Per ogni $v \in L_i$ denotiamo con $\eta(v)$ il numeratore della funzione razionale che costituisci il divisore in v. Per il Teorema 5.4 abbiamo $\deg \eta(v) \le 2^{i-1}$. Assumendo che ogni vertice sia connesso all'output, otteniamo

$$|L_i| \le |L_i'| \le 2^{d-i}, \qquad \sum_{v \in L_i} \deg \eta(v) \le 2^{i-1}|L_1| \le 2^{d-1}.$$

Poiché $A \cap \operatorname{def}(\mathcal{C}) = \emptyset$, abbiamo

$$\prod_{a \in A}(x-a) \Big| \prod_{\substack{i\,=\,1 \\ v\,\in\,L_i}}^{d} \eta(v), \quad s = |A| \le \sum_{\substack{i\,=\,1 \\ v\,\in\,L_i}}^{d} \deg \eta(v) \le d\,2^{d-1},$$

che implica la tesi.   □

Possiamo ora dimostrare il risultato che corrisponde al limite inferiore del punto 2 del Teorema 5.3.

Teorema 5.5. *Sia $b \in \mathbf{N}$, con $b \ge 1$ e sia $\mathcal{C}$ un circuito aritmetico che calcola π_A^b su $A \subseteq \mathbf{F}$. Se A è finito e possiede $s \ge 2b$ elementi, allora la sua profondità non è inferiore a*

$$\min\{\log b, \log(s/2 - b + 1), \log s - \log\log s - 1\}.$$

Dim. Sia $\mathcal{C}$ un circuito aritmetico che calcola π_A^b e sia $S = A \cap \operatorname{def}(\mathcal{C})$. Se $|S| \ge s/2$ allora, applicando il punto 1 del Lemma 5.1 all'insieme S, otteniamo $d(\pi_A^b) \ge \min\{\log b, \log(s/2 - b + 1)$. Se $|S| \le s/2$ allora $T = A \backslash S$ ha almeno $s/2$ elementi e $T \cap \operatorname{def}(\mathcal{C}) = \emptyset$. Possiamo quindi applicare il punto 2 del Lemma 5.1 all'insieme T, ottenendo $d(\pi_A^b) \ge \log(s/2) - \log\log(s/2)$.   □

5.3 Altri modelli algebrici di calcolo

In questa sezione ci occupiamo prima di un modello algebrico (detto branching program) in grado di eseguire computazioni in cui la sequenza delle istruzioni attivate dipende dai dati in ingresso (computazioni adattive) e successivamente di un modello (detto span program) introdotto allo scopo di determinare limitazioni inferiori per i branching program.

5.3.1 Branching Program

I branching program (BP) sono un modello che, al contrario dei PLR, è in grado di esprimere computazioni adattive. Come vedremo, questo modello è particolarmente utile per analizzare le richieste computazionali dei problemi in termini di spazio.

Definizione del modello. Un *branching program* è un grafo diretto e aciclico con un nodo sorgente chiamato *start* e due nodi terminali (privi di archi uscenti), detti *nodi di output*, etichettati con un valore di output 0 (rifiuto) o 1 (accettazione). Tutti i nodi provvisti di archi uscenti sono etichettati col nome di una variabile x_i. Se viene imposta la restrizione che ogni nodo non di output abbia esattamente due archi uscenti, uno etichettato con 0 e l'altro etichettato con 1, allora il BP è detto *deterministico*. Nel caso più generale, il BP è detto *non deterministico*.

L'assegnamento di un valore alle variabili $(x_1, x_2, \ldots, x_n)$ che etichettano i nodi seleziona una collezione di cammini che partono dal nodo start e terminano in corrispondenza di un nodo di output. Diremo che un BP *accetta* il suo input se almeno uno dei cammini selezionati termina in un nodo di output con etichetta 1. Un BP *calcola* una funzione booleana $f : \{0,1\}^n \to \{0,1\}$ se accetta tutte e sole le stringhe $(x_1, x_2, \ldots, x_n)$ su cui il valore della funzione è 1.

Si dice *dimensione* di un BP il numero dei suoi nodi interni. Se i nodi sono disposti secondo una sequenza di livelli con gli archi che vanno solamente da un livello a quello successivo, si dice *ampiezza* il massimo numero di nodi disposti sullo stesso livello.

Data una funzione booleana f, la *complessità* della funzione nel modello dei BP è definita dalla dimensione del più piccolo BP che la calcola ed è indicata con $BP(f)$. Poiché ad ogni funzione booleana è associato in modo naturale il problema del riconoscimento delle stringhe di lunghezza n di un linguaggio definito sull'alfabeto $\{0, 1\}$, i BP possono essere visti anche come strumenti per il riconoscimento di linguaggi.

Legami con la complessità in spazio. Utilizziamo una MdT off-line a più nastri come modello formale su cui definire la complessità in spazio. (Ricordiamo che in una MdT off-line un nastro viene selezionato come nastro di input e su di esso vengono effettuate solo operazioni di lettura; gli altri nastri sono utilizzati come nastri di lavoro; lo spazio è definito come il numero complessivo di celle dei nastri di lavoro utilizzate nella computazione.)

I legami tra la complessità in spazio di un linguaggio e la sua complessità nel modello dei BP sono evidenziati dal seguente teorema.

Teorema 5.6.

1. *Sia A un linguaggio con complessità in spazio $S(n) \geq \log n$ su una MdT. Esiste allora un BP deterministico di dimensione al più $c^{S(n)}$, dove c è una costante, che riconosce A.*

2. *Sia A un linguaggio con complessità in spazio $S(n) \geq \log n$ su una $MdTN$. Esiste allora un BP non deterministico di dimensione al più $c^{S(n)}$, dove c è una costante, che riconosce A.* $\square$

Purtroppo le limitazioni inferiori alla complessità dei BP trovate fino ad oggi non sono ancora abbastanza forti da fornire limitazioni inferiori significative alla complessità in spazio.

Limitazioni inferiori. È stato dimostrato che la maggior parte delle funzioni booleane richiede BP di dimensione esponenziale. Ciò nonostante, la miglior limitazione inferiore nota per una funzione booleana "esplicita" che dipende da n variabili è solo $\Omega(n^2/\log^2 n)$.

Una delle funzioni per cui è stata determinata questa limitazione inferiore di complessità è la funzione *element distinctness* che si definisce nel modo seguente. Sia $n = 2m \log m$ la lunghezza dell'input. Ogni stringa in input viene divisa in m sottostringhe di lunghezza $2 \log m$ ciascuna. La funzione vale 1 se e solo se tutte le m sottostringhe sono tra loro distinte.

Teorema 5.7. *I BP che calcolano la funzione* element distinctness *devono avere dimensione* $\Omega(n^2/\log^2 n)$.

Dim. Dimostriamo che una funzione risulta essere "difficile" se i suoi input possono essere partizionati in blocchi b_i in modo tale che ci siano molte sottofunzioni[1] diverse che dipendono dalle variabili di uno stesso blocco b_i. Si osservi che ciascuna di queste sottofunzioni si ricava assegnando un valore alle variabili degli altri blocchi b_j, $j \neq i$. Per la funzione *element distinctness*, possiamo considerare come blocchi le variabili che corrispondono alle m sottostringhe di lunghezza $2 \log m$ che compongono la stringa in input. Per ciascun b_i, ci sono $\binom{m^2}{m-1}$ modi di assegnare un valore alle variabili dei blocchi rimanenti in modo che le $m-1$ sottostringhe siano diverse tra loro. Si noti che ciascun assegnamento induce una sottofunzione differente, in quanto ogni blocco contiene $2 \log m$ variabili e i possibili assegnamenti sono $2^{2 \log m} = m^2$.

Osserviamo ora che ad ogni assegnamento deve corrispondere un BP composto dai nodi etichettati dalle variabili del blocco b_i, oltre ai due nodi di output con etichetta 0 e 1. Indichiamo con h_i il numero di nodi del BP così ottenuto e osserviamo che il numero di BP su h_i nodi è al più $n^{h_i} h_i^{2h_i}$, dove $n = 2m \log m$. Infatti, ci sono n nodi con etichetta differente (ciascuno corrispondente ad una variabile) e possiamo sceglierne h_i in n^{h_i} modi diversi. Il numero di possibili scelte di archi, due per ogni nodo, è invece limitato superiormente da un fattore proporzionale a $h_i^{2h_i}$, in quanto, per ciascuno degli h_i nodi, possiamo scegliere la coppia di nodi adiacenti in circa $(h_i)^2$ modi diversi. Poiché il numero di BP indotti deve essere maggiore o uguale al numero di sottofunzioni differenti, si ottiene $n^{h_i} h_i^{2h_i} \geq \binom{m^2}{m-1}$, da cui segue $h_i \geq m/2$. La dimensione totale del BP originario è data da $\sum_i (h_i - 2) + 2$: infatti, i nodi di output sono comuni, mentre tutti gli altri sono disgiunti, in quanto si riferiscono a diversi sottoinsiemi di variabili. La dimensione complessiva risulta perciò essere $\Omega(m^2) = \Omega(n^2/\log^2 n)$.   □

Poiché limitazioni inferiori esponenziali sulla dimensione dei BP sembrano molto difficili da ottenere, può essere interessante spostare l'attenzione su casi particolari. Un esempio significativo, sul quale torneremo con molta più

---

[1] Una sottofunzione di una funzione booleana è una funzione booleana ottenuta assegnando valori ad alcune delle variabili da cui dipende la funzione originaria. Si veda anche il Capitolo 8.

precisione nell'ultimo capitolo di questo libro, è costituito dai BP di ampiezza costante. Un risultato sorprendente, che mette in risalto l'inattesa potenza computazionale di questo modello, è dato dal seguente teorema.

Teorema 5.8 (Teorema di Barrington). *Un linguaggio A può essere riconosciuto da un BP di dimensione polinomiale e ampiezza 5 se e solo se A appartiene alla classe di complessità $\mathbf{NC}^1$, definita nel modello non uniforme.* $\square$

Dal Teorema di Barrington segue che eventuali limitazioni inferiori esponenziali sulla dimensione dei BP di ampiezza 5 corrisponderebbero a risultati di separazione tra la classe $\mathbf{NC}^1$ e classi più ampie.

Una trattazione del Teorema di Barrington e della teoria algebrica sottostante sarà presentata nel Capitolo 10.

5.3.2 Span Program

Passiamo ora ad esaminare il modello di calcolo degli *span program* (SP). Questo modello è fortemente legato ai BP, nel senso che da ogni limitazione inferiore sulla dimensione di uno span program che calcola una funzione f è possibile derivare una limitazione inferiore per $BP(f)$.

Definizione del modello. Sia $\mathbf{F}$ un campo e $\{x_1, x_2, \ldots, x_n\}$ un insieme di variabili booleane. Uno *span program* su $\mathbf{F}$ è costituito da una matrice etichettata $\hat{M}(M, \rho)$, dove M è una matrice su $\mathbf{F}$, e ρ è una funzione di etichettatura delle righe di M che associa ad ogni riga un elemento dell'insieme $\{x_1, \ldots, x_n, \overline{x}_1, \ldots, \overline{x}_n\}$, detto insieme dei "literal".

Uno SP accetta o rifiuta un input in accordo al criterio seguente. Ad ogni stringa di input $w \in \{0, 1\}^n$ viene associata la sottomatrice M_w ottenuta prendendo le righe di M la cui etichetta assume valore 1 sotto l'assegnamento di verità indotto dalla stringa w. Ad esempio, se l'i-esimo bit di w, w_i, è uguale a 1, allora si prendono tutte le righe di M con etichetta x_i. Al contrario, se $w_i = 0$, allora si prendono tutte le righe con etichetta $\overline{x}_i$.

Definizione 5.7. *Uno SP $\hat{M}$ accetta la stringa $w \in \{0, 1\}^n$ se e solo se le righe della sottomatrice M_w generano, per combinazione lineare, il vettore riga $\mathbf{u}$ composto da elementi tutti uguali a 1.*

Uno SP si caratterizza dunque come un dispositivo per calcolare funzioni booleane.

Definizione 5.8. *Uno SP $\hat{M}$ calcola una funzione booleana $f : \{0, 1\}^n \to \{0, 1\}$ se accetta tutte e sole le stringhe w tali che $f(w) = 1$.*

Vediamo ora come valutare la complessità di calcolo di una funzione booleana nel modello degli SP.

Definizione 5.9.

- *La* dimensione *di uno SP* $\hat{M}$ *è pari al numero di righe della matrice M.*
- *La* complessità $SP(f)$ *di una funzione booleana f nel modello degli SP è definita dalla dimensione del più piccolo SP che calcola f.*

Si osservi che il numero di colonne della matrice M non ha alcuna influenza sulla dimensione di $\hat{M}$. Infatti è sempre possibile utilizzare un numero di colonne minore o uguale alla dimensione di $\hat{M}$ senza cambiare la funzione calcolata, restringendo la matrice M alle sole colonne linearmente indipendenti. Per familiarizzare con il modello degli SP, introduciamo qualche esempio.

Esempio 5.5 (SP per la funzione AND). Uno SP per la funzione AND di n variabili consiste semplicemente nella matrice identità I di ordine n, le cui righe sono associate ai soli literal positivi $x_1, \ldots, x_n$. Infatti, se w è la stringa di tutti 1, $M_w \equiv M$ e sommando le n righe della matrice identità otteniamo $\mathbf{u}$. Dunque lo SP $\hat{I}$ accetta l'unica stringa su cui la funzione AND assume il valore 1.

Rimane solo da verificare che, per ogni w diverso dalla stringa di tutti 1, I rifiuta w. Anche in questo caso la verifica è immediata: M_w contiene solo un sottoinsieme proprio delle righe di I, con le quali è impossibile generare il vettore $\mathbf{u}$. Infatti, qualsiasi vettore generato da M_w avrà almeno una componente nulla.

Poiché non ci possono essere SP di dimensione minore di n per calcolare una funzione che dipende da tutte le n variabili, si ottiene infine $SP(AND) = n$. $\square$

Esempio 5.6 (SP per la funzione OR). Anche per la funzione OR di n variabili si ottiene $SP(OR) = n$. Uno SP per la funzione OR si può ottenere semplicemente prendendo una matrice $n \times n$ le cui righe, associate ai literal positivi $x_1, \ldots, x_n$, sono tutte uguali al vettore $\mathbf{u}$. Tale SP accetta ovviamente tutte le stringhe, eccetto quella composta da tutti 0, cui è associata una matrice "vuota". $\square$

Esempio 5.7 (SP per la funzione PARITÀ). Nel caso della funzione PARITÀ siamo costretti a utilizzare l'insieme di tutti i literal, positivi e negativi, $\{x_1, x_2, \ldots, x_n, \overline{x}_1, \overline{x}_2, \ldots, \overline{x}_n\}$, e risulta $SP(\text{PARITÀ}) = 2n$.

Scegliamo il campo $GF(2)$, dove le somme sono calcolate modulo 2. Consideriamo prima il caso in cui n sia un numero dispari. Possiamo allora ottenere uno SP per la PARITÀ prendendo una matrice M, con $2n$ righe e n colonne, così definita: ad ogni literal positivo x_i, $i = 1, 2, \ldots, n$, si associa l'i-esima riga della matrice identica di ordine n, mentre ad ogni literal negativo $\overline{x}_j$, $j = 1, 2, \ldots, n$, si associa la j-esima riga della matrice di ordine n con elementi tutti uguali a 1, ad eccezione di quelli sulla diagonale principale che sono uguali a 0.

La verifica che M calcola effettivamente la funzione PARITÀ è semplice ed è lasciata al lettore (vedi Esercizio 5.3).

Se n è pari, uno SP per la PARITÀ si può ricavare semplicemente scambiando le righe associate ad una delle variabili e alla sua negazione. Anche in questo caso la verifica è semplice ed è lasciata al lettore.   □

SP monotoni. Il fatto di poter utilizzare solo literal positivi per le funzioni AND e OR non è casuale. Infatti le funzioni AND e OR sono monotone, ed è possibile dimostrare che ogni funzione monotona può essere calcolata da uno *SP monotono*, ovvero da uno *SP* in cui le etichette per le righe sono solo literal positivi.

Gli SP monotoni sono un modello più potente rispetto ai circuiti booleani monotoni, di cui ci occuperemo nel Capitolo 9. Consideriamo ad esempio la funzione *non-bipartito*, che riceve in input $m = \binom{n}{2}$ variabili booleane, una per ogni potenziale arco in un grafo di n vertici, e restituisce in output il valore 1 se e solo se il grafo rappresentato dalla sequenza di archi in input non è bipartito. È stato dimostrato che la funzione *non-bipartito* richiede circuiti booleani monotoni di dimensione $\Omega(m^{3/2}/\log^3 m)$. Tuttavia, il seguente teorema mostra essa può essere calcolata da uno SP lineare.

Teorema 5.9. *Sul campo $GF(2)$ si ha che SP(non-bipartito)$= m$.*

Dim. Costruiamo uno SP monotono di dimensione m che accetta solo i grafi non bipartiti. Ciascuna delle $m = \binom{n}{2}$ variabili è associata ad un potenziale arco di un grafo di n vertici e ciascuna delle $m = \binom{n}{2}$ righe della matrice M viene dunque associata ad un arco. Ogni colonna è invece associata ad un grafo bipartito completo di n vertici nel modo seguente: fissato un grafo bipartito completo, la corrispondente colonna contiene elementi uguali a 0 su ogni riga che corrisponde ad un arco del grafo ed elementi uguali a 1 su tutte le altre righe.

Per prima cosa verifichiamo che lo SP così definito rifiuta ogni grafo bipartito G. Questo accade poiché G è contenuto in qualche grafo bipartito completo, e ci sarà dunque una colonna di soli 0 su tutte le righe etichettate dagli archi di G. Pertanto la riga **u** non può essere una combinazione lineare di tali righe.

Verifichiamo ora che lo SP accetta tutti i grafi non bipartiti. Poiché lo SP è monotono, è sufficiente verificare che esso accetta ogni grafo non bipartito minimale, cioè ogni ciclo dispari. Indichiamo con C un qualsiasi ciclo dispari. L'intersezione di un ciclo dispari con un grafo bipartito completo è composta da un numero pari di archi, e pertanto C possiede un numero dispari di archi che non sono contenuti in alcun grafo bipartito completo fissato. Quindi la somma dei vettori riga corrispondenti agli archi di C ha valore dispari su ogni colonna, cioè genera su $GF(2)$ il vettore **u**, e C viene accettato.   □

Più in generale, è stato dimostrato che esiste una famiglia esplicita di funzioni monotone calcolabili da SP monotoni di dimensione lineare sul campo $GF(2)$, ma che richiede circuiti booleani monotoni di dimensione superpolinomiale. Ciò costituisce una prova evidente della maggior potenza degli SP monotoni rispetto ai circuiti booleani monotoni.

Limitazioni inferiori. Esistono legami interessanti tra il modello degli SP ed il modello dei circuiti booleani. Ad esempio è stato dimostrato che tutte le funzioni booleane calcolabili da SP di dimensione polinomiale su un campo finito appartengono alla classe di complessità $\mathbf{NC}^2$. Questo teorema cade se si considerano i circuiti monotoni; infatti non è vero che se f è calcolabile da uno SP monotono di dimensione polinomiale allora può essere calcolata da circuiti che appartengono alla versione monotona della classe $\mathbf{NC}^2$.

Per quanto riguarda invece le relazioni con il modello dei BP, è stato dimostrato che, se si opera sul campo $GF(2)$, da ogni limitazione inferiore per la dimensione di uno SP che calcola una funzione f, è possibile derivare una limitazione inferiore alla complessità dei BP per f. Più precisamente, è stato dimostrato che, per ogni funzione booleana f, vale la disuguaglianza

$$SP(f) \leq 2BP(f).$$

Una limitazione inferiore superpolinomiale alla dimensione di uno SP che calcola una funzione booleana esplicita costituirebbe dunque un risultato di estremo interesse. Purtroppo, fino ad ora non è stata trovata alcuna funzione esplicita che richieda uno SP di dimensione più che polinomiale.

Limitazioni inferiori superpolinomiali sono state invece ottenute sul modello degli SP monotoni applicando una tecnica di natura combinatoriale che ci apprestiamo ad illustrare. L'applicazione di questa tecnica ha permesso di dimostrare che la funzione $clique_{k,n}$ (che riceve $\binom{n}{2}$ variabili che rappresentano gli archi di un grafo su n vertici e restituisce il valore 1 se e solo se tale grafo contiene un sottografo completo di k nodi) richiede SP monotoni di dimensione $n^{\Omega(\log n / \log \log n)}$, su ogni campo F.

Prima di introdurre tale tecnica, è opportuno richiamare alcune definizioni.

Un *mintermine* di una funzione booleana monotona è un insieme minimale di variabili tale che il valore della funzione è 1 su ogni input che assegna valore 1 ad ogni variabile contenuta in esso, indipendentemente dal valore assegnato alle altre variabili. L'idea alla base della tecnica che ora presenteremo è di dimostrare che se la dimensione di uno SP è troppo piccola, ed esso accetta tutti i mintermini della funzione, allora deve accettare anche un input che non soddisfa alcun mintermine e che pertanto dovrebbe essere rifiutato.

Per prima cosa introduciamo la nozione di *famiglia critica di mintermini*.

Definizione 5.10. *Sia* $f : \{0,1\}^n \to \{0,1\}$ *una funzione monotona, e sia* $\mathcal{M}_f$ *la famiglia di tutti i suoi mintermini. Data una sottofamiglia* $\mathcal{H}$ *di mintermini di* f, $\mathcal{H} \subseteq \mathcal{M}_f$, *si dice che* $\mathcal{H}$ *è una* famiglia critica *per* f *se ogni* $H \in \mathcal{H}$ *contiene un insieme* $T_H \subseteq H$, $|T_H| \geq 2$, *che soddisfa le seguenti condizioni:*

1. T_H *determina univocamente* H, *ossia nessun altro mintermine della famiglia* $\mathcal{H}$ *contiene* T_H;
2. *per ogni sottoinsieme* $Y \subseteq T_H$, *l'insieme*

$$S_Y = \bigcup_{G \in \mathcal{H}, G \cap Y \neq \emptyset} G \setminus Y$$

non contiene alcun membro di $\mathcal{M}_f$.

Si osservi che se $\mathcal{H}$ è una famiglia critica e $|T_H| = t$ per ogni $H \in \mathcal{H}$, allora $|\mathcal{H}| \leq \binom{n}{t}$. Infatti, il numero di sottoinsiemi distinti di t variabili è pari a $\binom{n}{t}$.

La cardinalità di una famiglia critica di mintermini costituisce una limitazione inferiore per la dimensione di uno SP monotono che calcola f, che viene indicata con $mSP(f)$.

Teorema 5.10. *Siano f una funzione booleana monotona e $\mathcal{H}$ una famiglia critica di mintermini per f. Allora, per ogni campo $\mathbf{F}$, $mSP(f) \geq |\mathcal{H}|$.*

Dim. Sia $\hat{M}$ uno SP monotono per f e sia r il numero di righe della matrice M. M accetta ogni mintermine di $\mathcal{H}$. Ciò significa che, per ogni $H \in \mathcal{H}$, esiste un vettore $c_H \in \mathbf{F}^r$ tale che $c_H \cdot M = \mathbf{u}$. Inoltre, c_H ha coordinate non nulle solo in corrispondenza delle righe etichettate da variabili del mintermine H. Naturalmente, per ogni mintermine H possono esistere diversi vettori con queste proprietà, quindi ne possiamo scegliere uno (che denotiamo con c_H).

Poiché $c_H \in \mathbf{F}^r$, il numero di vettori linearmente indipendenti tra i vettori c_H associati ad ogni mintermine della famiglia $\mathcal{H}$ costituisce una limitazione inferiore per r e quindi per la dimensione di uno SP che calcola f. Dimostreremo che tutti i vettori c_H, per ogni $H \in \mathcal{H}$, sono linearmente indipendenti.

Supponiamo che ciò non sia vero e che, per qualche $H \in \mathcal{H}$,

$$c_H = \sum_{A \in \mathcal{A}} \alpha_A c_A,$$

dove $\alpha_A \in F$ e $\mathcal{A} = \mathcal{H} \setminus \{H\}$.

Consideriamo l'insieme $T_H \subseteq H$ della Definizione 5.10, e dimostriamo il seguente lemma.

Lemma 5.2. *Se $c_H = \sum_{A \in \mathcal{A}} \alpha_A c_A$, allora, per ogni sottoinsieme non vuoto $Y \subseteq T_H$, vale*

$$\sum_{A \in \mathcal{A}, A \cap Y \neq \emptyset} \alpha_A = 1.$$

Dim. Supponiamo per assurdo che $\sum_{A \in \mathcal{A}, A \cap Y \neq \emptyset} \alpha_A = \gamma \neq 1$ e consideriamo il vettore

$$c = \sum_{A \in \mathcal{A}, A \cap Y \neq \emptyset} \alpha_A c_A - c_H.$$

Valutiamo il prodotto $c \cdot M$. Dato che ogni $A \in \mathcal{A}$ è un mintermine della funzione e deve valere $c_A \cdot M = \mathbf{u}$, abbiamo

$$c \cdot M = \sum_{A \in \mathcal{A}, A \cap Y \neq \emptyset} \alpha_A c_A \cdot M - c_H \cdot M$$

$$= \left(\sum_{A \in \mathcal{A}, A \cap Y \neq \emptyset} \alpha_A - 1 \right) \mathbf{u} = (\gamma - 1)\mathbf{u} \,,$$

da cui segue $1/(\gamma - 1)c \cdot M = \mathbf{u}$.

Pertanto lo SP $\hat{M}$ accetta l'insieme di variabili che etichettano le righe corrispondenti alle coordinate non nulle di c. Poiché c_A ha coordinate non nulle solo in corrispondenza delle righe etichettate dalle variabili di A, se $A \cap Y = \emptyset$, abbiamo che le coordinate di c_A sono uguali a zero anche per tutte le righe etichettate da variabili dell'insieme Y. Dall'ipotesi $c_H = \sum_{A \in \mathcal{A}} \alpha_A c_A$ segue allora che

$$c = - \sum_{A \in \mathcal{A}, A \cap Y = \emptyset} \alpha_A c_A \,.$$

Pertanto il vettore c ha coordinate nulle in corrispondenza di tutte le righe etichettate da variabili del sottoinsieme Y. D'altra parte, tutte le coordinate non nulle di c corrispondono a righe etichettate dalle variabili di qualche insieme G tale che $G \cap Y \neq \emptyset$, e quindi $\hat{M}$ accetta l'insieme

$$S_Y = \bigcup_{G \in \mathcal{H}, G \cap Y \neq \emptyset} G \setminus Y \,,$$

che non contiene alcun mintermine di f. Questo conclude la dimostrazione del lemma. $\square$

A questo punto possiamo riprendere la dimostrazione del teorema osservando che la relazione

$$\sum_{A \in \mathcal{A}, A \cap Y \neq \emptyset} \alpha_A = 1$$

forma, al variare di Y in T_H, un sistema lineare nelle incognite α_A. Dimostreremo che questo sistema non ha soluzioni, in contraddizione con l'ipotesi che $c_H = \sum_{A \in \mathcal{A}} \alpha_A c_A$.

Siano $t = |T_H|$ e Q una matrice quadrata di ordine $(2^t - 1)$ così definita: le righe e le colonne di Q sono associate ai sottoinsiemi non vuoti di T_H, e per $\emptyset \neq Y, Z \subseteq T_H$, $Q(Y, Z) = 1$ se $Y \cap Z \neq \emptyset$, mentre $Q(Y, Z) = 0$ se invece $Y \cap Z = \emptyset$. Si può facilmente verificare che la matrice Q ha rango massimo, poiché può essere trasformata in una matrice triangolare con elementi uguali a 1 sulla diagonale principale. Dimostreremo che, se $c_H = \sum_{A \in \mathcal{A}} \alpha_A c_A$, allora, scegliendo

$$\beta_Z = \sum_{A \in \mathcal{A}, A \cap T_H = Z} \alpha_A$$

come coefficiente per la colonna relativa al sottoinsieme $Z \neq T_H$, si può ottenere la colonna corrispondente a T_H come combinazione lineare delle altre colonne di Q, in contraddizione con il fatto che Q abbia rango massimo.

Si osservi che la colonna di Q che corrisponde a T_H contiene elementi tutti uguali a 1. Verifichiamo allora che per ogni Y tale che $\emptyset \neq Y \subseteq T_H$, vale $\sum_{\emptyset \neq Z \subset T_H} \beta_Z Q(Y,Z) = 1$.

Dalla condizione 1 della Definizione 5.10, segue che, per ogni $A \in \mathcal{A}$, $A \cap T_H \neq T_H$. Se $Y \subseteq T_H$ allora $A \cap Y = A \cap T_H \cap Y$. Inoltre il Lemma 5.2 implica che, se $c_H = \sum_{A \in \mathcal{A}} \alpha_A c_A$, allora

$$\mathbf{u} = \sum_{A \in \mathcal{A}} \alpha_A = \sum_{\emptyset \neq Z \subset T_H} \left(\sum_{A \in \mathcal{A}, A \cap T_H = Z, Z \cap Y \neq \emptyset} \alpha_A \right) = \sum_{\emptyset \neq Z \subset T_H} \beta_Z Q(Y,Z),$$

e la colonna T_H può essere espressa come una combinazione lineare delle altre colonne di Q, in contraddizione col fatto che Q ha rango massimo. Quindi $c_H \neq \sum_{A \in \mathcal{A}} \alpha_A c_A$, cioè i vettori c_H, per $H \in \mathcal{H}$, sono tra loro linearmente indipendenti, e questo conclude la dimostrazione del teorema.   □

5.4 Universalità del determinante

Passiamo ora ad esaminare il ruolo svolto, nell'ambito dei problemi algebrici, da due problemi fondamentali, ossia il calcolo del determinante, che trattiamo in questa sezione, e del permanente, che sarà studiato nella prossima.

Riguardo al determinante, vedremo che ogni polinomio esprimibile tramite una formula di una certa dimensione è ottenibile *riducendo* ad esso un determinante di dimensione solo leggermente superiore. Questo fatto (noto come *universalità del determinante*) evidenzia che l'algebra lineare è l'unico strumento utilizzabile per calcolare efficientemente polinomi.

Nella prossima sezione ci occuperemo di intrattabilità in ambito algebrico, mostrando come il permanente goda di opportune proprietà di completezza, che lo rendono candidato a non ammettere algoritmi efficienti, anche qualora valesse $\mathbf{P} = \mathbf{NP}$.

5.4.1 Preliminari

Definizione 5.11. *Sia* $\mathbf{F}$ *un campo e* $\mathbf{F}[x_1, \ldots, x_n]$ *l'anello dei polinomi nelle indeterminate* $x_1, \ldots, x_n$ *con coefficienti in* $\mathbf{F}$. *Una* formula f *su* $\mathbf{F}$ *è una espressione uguale ad una costante* $c \in \mathbf{F}$ *o a una variabile* x_i *oppure a* $f_1 \circ f_2$ *dove* f_1 *e* f_2 *sono formule e* $\circ$ *è uno dei due operatori* $(+, \times)$.

La dimensione *di una formula* f, *indicata con* $|f|$, *è uguale al numero di operatori che compaiono nella sua costruzione.*

Per un polinomio p, indichiamo con $|p|$ la dimensione minima di una formula che corrisponde a p.

Esempio 5.8.

• Data la formula $f = x_1 \times x_2 + x_1 + x_2 + 1$, abbiamo $|f| = 4$.

- Dato il polinomio (equivalente a f) $p = x_1 \times x_2 + x_1 + x_2 + 1$, abbiamo $|p| = 3$, poiché p può essere riscritto come $(x_1 + 1) \times (x_2 + 1)$.   □

Definizione 5.12. *Siano X un insieme di indeterminate e A un insieme di polinomi. Una funzione $\sigma : X \to A$ viene chiamata* sostituzione. *Se A è costituito unicamente da costanti e indeterminate, allora σ viene chiamata* sostituzione semplice. *L'applicazione di una sostituzione σ ad un polinomio p viene indicata con p^σ.*

Sia $q \in \mathbf{F}[y_1, \dots, y_n]$ e $p \in \mathbf{F}[x_1, \dots, x_m]$. Diciamo che q è una proiezione *di p se $q = p^\sigma$.*

Nel seguito tratteremo *famiglie* infinite di polinomi. Tipicamente, se P è una famiglia di polinomi, avremo

$$P = \{P_j \ : \ P_j \in \mathbf{F}[x_1, \dots, x_j], \ j = 1, 2, \dots \}\,.$$

Diremo che una funzione intera $t(n)$ è *p-limitata* se esistono due costanti h e k tali che, per ogni n, vale $t(n) \le k + n^h$.

Definizione 5.13. *Siano P e Q due famiglie di polinomi e sia t una funzione intera. Q è detta* t-proiezione *di P se, per ogni i, esistono $j \le t(i)$ e σ tali che $Q_i = P_j^\sigma$. Se $t(n)$ è una funzione p-limitata allora la t-proiezione è detta* p-proiezione.

5.4.2 Proprietà del determinante

Mostreremo ora che ogni polinomio espresso da una formula di dimensione u è la proiezione del determinante di una matrice $(u + 2) \times (u + 2)$. Il calcolo del determinante può essere allora considerato *universale*, nel senso che ogni formula corrispondente ad un polinomio può essere espressa come determinante di una matrice il cui numero di righe è solo leggermente superiore alla dimensione della formula.

Sia Y una matrice $n \times n$ di variabili $\{y_{ij} \ : \ 1 \le i, j \le n\}$. Sia G un grafo diretto composto da n vertici, nel quale ad ogni arco (i, j) è assegnato il peso y_{ij}.

Vediamo ora la relazione che lega un grafo al determinante della sua matrice di adiacenza.

Definizione 5.14. *Una* copertura di cicli *di un grafo diretto G con n vertici è un insieme di n archi che formano un insieme di cicli diretti e disgiunti.*

Ricordiamo che il determinante della matrice Y è definito come

$$\det(Y) = \sum_{\pi \in \Pi} \text{segno}(\pi) \prod_{i=1}^{n} y_{i,\pi(i)}\,, \tag{5.6}$$

dove Π è l'insieme delle $n!$ permutazioni dei numeri $1, 2, \dots, n$ e il *segno* di una permutazione π vale $+1$ o -1 a seconda che sia pari o dispari il numero

$s(\pi)$ degli scambi necessari per portare il vettore $[1, 2, \ldots, n]^T$ in π, ovvero segno$(\pi) = (-1)^{s(\pi)}$.

Poiché ogni permutazione π può essere decomposta in cicli e *copre* tutti gli indici, è immediato vedere che esiste una corrispondenza diretta tra permutazioni e coperture di cicli nel grafo corrispondente alla matrice Y. Quanto detto è espresso dalla formula

$$\det(Y) = \sum_{c \in \mathcal{CC}} (-1)^{\sharp(c)} \Pi(c), \tag{5.7}$$

dove $\mathcal{CC}$ denota l'insieme delle coperture di cicli, $\sharp(c)$ il numero di cicli di lunghezza pari che appartengono ad una copertura c e $\Pi(c)$ il prodotto degli elementi di Y che corrispondono agli archi in c.

Possiamo ora enunciare il risultato di universalità.

Teorema 5.11 (Universalità del determinante). *Ogni polinomio* $p \in \mathbf{F}[x_1, \ldots, x_k]$ *è la proiezione del determinante di una matrice* $s \times s$, *dove* $s = |p| + 2$.

Dim. La dimostrazione è basata sulla costruzione di un grafo corrispondente ad una formula per p. Definiamo ricorsivamente una funzione

$$H : (\text{formule}) \to (\text{grafi}) \times \{0, 1\}.$$

tale che, se $H(f) = (G, r)$, G è un grafo diretto aciclico con due nodi distinti s (sorgente) e t (destinazione), e tale che ogni cammino da s a t è di lunghezza pari se $r = 0$ e dispari se $r = 1$. La funzione H è definita come segue.

1. Se f è una costante $c \in \mathbf{F}$ o una variabile y_j allora $H(f) = (G, 1)$, dove G è un grafo costituito dai nodi $\{s, t\}$ e dall'arco (s, t) con peso c oppure y_j.
2. Se $f = f' + f''$ dove $H(f') = (G', r')$ e $H(f'') = (G'', r'')$ distinguiamo due casi, in funzione di r' e r'', come mostrato in Figura 5.1.
   a) $r' = r''$. In questo caso $H(f) = (G, r')$, dove G è l'unione disgiunta di G' e G'' con l'eccezione dei nodi distinti che vengono fatti coincidere, cioè $s = s' = s''$ e $t = t' = t''$. (Figura 5.1.a).
   b) $r' \neq r''$. Poniamo $H(f) = (G, r')$, dove G è l'unione disgiunta di G' e G'' con l'eccezione dei nodi sorgente che vengono fatti coincidere, $s = s' = s''$, con l'aggiunta di un arco (t'', t') di peso 1 e con l'identificazione $t = t'$. (Figura 5.1.b).
3. Se $f = f' \times f''$ dove $H(f') = (G', r')$ e $H(f'') = (G'', r'')$ allora $H(f) = (G, r' + r'' \bmod 2)$ e G è l'unione disgiunta di G' e G'' ottenuta facendo coincidere t' con s'' e ponendo $s = s'$ e $t = t''$. (Figura 5.1.c).

È immediato verificare che, se $H(f) = (G, r)$, valgono le seguenti proprietà.

1. Il polinomio rappresentato da f è equivalente alla somma, estesa ad ogni cammino c da s a t in G, del prodotto dei pesi in c.

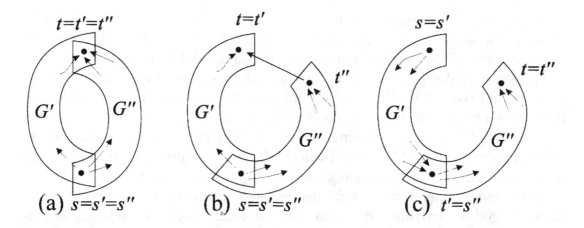

Figura 5.1. Costruzione di $H(f) = (G, r)$. Da sinistra a destra, $H(f' + f'')$ con $r' = r''$ (a), $H(f' + f'')$ con $r' \neq r''$ (b) e $H(f' \times f'')$ (c)

2. Il grafo G ha al più $|f| + 2$ nodi.
3. Tutti i cammini da s a t sono di lunghezza pari o dispari a seconda che r sia rispettivamente uguale a 0 o a 1.

Per ottenere la tesi procediamo come segue. Dato p consideriamo una formula f per P di dimensione minima, e valutiamo $H(f) = (G, r)$. Dato G costruiamo un grafo G' aggiungendo un arco (k, k) di peso 1 ad ogni vertice diverso da s e t. Se $r = 0$, aggiungiamo un arco (t, s) di peso 1, altrimenti identifichiamo s con t. Ogni copertura di ciclo del grafo G' così ottenuto consiste in un ciclo di lunghezza dispari (che corrisponde ad uno dei cammini da s a t in G) e da un numero opportuno di cicli di lunghezza 1. Quindi, in base all'equazione (5.7), il determinante della matrice di adiacenza (pesata) di G' è equivalente ad f e dunque a p.   □

Questo teorema ha conseguenze molto importanti in complessità algebrica, soprattutto rispetto al ruolo del determinante: ogni algoritmo efficiente per il calcolo del determinante può essere applicato per calcolare efficientemente qualsiasi polinomio esprimibile tramite una formula di dimensione polinomiale.

5.5 Completezza del permanente

Nella sezione precedente abbiamo visto che il determinante gode di proprietà di universalità. Anche il permanente di una matrice $n \times n$ $Y \equiv (y_{ij})$, definito come

$$\text{per}(Y) = \sum_{\pi \in \Pi} \prod_{i=1}^{n} y_{i, \pi(i)} , \tag{5.8}$$

gode evidentemente delle stesse proprietà, differendo dal determinante solo per il segno dei termini nella sommatoria.

Il permanente tuttavia risulta molto più difficile da calcolare del determinante. Se si esclude il campo $GF(2)$, sul quale il valore delle due funzioni coincide, non si conoscono metodi per il calcolo del permanente di costo polinomiale o subesponenziale. L'algoritmo di Ryser per il calcolo del permanente ha un costo $2^{n+O(\log n)}$ ed è il migliore tra i metodi noti per calcolare il permanente di un'arbitraria matrice $n \times n$.

Come vedremo nella prossima sezione, la cosa che deve in un certo senso meravigliare non è la difficoltà di calcolo del permanente, quanto il fatto che il determinante possa essere calcolato in tempo polinomiale.

Indipendentemente dal tempo necessario a valutarli, determinante e permanente godono entrambi della proprietà di ammettere una definizione succinta, nonostante siano la somma di un numero esponenziale di termini. La seguente definizione vuole catturare e generalizzare questa proprietà.

Definizione 5.15. *Una famiglia di polinomi* P *su* **F** *è* p-definibile *se è verificata una delle due condizioni:*

1. *Esistono una famiglia* Q *su* **F** *e una funzione p-limitata* t *tali che, per ogni* i, $|Q_i| \le t(i)$ *e*

$$P_i = \sum_\sigma Q_i^\sigma \prod_{\sigma(x_k)=1} x_k,\tag{5.9}$$

   dove la sommatoria è estesa a tutte le 2^j *sostituzioni* $\{x_1,\ldots,x_j\} \to \{0,1\}^j$, *per* $j \le i$, *dove* $Q_i \in \mathbf{F}[x_1,\ldots,x_i]$. *Diremo in questo caso che* P *è* p-definito *da* Q.
2. P *è la p-proiezione di una famiglia p-definibile.*

Verifichiamo che il permanente è p-definibile.

Teorema 5.12. *Il permanente è p-definito dalla famiglia* Q, *dove*

$$Q_{n \times n} = \left(\prod_{i=1}^n \sum_{j=1}^n y_{ij} \right) \prod_{\substack{i=k \\ \text{o } j=h}} (1 - y_{ij}y_{kh})\tag{5.10}$$

Dim. Notiamo innanzitutto che la famiglia Q è calcolabile da una formula di dimensione $O(n^3)$, e quindi la p-definizione è legittima. Se scegliamo n elementi di una matrice e li moltiplichiamo tra loro, questo prodotto contribuisce al permanente solo se tutte le righe e le colonne contengono esattamente uno degli elementi selezionati. Consideriamo ora i due fattori il cui prodotto è uguale a $Q_{n \times n}$ in (5.10). Il primo fattore risulta nullo se una delle righe è nulla, mentre il secondo garantisce che non vengano selezionati due elementi in una riga o in una colonna. □

Possiamo ora definire come segue una nozione di completezza rispetto alla p-definibilità.

Definizione 5.16 (Completezza). *Una famiglia P p-definibile su* **F** *è completa su* **F** *se ogni famiglia Q p-definibile su* **F** *è una p-proiezione di P.*

Dimostriamo ora che il permanente è completo rispetto alla p-definibilità. Vedremo poi che questa proprietà ha una serie di interessanti conseguenze.

Teorema 5.13. *Sia* **F** *un campo di caratteristica diversa da 2. Il permanente è completo su* **F**.

Dim. Consideriamo una famiglia p-definibile arbitraria P e dimostriamo che è una p-proiezione del permanente, che è p-definibile per il Teorema 5.12. Supponiamo quindi che P sia la p-proiezione di $\tilde{P}$, e che $\tilde{P}$ sia definita in funzione della famiglia Q, ovvero

$$\tilde{P}_i[x_1, \ldots, x_i] = \sum_{\sigma \in \{0,1,\}^j} Q_i^\sigma \prod_{\sigma(x_k)=1} x_k \,,$$

con la sommatoria estesa a tutte le 2^j sostituzioni di x_k, per $k = 1, \ldots, j$, con 0 o 1. Costruiamo ora un grafo la cui matrice di adiacenza abbia permanente uguale a $\tilde{P}_i[x_1, \ldots, x_i]$.

Sia f una formula di dimensione minima per Q_i e costruiamo un grafo G' corrispondente ad f con il procedimento utilizzato nella dimostrazione del Teorema 5.11. (In questo caso il metodo potrebbe essere semplificato perché non importa garantire che tutte le lunghezze dei cammini da s a t abbiano la stessa parità.) Il determinante della matrice di adiacenza pesata di G', eguaglia f, ovvero Q_i. Vogliamo trasformare G' in modo che il corrispondente permanente sia uguale a $\tilde{P}_i$.

Per far ciò consideriamo, per ogni k, gli archi etichettati x_k in G'. Questi archi vengono sostituiti da una struttura globale che li interconnette, come mostrato in Figura 5.2, basata su sottografo V con due nodi distinti a e b. Tutti gli archi che vengono utilizzati per interconnettere le copie di V a G' hanno peso 1, escluso l'arco che connette le copie più "esterne" di V, a cui viene assegnato peso x_k. Questa operazione di sostituzione viene effettuata per ogni k, raggruppando gli archi di peso x_k.

La matrice di adiacenza di V, dove a corrisponde al nodo 1 e b al nodo 4, è data da

$$V = \begin{pmatrix} 0 & 1 & -1 & -1 \\ 1 & -1 & 1 & 1 \\ 0 & 1 & 1 & 2 \\ 0 & 1 & 3 & 0 \end{pmatrix} \,.$$

Se indichiamo con $B[r|c]$ la matrice ottenuta da B eliminando la riga r e la colonna c, è immediato verificare che $\mathrm{per}(V) = \mathrm{per}(V[1|1]) = \mathrm{per}(V[4|4]) = 0$ mentre $\mathrm{per}(V[1|4]) = \mathrm{per}(V[4|1]) = 4$. Da ciò segue che un ciclo che entri dal nodo a ed esca da b, o viceversa, ricaverà da V un contributo moltiplicativo uguale a 4, mentre se V viene attraversato in un altro modo il suo contributo

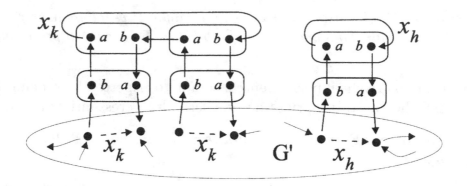

Figura 5.2. La derivazione del grafo G''. Tutti gli archi con lo stesso peso vengono collegati da una struttura globale

moltiplicativo sarà nullo. L'effetto globale è che o tutti gli archi x_k di G' (sostituiti) e l'arco x_k aggiunto in G'' appartengono ad una copertura di cicli, oppure il loro contributo risulta nullo.

In questo modo simuliamo il prodotto tra Q_i^σ e gli x_k per cui $\sigma(x_k) = 1$ e quindi il permanente della matrice corrispondente a G'' è uguale a $\tilde{P}_i \cdot 4^J$ dove J è il numero di grafi V utilizzati. Dando peso $(2^{-1})^{2J}$ all'arco che va da t a s in G'' otteniamo il risultato voluto.   □

Verificare in modo diretto che una famiglia di polinomi P è p-definibile è solitamente piuttosto complicato. Il seguente teorema fornisce un metodo per determinare se P è p-definibile, senza però produrre esplicitamente una famiglia Q in base alla quale P è definito.

Teorema 5.14. *Sia $P = \{P_1, P_2, \ldots\}$ una famiglia di polinomi su $\mathbf{F}$ tali che ogni monomio che li compone abbia coefficiente 1. Supponiamo che esista un algoritmo polinomiale $\mathcal{A}$ che, per ogni vettore $v \in \{0,1\}^n$, può determinare se il coefficiente di $\prod_{v_j=1} x_j$ è uguale a 1. Allora P è p-definibile su $\mathbf{F}$.*

Dim. Consideriamo una macchina di Turing M ad un nastro che esegue l'algoritmo $\mathcal{A}$. La computazione può essere descritta con un numero polinomiale di bit, ed esiste quindi una formula booleana g che è vera o falsa a seconda che la sequenza rappresenti una sequenza di accettazione o meno. La formula booleana g può essere convertita facilmente in una formula f su $\mathbf{F}$ mantenendo la dimensione polinomiale in n. Supponiamo che le variabili in g siano $x_1, x_2, \ldots, x_n, x_{n+1}, \ldots, x_r$, dove le prime n variabili coincidono con $v_1, \ldots, v_n$, e chiamiamo Q_r il polinomio rappresentato da g. Allora

$$P_r' = \sum Q_r^\sigma \prod_{\sigma(k)=1}^{1 \le k \le r} x_k \,,$$

è p-definibile se la sommatoria è estesa alle 2^r sostituzioni $\sigma : \{x_1, \ldots, x_r\} \to \{0,1\}$. Per ogni $v \in \{0,1\}^n$ che corrisponde ad una computazione accettante, esiste esattamente una sostituzione σ che concorda con v per $1 \leq i \leq n$ e fornisce $Q_r^\sigma = 1$, ovvero la computazione corretta. Quindi P_n è la p-proiezione di P' per mezzo della sostituzione che pone a uno le variabili di indice maggiore di n e lascia inalterate le altre. □

Utilizzando un argomento simile è possibile dimostrare che ad ogni predicato in **NP** corrisponde un polinomio p-definibile tale che il coefficiente di ogni monomio non è 1 bensì il numero di computazioni che accettano.

Da ciò segue immediatamente che il permanente è $\sharp$**P**-completo. Questa conclusione è, a priori, abbastanza sorprendente, in quanto la versione decisionale del permanente, che corrisponde a chiedersi se un grafo ammette almeno una copertura di cicli, può essere risolta in tempo polinomiale.

La $\sharp$**P**-completezza del calcolo del permanente può essere dimostrata anche per un'altra via. Infatti, data una $MdTN$ non deterministica M arbitraria, è possibile costruire una formula booleana g tale che il numero di assegnamenti di verità che soddisfano g sia uguale al numero di computazioni che accettano in M. Utilizzando poi una costruzione simile a quella della dimostrazione del Teorema 5.13, è possibile ottenere un grafo tale che il permanente associato equivalga al numero di assegnamenti che soddisfano g.

5.6 La struttura combinatoriale del determinante

È difficile comprendere perché problemi definiti in modo simile, ad esempio determinante e permanente, appaiano tanto diversi dal punto di vista della complessità computazionale.

Il fatto che alcuni problemi, tra cui il calcolo del determinante, possano essere risolti efficientemente può essere spiegato con un fenomeno detto di *cancellazione* del quale mostreremo un esempio e a cui abbiamo fatto un accenno nel primo capitolo del libro.

Consideriamo il seguente algoritmo per il calcolo del determinante, che, rispetto al metodo basato sull'eliminazione gaussiana, non necessita di divisioni e può quindi essere applicato in ogni anello **F**.

5.6.1 L'algoritmo di Samuelson-Berkowitz

Sia $X \in \mathbf{F}^{n \times n}$ una matrice della quale vogliamo calcolare il determinante. Siano B_k i suoi minori principali di testa[2] $(n-k) \times (n-k)$, per $0 \leq k \leq n-1$. Definiamo inoltre le matrici $C_k \in \mathbf{F}^{(n-k) \times 1}$ e $D_k \in \mathbf{F}^{1 \times (n-k)}$, per ogni $1 \leq k \leq n-1$, in modo che

$$B_{k-1} = \begin{pmatrix} B_k & C_k \\ D_k & X_{n-k+1, n-k+1} \end{pmatrix}.$$

---

[2] Data una matrice A, il minore principale di testa di ordine k di A è la sottomatrice costituita dalle prime k righe e k colonne di A.

Per ogni $1 \leq k \leq n$, sia T_k la matrice $(n+2-k) \times (n+1-k)$ così definita

$$(T_k)_{ij} = \begin{cases} 0 & \text{se } i > j+1 \\ -1 & \text{se } i = j+1 \\ X_{n-k+1,n-k+1} & \text{se } i = j \\ D_k B_k^{j-i-1} C_k & \text{se } i < j. \end{cases}$$

È possibile dimostrare che i coefficienti del polinomio caratteristico di X sono dati dalla matrice $U = \prod_{k=1}^{n} T_k$ di ordine $(n+1) \times 1$, e che $\det(X) = U_{11}$.

5.6.2 Un'interpretazione combinatoriale

Una dimostrazione indiretta del ruolo svolto dalla cancellazione nel calcolo del determinante è immediata: il determinante è una funzione multilineare mentre l'algoritmo che abbiamo mostrato calcola anche potenze superiori che devono evidentemente cancellarsi a vicenda per lasciare solo i termini che corrispondono al determinante. Diamo ora una interpretazione combinatoriale dell'algoritmo di Samuelson-Berkowitz, che chiarisce come avviene la cancellazione.

Notiamo che il determinante corrisponde ad una somma di termini della forma

$$(T_1)_{1,i_1}(T_2)_{i_1,i_2}(T_3)_{i_2,i_3} \cdots (T_{n-1})_{i_{n-2},i_{n-1}}(T_{n-1})_{i_{n-1},1} \,. \tag{5.11}$$

La sequenza degli indici impone vincoli sui prodotti del tipo (5.11) che compongono l'espressione del determinante. Dalla definizione dei T_k segue che $(T_k)_{ii} = X_{n-k+1,n-k+1}$ e che, per $i < j$, $(T_k)_{ij} = D_k B_k^{j-i-1} C_k$. Se interpretiamo $(T_k)_{ii}$ rispetto al grafo completo K_n, $(T_k)_{ii}$ corrisponde ad un *self-loop*[3] nel nodo $n-k+1$, mentre $(T_k)_{ij}$ corrisponde ai cammini chiusi di lunghezza $j-i+1$ che passano una o più volte dai nodi $1, 2, \dots, n-k$ ed esattamente una volta dal vertice $n-k+1$. In entrambi i casi possiamo interpretare $(T_k)_{ij}$ come un insieme di cammini chiusi di lunghezza $j-i+1$, poiché i *self-loop* hanno lunghezza 1.

Sia s_k la lunghezza di un cammino chiuso generato da T_k, con $s_k = 0$ se $i_{k-1} = i_k + 1$. Allora vale l'uguaglianza $s_k = i_k - i_{k-1} + 1$. Poiché in (5.11) vale $1 = i_0 = i_n = 1$, abbiamo

$$\sum_{k=1}^{n}(i_k - i_{k-1}) = \sum_{k=1}^{n}(s_k - 1) = 0 \,,$$

e quindi $\sum_k s_k = n$. Poiché il segno di (5.11) è dato da -1 elevato alla potenza $p = \sum(s_k - 1)$, dove la sommatoria è estesa a tutti gli indici k tali che $s_k \geq 2$, ogni cammino di lunghezza pari ha segno $(-1)^{s_k-1} = -1$, mentre ogni cammino di lunghezza dispari ha segno positivo. Complessivamente il segno sarà quindi dato da -1 elevato al numero dei cammini di lunghezza pari, in accordo alla definizione (5.7) del determinante.

---

[3] Con il termine *self-loop* denotiamo un arco che va da un vertice allo stesso vertice.

Definiamo ora m-loop in un grafo con nodi $\{1, 2, \ldots, n\}$, un cammino chiuso che passa dal nodo m esattamente una volta, e nessuna volta per i nodi $r > m$. Chiameremo m-copertura un insieme di m-loop, al più uno per ogni m, tale che la somma delle lunghezze dei loop sia uguale a n.

Vogliamo dimostrare che l'algoritmo di Samuelson-Berkowitz calcola un insieme di termini che corrisponde alle m-coperture di G, col segno che dipende da quanti loop nella copertura hanno lunghezza pari. In generale un insieme di archi multipli $\tilde{E}$ ammette più m-coperture.

Esempio 5.9. In

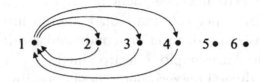

ci sono sei distinte coperture. Due di queste corrispondono a singoli loop di lunghezza 6, precisamente i loop che toccano i nodi $(1, 2, 1, 3, 1, 4, 1)$, e $(1, 3, 1, 2, 1, 4, 1)^4$. Tre coperture corrispondono a loop di lunghezza 2 e 4, come $(1, 2, 1)$, $(1, 3, 1, 4, 1))$, ed una corrisponde a tre loop di lunghezza 2, ovvero $(1, x, 1)$, per $x = 2, 3, 4$. Poiché tutti i loop hanno lunghezza pari, è sufficiente notare che tre coperture ne contengono un numero pari e tre un numero dispari per concludere che i termini corrispondenti si cancelleranno a vicenda.   □

Il determinante corrisponde alle coperture composte unicamente da cicli disgiunti, i quali ammettono un'unica m-copertura e il loro contributo non viene quindi cancellato.

Possiamo quindi concludere con il seguente teorema.

Teorema 5.15. *Se $\tilde{E}$ è un insieme di archi (anche multipli) su G allora*

1. *$\tilde{E}$ è una copertura di cicli $\iff$ $\tilde{E}$ forma esattamente una copertura di loop.*
2. *$\tilde{E}$ non è una copertura di cicli $\iff$ $\tilde{E}$ forma $2k$ coperture di loop, k delle quali con un numero pari di loop pari e k con un numero dispari di loop pari.*   □

Osserviamo infine che il fatto che la cancellazione sia alla base del calcolo efficiente del determinante ha una ulteriore prova indiretta. Non si conoscono algoritmi efficienti per il calcolo del determinante su strutture matematiche che non godono della proprietà commutativa, ed è evidente che la mancanza di questa proprietà non permette cancellazioni altrimenti possibili.

Valiant ha osservato che questo fenomeno di cancellazione suggerisce uno dei motivi della difficoltà di stabilire limitazioni inferiori in complessità computazionale. Infatti per dimostrare che un problema non è risolubile in tempo

---

[4] A causa della loro struttura ciclica, diverse descrizioni corrispondono allo stesso loop. Abbiamo, ad esempio, $(1, 4, 1, 2, 1, 3, 1) \equiv (1, 2, 1, 3, 1, 4, 1)$.

polinomiale occorre provare, implicitamente o esplicitamente, che non esistono risultati intermedi, apparentemente non correlati con la soluzione cercata, che, combinati tra loro in modo semplice, risolvono "magicamente" il problema.

5.7 Alcuni permanenti speciali

È stato dimostrato che il problema del calcolo del permanente rimane $\sharp$**P**-completo anche se ristretto alla classe delle matrici $\{0, 1\}$ con soli tre elementi diversi da zero per riga e per colonna [50]. È quindi interessante cercare di capire quando l'imposizione di ulteriori condizioni renda il calcolo del permanente più semplice. Ad esempio, è lecito chiedersi per quali classi di matrici con tre elementi diversi da zero per riga sia possibile ottenere algoritmi che migliorano sensibilmente la limitazione $O(n2^n)$, raggiunta dal metodo di Ryser.

Una classe di matrici strutturate che ricorre in numerosi ambiti è costituita dalle matrici circolanti, che incontreremo nuovamente nel Capitolo 6.

Definizione 5.17. *Una matrice $n \times n$ A si dice* circolante *quando l'elemento a_{ij} dipende solo dall'espressione $(i - j)$ mod n. In particolare una matrice circolante è completamente definita specificandone la prima riga o colonna.*

La classe delle matrici circolanti gode di molte interessanti proprietà, tra cui la chiusura rispetto alla somma e prodotto matriciale. In questa sezione studieremo il problema di calcolare il permanente di matrici circolanti in $\{0, 1\}$ con tre elementi uguali a 1 per riga. Ogni matrice $n \times n$ di questo tipo può essere scritta come $P_n^i + P_n^j + P_n^k$ dove la matrice P_n è la matrice circolante la cui prima riga contiene un solo 1, nella seconda posizione. Ad esempio, abbiamo

$$P_4 = \begin{pmatrix} 0\,1\,0\,0 \\ 0\,0\,1\,0 \\ 0\,0\,0\,1 \\ 1\,0\,0\,0 \end{pmatrix} \quad e \quad P_5 = \begin{pmatrix} 0\,1\,0\,0\,0 \\ 0\,0\,1\,0\,0 \\ 0\,0\,0\,1\,0 \\ 0\,0\,0\,0\,1 \\ 1\,0\,0\,0\,0 \end{pmatrix}.$$

Posto $A = P_n^i + P_n^j + P_n^k$, valgono le uguaglianze

$$\text{per}(A) = \text{per}(P_n^{n-i}[P_n^i + P_n^j + P_n^k]) = \text{per}(I + P_n^{n+j-i} + P_n^{n+k-i}),$$

poiché $P_n^n = I$ e per ogni h, P^h è una matrice di permutazione[5]. Possiamo quindi limitare il nostro studio alle matrici della forma $I_n + P_n^i + P_n^j$.

Dimostreremo il seguente teorema.

---

[5] Mentre $\det(AB) = \det(A) \cdot \det(B)$, abbiamo in generale $\text{per}(AB) \neq \text{per}(A) \cdot \text{per}(B)$. Se A è una matrice di permutazione abbiamo invece $\text{per}(AB) = \text{per}(B)$.

Teorema 5.16. *Sia $A = I_n + P_n{}^i + P_n{}^j$, con n primo. Allora* per(A) *può essere calcolato in tempo $O(2^{c\sqrt{n}}n^\gamma)$, dove $c \le 2\sqrt{2}$ e $\gamma < 3$.* $\square$

È opportuno vedere innanzitutto alcune definizioni e risultati preliminari.

Definizione 5.18. *Data una matrice $A \in \{0,1\}^{n \times n}$, il grafo bipartito associato ad $A \equiv (a_{ij})$, che denotiamo con $G[A]$, è un grafo i cui insiemi di vertici V e di archi E sono dati da $V = \{v_1, \ldots, v_n\} \cup \{u_1, \ldots, u_n\}$ e $E = \{(i,j) : a_{ij} = 1\}$.*

Teorema 5.17. *Data una matrice $A \in \{0,1\}^{n \times n}$, il permanente di A è uguale al numero di matching perfetti distinti nel grafo bipartito $G[A]$.* $\square$

Esempio 5.10. La matrice

$$A = \begin{pmatrix} 1 & 1 & 0 \\ 0 & 1 & 1 \\ 1 & 1 & 1 \end{pmatrix}$$

ha permanente uguale a tre. I tre matching perfetti del grafo $G[A]$ corrispondono agli archi evidenziati in grassetto nella seguente figura.

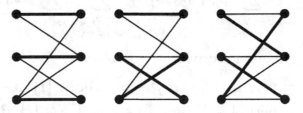

In ogni copia di $G[A]$ i tre vertici a sinistra corrispondono alle righe di A e i tre vertici a destra alle colonne di A. $\square$

La dimostrazione del Teorema 5.16 è basata su una decomposizione del permanente di una matrice A nella somma dei permanenti di altre matrici, ottenute azzerando singoli elementi o cancellando intere righe e colonne di A.

Vediamo alcuni risultati di decomposizione.

Lemma 5.3. *Sia $A \equiv (a_{ij})$ una matrice quadrata, dove $a_{ij} \in \{0,1\}$ e sia a_{lt} uguale ad 1. Abbiamo allora*

$$\text{per}(A) = \text{per}(A - E_{lt}) + \text{per}(A(l|t)),$$

dove E_{lt} denota la matrice il cui unico elemento diverso da 0 è in posizione (l,t), e $A(l|t)$ denota la matrice ottenuta cancellando la l-esima riga e la t-esima colonna di A. $\square$

Il Lemma 5.3, la cui elementare dimostrazione è lasciata al lettore (vedi Esercizio 5.7), ci permette di decomporre per(A) in modo da "cancellare" un elemento a_{lt} fissato.

Vediamo ora come generalizzare questo risultato.

Definizione 5.19. *Sia* $\mathcal{P}_{k,n}$ *l'insieme di tutti i sottoinsiemi di* $\{1, 2, \ldots, n\}$ *con* k *elementi. Sia* $A \in \{0, 1\}^{n \times n}$. *Allora, dati* $\alpha, \beta \in \mathcal{P}_{k,n}$, *denotiamo con* $A[\alpha, \beta]$ *la sottomatrice* $k \times k$ *di* A *determinata dalle righe* $i \in \alpha$ *e dalle colonne* $j \in \beta$.

Definiamo $p_k(A)$ *come*

$$p_k(A) = \sum_{\alpha \in \mathcal{P}_{k,n}} \sum_{\beta \in \mathcal{P}_{k,n}} \mathrm{per}(A[\alpha, \beta]). \tag{5.12}$$

$p_k(A)$ *è uguale al numero dei modi in cui si possono scegliere* k *elementi uguali a 1 in* A, *in modo tale che ogni riga e colonna contenga al più un elemento diverso da 0.*

Lemma 5.4. *Sia* $A \in \{0,1\}^{n \times n}$ *e sia* $a_{ij} = 1$. *Abbiamo* $p_k(A) = p_k(A - E_{ij}) + p_{k-1}(A(i|j))$, *per ogni* $k \geq 2$, *e* $p_1(A) = p_1(A - E_{ij}) + 1$.

Dim. L'uguaglianza $p_1(A) = p_1(A - E_{ij}) + 1$ è ovvia. Dalla definizione di p_k, e separando le sottomatrici che contengono a_{ij} da quelle che non lo contengono, per $k \geq 2$, otteniamo

$$p_k(A) = \sum_{\substack{\alpha \in \mathcal{P}_{k,n} \\ i \in \alpha}} \sum_{\substack{\beta \in \mathcal{P}_{k,n} \\ j \in \beta}} \mathrm{per}(A[\alpha, \beta]) + \sum_{\substack{\alpha \in \mathcal{P}_{k,n} \\ i \notin \alpha \,\vee\, j \notin \beta}} \sum_{\beta \in \mathcal{P}_{k,n}} \mathrm{per}(A[\alpha, \beta]).$$

Per il Lemma 5.3, possiamo scrivere

$$\mathrm{per}(A[\alpha, \beta]) = \mathrm{per}(A[\alpha, \beta] - E_{ij}) + \mathrm{per}(A[\alpha - \{i\}, \beta - \{j\}])$$
$$= \mathrm{per}((A - E_{ij})[\alpha, \beta]) + \mathrm{per}(A[\alpha - \{i\}, \beta - \{j\}]),$$

se $i \in \alpha$, $j \in \beta$, mentre, se $i \notin \alpha \vee j \notin \beta$, otteniamo $\mathrm{per}(A[\alpha, \beta]) = \mathrm{per}((A - E_{ij})[\alpha, \beta])$. Abbiamo quindi

$$p_k(A) = \sum_{\substack{\alpha \in \mathcal{P}_{k,n} \\ i \in \alpha}} \sum_{\substack{\beta \in \mathcal{P}_{k,n} \\ j \in \beta}} \mathrm{per}((A - E_{ij})[\alpha, \beta])$$

$$+ \sum_{\substack{\alpha \in \mathcal{P}_{k,n} \\ i \in \alpha}} \sum_{\substack{\beta \in \mathcal{P}_{k,n} \\ j \in \beta}} \mathrm{per}(A[\alpha - \{i\}, \beta - \{j\}])$$

$$+ \sum_{\substack{\alpha \in \mathcal{P}_{k,n} \\ i \notin \alpha \,\vee\, j \notin \beta}} \sum_{\beta \in \mathcal{P}_{k,n}} \mathrm{per}((A - E_{ij})[\alpha, \beta]).$$

Dalla definizione di p_k segue che la somma del primo e del terzo termine dell'ultima formula è uguale a $p_k(A - E_{ij})$, mentre il secondo termine corrisponde a $p_{k-1}(A(i|j))$. $\square$

Lemma 5.5. *Sia* $A \in \{0,1\}^{n \times n}$. *Denotiamo con* $z(A)$ *il numero delle matrici* $M \equiv (m_{ij}) \in \{0,1\}^{n \times n}$ *con al più un elemento diverso da zero per riga e per colonna, tali che per ogni coppia di indici* (i,j) *valga* $m_{ij} \leq a_{ij}$. *Per ogni elemento* $a_{ij} = 1$, *abbiamo*

$$z(A) = \sum_{k=1}^{n} p_k(A) \tag{5.13}$$

$$z(A) = z(A - E_{ij}) + z(A(i|j)) . \tag{5.14}$$

In generale, se A contiene k elementi diversi da zero, allora $k+1 \leq z(A) \leq 2^k$.

Dim. La relazione (5.13) deriva direttamente dalle definizioni di $z(A)$ e $p_k(A)$, mentre la (5.14) segue dalla (5.13) e dal Lemma 5.4.   □

I Lemmi 5.4 e 5.5 ci permettono, data una matrice A, di scegliere una matrice $C \leq A$ (dove la disuguaglianza vale elemento per elemento) e di decomporre il permanente di A nella somma di $z(C)$ permanenti di matrici nelle quali gli elementi di C non compaiono.

Mostreremo che se C è scelta in modo opportuno, i permanenti delle matrici ottenute tramite la decomposizione possono essere calcolati efficientemente.

Definiamo il concetto di matrice convertibile.

Definizione 5.20. *Una matrice A in con elementi $\{0, 1\}$ si dice* convertibile *se esiste una matrice A', dove $a'_{ij} = \pm a_{ij}$, tale che $\det(A') = \operatorname{per}(A)$.*

Esiste una caratterizzazione che permette, in tempo polinomiale, di dire se una data matrice è convertibile e, se lo è, di calcolare i cambiamenti di segno da effettuare. Una volta determinata A', il calcolo del permanente di A si riduce al calcolo del determinante di A', problema che sappiamo risolvere in tempo polinomiale.

Al fine di dimostrare il Teorema 5.16, utilizzeremo un noto risultato in base al quale, se $G[A]$ è un grafo planare, allora A è convertibile. Vale il seguente teorema.

Teorema 5.18 ([151]). *Data una matrice convertibile $n \times n$, tale che $G[A]$ sia planare, $\operatorname{per}(A)$ può essere calcolato in tempo $O(n^\gamma)$, dove $\gamma < 3$.*   □

Data una matrice A "elimineremo" alcuni dei suoi elementi in modo che tutte le matrici risultanti siano convertibili. La decomposizione si basa sul seguente risultato elementare.

Lemma 5.6. *Sia A una matrice quadrata con elementi in $\{0, 1\}$ tale che $G[A]$ è planare. Allora il grafo bipartito associato ad ogni sottomatrice di A è planare.*   □

Notiamo che in generale la sottomatrice di una matrice convertibile non è convertibile, come il seguente esempio evidenzia. Da questo punto di vista la planarità gioca un ruolo essenziale, in quanto questa proprietà, che implica la convertibilità, è invece conservata dalle sottomatrici.

Esempio 5.11. Sia A una matrice non convertibile. Consideriamo la seguente matrice a blocchi.

$$B = \left(\begin{array}{c|c} I & O \\ \hline A & I \end{array} \right).$$

È immediato verificare che la matrice B, essendo triangolare, è convertibile. Si ha infatti per$(B) = \det(B) = 1$. Poiché A è per costruzione una sottomatrice di B e per ipotesi non è convertibile, B costituisce un esempio del fatto che la convertibilità di una matrice non implica quella delle sue sottomatrici.   □

Abbiamo ora gli strumenti necessari per dimostrare il seguente teorema.

Teorema 5.19. *Siano A, B e C matrici $n \times n$ in $\{0, 1\}$ tali che $A = B + C$ e sia $G[B]$ planare. Allora* per(A) *può essere calcolato in tempo $O(z(C)n^\gamma)$, dove $\gamma < 3$.*

Dim. Dimostriamo la tesi per induzione sul numero k di elementi uguali a 1 in C.

- Se $k = 0$, allora $A = B$, $z(C) = 1$, e, poiché $G[A]$ è planare, dal Lemma 5.18 segue che per(A) può essere calcolato in tempo $O(n^\gamma)$, con $\gamma < 3$.
- Se $k > 0$, fissiamo un elemento $c_{ij} = 1$ e poniamo $C' = C - E_{ij}$. Per il Lemma 5.3, abbiamo

$$\text{per}(B + C) = \text{per}(B + C - E_{ij}) + \text{per}((B + C)(i|j))$$
$$= \text{per}(B + C') + \text{per}((B(i|j) + C(i|j))),$$

mentre dal Lemma 5.5 segue

$$z(C) = z(C') + z(C(i|j)). \qquad (5.15)$$

Le matrici $C' = C - E_{ij}$ e $C(i|j)$ contengono un elemento diverso da zero in meno rispetto a C, e $G[B(i|j)]$ è planare per il Lemma 5.6. Per ipotesi induttiva, possiamo quindi affermare che per$(B+C')$ e per$(B(i|j)+C(i|j))$ possono essere calcolati rispettivamente in tempo $O(z(C')n^\gamma)$ e $O(z(C(i|j))(n-1)^\gamma)$. Sommando questi tempi ed usando l'uguaglianza (5.15), otteniamo

$$O(z(C')n^\gamma) + O(z(C(i|j))(n-1)^\gamma) =$$
$$O([z(C') + z(C(i|j))]n^\gamma) = O(z(C)n^\gamma),$$

da cui segue la tesi.   □

Poiché le matrici delle quali vogliamo calcolare il permanente sono circolanti della forma $I_n + P_n^i + P_n^j$, siamo interessati a determinare quanti e quali elementi eliminare in modo che il grafo associato alla matrice risultante sia planare. Data una matrice $A = I_n + P_n^i + P_n^j$, osserviamo che gli elementi uguali a 1 sono disposti in modo da formare 5 diagonali (si veda la Figura 5.3). Una delle diagonali, composta da n elementi, coincide con la diagonale principale, mentre le altre contengono i, j, $n - i$ e $n - j$ elementi diversi da zero. Vale il seguente lemma.

Lemma 5.7. *Data una matrice circolante $A = I_n + P_n^i + P_n^j$, sia B la matrice ottenuta azzerando due delle quattro diagonali non principali di A. Il grafo $G[B]$ è planare.*   □

Vale il seguente teorema, che costituisce un risultato fondamentale per la dimostrazione del Teorema 5.16.

Teorema 5.20. *Sia $A = I_n + P_n{}^i + P_n{}^j$. Allora per$(A)$ può essere calcolato in tempo $O(2^{i'+j'} n^{O(1)})$, dove i' e j' sono i due valori più piccoli tra $\{i, j, n - i, n - j\}$.*

Dim. La matrice A può essere vista come una matrice di Toeplitz che contiene la diagonale principale e 4 diagonali le cui lunghezze sono $\{i, j, n - i, n - j\}$. È quindi possibile scrivere $A = B + C$, dove C consiste delle due diagonali più corte, lunghe i' e j', mentre B contiene le altre 3 diagonali. Dal Lemma 5.7, segue che $G[B]$ è planare e possiamo applicare il Teorema 5.19 ottenendo il limite di tempo $O(z(C)n^\gamma)$. La tesi segue immediatamente dalla disuguaglianza $z(C) \leq 2^{i'+j'}$.   □

Per dimostrare il Teorema 5.16, mostreremo che, data $A = I_n + P_n{}^i + P_n{}^j$ con n primo, è possibile determinare una matrice $B = I_n + P_n{}^h + P_n{}^k$, con per$(A) = $ per(B) e tale che la somma delle lunghezze di due delle sue diagonali sia $O(\sqrt{n})$.

Analizziamo quindi la relazione tra i permanenti di diverse circolanti del tipo $A = I_n + P_n^i + P_n^j$, per n primo. In particolare, data A vogliamo determinare tutte le matrici B dello stesso tipo con il medesimo permanente.

Data una matrice $A = I_n + P_n^i + P_n^j$, dove $n > 2$ è un numero primo, il grafo bipartito $G[A]$ può essere disegnato come un ciclo lungo $2n$ con n corde addizionali di lunghezza d, con d dispari compreso tra 3 ed n. È chiaro che se due circolanti A e B dello stesso ordine ammettono una rappresentazione di questo tipo con corde di uguale lunghezza, allora $G[A]$ e $G[B]$ sono isomorfi e per$(A) = $ per(B).

In generale questa rappresentazione "ciclo+corde" non è unica. Per esempio, nella Figura 5.3, mostriamo due diversi modi di disegnare il grafo che corrisponde a $I + P^4 + P^6$, per $n = 11$. Nel primo caso gli archi del ciclo derivano da I e P^4, e le corde corrispondono a P^6. Il secondo grafo è ottenuto usando P^4 e P^6 per il ciclo e I per le corde.

Questo esempio può essere generalizzato facilmente. Data una matrice $A = I_n + P_n^i + P_n^j$, con n primo, possiamo ottenere 3 rappresentazioni "ciclo+corde" di $G[A]$. Nel caso un cui le corde corrispondono a I, la loro lunghezza è uguale a

$$D(n, i, j) = n - \left| n - 2 \left[i \, (j - i)^{-1} \right]_{\mathbf{Z}_n} - 1 \right|, \tag{5.16}$$

dove il valore assoluto dipende dal fatto che le corde di lunghezza d e $2n - d$

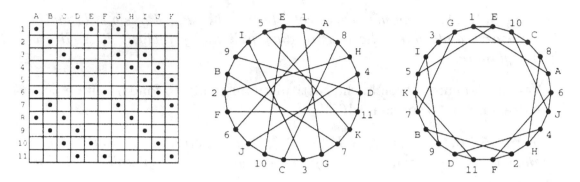

Figura 5.3. La matrice $A = I + P^4 + P^6$, per $n = 11$, e due modi diversi di visualizzare $G[A]$, con $d = 9$ e $d = 5$

coincidono[6]. La lunghezza delle corde delle altre due rappresentazioni di $G[A]$ può essere ottenuta considerando le matrici $P^{n-i}A = I + P^{n-i} + P^{j-i}$ e $P^{n-j}A = I + P^{n-j} + P^{n+i-j}$, cioè studiando i grafi $G[P^{n-i}A]$ e $G[P^{n-j}A]$. Assumendo per semplicità $j > i$, le lunghezze $D'(n,i,j) = D(n, n-i, j-i)$ e $D''(n,i,j) = D(n, n-j, n+i-j)$ delle corde di $G[P^{n-i}A]$ e $G[P^{n-j}A]$ soddisfano le relazioni

$$D'(n,i,j) = n - \left| n - 2\left[(j-i)(n-j)^{-1}\right]_{\mathbf{Z}_n} - 1 \right| \qquad (5.17)$$

$$D''(n,i,j) = n - \left| n - 2\left[(n-j)i^{-1}\right]_{\mathbf{Z}_n} - 1 \right|. \qquad (5.18)$$

Per ogni $n > 2$ e primo, consideriamo le triple $T_{i,j} = (a_{i,j}, b_{i,j}, c_{i,j}) \in \mathbf{Z}_n^3$, per $1 \leq i < j \leq n-1$, dove $a_{i,j} = (j-i)^{-1}i$, $b_{i,j} = i^{-1}(n-j)$ e $c_{i,j} = (n-j)^{-1}(j-i)$. I valori $a_{i,j}$, $b_{i,j}$, e $c_{i,j}$ corrispondono alla parte più "interna" delle formule $D(n,i,j)$, $D'(n,i,j)$ e $D''(n,i,j)$. Quindi, se due triple $T_{i,j}$ e $T_{h,k}$ hanno un valore in comune, allora $\mathrm{per}(I + P^i + P^j) = \mathrm{per}(I + P^h + P^k)$.

L'analisi delle triple $T_{i,j}$ conduce al seguente interessante risultato.

Teorema 5.21. *Per ogni primo n, $\mathrm{per}(I_n + P^i + P^j)$, per $1 \leq i < j \leq n-1$, può assumere al più $\lceil n/6 \rceil$ diversi valori.* □

Enunciamo ora due lemmi che verranno utilizzati nella dimostrazione del Teorema 5.16.

Lemma 5.8. *Per ogni n primo ed ogni $d = 1, \ldots, n-2$, la congruenza*

$$x(d+1) + y \equiv 0 \pmod{n}$$

è soddisfatta da una coppia di valori x e y tali che $0 < x \leq \frac{1}{2}\sqrt{2}\lceil\sqrt{n}\rceil$ e $0 < |y| \leq \sqrt{2}\lceil\sqrt{n}\rceil$.

Dim. Calcoliamo l'espressione $x(d+1) + y \pmod{n}$ per tutti i valori $|x| \leq \frac{1}{4}\sqrt{2}\lceil\sqrt{n}\rceil$ e $|y| \leq \frac{1}{2}\sqrt{2}\lceil\sqrt{n}\rceil$. Poiché

---

[6] Usiamo la notazione $[E]_{\mathbf{Z}_n}$ per indicare che l'espressione E è calcolata nel campo $\mathbf{Z}_n$.

$$(1 + 2\frac{1}{4}\sqrt{2}\lceil\sqrt{n}\rceil)(1 + 2\frac{1}{2}\sqrt{2}\lceil\sqrt{n}\rceil) > n,$$

ci saranno due coppie distinte x_1, y_1 e x_2, y_2 tali che

$$x_1(d+1) + y_1 \equiv x_2(d+1) + y_2 \pmod{n},$$

in quanto il numero di coppie eccede il numero di possibili risultati. Assumiamo, senza perdita di generalità, che $x_1 \geq x_2$ e poniamo $x = x_1 - x_2$ e $y = y_1 - y_2$. È chiaro che $x(d+1) + y \equiv 0 \pmod{n}$, come richiesto. Proviamo ora che $x, y \neq 0$. Se $y = 0$ allora la congruenza si riduce a $x(d+1) \equiv 0$ $\pmod{n}$. Siccome n è primo ciò è possibile solo se $x = 0$, il che implicherebbe $x_1 = x_2$ e $y_1 = y_2$, che è una contraddizione. Una conclusione simile segue supponendo che $x = 0$. □

Lemma 5.9. *Per ogni primo n e ogni $d = 1, \ldots, n-2$, esistono due valori i e j con $0 < i + j \leq 2\sqrt{2}\lceil\sqrt{n}\rceil$ tali che almeno una delle due congruenze $b_{i,j} = i^{-1}(n-j) \equiv d \pmod{n}$ e $b_{i,j} = i^{-1}(n-j) \equiv n-1-d \pmod{n}$ è soddisfatta.*

Dim. Siccome n è primo possiamo riscrivere le congruenze come $id \equiv -j$ $\pmod{n}$ e $(d+1)i \equiv j \pmod{n}$. Siano $x > 0$ e $y \neq 0$ i due valori che, per il Lemma 5.8, soddisfano $x(d+1) + y \equiv 0 \pmod{n}$. Consideriamo due casi:

- $y < 0$. Abbiamo $x(d+1) \equiv -y \pmod{n}$ e ponendo $i = x$ e $j = -y$ vediamo che la congruenza $j \equiv (d+1)i \pmod{n}$ è soddisfatta.
- $y > 0$. Abbiamo $xd + x + y \equiv 0 \pmod{n}$, e quindi $xd \equiv -(x+y) \pmod{n}$. Ponendo $i = x$ e $j = x + y$ la relazione $id \equiv -j \pmod{n}$ è verificata.

Possiamo ora valutare il costo computazionale del calcolo di $\text{per}(I_n + P_n{}^i + P_n{}^j)$, con n primo.

Dim. del Teorema 5.16. Data A, vogliamo provare l'esistenza di una matrice circolante $B = I_n + P_n{}^{i'} + P_n{}^{j'}$ con $\text{per}(B) = \text{per}(A)$ tale che $i' + j' \leq 2\sqrt{2}\lceil\sqrt{n}\rceil$. La tesi seguirà poi dal Teorema 5.20.

Consideriamo il valore $d = b_{i,j}$ associato ad A. Ogni altra coppia di valori i' e j' tali che $b_{i',j'} = d$ oppure $b_{i',j'} = n-1-d$ porterà allo stesso permanente. Nel Lemma 5.9 abbiamo provato l'esistenza di una coppia di questo tipo la cui somma non supera $2\sqrt{2}\lceil\sqrt{n}\rceil$, e da questo segue la tesi. □

Osserviamo che il Teorema 5.16 garantisce l'esistenza, per ogni circolante $A = I_n + P_n{}^i + P_n{}^j$, di una circolante B con lo stesso permanente, e più facile da trattare, ma non fornisce un mezzo per indentificare B. Tuttavia, utilizzando le relazioni (5.16–5.18), è possibile determinare B efficientemente.

Esercizi

Esercizio 5.1. Prendendo come spunto l'Esempio 5.4, si mostri in che modo un circuito aritmetico su Z_p può determinare se un numero dato è divisibile per 3.

Esercizio 5.2. Si dimostri l'uguaglianza (5.1) utilizzata nella dimostrazione del Teorema 5.1.

Esercizio 5.3. Completare la dimostrazione dell'Esempio 5.7, e fare vedere che $SP(\text{PARITÀ}) = 2n$.

Esercizio 5.4. Nello spirito del Teorema 5.11, si determini una matrice il cui determinante è uguale a $x^2(y + z^2) + z$.

Esercizio 5.5. Data una matrice $n \times n$ $A \equiv (a_{ij})$, si definisca il polinomio multivariato

$$p(x_1, \ldots, x_n) = \prod_{j=1}^{n} \sum_{i=1}^{n} a_{ji} x_i .$$

Si dimostri che il permanente di A coincide col coefficiente di $x_1 \cdots x_n$ in p.

Esercizio 5.6. Si dimostri il Teorema 5.17. (Suggerimento: si verifichi che i termini non nulli della formula 5.8 corrispondono a matching perfetti.)

Esercizio 5.7. Si dimostri il Lemma 5.3. (Suggerimento: si consideri la relazione tra permanente di A e numero di matching perfetti in $G[A]$ e si partizionino i matching in base al fatto che includano o meno l'arco (l, t).)

Esercizio 5.8. Si dimostrino i Lemmi 5.6 e 5.7.

Esercizio 5.9. Si dimostri che il permanente di una matrice in $\{0, 1\}$ con al più due elementi diversi da zero per riga e per colonna, può essere calcolato in tempo polinomiale. (Suggerimento: si consideri il grafo diretto corrispondente alla matrice.)

Esercizio 5.10. Si determini una matrice 3×3 con elementi in $\{0, 1\}$ il cui permanente non può essere espresso come un determinante di una matrice 3×3 con elementi in $\{0, -1, +1\}$.

5.8 Note bibliografiche

La complessità computazionale algebrica è presentata in modo esauriente nel libro di Bürgisser e altri [43]; tuttavia è opportuno rilevare che il libro non è di facile lettura e richiede una certa maturità matematica.

Il concetto di modello strutturato e le sue relazioni con i modelli generali sono presentati da Borodin in [41]. L'autore riporta numerosi risultati e congetture in complessità computazionale, per mettere in evidenza le differenze che sono connesse con l'adozione di un modello generale o strutturato. Il limite inferiore $\Omega(n^3)$ alla complessità del problema dei cammini minimi nel modello dei programmi in linea retta è dovuto a Kerr [83], mentre l'algoritmo di costo $o(n^3)$ per lo stesso problema nel modello dei programmi ad albero è stato proposto da Fredman [60]. Tra i tanti risultati relativi al problema dei cammini minimi, citiamo il recente articolo di Alon, Galil e Margalit [10]. Gli autori hanno dimostrato che il problema, ristretto a grafi i cui archi sono etichettati con valori al più uguali a M, può essere risolto in $O((Mn)^{(3+\omega)/2} \log^3 n)$, dove $O(n^\omega)$ è il costo del miglior algoritmo noto per il calcolo del prodotto di due matrici $n \times n$ (attualmente $\omega \approx 2.376$, per un risultato di Coppersmith e Winograd [49]).

Von zur Gathen e Seroussi provano in [67] il gap esponenziale in profondità tra circuiti booleani e circuiti aritmetici su $\mathbf{Z}_{p^n}$ e passano in rassegna alcuni risultati di simulazione tra i due tipi di circuiti. L'esistenza di un circuito booleano di profondità logaritmica per il calcolo della funzione $\pi_{\mathbf{K}}^a(x)$, utilizzata nella dimostrazione del gap, deriva da un risultato molto importante di Fich e Tompa [57]. Gli autori hanno dimostrato per primi l'esistenza di algoritmi paralleli eseguibili in tempo polilogaritmico per la soluzione di vari problemi di esponenziazione.

Per quanto riguarda il rapporto tra circuiti booleani e circuiti aritmetici su $\mathbf{Q}$, oltre al citato risultato di Adleman [1], ricordiamo anche che von zur Gathen [64] ha dimostrato che un circuito aritmetico su $\mathbf{Q}$ può essere simulato da un circuito booleano probabilistico uniforme, la cui dimensione dipende polinomialmente dalla dimensione del circuito aritmentico e dalla dimensione di input ed output.

Se il circuito aritmetico calcola il risultato modulo un numero intero e non utilizza divisioni, è possibile realizzare simulazioni più efficienti. In particolare Jung [80] ha dimostrato che è possibile simulare un circuito aritmetico con n input e profondità d tramite un circuito booleano profondo $O(d \log^* n)$, dove $\log^* n$ denota il *logaritmo iterato* di n.

Il modello degli span program è stato introdotto da Karchmer e Wigderson in [81] e le migliori limitazioni inferiori di complessità su tale modello sono esaminate in [19].

Le proprietà matematiche del permanente sono illustrate in modo approfondito nella monografia di Minc [98]. La complessità del determinante e del permanente è stata estensivamente studiata da Valiant. In [148] Valiant dimostra che il problema di calcolare il permanente è completo per la classe $\sharp\mathbf{P}$. La dimostrazione parte da una $MdTN$ arbitraria M, passa ad un formula booleana g tale che il numero di assegnamenti a che la soddisfano eguaglia il numero di computazioni accettanti di M, e infine costruisce un grafo il cui permanente è uguale ad a.

In [147] viene dimostrata sia l'universalità del determinante che la completezza del permanente, utilizzando lo strumento della p-definibilità. In [149]

Valiant fornisce un'interpretazione combinatoria all'efficienza con cui è possibile calcolare il determinante. L'algoritmo di Samuel-Berkowitz analizzato da Valiant è descritto in [34].

Il problema del calcolo del permanente di matrici circolanti con 3 elementi diversi da zero in ogni riga è stato affrontato da Bernasconi, Codenotti, Crespi e Resta in [45, 36]. Il problema della convertibilità di una matrice è stato estensivamente studiato da Brualdi e Shader in [42]. Recentemente è stata proposta una nuova caratterizzazione di convertibilità che consente di dire in tempo polinomiale se una matrice è convertibile [94].

6. Calcolo di trasformazioni lineari: algoritmi

In questo capitolo vengono presentati algoritmi efficienti per il calcolo di trasformazioni lineari, ossia di un insieme di *forme lineari*.

Definizione 6.1. *Una* forma lineare *nelle indeterminate* x_1, x_2, ..., x_n *su un campo* **F** *consiste in qualunque espressione del tipo* $\sum_{i=1}^{n} \lambda_i x_i$, *dove* $\lambda_i \in$ **F**.

Come è facile vedere, il calcolo di un insieme di forme lineari può essere eseguito con un numero di operazioni proporzionale al prodotto tra il numero di indeterminate e il numero di forme lineari. Tuttavia in molti casi di notevole interesse il calcolo può essere eseguito con prestazioni sensibilmente migliori. L'esempio più noto al riguardo è il calcolo della trasformata discreta di Fourier (DFT, dal termine inglese Discrete Fourier Transform), che, come vedremo, può essere eseguito con un numero di operazioni poco più che lineare (precisamente dell'ordine di $n \log n$, dove n è la lunghezza del vettore di cui si calcola la trasformata).

La transizione da un costo computazionale quadratico ad un costo dell'ordine di $n \log n$ è estremamente rilevante, sia dal punto di vista teorico che pratico. Come vedremo, il calcolo della DFT ha infatti conseguenze su altre importanti operazioni, quale ad esempio la moltiplicazione di polinomi. Non è tuttavia noto se il limite $n \log n$ possa essere migliorato. Infatti anche nell'ambito delle trasformazioni lineari non esistono tecniche generali che abbiano condotto con successo alla dimostrazione di limitazioni inferiori significative. In questo contesto, la *sfida* sta nel dimostrare limitazioni inferiori superlineari, che travalichino le limitazioni ottenibili tramite considerazioni sulla lunghezza dell'input e sulla dipendenza del risultato da tutti i dati in input.

Le trasformazioni lineari studiate in questo capitolo (trasformata di Fourier, trasformata di Hadamard, problema di Trummer) sono paradigmatiche della seguente situazione: essendo molto strutturate, sono calcolabili in modo ben più efficiente rispetto a generiche trasformazioni, ma, come vedremo nel prossimo capitolo, è difficile dimostrare che gli algoritmi esistenti non possono essere migliorati.

Questo capitolo è organizzato come segue.

La Sezione 6.1 illustra una serie di problemi su polinomi (valutazione, interpolazione, etc.) legati al calcolo di particolari trasformazioni lineari, tra cui la trasformata discreta di Fourier (DFT, dal termine inglese Discrete Fourier Transform), che avranno un ruolo fondamentale nel resto del capitolo.

La Sezione 6.2 presenta innanzitutto l'algoritmo FFT (dal termine inglese Fast Fourier Transform) ricorsivo per il calcolo della DFT. Tale algoritmo viene illustrato sia nella versione in cui la dimensione è una potenza di 2 sia nel caso generale. Viene inoltre introdotta la versione non ricorsiva dell'algoritmo FFT, che consiste nella fattorizzazione della matrice di Fourier in termini di matrici molto sparse e strutturate.

La Sezione 6.3 mostra come l'algoritmo FFT ricorsivo possa essere descritto ed interpretato in termini di una successione di operazioni di divisione di polinomi.

Nelle Sezioni 6.4 e 6.5 si considerano i legami tra DFT, convoluzioni e moltiplicazione di polinomi, mostrando in particolare come il prodotto di polinomi possa essere calcolato efficientemente tramite FFT e come la DFT possa essere ricondotta ad una convoluzione e di qui al calcolo di un numero costante di trasformate di Fourier di ordine pari ad una potenza di 2 (Algoritmi di Bluestein e Rader).

Le Sezioni 6.6 e 6.7 sono dedicate alla trasformata di Hadamard e alla trasformata legata al problema di Trummer, che sono intimamente legate alla DFT.

6.1 Polinomi e matrici

Questa sezione ha lo scopo di avvicinare il lettore al calcolo di trasformazioni lineari, tra cui la trasformata discreta di Fourier, che sono legate alla valutazione di polinomi. Vedremo, in generale, tre diversi ma equivalenti "punti di vista" in base ai quali analizzare tali trasformazioni lineari, ossia quello

1. vettoriale (calcolo di un prodotto matrice-vettore);
2. polinomiale (valutazione di un polinomio di grado k in $k+1$ punti);
3. modulare (calcolo del resto della divisione di un polinomio per un altro).

Iniziamo vedendo la semplice equivalenza tra la valutazione di un polinomio $p(x)$ in un punto a e la divisione di $p(x)$ per $x - a$.

6.1.1 Valutazione di un polinomio in un punto

Sia $p(x) = \sum_{i=0}^{n-1} a_i x^i$. Il polinomio p può essere valutato in un punto a eseguendo $2n - 2$ operazioni aritmetiche tramite il metodo di Horner, che consiste nella valutazione di $p(x)$ mediante la formula

$$p(x) = a_0 + x(a_1 + x(a_2 + x(\cdots + a_{n-3} + x(a_{n-2} + xa_{n-1})\cdots)).$$

La precedente espressione può essere riscritta in termini della ricorrenza

$$q_1 = a_{n-1}$$
$$q_i = q_{i-1}x + a_{n-i}, i = 2, \ldots, n, \qquad\qquad (6.1)$$
$$\text{dove } p(x) = q_n.$$

Poiché vengono calcolati $n - 1$ termini q_i, e ogni passo (6.1) consta di una addizione e di una moltiplicazione, il metodo calcola $p(x)$ utilizzando esattamente $2n - 2$ operazioni aritmetiche.

Dimostriamo ora che il metodo di Horner è ottimale rispetto al numero di addizioni.

Teorema 6.1. *Ogni algoritmo che calcola $p(x) = \sum_{i=0}^{n-1} a_i x^i$ a partire da x e a_i, per $i = 0, 1, \ldots, n - 1$, usando solo le operazioni $(+, -, \times)$, richiede $n - 1$ operazioni additive $(+, -)$.*

Dim. Qualsiasi algoritmo che calcoli $p(x)$ può essere trasformato in un algoritmo per il calcolo di $s = \sum_i a_i$ senza aumentare il numero di operazioni $\pm$ richieste. Quindi un limite inferiore per s è un limite inferiore anche per $p(x)$. Dimostriamo ora per induzione che s richiede almeno $n - 1$ operazioni additive.

Per $n = 1$, è immediato verificare che il calcolo di $a_0 + a_1$ richiede almeno una operazione. Gli unici termini che possiamo ottenere senza $+$ o $-$ sono infatti tutti della forma $c \prod_k a_k^{n_k}$, dove c è una costante.

Supponiamo ora che la somma di $n + 1$ termini venga calcolata in modo ottimale rispetto alle operazioni $(+, -)$ valutando l'espressione E. È immediato vedere che l'espressione E contiene almeno una operazione additiva che ha come operando un termine T della forma $T = c \prod_k a_k^{n_k}$, dove c è una costante. Sia a_j uno dei fattori di T. Consideriamo l'espressione E' ottenuta rimpiazzando a_j con 0 in E. Poiché T in E' assume valore nullo, E' può essere calcolata utilizzando una operazione additiva in meno rispetto ad E. Ma E' corrisponde alla somma di n termini (tutti tranne a_j) e per ipotesi induttiva richiede almeno $n - 1$ operazioni $(+, -)$. Quindi E non può essere calcolata con meno di n operazioni additive. $\square$

Usando tecniche simili è possibile dimostrare che il metodo di Horner è ottimale anche rispetto al numero di moltiplicazioni, e che ciò vale anche se è consentito l'uso della divisione.

Se si suppone di dover valutare $p(x)$ in molti punti, non conosciuti a priori, si può supporre che il costo di una precomputazione (da eseguire una volta sola) sia trascurabile. In tal caso sono state sviluppate opportune tecniche che permettono di ridurre circa della metà il numero di moltiplicazioni utilizzate in ogni successiva valutazione di $p(x)$.

Calcolo approssimato del valore di un polinomio in un punto. Vediamo ora come, a scapito della precisione, sia possibile ridurre il numero di moltiplicazioni richieste per il calcolo di $p(x)$. È interessante notare che l'algoritmo per il calcolo approssimato esegue un numero di moltiplicazioni inferiore a quelle necessarie per il calcolo esatto.

Prima di presentare il metodo, ne illustriamo l'idea di fondo tramite un semplice esempio.

Esempio 6.1 (Approssimazione). Supponiamo di dover valutare le due formule $f = ad$ e $g = ab + cd$. L'algoritmo esatto comporta naturalmente l'esecuzione di 3 moltiplicazioni, mentre una soluzione approssimata, con precisione arbitraria, può essere ottenuta come segue. Prima calcoliamo esattamente $f = ad$, e poi approssimiamo g con $\tilde{g}$, dove

$$\tilde{g} = (a + c2^{-T})(b + d2^T) - 2^T f = g + 2^{-T} cb .$$

È evidente che, agendo sul parametro T, si può rendere la differenza $\tilde{g} - g = 2^{-T} cb$ arbitrariamente piccola.

Questo metodo consente di risparmiare una moltiplicazione, sotto l'ipotesi, realistica, che il prodotto per una potenza intera di 2 (2^{-T} e 2^T) possa essere effettuato per mezzo di una economica operazione di *shift* binario. □

Vediamo ora come l'idea illustrata dal precedente esempio possa essere sviluppata ed applicata al calcolo di un polinomio $p(x)$ in un punto. Supponendo per semplicità che $n - 1$ sia pari, possiamo scrivere $p(x)$ come segue

$$p(x) = (\cdots((a_{n-1}x^2 + a_{n-2}x + a_{n-3})x^2 + a_{n-4}x + a_{n-5})x^2 + \cdots$$
$$\cdots + a_2)x^2 + a_1 x + a_0 .$$

Questa formula suggerisce di esprimere la valutazione di $p(x)$ in termini di moltiplicazione di una matrice per un vettore, in questo modo

$$\begin{pmatrix} a_{n-1} & a_{n-2} & a_{n-3} \\ z_1 & a_{n-4} & a_{n-5} \\ z_2 & a_{n-6} & a_{n-7} \\ \vdots & \vdots & \vdots \\ z_{\frac{n-3}{2}} & a_1 & a_0 \end{pmatrix} \begin{pmatrix} x^2 \\ x \\ 1 \end{pmatrix} = \begin{pmatrix} z_1 \\ z_2 \\ z_3 \\ \vdots \\ z_{\frac{n-1}{2}} \end{pmatrix} ,$$

dove $z_{\frac{n-1}{2}} = p(x)$.

I valori z_i possono essere approssimati in accordo con il seguente schema, che utilizza due variabili ausiliarie, q e c.

$$q = x^2$$
$$c = qx$$
$$\tilde{z}_1 = (2^{-T} a_{n-1} + x)(a_{n-2} + 2^T q) + a_{n-3} - 2^T c$$
$$\tilde{z}_{i+1} = (2^{-T} \tilde{z}_i + x)(a_{n-2i-2} + 2^T q) + a_{n-2i-3} - 2^T c .$$

Questo metodo richiede $2n - 2$ addizioni e $(n + 3)/2$ moltiplicazioni, oltre ad n operazioni di shift. Al crescere di T, i valori di $\tilde{z}_i$ tendono ai corrispettivi z_i, e in particolare $\tilde{z}_{\frac{n-1}{2}}$ approssima con precisione arbitraria $z_{\frac{n-1}{2}} = p(x)$. Notiamo che il *guadagno* rispetto al metodo di Horner viene ottenuto rispetto al numero di moltiplicazioni; d'altro canto, a fronte di una diminuzione del numero di moltiplicazioni di circa un fattore 2, il numero complessivo di operazioni aritmetiche passa da $2n - 2$ a $\frac{5}{2}n - 3$, per l'aumento del numero di addizioni.

Valutazione e divisione di polinomi. Esiste un stretta connessione tra la valutazione di un polinomio in un punto ed il calcolo del resto della divisione di un polinomio per un altro. Nel seguito, esaminiamo questo legame, che verrà sfruttato più volte nelle sezioni successive.

Vediamo innanzitutto un teorema che garantisce che il calcolo del resto della divisione tra due polinomi è un'operazione con un risultato univoco.

Teorema 6.2. *Sia* $\mathbf{F}$ *un campo, e* $a(x), b(x) \in \mathbf{F}[x]$ *polinomi su* $\mathbf{F}$, *con* $b(x)$ *non identicamente nullo. Allora esistono due polinomi* $q(x)$ *e* $r(x)$, *univocamente determinati, tali che*

$$a(x) = b(x)q(x) + r(x), \tag{6.2}$$

dove $\deg r(x) < \deg b(x)$.

Dim. Dimostriamo prima che $r(x)$ e $q(x)$ esistono, poi che sono unici. Supponiamo che $b(x)$ sia fissato e procediamo per induzione rispetto al grado di $a(x)$. Se $\deg a(x) < \deg b(x)$, allora le condizioni sono soddisfatte dalla scelta $q(x) = 0$ e $r(x) = a(x)$. Questo caso costituisce la base dell'induzione.

Supponiamo ora che $\deg a(x) \geq \deg b(x)$ e che per ipotesi induttiva la decomposizione (6.2) esista per tutti i polinomi di grado minore di $\deg a(x)$. Posto

$$a(x) = a_{t+k}x^{t+k} + \cdots + a_1 x + a_0, \quad b(x) = b_t x^t + \cdots + b_1 x + b_0,$$

per $t \geq 0$, $a_{t+k} \neq 0$, e $b_t \neq 0$, definiamo il polinomio $\tilde{a}(x) = a(x) - a_{t+k}b_t^{-1}x^k b(x)$. Il coefficiente di x^{t+k} in $\tilde{a}(x)$ è uguale a $a_{t+k} - (a_{t+k}b_t^{-1})b_t = 0$ e quindi $\deg \tilde{a}(x) < \deg a(x)$. Per ipotesi induttiva esistono $\tilde{q}(x)$ e $\tilde{r}(x)$ tali che $\tilde{a}(x) = b(x)\tilde{q}(x) + \tilde{r}(x)$, con $\deg \tilde{r}(x) < \deg b(x)$. È quindi immediato verificare che $r(x) = \tilde{r}(x)$ e $q(x) = \tilde{q}(x) + a_{t+k}b_k^{-1}x^k$ soddisfano la (6.2).

Per dimostrare l'unicità di $q(x)$ e $r(x)$, supponiamo che valga

$$a(x) = b(x)q_1(x) + r_1(x) = b(x)q_2(x) + r_2(x).$$

Raccogliendo $b(x)$, otteniamo

$$b(x)[q_1(x) - q_2(x)] = r_2(x) - r_1(x). \tag{6.3}$$

Se il termine $b(x)[q_1(x) - q_2(x)]$ non è uguale a zero, allora ha un grado maggiore o uguale a $b(x)$, e quindi non può essere uguale a $r_2(x) - r_1(x)$, il cui grado è strettamente minore di $b(x)$. Viceversa $b(x)[q_1(x) - q_2(x)]$ può essere uguale a zero solo se $q_2(x) = q_1(x)$, ma ciò implica $r_2(x) - r_1(x) = 0$, ovvero $r_1(x) = r_2(x)$. □

Teorema 6.3. *La valutazione del polinomio* $p(x)$ *nel punto* a *è equivalente al calcolo del resto della divisione di* $p(x)$ *per* $x - a$.

Dim. In accordo con il Teorema 6.2 possiamo scrivere $p(x) = q(x)(x-a)+r$, dove r, dovendo avere grado inferiore a $x - a$, è una costante. Valutando $p(a)$ otteniamo $p(a) = q(a)(a - a) + r$ e quindi $p(a) = r$. $\quad\square$

6.1.2 Valutazione e interpolazione di polinomi

Dato un polinomio $p(x)$ di grado $n - 1$, consideriamo il problema di calcolare

$$p(c_0), p(c_1), \ldots, p(c_{n-1}).$$

Utilizzando n volte il metodo di Horner, tale calcolo può essere eseguito tramite $O(n^2)$ operazioni aritmetiche.

Ci occupiamo ora di descrivere algoritmi che raggiungono un'efficienza superiore all'esecuzione ripetuta del metodo di Horner; inoltre faremo vedere il legame tra il problema della valutazione di un polinomio in più punti ed altri importanti problemi computazionali, legati al calcolo di opportune trasformazioni lineari.

Il calcolo di $p(x) = \sum_{i=0}^{n-1} a_i x^i$ in un punto a può essere visto come il calcolo del prodotto scalare

$$\begin{bmatrix} 1 & a & a^2 & \cdots & a^{n-1} \end{bmatrix} \begin{bmatrix} a_0 & a_1 & \cdots & a_{n-1} \end{bmatrix}^T.$$

Analogamente, il calcolo di $p(x)$ nei punti c_i, $i = 0, \ldots, n-1$, corrisponde al calcolo del prodotto della matrice

$$V = \begin{bmatrix} 1 & c_0 & c_0^2 & \cdots & c_0^{n-1} \\ 1 & c_1 & c_1^2 & \cdots & c_1^{n-1} \\ \vdots & \vdots & \vdots & & \vdots \\ 1 & c_{n-1} & c_{n-1}^2 & \cdots & c_{n-1}^{n-1} \end{bmatrix}$$

per il vettore $\underline{a} = [a_0 \ a_1 \ \cdots \ a_{n-1}]^T$. La matrice V è detta matrice di Vandermonde. Non è difficile vedere che la matrice V ha determinante diverso da 0 se e solo se le costanti c_i sono tra loro distinte. In tal caso la relazione $V\underline{a} = \underline{f}$, dove $f = [p(c_0) \ p(c_1) \ \cdots \ p(c_{n-1})]$, può essere invertita per ottenere

$$V^{-1}\underline{f} = \underline{a}. \tag{6.4}$$

Il vettore $\underline{a}$ contiene una rappresentazione (naturalmente unica) del polinomio p tramite i suoi coefficienti, mentre il vettore f contiene una rappresentazione (anch'essa unica, in virtù di (6.4)) di p tramite il valore assunto da p in n punti distinti.

Il problema di calcolare $\underline{f}$, a partire da $\underline{a}$, è detto problema della valutazione, mentre il problema di calcolare $\underline{a}$ a partire da $\underline{f}$ è detto problema dell'interpolazione.

6.1.3 Polinomi e aritmetica modulare

Abbiamo mostrato l'equivalenza tra il valore di un polinomio $p(x)$ in un punto a e il resto della divisione di $p(x)$ per $x - a$.

Facciamo ora vedere che i valori che un polinomio di grado $n-1$ assume in n punti possono essere calcolati efficientemente, sfruttando la corrispondenza tra valutazione e divisione.

Il metodo che descriviamo utilizza come strumenti di base la moltiplicazione di due polinomi di grado n, il cui costo verrà indicato con $M(n)$, ed il calcolo del resto della divisione di un polinomio di grado $n - 1$ per un polinomio di grado $n/2$, il cui costo verrà indicato con $R(n)$.

L'algoritmo si basa sulla seguente proprietà dell'operazione di modulo.

Lemma 6.1. *Dati tre polinomi, $a(x)$, $b(x)$ e $c(x)$, siano $r(x)$, $r'(x)$ i resti della divisione di $a(x)$ rispettivamente per $b(x)c(x)$ e $b(x)$. Allora il resto $r''(x)$ della divisione di $r(x)$ per $b(x)$ coincide con $r'(x)$.*

Dim. Per ipotesi valgono le seguenti relazioni

$$a(x) = q(x)[b(x)c(x)] + r(x)\,, \tag{6.5}$$
$$a(x) = q'(x)b(x) + r'(x)\,, \tag{6.6}$$
$$r(x) = q''(x)b(x) + r''(x)\,, \tag{6.7}$$

per opportuni polinomi $q(x)$, $q'(x)$ e $q''(x)$.

Vogliamo mostrare che $r'(x) = r''(x)$. Dall'equazione (6.5) segue che $a(x) - r(x) = b(x)[q(x)c(x)]$, ovvero che $a(x) - r(x)$ è un multiplo di $b(x)$. Sottraendo la (6.7) dalla (6.6) otteniamo

$$a(x) - r(x) = b(x)[q'(x) - q''(x)] + [r'(x) - r(x'')]\,.$$

Ne consegue che anche $r'(x) - r''(x)$ deve essere un multiplo di $b(x)$. Ma per il Teorema 6.2 il grado di $r'(x) - r''(x)$ è strettamente inferiore al grado di $b(x)$ e quindi $r'(x) - r''(x) = 0$, ovvero $r'(x) = r''(x)$.   □

Esempio 6.2. Consideriamo i tre polinomi

$$a(x) = x^7 - 3\,x^6 + 80\,x^2 + 13\,,$$
$$b(x) = x^3 - 4\,x + 3\,,$$
$$c(x) = x^2 - 3\,x + 4\,.$$

Essendo $b(x)\,c(x) = x^5 - 3\,x^4 + 15\,x^2 - 25\,x + 12$, si ha che

$$a(x) = (x^2)[b(x)\,c(x)] + r(x)\,,$$

dove $r(x) = -15\,x^4 + 25\,x^3 + 68\,x^2 + 13$, e

$$a(x) = (x^4 - 3\,x^3 + 4\,x^2 - 15\,x + 25)\,b(x) + \underline{(8\,x^2 + 145\,x - 62)}\,,$$
$$r(x) = (-15\,x + 25)\,b(x) + \underline{(8\,x^2 + 145\,x - 62)}\,.$$

□

$$\boxed{x^7 - 5\,x^4 + 3}$$

mod $(x-1)(x+1)(x-2)(x+2)$ =	mod $x(x-3)(x-4)(x+5)$ =

$\boxed{21\,x^3 - 25\,x^2 - 20\,x + 23}$	$\boxed{571\,x^3 - 815\,x^2 - 2100\,x + 3}$

mod $(x-1)(x+1)$ =	mod $(x-2)(x+2)$ =	mod $x(x-3)$ =	mod $(x-4)(x+5)$ =

$\boxed{x-2}$	$\boxed{64\,x - 77}$	$\boxed{594\,x + 3}$	$\boxed{10706\,x - 27717}$

mod $(x-1)$ =	mod $(x+1)$ =	mod $(x-2)$ =	mod $(x+2)$ =	mod (x) =	mod $(x-3)$ =	mod $(x-4)$ =	mod $(x+5)$ =
$\boxed{-1}$	$\boxed{-3}$	$\boxed{51}$	$\boxed{-205}$	$\boxed{3}$	$\boxed{1785}$	$\boxed{15107}$	$\boxed{-81247}$

Figura 6.1. Valutazione del polinomio $x^7 - 5\,x^4 + 3$ in 8 punti

Il Lemma 6.1 e il Teorema 6.3 suggeriscono che il calcolo dei valori assunti da un polinomio possa essere effettuato con la seguente tecnica *divide-et-impera*.

Sia dato un polinomio $p(x)$ di grado $n - 1 = 2^k - 1$, e 2^k punti α_i in cui valutarlo. Moltiplichiamo tra loro i primi 2^{k-1} termini $x - \alpha_i$, ottenendo un polinomio $p'(x)$ di grado 2^{k-1}, e tra loro i restanti 2^{k-1} termini, ottenendo il polinomio $p''(x)$ di grado 2^{k-1}. Calcoliamo i due resti $r'(x)$ e $r''(x)$ della divisione di $p(x)$ per $p'(x)$ e $p''(x)$. Per il Lemma 6.1, $p(x)$ modulo $x - \alpha_i$ è uguale a $r'(x)$ modulo $x - \alpha_i$, per $i = 1, \dots, 2^{k-1}$, ed è uguale a $r''(x)$ modulo $x - \alpha_i$, per $i = 2^{k-1} + 1, \dots, 2^k$.

Quanto visto mostra come trasformare la valutazione di un polinomio di grado $n - 1$ in n punti nella valutazione di due polinomi di grado al più $\frac{n}{2} - 1$ in $\frac{n}{2}$ punti. In altri termini, si è trasformato un problema di ordine n in due sottoproblemi, indipendenti, di ordine $n/2$, in quanto il grado di $r'(x)$ e $r''(x)$ non può eccedere $2^{k-1} - 1$. Il procedimento descritto può essere applicato ricorsivamente, calcolando il modulo di $r'(x)$ rispetto a $\prod_{i=1}^{2^{k-2}} (x - \alpha_i)$ e $\prod_{i=1+2^{k-2}}^{2^{k-1}} (x - \alpha_i)$ e così via.

Esempio 6.3. Consideriamo il problema di valutare il polinomio $p(x) = x^7 - 5\,x^4 + 3$ negli otto punti $x = \{\pm 1, \pm 2, 0, 3, 4, -5\}$. Ciò corrisponde a trovare il resto della divisione di $p(x)$ per gli otto polinomi $x - 1$, $x + 1$, $x - 2$, $x + 2$, x, $x - 3$, $x - 4$ e $x + 5$. Raggruppando e moltiplicando questi termini otteniamo

$$p'(x) = (x - 1)\,(x + 1)\,(x - 2)\,(x + 2) = x^4 - 5\,x^2 + 4\,,$$
$$p''(x) = x\,(x - 3)\,(x - 4)\,(x + 5) = x^4 - 2\,x^3 - 23\,x^2 + 60\,x\,.$$

Dividendo $p(x)$ per $p'(x)$ e per $p''(x)$ abbiamo

$$p(x) = (x^3 + 5x - 5)p'(x) + (21x^3 - 25x^2 - 20x + 23),$$

$$p(x) = (x^3 + 2x^2 + 27x + 35)p''(x) + (571x^3 - 815x^2 - 2100x + 3).$$

In questo modo il problema originale di dimensione 8 viene ridotto a due sottoproblemi (indipendenti) di dimensione 4, e precisamente alla valutazione di $r'(x) = 21x^3 - 25x^2 - 20x + 23$ nei punti $x = \pm 1, \pm 2$, e di $r''(x) = 571x^3 - 815x^2 - 2100x + 3$ nei punti $x = 0, 3, 4, -5$. Procedendo nello stesso modo, otteniamo 4 sottoproblemi di dimensione 2 e infine 8 problemi di dimensione 1. Nella Figura 6.1 abbiamo riportato lo schema della computazione. ☐

Descriviamo ora formalmente l'algoritmo, in modo non ricorsivo.

Algoritmo PoliMod

Input : $t_i(x) = x - \alpha_i$, per $i = 1, \ldots, n$, dove $n = 2^m$ e $\deg p(x) = n - 1$.

Ouput : $v_i = p(x) \bmod t_i(x)$.

---

1. poni $s_{1,i}(x) = t_i(x)$, per $i = 1, \ldots, n$
2. ripeti per k da 2 a m
3.   ripeti per j da 1 a 2^{m-k+1}
4.   poni $s_{k,j}(x) = s_{k-1,2j-1}(x)s_{k-1,2j}(x)$
5.   fine ripeti
6. fine ripeti
7. poni $s_{m+1,1}(x) = p(x)$
8. ripeti per k da m a 1
9.   ripeti per j da 1 a 2^{m-k+1}
10.   poni $s_{k,j}(x) = s_{k+1,\lceil j/2 \rceil}(x) \bmod s_{k,j}(x)$
11.   fine ripeti
12. fine ripeti
13. poni $v_i = s_{1,i}(x)$, per $i = 1, \ldots, n$
14. ritorna $v_(i)$, per $i = 1, \ldots, n$

Il costo computazionale dell'algoritmo PoliMod dipende chiaramente dal costo delle due operazioni principali che lo compongono: la moltiplicazione di polinomi (linea 4) e il calcolo del resto della divisione di due polinomi (linea 10). Il costo $S(n)$, per $n = 2^m$, dell'algoritmo PoliMod è dato da

$$S(n) = \sum_{k=2}^{m} 2^{m-k+1} M(2^{k-1}) + \sum_{k=1}^{m} 2^{m-k+1} R(2^{k-1}).$$

Per stimare l'ordine di grandezza di $S(n)$, rispetto a $M(n)$ e $R(n)$, osserviamo che $M(n)$ e $R(n)$ soddisfano $n \leq M(n) = O(n^2)$ e $n \leq R(n) = O(n^2)$. Possiamo quindi affermare che $cM(n) \leq M(cn)$ e $cR(n) \leq R(cn)$, per ogni n sufficientemente grande, da cui otteniamo

$$S(n) \leq \sum_{k=2}^{m} M(2^{m-k+1}2^{k-1}) + \sum_{k=1}^{m} R(2^{m-k+1}2^{k-1})$$

$$= (m-1)M(n) + mQ(n),$$

ossia $S(n) = O((M(n) + Q(n)) \log n)$.

I risultati che saranno presentati nelle prossime sezioni metteranno in luce che $M(n) = Q(n) = O(n \log n)$. Pertanto il problema di valutare un polinomio di grado $n-1$ in n punti arbitrari può essere risolto in tempo $O(n \log^2 n)$, che rappresenta un sostanziale miglioramento rispetto alla limitazione $O(n^2)$ che si ottiene tramite l'esecuzione ripetuta del metodo di Horner.

6.1.4 Interpolazione e Teorema Cinese del Resto

Dati k numeri p_i, primi tra loro, e un numero incognito $0 \leq x < \prod_{i=1}^{k} p_i$, il Teorema Cinese del Resto afferma che x può essere determinato univocamente conoscendo il valore assunto da $x \bmod p_i$, per $i = 1, \ldots, k$.

Un risultato analogo vale per i polinomi. Dati k polinomi $p_i(x)$ primi tra loro, e k polinomi $q_i(x)$ tali che per ogni i il grado di $q_i(x)$ è minore del grado di $p_i(x)$, è possibile determinare univocamente un polinomio $p(x)$ di grado minore di $\prod_{i=1}^{k} p_i(x)$ tale che $p(x) \bmod p_i(x) = q_i(x)$, per $i = 1, \ldots, k$.

Quando i polinomi $p_i(x)$ hanno la forma $x - a_i$, e quindi i q_i sono costanti, il problema di determinare $p(x)$ corrisponde al problema dell'interpolazione, perché, come abbiamo visto, la valutazione di un polinomio in a_i e il calcolo del resto della divisione per $x - a_i$, forniscono lo stesso risultato.

Mostriamo ora in che modo il polinomio $p(x)$ possa essere determinato efficientemente. Il seguente lemma determina alcune quantità ausiliarie e mostra come calcolare $p(x)$ in funzione di esse.

Lemma 6.2. *Dati k numeri q_i e k polinomi $p_i = x - a_i$, poniamo $t = \prod_{i=1}^{k} p_i(x)$ e*

$$c_j = t/p_j = \prod_{i \neq j} p_i,$$

per $j = 1, \ldots, k$. Per ogni c_j, definiamo d_j come il valore tale che

$$c_j d_j \equiv 1 \bmod t.$$

Sia p il polinomio di grado minore di t tale che $p \bmod p_i = q_i$, per $i = 1, \ldots, k$. Vale allora

$$p = \sum_{i=1}^{k} q_i c_i d_i \bmod t. \tag{6.8}$$

Dim. Posponiamo la dimostrazione dell'esistenza dei numeri d_i alla prova del Lemma 6.3, in cui vedremo come determinarli praticamente.

Per definizione c_i è divisibile per p_j per $j \neq i$ e quindi $q_i c_i d_i \equiv 0 \bmod p_j$ per $j \neq i$. Sommando rispetto a tutti gli indici otteniamo

$$\left(\sum_{i=1}^{k} q_i c_i d_i \right) \equiv q_j c_j d_j \bmod p_j, \tag{6.9}$$

per ogni $j = 1, \ldots, k$. Poiché $c_j \, d_j \equiv 1 \bmod p_j$, abbiamo

$$\left(\sum_{i=1}^{k} q_i \, c_i \, d_i \right) \equiv q_j \bmod p_j \, , \tag{6.10}$$

per ogni $j = 1, \ldots, k$. Poiché le congruenze (6.9) e (6.10) valgono per ogni p_j e ogni p_j divide t, segue la tesi.   □

Il Lemma 6.2 ci ha mostrato come risolvere il problema dell'interpolazione per mezzo delle quantità ausiliarie d_i. Il seguente lemma permette di individuare un procedimento per calcolare tali quantità.

Lemma 6.3. *Sia $p_i(x) = x - a_i$ per $i = 1, \ldots, k$, dove $a_i \neq a_j$ per $i \neq j$. Siano $t(x) = \prod_i p_i(x)$ e $c_i(x) = t(x)/p_i(x)$, per $i = 1, \ldots, k$, e siano d_i le quantità tali che $d_i \, c_i(x) \equiv 1 \bmod p_i(x)$, per $i = 1, \ldots, k$. Allora $d_i = 1/t'(a_i)$, $i = 1, \ldots, k$, dove con $t'(x)$ indichiamo la derivata di $t(x)$ rispetto a x.*

Dim. Possiamo scrivere $t(x) = c_i(x) \, p_i(x)$, e quindi per le proprietà della derivata abbiamo

$$t'(x) = p_i(x)c'_i(x) + c_i(x)p'_i(x) \, .$$

Poiché $p'_i(x) = 1$ e $p_i(a_i) = 0$, abbiamo che $p'(a_i) = c_i(a_i)$ per $i = 1, \ldots, k$. La relazione $d_i \, c_i(x) \equiv 1 \bmod p_i(x)$ implica l'esistenza di un polinomio $q_i(x)$ tale che $d_i \, c_i(x) = q_i(x)(x - a_i) + 1$.   □

Valutiamo ora il costo computazionale dell'interpolazione alla luce dei Lemmi 6.2 e 6.3.

Teorema 6.4. *Il problema dell'interpolazione, che dati a_i e q_i, per $i = 0, \ldots, k$, consiste nel determinare il polinomio $p(x)$ di grado $k-1$ che soddisfa $p(a_i) = q_i$ per $i = 0, \ldots, k$, può essere risolto in tempo $\theta(k \log^2 k)$.*

Dim. Nel seguito supponiamo per semplicità che $k = 2^h$. In base al Lemma 6.3 le quantità d_i possono essere determinate come segue. Prima si ottiene $t(x)$, con un costo proporzionale a $M(k) \log k$, utilizzando uno schema di moltiplicazione ad albero binario, del quale i polinomi $x - a_i$ rappresentano le foglie. Successivamente si calcola la derivata di $t(x)$ utilizzando $O(k)$ operazioni. Una volta ottenuto $t'(x)$, è sufficiente valutarlo nei k punti a_i per ottenere i valori $1/d_i$. Utilizzando l'algoritmo PoliMod il costo di questa operazione è $O((M(k) + Q(k)) \log k)$.

Rimane ora da valutare efficientemente l'espressione (6.8), il cui calcolo, effettuato senza particolari accorgimenti, richiederebbe un numero di operazioni proporzionale a k^2. Notiamo che i termini $q_i \, d_i \, c_i(x)$ che dobbiamo sommare per ottenere $p(x)$ hanno molti fattori in comune, anche se non per tutti gli i. In particolare notiamo che tutti i termini $q_i \, d_i \, c_i(x)$, per $i = 0, \ldots, \frac{k}{2} - 1$, hanno in comune i fattori $x - a_i$ con $i = \frac{k}{2}, \ldots, k - 1$, mentre i termini $q_i \, d_i \, c_i(x)$, per $i = \frac{k}{2}, \ldots, k - 1$, hanno in comune i fattori $x - a_i$ con $i = 0, \ldots, \frac{k}{2} - 1$. In particolare possiamo scrivere

$$p(x) = \left(t_{k/2}^{k-1} \sum_{i=0}^{k/2-1} d_i \, q_i \, \frac{t_0^{k/2-1}}{p_i(x)} \right) + \left(t_0^{k/2-1} \sum_{i=k/2}^{k-1} d_i \, q_i \, \frac{t_{k/2}^{k-1}}{p_i(x)} \right),$$

dove $t_v^w = \prod_{i=v}^w p_i(x)$. Questa decomposizione suggerisce l'adozione di una tecnica di tipo *divide-et-impera* simile a quella utilizzata nell'algoritmo Poli-Mod. Possiamo infatti calcolare i prodotti

$$z_{ij} = \prod_{m=i}^{i+2^j-1} p_m(x)$$

nello stesso modo usato in PoliMod, e successivamente le quantità

$$s_{ij} = \sum_{m=i}^{i+2^j-1} \frac{z_{ij} \, d_m \, q_m}{p_m(x)},$$

usando il seguente schema. Per $j = 0$ poniamo $s_{i0} = d_i \, q_i$, e per $j > 0$ usiamo la formula

$$s_{i,j} = s_{i,j-1} z_{i+2^j-1,j-1} + s_{i+2^j-1,j-1} z_{i,j-1}.$$

Il valore assunto da s_{0h} (dove $k = 2^h$), eguaglia il valore $p(x)$ ottenuto per mezzo della (6.8). L'analisi del costo di questo metodo è del tutto simile a quella effettuata per l'algoritmo PoliMod, e mostra che $p(x)$ può essere calcolato, a partire dai valori d_i precedentemente calcolati, in $O(M(k) \log k)$, e che quindi il costo globale dell'algoritmo per il problema dell'interpolazione è $O((M(k) + Q(k)) \log k)$. ☐

Il costo dell'interpolazione in k punti risulta quindi equivalente al costo della valutazione di un polinomio di grado $k - 1$ in k punti.

6.1.5 Valutazione di polinomi e convoluzione

Due operazioni fondamentali riguardo agli argomenti trattati in questo capitolo sono le convoluzioni di vettori, definite come segue.

Definizione 6.2. *Siano* $\mathbf{a} = [a_0 \cdots a_{n-1}]^T$ *e* $\mathbf{b} = [b_0 \cdots b_{n-1}]^T$ *due vettori di ordine n. La* convoluzione lineare *di* $\mathbf{a}$ *e* $\mathbf{b}$, *denotata con* $\mathbf{a} \star \mathbf{b}$, *è data dal vettore* $\mathbf{c} = [c_0 \cdots c_{2n-1}]^T$, *dove*

$$c_i = \sum_{j=0}^i a_j b_{i-j}, \tag{6.11}$$

per $i = 0, \ldots, 2n - 2$ *e* $c_{2n-1} = 0$. *(L'ultimo termine viene così definito per motivi tecnici che saranno chiari in seguito.)*

La convoluzione ciclica *di* $\mathbf{a}$ *e* $\mathbf{b}$, *denotata con* $\mathbf{a} \circ \mathbf{b}$, *è data dal vettore* $\mathbf{c} = [c_0 \cdots c_{n-1}]^T$, *dove*

$$c_i = \sum_{j=0}^{i} a_j b_{i-j} + \sum_{j=i+1}^{n-1} a_j b_{n+i-j}, \tag{6.12}$$

per $i = 0, \ldots, n-1$.

L'operazione di convoluzione lineare è in stretta relazione con la moltiplicazione di polinomi. Dati due vettori $\mathbf{a}$ e $\mathbf{b}$, consideriamo i corrispondenti polinomi $a(x) = \sum_{i=0}^{n-1} a_i x^i$ e $b(x) = \sum_{i=0}^{n-1} b_i x^i$. Allora, in base alla Definizione (6.11), il vettore $\mathbf{c} = \mathbf{a} \star \mathbf{b}$ corrisponde al prodotto $c(x) = a(x)b(x)$. Questa corrispondenza sarà analizzata nella Sezione 6.4 quando verrà presentato un algoritmo efficiente per la moltiplicazione di polinomi basato sulla FFT.

La convoluzione ciclica è collegata alle matrici circolanti, che abbiamo già incontrato nella Sezione 5.7, ma che per comodità definiamo nuovamente.

Definizione 6.3. *Una matrice* $n \times n$ *A si dice* circolante *quando l'elemento* a_{ij} *dipende solo dall'espressione* $(i-j)$ *mod* n. *In particolare una matrice circolante è completamente definita specificandone la prima riga o colonna.*

È facile vedere che la convoluzione ciclica $\mathbf{a} \circ \mathbf{b}$ è equivalente al calcolo del prodotto $B\mathbf{a}$ dove B è una matrice circolante la cui prima colonna è uguale a $\mathbf{b}$, in quanto la (6.12) può essere riscritta come

$$c_i = \sum_{j=0}^{i} a_j b_{i-j} + \sum_{j=i+1}^{n-1} a_j b_{n+i-j} = \sum_{j=0}^{n-1} a_j b_{(i-j) \bmod n}.$$

Analogamente si può verificare che $\mathbf{a} \circ \mathbf{b}$ è equivalente al calcolo di $A\mathbf{b}$ dove A è una matrice circolante la cui prima colonna è uguale ad $\mathbf{a}$.

Esempio 6.4. Consideriamo una generica matrice circolante A, la cui prima colonna è uguale ad $\mathbf{a} = [a_0 \ a_1 \ a_2 \ a_3]^T$, e verifichiamo che il prodotto $A\mathbf{b}$ è equivalente alla convoluzione $\mathbf{a} \circ \mathbf{b}$. Infatti

$$\begin{pmatrix} a_0 & a_3 & a_2 & a_1 \\ a_1 & a_0 & a_3 & a_2 \\ a_2 & a_1 & a_0 & a_3 \\ a_3 & a_2 & a_1 & a_0 \end{pmatrix} \begin{pmatrix} b_0 \\ b_1 \\ b_2 \\ b_3 \end{pmatrix} = \begin{pmatrix} \boxed{a_0 b_0} + \boxed{a_1 b_3 + a_2 b_2 + a_3 b_1} \\ \boxed{a_0 b_1 + a_1 b_0} + \boxed{a_2 b_3 + a_3 b_2} \\ \boxed{a_0 b_2 + a_1 b_1 + a_2 b_0} + \boxed{a_3 b_3} \\ \boxed{a_0 b_3 + a_1 b_2 + a_2 b_1 + a_3 b_0} \end{pmatrix}.$$

dove abbiamo riarrangiato i termini delle somme per rendere evidente l'uguaglianza con l'espressione (6.12). □

Dati due polinomi $a(x)$ e $b(x)$ di grado n, rappresentati per mezzo dei valori assunti in $2n+1$ punti fissati α_i, uguali per i due polinomi, è molto semplice ottenere la medesima rappresentazione per il polinomio $c(x) = a(x)b(x)$ di grado $2n$. È infatti sufficiente moltiplicare tra loro i valori assunti da $a(x)$ e $b(x)$ nei punti α_i per ottenere il valore $c(\alpha_i)$, in quanto $c(\alpha_i) = a(\alpha_i)b(\alpha_i)$. Il problema è naturalmente più complesso quando, come accade solitamente, di $a(x)$ e $b(x)$ sono noti i coefficienti e non i valori. Tuttavia abbiamo visto come la moltiplicazione per un'opportuna matrice di Vandermonde e per la sua inversa, ci permettano di passare da una rappresentazione all'altra. Vale il seguente teorema.

Teorema 6.5 (Teorema di convoluzione). *Siano*

$$\mathbf{a} = [a_0 \cdots a_{n-1} \ 0 \cdots 0]^T \quad e \quad \mathbf{b} = [b_0 \cdots b_{n-1} \ 0 \cdots 0]^T$$

due vettori colonna di ordine $2n$ *e siano* $V\mathbf{a} = [a'_0 \cdots a'_{2n-1}]^T$ *e* $V\mathbf{b} = [b'_0 \cdots b'_{2n-1}]^T$ *le rispettive trasformate per mezzo di una matrice di Vandermonde* $V \equiv (v_i^j)$. *Vale allora*

$$\mathbf{a} \star \mathbf{b} = V^{-1}((V\mathbf{a}) \cdot (V\mathbf{b})),$$

dove l'operatore $\cdot$ *denota il prodotto elemento per elemento di due vettori.*

Dim. Poiché la matrice di Vandermonde è invertibile, mostriamo, equivalentemente, che

$$(V\mathbf{a}) \cdot (V\mathbf{b}) = V(\mathbf{a} \star \mathbf{b}). \tag{6.13}$$

Essendo $a_i = b_i = 0$, per $i = n, \ldots, 2n - 1$, abbiamo

$$a'_h = \sum_{j=0}^{n-1} a_j v_h^j, \quad e \quad b'_h = \sum_{k=0}^{n-1} b_k v_h^k,$$

per $h = 0, \ldots, 2n - 1$. Moltiplicando i termini corrispondenti otteniamo l'espressione

$$a'_h b'_h = \sum_{j=0}^{n-1} \sum_{k=0}^{n-1} a_j b_k v_h^{(j+k)}, \tag{6.14}$$

per il termine $(V\mathbf{a}) \cdot (V\mathbf{b})$. Siano ora $\mathbf{a} \star \mathbf{b} = [c_0 \cdots c_{2n-1}]^T$ e $V(\mathbf{a} \star \mathbf{b}) = [c'_0 \cdots c'_{2n-1}]^T$. Per la presenza degli zeri nella seconda metà di $\mathbf{a}$ e $\mathbf{b}$, abbiamo che $c_t = \sum_{j=0}^{2n-1} a_j b_{t-j}$, da cui segue

$$c'_h = \sum_{t=0}^{2n-1} \sum_{j=0}^{2n-1} a_j b_{t-j} v_h^t.$$

Sostituendo $t - j$ con k e scambiando le due sommatorie nell'ultima espressione otteniamo

$$c'_h = \sum_{j=0}^{2n-1} \sum_{k=-j}^{2n-1-j} a_j b_{t-j} v_h^{(j+k)}. \tag{6.15}$$

Tenendo conto del fatto che non esistono termini per $k < 0$, che $a_j = 0$ per $j \geq n$ e $b_k = 0$ per $k \geq n$, i limiti nelle sommatorie della (6.15) possono essere modificati in modo da renderla equivalente alla (6.13). $\square$

Il Teorema di convoluzione, dimostrato per la convoluzione lineare, vale anche per la convoluzione ciclica, con lievi modifiche. In questo caso, per la natura implicitamente più simmetrica della convoluzione ciclica, non vi è la necessità di ricorrere a vettori di dimensione doppia. La dimostrazione, che non riportiamo, è analoga a quella del Teorema 6.5.

Teorema 6.6 (Teorema di convoluzione ciclica). *Siano*

$$\mathbf{a} = [a_0 \cdots a_{n-1}]^T \quad e \quad \mathbf{b} = [b_0 \cdots b_{n-1}]^T$$

due vettori colonna di ordine n e siano $V\mathbf{a} = [a_0' \cdots a_{n-1}']^T$ e $V\mathbf{b} = [b_0' \cdots b_{n-1}']^T$ le rispettive trasformate per mezzo di una matrice di Vandermonde $(V)_{ij} \equiv (v_i^j)$. Vale allora

$$\mathbf{a} \circ \mathbf{b} = V^{-1}((V\mathbf{a}) \cdot (V\mathbf{b})).$$

□

Vediamo ora il legame tra convoluzione lineare e convoluzione ciclica; in particolare come il calcolo di una convoluzione lineare possa essere ottenuto mediante *immersione* di questa in una opportuna convoluzione ciclica di dimensione doppia.

Teorema 6.7. *Siano $\mathbf{a} = [a_0 \cdots a_{n-1}]^T$ e $\mathbf{b} = [b_0 \cdots b_{n-1}]^T$. La convoluzione lineare $\mathbf{c} = \mathbf{a} \star \mathbf{b} = [c_0 \cdots c_{2n-1}]^T$ coincide con la convoluzione ciclica dei vettori $\mathbf{a}' = [0 \cdots 0\, a_0 \cdots a_{n-1}]^T$ e $\mathbf{b}' = [0 \cdots 0\, b_0 \cdots b_{n-1}]^T$ di dimensione $2n$.*

Dim. La dimostrazione segue immediatamente dalle definizioni di convoluzione ciclica e lineare. In particolare notiamo che la prima sommatoria in (6.12) risulta sempre nulla, per gli zeri iniziali di $\mathbf{a}'$ e $\mathbf{b}'$. □

Vediamo ora la relazione tra la convoluzione lineare e le matrici di Toeplitz, definite come segue.

Definizione 6.4. *Una matrice $n \times n$ A si dice di Toeplitz quando l'elemento a_{ij} dipende solo dalla differenza $i - j$. In particolare una matrice di Toeplitz è costante lungo tutte le diagonali ed è completamente definita specificando la prima riga e la prima colonna.*

Nel seguito indichiamo una matrice di Toeplitz $T \equiv (t_{ij})$ $n \times n$ mediante un vettore di ordine $2n - 1$ $(a_0, a_1, \ldots, a_{2n-2})$ tale che $t_{ij} = a_{n-1+i-j}$, per $i, j = 0, \ldots, n - 1$.

Ad esempio, per $n = 3$ abbiamo

$$T = \begin{pmatrix} a_2 & a_3 & a_4 \\ a_1 & a_2 & a_3 \\ a_0 & a_1 & a_2 \end{pmatrix}. \tag{6.16}$$

È immediato verificare, in base alla definizione (6.11), che la convoluzione lineare di due vettori $\mathbf{a} = [a_0, \ldots, a_{n-1}]^T$ e $\mathbf{b} = [b_0, \ldots, b_{n-1}]^T$ è equivalente al prodotto tra una matrice $2n \times 2n$ di Toeplitz T definita dal vettore

$$t = [\overbrace{0, \ldots, 0}^{n \text{ volte}}, a_{n-1}, a_{n-2}, \ldots, a_0, \overbrace{0, \ldots, 0}^{2n-1 \text{ volte}}],$$

e il vettore $[b_0, b_1, \ldots, b_{n-1}, 0, \ldots, 0]^T$.

Esempio 6.5. Consideriamo il caso $n = 3$. Abbiamo

$$\begin{pmatrix} a_0 & 0 & 0 & 0 & 0 & 0 \\ a_1 & a_0 & 0 & 0 & 0 & 0 \\ a_2 & a_1 & a_0 & 0 & 0 & 0 \\ 0 & a_2 & a_1 & a_0 & 0 & 0 \\ 0 & 0 & a_2 & a_1 & a_0 & 0 \\ 0 & 0 & 0 & a_2 & a_1 & a_0 \end{pmatrix} \begin{pmatrix} b_0 \\ b_1 \\ b_2 \\ 0 \\ 0 \\ 0 \end{pmatrix} = \begin{pmatrix} a_0 b_0 \\ a_0 b_1 + a_1 b_0 \\ a_0 b_2 + a_1 b_1 + a_2 b_0 \\ a_1 b_2 + a_2 b_1 \\ a_2 b_2 \\ 0 \end{pmatrix} = \mathbf{a} \star \mathbf{b}.$$

$\square$

Le matrici circolanti sono matrici di Toeplitz, mentre il contrario non è vero in generale. Esiste tuttavia un modo per "immergere" una matrice di Toeplitz in una matrice circolante di ordine più elevato.

Più precisamente, data una matrice $n \times n$ T di Toeplitz, è possibile costruire, per ogni $m > 2n - 1$ una matrice C circolante $m \times m$ tale che la sottomatrice principale di testa di C di dimensione $n \times n$ coincide con T.

Esempio 6.6. Consideriamo la matrice T di Toeplitz 3×3 definita in (6.16). È possibile estendere T a una matrice circolante di dimensione maggiore o uguale a $2 \cdot 3 - 1 = 5$. Ad esempio, le matrici circolanti 5×5 e 8×8 che contengono T sono

$$C = \left(\begin{array}{ccc|cc} a_2 & a_3 & a_4 & a_0 & a_1 \\ a_1 & a_2 & a_3 & a_4 & a_0 \\ a_0 & a_1 & a_2 & a_3 & a_4 \\ \hline a_4 & a_0 & a_1 & a_2 & a_3 \\ a_3 & a_4 & a_0 & a_1 & a_2 \end{array} \right), \quad C' = \left(\begin{array}{ccc|ccccc} a_2 & a_3 & a_4 & \cdot & \cdot & \cdot & a_0 & a_1 \\ a_1 & a_2 & a_3 & a_4 & \cdot & \cdot & \cdot & a_0 \\ a_0 & a_1 & a_2 & a_3 & a_4 & \cdot & \cdot & \cdot \\ \hline \cdot & a_0 & a_1 & a_2 & a_3 & a_4 & \cdot & \cdot \\ \cdot & \cdot & a_0 & a_1 & a_2 & a_3 & a_4 & \cdot \\ \cdot & \cdot & \cdot & a_0 & a_1 & a_2 & a_3 & a_4 \\ a_4 & \cdot & \cdot & \cdot & a_0 & a_1 & a_2 & a_3 \\ a_3 & a_4 & \cdot & \cdot & \cdot & a_0 & a_1 & a_2 \end{array} \right).$$

$\square$

La seguente proprietà è di immediata verifica.

Lemma 6.4. *Siano T una matrice $n \times n$ di Toeplitz e C una matrice circolante $m \times m$, per $m \geq 2n - 1$, ottenuta estendendo T. Se $\mathbf{y} = T\mathbf{x}$ allora*

$$C \begin{bmatrix} \mathbf{x} \\ 0_{m-n} \end{bmatrix} = \begin{bmatrix} \mathbf{y} \\ 0_{m-n} \end{bmatrix}.$$

6.2 Matrice di Fourier e algoritmo FFT

La matrice di Fourier $n \times n$ (che indichiamo con F_n) è una matrice il cui elemento nella riga k e colonna j è dato da $\omega_n^{(k-1)(j-1)}$, dove ω_n è una radice principale n-esima dell'unità. Così la matrice di Fourier di ordine 2 è data da

$$F_2 = \begin{pmatrix} 1 & 1 \\ 1 & -1 \end{pmatrix}$$

e la matrice di Fourier di ordine 4 da

$$F_4 = \begin{pmatrix} 1 & 1 & 1 & 1 \\ 1 & -i & -1 & i \\ 1 & -1 & 1 & -1 \\ 1 & i & -1 & -i \end{pmatrix}.$$

La trasformata discreta di Fourier (DFT) di ordine n consiste nella moltiplicazione della matrice F_n per un vettore di ordine n. La chiave degli algoritmi per il calcolo veloce della trasformata discreta di Fourier (algoritmi FFT) è la relazione tra la matrice di Fourier di ordine n e la matrice di Fourier di ordine p, dove p è un fattore di n, unita alla riduzione della DFT ad una convoluzione. Più precisamente, gli ingredienti fondamentali per calcolare la DFT con $O(n \log n)$ operazioni sono i seguenti:

- L'algoritmo di Cooley-Tukey, che decompone una DFT di ordine n in DFT di ordine p, dove p sono i fattori primi di n, e che può essere eseguito con un numero di operazioni $O(n \log n)$, se n è una potenza di due (Sezione 6.2.2).
- La riduzione della FFT ad una convoluzione, per la quale ci sono due vie, ossia il metodo di Rader, che può essere applicato solo per n primo e può venire abbinato all'algoritmo di Cooley-Tukey (per risolverne i sottoproblemi di ordine primo), e il metodo di Bluestein, che funziona per n arbitrario (Sezione 6.5).
- Il fatto che la convoluzione lineare può essere opportunamente estesa, in modo che gli operandi abbiano per lunghezza una potenza di due e il fatto che la convoluzione lineare può essere "immersa" in una convoluzione ciclica di dimensione doppia e che la convoluzione ciclica può essere calcolata mediante DFT, usando il teorema di convoluzione (Sezione 6.4).

Prima di presentare l'analisi degli algoritmi veloci per il calcolo della DFT descriviamo brevemente alcune proprietà delle radici dell'unità, che saranno utilizzate nel seguito.

6.2.1 Proprietà delle radici dell'unità

Le radici n-esime dell'unità sono le n soluzioni nel campo complesso dell'equazione $x^n = 1$. Le radici sono distinte e possono essere rappresentate per mezzo dell'espressione $x_k = e^{2\pi i k/n}$, dove i è l'unità immaginaria e $k = 0, \ldots, n-1$. Il valore

$$\omega_n = e^{2\pi i/n} \tag{6.17}$$

viene chiamato radice principale. Tutte le radici possono essere ottenute da ω_n per mezzo di elevamento a potenza, assumono i valori $\omega_n^0, \omega_n^1, \ldots, \omega_n^{n-1}$ e formano un gruppo rispetto all'operazione di moltiplicazione. Infatti $\omega_n^n = \omega_n^0 = 1$ implica $\omega_n^j \omega_n^k = \omega_n^{(j+k) \bmod n}$ e $\omega_n^{-j} = \omega_n^{n-j}$.

Riassumiamo le proprietà fondamentali delle radici dell'unità nei tre lemmi che seguono.

Lemma 6.5 (Cancellazione). *Per ogni $n > 0$, $k \geq 0$ e $t > 0$ vale*

$$\omega_{tn}^{tk} = \omega_n^k . \tag{6.18}$$

Dim. Dalla 6.17, abbiamo infatti $\omega_{tn}^{tk} = (e^{2\pi i/tn})^{tk} = (e^{2\pi i/n})^k = \omega_n^k$.   □

Lemma 6.6 (Dimezzamento). *Per ogni $n > 0$ e pari, i quadrati delle radici n-esime dell'unità coincidono con le radici $\frac{n}{2}$-esime dell'unità.*

Dim. Per il Lemma 6.18 abbiamo $(\omega_n^k)^2 = \omega_{n/2}^k$ per ogni $k \geq 0$. Notiamo inoltre che elevando al quadrato tutte le radici n-esime, otteniamo ogni radice $\frac{n}{2}$-esima 2 volte. Infatti vale $(\omega^{k+\frac{n}{2}})^2 = (\omega_n^k)$, poiché $\omega_n^{\frac{n}{2}} = e^{\pi i} = -1$.   □

Lemma 6.7 (Ortogonalità). *Per ogni $n > 0$ e ogni k tale che $n \nmid k$, vale*

$$\sum_j^{n-1} (\omega_n^k)^j = 0 .$$

Dim. Applicando la formula per la somma di serie geometriche, otteniamo

$$\sum_j^{n-1} (\omega_n^k)^j = \frac{(\omega_n^k)^n - 1}{\omega_n^k - 1} = \frac{(\omega_n^n)^k - 1}{\omega_n^k - 1} = \frac{1^k - 1}{\omega_n^k - 1} = 0 .$$

□

Dimostriamo ora una importante proprietà dell'inversa della matrice di Fourier.

Teorema 6.8 (Inversa di F_n). *Per ogni intero $n > 0$,*

$$F_n^{-1} \equiv \frac{1}{n} (\omega_n^{-ij}) .$$

Dim. Vogliamo dimostrare che, per ogni $0 \leq i, j < n$,

$$\frac{1}{n} \sum_{k=0}^{n-1} \omega_n^{ik} \omega_n^{-kj} = \begin{cases} 1 & \text{se } i = j, \\ 0 & \text{se } i \neq j. \end{cases} \tag{6.19}$$

Se $i = j$ abbiamo $\omega_n^{ik} \omega_n^{-kj} = \omega_n^0 = 1$, per ogni k, e otteniamo quindi $(1/n)n = 1$. Se $i \neq j$, sia $q = i - j$. Possiamo quindi riscrivere la (6.19) come

$$\frac{1}{n} \sum_{k=0}^{n-1} \omega_n^{ik} \omega_n^{-kj} = \frac{1}{n} \sum_{k=0}^{n-1} \omega_n^{qk} \, ,$$

dove $-n < q < n$, e $q \neq 0$. Applicando il Lemma 6.7 otteniamo la tesi. $\square$

Abbiamo dimostrato che le strutture di F_n e F_n^{-1} sono sostanzialmente identiche: possiamo infatti ottenere F_n^{-1} da F_n sostituendo ω_n con ω_n^{-1} e dividendo ogni elemento per n. Questa proprietà fa sì che gli algoritmi per il calcolo della trasformata inversa siano analoghi a quelli per la trasformata diretta.

6.2.2 FFT per n potenza di 2

Abbiamo ora gli ingredienti necessari per iniziare la descrizione degli algoritmi FFT.

Prima di occuparci del problema in generale, consideriamo il caso in cui n è una potenza di 2. Vediamo innanzitutto, a titolo di esempio, come sia possibile esprimere la matrice F_4 in funzione della matrice F_2.

Consideriamo la matrice di permutazione

$$P_4 = \begin{pmatrix} 1 & 0 & 0 & 0 \\ 0 & 0 & 1 & 0 \\ 0 & 1 & 0 & 0 \\ 0 & 0 & 0 & 1 \end{pmatrix} ,$$

ed osserviamo che

$$F_4 P_4 = \begin{pmatrix} 1 & 1 & 1 & 1 \\ 1 & -1 & -i & i \\ 1 & 1 & -1 & -1 \\ 1 & -1 & i & -i \end{pmatrix} .$$

Se esprimiamo allora $F_4 P_4$ come una matrice 2×2 a blocchi 2×2, possiamo scrivere

$$F_4 P_4 = \begin{pmatrix} F_2 & DF_2 \\ F_2 & -DF_2 \end{pmatrix} , \quad \text{dove} \ \ D = \begin{pmatrix} 1 & 0 \\ 0 & -i \end{pmatrix} .$$

La precedente espressione della matrice F_4 in termini della matrice F_2 può essere generalizzata per esprimere la matrice F_{2^k} in funzione della matrice $F_{2^{k-1}}$. Tale manipolazione costituisce la base per un algoritmo ricorsivo FFT, in cui il calcolo di una DFT di ordine $n = 2^k$ viene ricondotto al calcolo di due DFT di ordine $\frac{n}{2} = 2^{k-1}$.

Sia $\mathbf{a} = [a_0, a_1, \dots, a_{n-1}]^T$ il vettore di cui vogliamo calcolare la DFT, e consideriamo il polinomio $p(x) = a_0 + a_1 x + \dots + a_{n-1} x^{n-1}$. Il calcolo da eseguire coincide con il calcolo di $p(\omega_n^i)$, per $i = 0, 1, \dots, n-1$.

Siano ora $p_0(x) = a_0 + a_2 x + \dots + a_{n-2} x^{\frac{n}{2}-1}$ e $p_1(x) = a_1 + a_3 x + \dots + a_{n-1} x^{\frac{n}{2}-1}$, dove quindi i coefficienti di p_0 sono gli elementi in posizione pari del vettore $\mathbf{a}$, mentre quelli di p_1 sono gli elementi dispari.

Abbiamo allora

$$p(x) = p_0(x^2) + xp_1(x^2),$$

da cui segue che la DFT del vettore $\mathbf{a}$, ossia il calcolo di $p(\omega^i)$, per $i = 0, 1, \ldots, n - 1$, può essere eseguito valutando i polinomi p_0 e p_1 nei punti $(\omega_n^i)^2$, $i = 0, 1, 2, \ldots, n - 1$.

Dal Lemma del dimezzamento, segue che

$$(\omega_n^i)^2 = \omega_n^{2i} = \omega_{n/2}^i.$$

Questo significa che la valutazione di p_0 e p_1 viene eseguita in corrispondenza delle radici di ordine $\frac{n}{2}$ dell'unità.

La discussione precedente conduce al seguente algoritmo FFT.

Algoritmo FFT

Input   : $n = 2^k$ e $a_0, a_1, \ldots, a_{n-1}$.
Ouput : $y = F_n a$.

---

1.   poni $a^0 = [a_0, a_2, \ldots, a_{n-2}]^T$
2.   poni $a^1 = [a_1, a_3, \ldots, a_{n-1}]^T$
3.   calcola $y^0 = F_{n/2} a^0$ e $y^1 = F_{n/2} a^1$
4.   calcola ciascuna componente di $y = F_n a$, come
5. $y_i = y_i^0 + \omega_n^i y_i^1$, $i = 0, \ldots, n - 1$
6.   ritorna y

In base al Teorema 6.8 possiamo scrivere in modo analogo un algoritmo per il calcolo della trasformata inversa.

Algoritmo IFFT

Input   : $n = 2^k$ e $a_0, a_1, \ldots, a_{n-1}$.
Ouput : $y = F_n^{-1} a$.

---

1.   poni $a^0 = [a_0, a_2, \ldots, a_{n-2}]^T$
2.   poni $a^1 = [a_1, a_3, \ldots, a_{n-1}]^T$
3.   calcola $y^0 = (n/2) F_{n/2}^{-1} a^0$ e $y^1 = (n/2) F_{n/2}^{-1} a^1$;
4.   calcola ciascuna componente di $y = F_n a$, come
5. $y_i = (y_i^0 + \omega_n^{-i} y_i^1)/n$, $i = 0, \ldots, n - 1$
6.   ritorna y

6.2.3 Algoritmo FFT non ricorsivo

L'algoritmo FFT ricorsivo che abbiamo appena descritto è basato sulla riscrittura di F_n in termini di $F_{n/2}$.

In questa sezione, ci occupiamo di vedere come la versione "non ricorsiva" di tale algoritmo sia basata su una fattorizzazione di F_{2^k} nel prodotto di k matrici con due elementi diversi da zero per riga, ed una matrice di permutazione.

Il prodotto di Kronecker, che definiamo di seguito, si dimostra particolarmente utile nella descrizione delle forti proprietà strutturali della matrice di Fourier.

Definizione 6.5. *Sia* $\mathbf{C}$ *il campo complesso. Date due matrici* $A \in \mathbf{C}^{p \times q}$ *e* $B \in \mathbf{C}^{m \times n}$, *il simbolo* $\otimes$ *denota il prodotto di Kronecker, così definito*

$$A \otimes B = \begin{bmatrix} a_{1,1}B & \cdots & a_{1,q}B \\ \vdots & & \vdots \\ a_{p,1}B & \cdots & a_{p,q}B \end{bmatrix} \in \mathbf{C}^{pm \times qn}.$$

Nel seguente Lemma riassumiamo alcune proprietà del prodotto di Kronecker.

Lemma 6.8. *Sia* I_k *la matrice identica di ordine* k. *Valgono le seguenti proprietà*

$$(A \otimes B)(C \otimes D) = (AC) \otimes (BD) \tag{6.20}$$

$$(A \otimes B)^{-1} = A^{-1} \otimes B^{-1} \quad \text{per } A \text{ e } B \text{ nonsingolari} \tag{6.21}$$

$$(A \otimes B)^T = A^T \otimes B^T \tag{6.22}$$

$$I_p \otimes (I_q \otimes A) = I_{pq} \otimes A \tag{6.23}$$

$\square$

Denotiamo con Π_n, per n pari, la matrice di permutazione tale che

$$\Pi_n^T [x_0 \ x_1 \ \cdots \ x_{n-1}]^T = [x_0 \ x_2 \ \cdots \ x_{n-2} \ x_1 \ x_3 \ \cdots \ x_{n-1}]^T.$$

In sostanza la matrice di permutazione Π_n riordina gli elementi suddividendoli in 2 blocchi di lunghezza $n/2$, in modo da portare nel primo blocco gli elementi di indice pari e nel secondo gli elementi di indice dispari. La sua connessione con la matrice di Fourier è chiara. La proprietà fondamentale (ai fini della FFT) della matrice di Fourier può infatti essere espressa come

$$F_n = \begin{bmatrix} I_{n/2} & \Omega_{n/2} \\ I_{n/2} & -\Omega_{n/2} \end{bmatrix} \begin{bmatrix} F_{n/2} & 0 \\ 0 & F_{n/2} \end{bmatrix} \Pi_n^T, \tag{6.24}$$

dove $\Omega_{n/2} = \text{Diag}(1, \omega_n, \ldots, \omega_n^{n/2-1})$. (La notazione Diag(...) viene usata per indicare una matrice diagonale i cui elementi sono specificati all'interno della parentesi.)

Posto

$$B_m = \begin{bmatrix} I_{m/2} & \Omega_{m/2} \\ I_{m/2} & -\Omega_{m/2} \end{bmatrix},$$

l'equazione 6.24 può essere riscritta, in termini del prodotto di Kronecker, come

$$F_n \Pi_n = B_n (I_2 \otimes F_{n/2}). \tag{6.25}$$

Abbiamo ora gli strumenti per enunciare il seguente teorema, che dimostra, costruttivamente, che la matrice di Fourier di ordine $n = 2^t$ può essere fattorizzata nel prodotto di $t = \log n$ matrici sparse ed una matrice di permutazione.

Teorema 6.9. *Per $n = 2^t$, la matrice di Fourier F_n ammette la fattorizzazione*

$$F_n = (I_1 \otimes B_n)(I_2 \otimes B_{n/2}) \cdots (I_{n/2} \otimes B_2) P_n^T, \tag{6.26}$$

dove la matrice di permutazione P_n può essere definita ricorsivamente come

$$\begin{cases} P_2 = I_2, \\ P_n = \Pi_n (I_2 \otimes P_{n/2}). \end{cases} \tag{6.27}$$

Dim. Dimostriamo la tesi per induzione. Per $n = 2$ la tesi è banalmente verificata, in quanto $P_2 = I_2 = \Pi_2$ e $B_2 = F_2$, e abbiamo $F_2 = (I_1 \otimes B_2) P_2 = B_2$. Supponiamo ora per ipotesi induttiva che la tesi valga per $n/2 = 2^{t-1}$. Avremo

$$F_{n/2} P_{n/2} = (I_1 \otimes B_{n/2}) \cdots (I_{n/4} \otimes B_2). \tag{6.28}$$

Sostituendo il valore fornito dalla (6.28) per $F_{n/2}$ nella (6.25), otteniamo

$$F_n \Pi_n = B_n \left[I_2 \otimes ((I_1 \otimes B_{n/2}) \cdots (I_{n/4} \otimes B_2) P_{n/2}^T) \right].$$

Applicando le proprietà (6.20) e (6.23) del prodotto di Kronecker abbiamo

$$F_n \Pi_n = B_n \left[(I_2 \otimes (I_1 \otimes B_{n/2})) \cdots (I_2 \otimes (I_{n/4} \otimes B_2))(I_2 \otimes P_{n/2}^T) \right]$$

$$= (I_1 \otimes B_n) \left[(I_2 \otimes B_{n/2}) \cdots (I_{n/2} \otimes B_2)(I_2 \otimes P_{n/2}^T) \right].$$

Per ottenere la tesi dobbiamo mostrare solo che $(I_2 \otimes P_{n/2}^T) \Pi_n^T = P_n^T$. Dall'equazione (6.27) e per la proprietà (6.22) abbiamo $P_n^T = (\Pi_n(I_2 \otimes P_{n/2}))^T = \Pi_n^T (I_2 \otimes P_{n/2}^T)$ e quindi la tesi. $\square$

Esempio 6.7. La fattorizzazione di F_8 è data da

$$F_8 P_8 = (I_1 \otimes B_8)(I_2 \otimes B_4)(I_4 \otimes B_2),$$

dove

$$
I_1 \otimes B_8 = B_8 = \begin{pmatrix} I_4 & \Omega_4 \\ I_4 & -\Omega_4 \end{pmatrix} = \begin{pmatrix} 1 & & & & 1 & & & \\ & 1 & & & & \omega_8 & & \\ & & 1 & & & & \omega_8^2 & \\ & & & 1 & & & & \omega_8^3 \\ 1 & & & & -1 & & & \\ & 1 & & & & -\omega_8 & & \\ & & 1 & & & & -\omega_8^2 & \\ & & & 1 & & & & -\omega_8^3 \end{pmatrix},
$$

$$
I_2 \otimes B_4 = \begin{pmatrix} I_2 & \Omega_2 & & \\ I_2 & -\Omega_2 & & \\ & & I_2 & \Omega_2 \\ & & I_2 & -\Omega_2 \end{pmatrix} = \begin{pmatrix} 1 & & 1 & & & & & \\ & 1 & & \omega_4 & & & & \\ 1 & & -1 & & & & & \\ & 1 & & -\omega_4 & & & & \\ & & & & 1 & & 1 & \\ & & & & & 1 & & \omega_4 \\ & & & & 1 & & -1 & \\ & & & & & 1 & & -\omega_4 \end{pmatrix},
$$

$$
I_4 \otimes B_2 = \begin{pmatrix} B_2 & & & \\ & B_2 & & \\ & & B_2 & \\ & & & B_2 \end{pmatrix} = \begin{pmatrix} 1 & 1 & & & & & & \\ 1 & -1 & & & & & & \\ & & 1 & 1 & & & & \\ & & 1 & -1 & & & & \\ & & & & 1 & 1 & & \\ & & & & 1 & -1 & & \\ & & & & & & 1 & 1 \\ & & & & & & 1 & -1 \end{pmatrix}.
$$

$\square$

La fattorizzazione (6.26) costituisce un'altra evidenza del fatto che il prodotto $F_n x$, per $n = 2^t$, può essere calcolato con $O(n \log n)$ operazioni. È infatti immediato verificare che le $\log n$ matrici della forma $(I_k \otimes B_{n/k})$ che appaiono nella fattorizzazione (6.26) contengono esattamente 2 elementi diversi da zero in ogni riga e colonna e che quindi possono essere moltiplicate per un vettore utilizzando $O(n)$ operazioni.

Il seguente Lemma mostra una derivazione alternativa, e computazionalmente più efficiente, della matrice di permutazione P_n.

Lemma 6.9. *Per* $n = 2^t$, *sia* P_n *definita come in (6.27). Vale allora*

$$
P_n = (I_1 \otimes \Pi_n)(I_2 \otimes \Pi_{n/2}) \cdots (I_{n/2} \otimes \Pi_2). \tag{6.29}
$$

Dim. La dimostrazione procede per induzione. Per $n = 2$ la tesi è verificata, in quanto $P_2 = \Pi_2 = I_2$. Supponendo che la decomposizione (6.29) valga per $n/2$ e sostituendo il valore di $P_{n/2}$ nella definizione ricorsiva (6.27), otteniamo

$$
P_n = \Pi_n \left[(I_2 \otimes ((I_1 \otimes \Pi_n) \cdots (I_{n/2} \otimes \Pi_2))) \right].
$$

Applicando le proprietà (6.20) e (6.23) del prodotto di Kronecker otteniamo la tesi.

$\square$

6.2.4 FFT per n arbitrario

Nelle sezioni precedenti ci siamo concentrati sul calcolo di $F_n\mathbf{x}$ per $n = 2^k$.

Quando n non è una potenza di 2 sono possibili diversi approcci. L'idea elementare di completare con zeri il vettore $\mathbf{x}$ per portarlo ad una lunghezza $n' = 2^{\lceil \log n \rceil}$, che pure si applica con successo alla soluzione di altri problemi, in questo caso non conduce al risultato corretto.

Nella Sezione 6.5 vedremo che F_n può essere fattorizzata nel prodotto DTD dove D è una matrice diagonale e T una matrice di Toeplitz. Utilizzando questo approccio il calcolo di $F_n\mathbf{x}$ può essere ricondotto al calcolo di una convoluzione di dimensione opportuna, la quale, a sua volta viene calcolata per mezzo di una FFT di dimensione 2^k.

In questa sezione vediamo invece come le tecniche che si applicano per $n = 2^k$ possano essere generalizzate a valori arbitrari di n.

La chiave del funzionamento della FFT per $n = 2^k$ è costituita dal fatto che la matrice F_n può essere partizionata a blocchi in modo da sfruttare la forte correlazione tra i vari blocchi. Vediamo ora che qualcosa di simile accade anche nel caso più generale in cui n sia il prodotto di due interi p e q.

Definiamo innanzitutto una matrice di permutazione che generalizza la Π_n.

Definizione 6.6. *Sia $n = pq$. La matrice di permutazione $\Pi_{p,n}$ è definita in modo che $\Pi_{p,n}^T\mathbf{x}$ riordini gli elementi di $\mathbf{x}$ suddividendoli in p blocchi di lunghezza q, dove in uno stesso blocco si trovano gli elementi di $\mathbf{x}$ con lo stesso indice modulo p.*

Esempio 6.8. Sia $p = 3$, $q = 4$ e $n = p \cdot q = 12$. La matrice di permutazione $\Pi_{3,12}$ è tale che

$$\Pi_{3,12}^T[x_0\, x_1\, \cdots\, x_1 1]^T = [x_0\, x_3\, x_6\, x_9 \mid x_1\, x_4\, x_7\, x_{10} \mid x_2\, x_5\, x_8\, x_{11}]^T\,.$$

$\square$

Possiamo ora enunciare il teorema che generalizza la fattorizzazione

$$(F_2 \otimes I_{n/2})\,\mathrm{Diag}(I_{n/2}, \Omega_{n/2})\,(I_2 \otimes F_{n/2})\,,$$

valida per n pari, e che abbiamo finora utilizzato per n potenza di 2.

Teorema 6.10. *Se $n = pq$, allora*

$$F_n\Pi_{p,n} = (F_p \otimes I_q)\,\mathrm{Diag}(I_q, \Omega_{p,q}, \ldots, \Omega_{p,q}^{p-1})\,(I_p \otimes F_q)\,, \qquad (6.30)$$

dove $\Omega_{p,q} = \mathrm{Diag}(1, \omega_n, \ldots, \omega_n^q - 1)$. $\square$

Esempio 6.9. Mostriamo la fattorizzazione $F_{15}\Pi_{3,15}$ ottenuta dalla (6.30) ponendo $n = 15$, $p = 3$ e $q = 5$.

$$F_{15}\Pi_{3,15} = \begin{bmatrix} I_5 & I_5 & I_5 \\ I_5 & \omega_3 I_5 & \omega_3^2 I_5 \\ I_5 & \omega_3^2 I_5 & \omega_3 I_5 \end{bmatrix} \begin{bmatrix} I_5 & & \\ & \Omega_{3,5} & \\ & & \Omega_{3,5}^2 \end{bmatrix} \begin{bmatrix} F_5 & & \\ & F_5 & \\ & & F_5 \end{bmatrix}\,.$$

$\square$

Applicando ripetutamente la fattorizzazione suggerita dal Teorema 6.10 possiamo decomporre ricorsivamente il calcolo di una DFT di ordine n nel calcolo di DFT di ordine pari ai fattori primi di n.

Nel caso in cui $n = p \cdot q$ e $(p,q) = 1$, ovvero p e q sono primi tra loro è possibile ridurre la quantità di calcoli implicati dalla 6.30 grazie al seguente risultato.

Teorema 6.11. *Sia $n = p \cdot q$ e $(p,q) = 1$. Esistono allora due matrici di permutazione P' e P'' tali che*

$$P' F_n P'' = F_p \otimes F_q \,.$$

$\square$

Esempio 6.10. Consideriamo il caso $n = 6$. Abbiamo

$$F_2 = \begin{pmatrix} \omega_2^0 & \omega_2^0 \\ \omega_2^0 & \omega_2^1 \end{pmatrix} = \begin{pmatrix} \omega_6^0 & \omega_6^0 \\ \omega_6^0 & \omega_6^3 \end{pmatrix} \,,$$

e

$$F_3 = \begin{pmatrix} \omega_3^0 & \omega_3^0 & \omega_3^0 \\ \omega_3^0 & \omega_3^1 & \omega_3^2 \\ \omega_3^0 & \omega_3^2 & \omega_3^1 \end{pmatrix} = \begin{pmatrix} \omega_6^0 & \omega_6^0 & \omega_6^0 \\ \omega_6^0 & \omega_6^2 & \omega_6^4 \\ \omega_6^0 & \omega_6^4 & \omega_6^2 \end{pmatrix} \,,$$

da cui segue, ponendo per semplicità $\omega = \omega_6$,

$$F_3 \otimes F_2 = \left(\begin{array}{cc|cc|cc} \omega^0 & \omega^0 & \omega^0 & \omega^0 & \omega^0 & \omega^0 \\ \omega^0 & \omega^3 & \omega^0 & \omega^3 & \omega^0 & \omega^3 \\ \hline \omega^0 & \omega^0 & \omega^2 & \omega^2 & \omega^4 & \omega^4 \\ \omega^0 & \omega^3 & \omega^2 & \omega^5 & \omega^4 & \omega^1 \\ \hline \omega^0 & \omega^0 & \omega^4 & \omega^4 & \omega^2 & \omega^2 \\ \omega^0 & \omega^3 & \omega^4 & \omega^1 & \omega^2 & \omega^5 \end{array} \right) \quad \text{mentre} \quad F_6 = \begin{pmatrix} \omega^0 & \omega^0 & \omega^0 & \omega^0 & \omega^0 & \omega^0 \\ \omega^0 & \omega^1 & \omega^2 & \omega^3 & \omega^4 & \omega^5 \\ \omega^0 & \omega^2 & \omega^4 & \omega^0 & \omega^2 & \omega^4 \\ \omega^0 & \omega^3 & \omega^0 & \omega^3 & \omega^0 & \omega^3 \\ \omega^0 & \omega^4 & \omega^2 & \omega^0 & \omega^4 & \omega^2 \\ \omega^0 & \omega^5 & \omega^4 & \omega^3 & \omega^2 & \omega^1 \end{pmatrix} \,.$$

È immediato verificare che

$$\begin{pmatrix} 1 & 0 & 0 & 0 & 0 & 0 \\ 0 & 0 & 0 & 1 & 0 & 0 \\ 0 & 0 & 0 & 0 & 1 & 0 \\ 0 & 1 & 0 & 0 & 0 & 0 \\ 0 & 0 & 1 & 0 & 0 & 0 \\ 0 & 0 & 0 & 0 & 0 & 1 \end{pmatrix} F_6 \begin{pmatrix} 1 & 0 & 0 & 0 & 0 & 0 \\ 0 & 0 & 0 & 0 & 0 & 1 \\ 0 & 0 & 1 & 0 & 0 & 0 \\ 0 & 1 & 0 & 0 & 0 & 0 \\ 0 & 0 & 0 & 0 & 1 & 0 \\ 0 & 0 & 0 & 1 & 0 & 0 \end{pmatrix} = F_3 \otimes F_2 \,.$$

$\square$

I Teoremi 6.10 e 6.11 ci permettono di decomporre F_n in termini di F_{p_i}, dove p_i sono i fattori primi di n. Resta per ora aperta la questione del calcolo efficiente di $F_n \mathbf{x}$ quando n è primo. Nella Sezione 6.13 vedremo come trasformare in un problema di convoluzione il calcolo di $F_n \mathbf{x}$, per n primo, e come ridurre così questo caso ad un certo numero di DFT di ordine pari ad una potenza di 2.

6.3 Trasformata di Fourier e divisione di polinomi

In questa sezione vediamo come la corrispondenza tra valutazione di un polinomio e calcolo del resto possa essere sfruttata per descrivere, in modo equivalente a quanto visto nella Sezione 6.2, il metodo *divide-et-impera* alla base dell'algoritmo FFT.

Nella Sezione 6.1.3 abbiamo presentato un metodo per la valutazione di un polinomio di grado $n-1$ in n punti arbitrari. Vediamo ora come, scegliendo in modo opportuno i punti, il costo di tale operazione si riduca da $O(n \log^2 n)$ a $O(n \log n)$.

Per $n = 2^k$, consideriamo il problema di valutare un polinomio $p(x)$ di grado $n-1$ nei punti ω_n^i, per $i = 0, \ldots, n-1$, dove $\omega_n = e^{2\pi i/n}$ è una radice primitiva n-esima dell'unità.

Una proprietà chiave delle potenze ω_n^k è data nel seguente lemma.

Lemma 6.10. *Sia n pari. Allora*

$$(x - \omega_n^k)(x - \omega_n^{k+\frac{n}{2}}) = x^2 - \omega_{n/2}^k ,$$

per $k = 0, \ldots, n/2 - 1$.

Dim. Poiché n è pari, abbiamo $\omega_n^{\frac{n}{2}} = e^{\pi i} = -1$ e quindi $\omega_n^{k+\frac{n}{2}} = -\omega_n^k$. Sfruttando la relazione $\omega_n^{2k} = \omega_{n/2}^k$ otteniamo la tesi. $\square$

In base al Lemma 6.10, polinomi del tipo $t_k(x) = x - \omega_n^k$ possono essere raggruppati in modo che la loro moltiplicazione a due a due produca termini della forma $s_{2,j}(x) = x^2 - \omega_{n/2}^j$, per $j = 0, \ldots, n/2 - 1$. Analogamente, raggruppando opportunamente i polinomi $s_{2,j}(x)$ otterremo, sempre per il Lemma 6.10, $s_{3,j} = x^4 - \omega_{n/4}^j$, per $j = 0, \ldots, n/4 - 1$ e così via.

Mettendo da parte per il momento il problema di accoppiare opportunamente i prodotti parziali ottenuti durante l'esecuzione dell'algoritmo Poli-Mod, che abbiamo descritto nella Sezione 6.1.3, è chiaro che l'operazione di moltiplicazione di polinomi (linea 4) il cui costo avevamo indicato con $M(n)$ può essere eseguita in tempo costante, poiché tutti i polinomi coinvolti nel procedimento hanno la forma $x^h - \omega_{n/h}^j$.

Consideriamo ora il problema del calcolo del resto (linea 10). Vale il seguente risultato.

Lemma 6.11. *Sia $p(x) = \sum_{j=0}^{2n-1} a_j x^j$. Il resto della divisione di $p(x)$ per $x^n - c$, dove c è una costante, è dato da*

$$r(x) = \sum_{j=0}^{n-1} (a_j + ca_{j+n})x^j$$

e può essere calcolato in tempo $O(n)$.

Dim. La dimostrazione è immediata, osservando che $p(x) = q(x)(x^n - c) + r(x)$, dove $q(x) = \sum_{j=0}^{n-1} a_{j+n} x^j$. Il calcolo di $r(x)$ si riduce quindi al calcolo dei suoi n coefficienti, ognuno dei quali può essere ottenuto in tempo costante. $\square$

In base ai Lemmi 6.10 e 6.11 e limitatamente alla scelta molto particolare dei punti ω_n^k nei quali valutare $p(x)$, abbiamo $M(n) = O(1)$ e $Q(n) = O(n)$. Il costo totale dell'algoritmo risulta quindi $O((M(n) + Q(n)) \log n) = O(n \log n)$.

Il problema di raggruppare opportunamente i prodotti parziali dei polinomi $x - \omega_n^k$ non incide sul costo asintotico, in quanto, in base al seguente Lemma, può essere risolto in tempo $O(n \log n)$.

Lemma 6.12. *Sia $n = 2^k$. Per ogni $0 \le j < n$ denotiamo con $[d_0\, d_1\, \ldots\, d_{k-1}]$ la rappresentazione binaria di j su k cifre, ovvero $j = \sum_{i=0}^{k-1} d_{k-1-i}\, 2^i$. Sia $r(j)$ il numero la cui rappresentazione binaria è ottenuta invertendo la rappresentazione di j, ovvero*

$$r(j) = [d_{k-1}\, d_{k-2}\, \ldots\, d_0] = \sum_{i=0}^{k-1} d_i\, 2^i ,$$

e sia

$$p(s,t) = \prod_{j=s\,2^t}^{s\,2^t + 2^t - 1} \left(x - \omega_n^{r(j)} \right) .$$

Abbiamo allora $p(s,t) = x^{2^t} - \omega_n^{r(s)}$.

Dim. Procediamo per induzione rispetto a t. Per $t = 0$ la tesi è verificata, in quanto $p(s,0) = x - \omega_n^{r(s)}$. Per definizione di $p(s,t)$ abbiamo, per $t > 0$,

$$p(s,t) = p(2s, t-1)\, p(2s+1, t-1) ,$$

e quindi, per ipotesi induttiva,

$$p(s,t) = (x^{2^{t-1}} - \omega_n^{r(2s)}) (x^{2^{t-1}} - \omega_n^{r(2s+1)}) .$$

I numeri $2s$ e $2s+1$, espressi in notazione binaria, differiscono per il bit meno significativo; pertanto $r(2s)$ e $r(2s+1)$ differiscono per il bit più significativo, il cui peso è $n/2$. Quindi $r(2s+1) = \frac{n}{2} + r(2s+1)$, e ricordando che $\omega_n^{n/2} = -1$ abbiamo

$$p(s,t) = (x^{2^{t-1}})^2 - (\omega_n^{r(2s)})^2 = x^{2^t} - \omega_n^{r(s)} ,$$

che segue sfruttando la relazione $r(2s) = \frac{1}{2} r(s)$, immediata dalla definizione di r. $\square$

In base al Lemma 6.12, se le potenze di ω_n vengono disposte nell'ordine

$$\omega_n^{r(0)}, \omega_n^{r(1)}, \ldots, \omega_n^{r(n-1)}, \tag{6.31}$$

e raggruppate a 2 a 2, poi 4 a 4 e così via, i prodotti generati durante l'esecuzione dell'algoritmo PoliMod sono tutti della forma $p(s, t) = x^{2^t} - \omega_n^{r(s)}$, come desiderato.

Per determinare l'ordinamento (6.31) è sufficiente calcolare $r(j)$ per ogni $0 \le j < n$. Il calcolo di $r(j)$ può essere effettuato facilmente in tempo $O(\log n)$ e quindi il tempo complessivo risulta proporzionale a $n \log n$.

6.4 Prodotto di polinomi e calcolo di convoluzioni

Il Teorema di convoluzione che abbiamo descritto nella Sezione 6.1.5 suggerisce un metodo per il calcolo del prodotto di polinomi, e quindi della convoluzione lineare di vettori, che ha la stesso costo asintotico della FFT. Sostituendo la generica matrice di Vandermonde con quella di Fourier, il calcolo della convoluzione, e quindi del prodotto di polinomi, possono essere eseguiti in tempo $O(n \log n)$.

Dati due polinomi $p(x) = \sum_{i=0}^{n-1} p_i x^i$ e $q(x) = \sum_{i=0}^{n-1} q_i x^i$ di grado $n - 1$, l'algoritmo per determinare $t(x) = p(x) q(x)$ può essere descritto come segue.

Algoritmo PoliMult

Input : $p(x)$ e $q(x)$ di grado $n - 1$.
Ouput : $t(x) = p(x) q(x)$

---

1. determina $m = 2^k$, con $2^k \ge 2n$
2. poni $\mathbf{p} = [p_0, \ldots, p_{n-1}, 0, \ldots, 0]^T$ (dim. $= m$)
3. poni $\mathbf{q} = [q_0, \ldots, q_{n-1}, 0, \ldots, 0]^T$ (dim. $= m$)
4. calcola $\tilde{\mathbf{p}} = F_m \mathbf{p}$
5. calcola $\tilde{\mathbf{q}} = F_m \mathbf{q}$
6. calcola $\tilde{\mathbf{t}} = \tilde{\mathbf{p}} * \tilde{\mathbf{q}}$, elemento per elemento
7. calcola $\mathbf{t} = F_m^{-1} \tilde{\mathbf{t}}$
8. ritorna le prime $2n - 2$ componenti di $\mathbf{t}$

Consideriamo ora il problema di moltiplicare una matrice circolante C per un vettore $\mathbf{x}$, che come abbiamo visto, è equivalente al calcolo di una convoluzione ciclica.

Sia R_n la matrice circolante $n \times n$ la cui prima colonna è $[0\,1\,0\,\cdots\,0]^T$. È immediato verificare che R_n è una matrice di permutazione e che ogni matrice circolante $n \times n$ è un polinomio nella matrice R_n. Vale infatti il seguente lemma, di immediata dimostrazione.

Lemma 6.13. *Sia C una matrice circolante $n \times n$ la cui prima colonna è* $[c_0\,c_1\,\ldots\,c_{n-1}]^T$. *Abbiamo allora*

$$C = c_0 I + c_1 R_n + c_2 R_n^2 + \cdots + c_{n-1} R_n^{n-1}.$$

$\square$

Esempio 6.11. Per $n = 4$ abbiamo

$$
c_1 R_4 = \begin{pmatrix} 0 & 0 & 0 & c_1 \\ c_1 & 0 & 0 & 0 \\ 0 & c_1 & 0 & 0 \\ 0 & 0 & c_1 & 0 \end{pmatrix}, \quad c_2 R_4^2 = \begin{pmatrix} 0 & 0 & c_2 & 0 \\ 0 & 0 & 0 & c_2 \\ c_2 & 0 & 0 & 0 \\ 0 & c_2 & 0 & 0 \end{pmatrix}, \quad c_3 R_4^3 = \begin{pmatrix} 0 & c_3 & 0 & 0 \\ 0 & 0 & c_3 & 0 \\ 0 & 0 & 0 & c_3 \\ c_3 & 0 & 0 & 0 \end{pmatrix},
$$

e quindi

$$
C = c_0 I + c_1 R_4 + c_2 R_4^2 + c_3 R_4^3 = \begin{pmatrix} c_0 & c_3 & c_2 & c_1 \\ c_1 & c_0 & c_3 & c_2 \\ c_2 & c_1 & c_0 & c_3 \\ c_3 & c_2 & c_1 & c_0 \end{pmatrix}.
$$

□

Il seguente Lemma mette in luce una relazione tra matrice di Fourier e matrici circolantiche può essere sfruttata per il calcolo di $C\mathbf{x}$.

Lemma 6.14. *Sia C una matrice circolante $n \times n$ la cui prima colonna è $\mathbf{c} = [c_0\, c_1\, \ldots\, c_{n-1}]^T$ e sia F_n la matrice di Fourier. Se D_C è la matrice diagonale tale che $(D_C)_{jj} = (F_n\, \mathbf{c})_j$, allora $F_n C F_n^{-1} = D_C$.*

Dim. Verifichiamo innanzitutto che F_n diagonalizza R_n, e in particolare che $F_n R_n = D_n F_n$, dove $D_n = \mathrm{Diag}(1, \omega_n, \ldots, \omega_n^{n-1})$. Abbiamo infatti, per ogni coppia di indici k e j, $(F_n R_n)_{kj} = \omega_n^{k(j+1)}$ e $(d_n F_n)_{kj} = \omega_n^k \omega_n^{kj} = \omega_n^{k(j+1)}$. Possiamo ora verificare che la proprietà vale per una generica circolante. In base al Lemma 6.13 possiamo scrivere

$$
F_n C F_n^{-1} = \sum_{k=0}^{n-1} c_k F_n R_n^k F_n^{-1} = \sum_{k=0}^{n-1} c_k (F_n R_n F_n^{-1})^k = \sum_{k=0}^{n-1} c_k D_n^k = D_C.
$$

Abbiamo infine $(D_C)_{kk} = c_0 + c_1 \omega_n^k + \ldots + c_{n-1}\omega_n^{k(n-1)} = (F_n \mathbf{c})_k$. □

In base al lemma precedente, possiamo riscrivere il prodotto $C\mathbf{x}$ come $C\mathbf{x} = F_n^{-1} D_C F_n \mathbf{x} = F_n^{-1}[(F_n\mathbf{x}) * (F_n\mathbf{c})]$. Siamo quindi giunti, per un'altra via, ad un risultato analogo al Teorema di convoluzione ciclica.

Nel seguito identificheremo il calcolo del prodotto $C\mathbf{x}$ con il calcolo di della convoluzione ciclica di $\mathbf{x}$ e $\mathbf{c}$, che vengono entrambi ottenuti per mezzo del seguente algoritmo.

Algoritmo CircolanteX

Input   : $\mathbf{x}$ e $\mathbf{y}$ di dimensione n.
Ouput   : $\mathbf{z} = x \star y$.

---

1. calcola $\mathbf{x}' = F_n\mathbf{x}$ e $\mathbf{y}' = F_n\mathbf{y}$
2. calcola $\mathbf{z}' = \mathbf{x} * \mathbf{y}$ (prodotto elemento per elemento)
3. calcola $\mathbf{z} = F_n^{-1}\mathbf{z}'$
4. ritorna $\mathbf{z}$

L'algoritmo CircolanteX ha lo stesso costo asintotico della DFT, in quanto è composto da due DFT, una IDFT, oltre alle n operazioni della linea 2. Ricordiamo che la convoluzione lineare può essere calcolata mediante una convoluzione ciclica di dimensione doppia, come visto nel Teorema 6.7. Quindi anche la convoluzione lineare ha costo $O(n \log n)$. Analogamente abbiamo visto che il prodotto di una matrice T di Toeplitz per un vettore può essere ricondotto al calcolo del prodotto di una circolante per un vettore. Riassumiamo questo risultato nel seguente algoritmo per il calcolo del prodotto $T\mathbf{x}$.

Algoritmo ToeplitzX
Input   : T, matrice di Toeplitz e $\mathbf{x}$ di dimensione n.
Ouput : $\mathbf{y} = T \star x$.

---

1. immergi T in C circolante $m \times m$ con $m \geq 2n - 1$
2. estendi $\mathbf{x}$ a $\mathbf{x}'$ di dimensione m
3. calcola $\mathbf{y}' = C\mathbf{x}'$ con l'algoritmo CircolanteX
4. restringi $\mathbf{y}'$ a $\mathbf{y}$
5. ritorna $\mathbf{y}$

Notiamo che l'algoritmo CircolanteX, per poter sfruttare l'algoritmo FFT, deve essere invocato per dimensioni uguali a potenze di 2. Al contrario l'algoritmo ToeplitzX può essere invocato per dimensioni qualsiasi. La scelta di m (linea 1) ha solo il vincolo $m \geq 2n - 1$, e quindi possiamo scegliere $m = 2^k \geq 2n - 1$.

Poiché tutte le matrici circolanti sono anche matrici di Toeplitz, il calcolo di $C_n\mathbf{x}$ può essere effettuato in $O(n \log n)$ per qualsiasi n, invocando ToeplitzX anziché CircolanteX. È quindi possibile progettare un algoritmo, analogo a ToeplitzX, che utilizzi l'immersione di una circolante arbitraria in una circolante di dimensione opportuna (vedi Esercizio 6.6).

6.5 Riduzione della DFT alla convoluzione

In questa sezione presentiamo due metodi per trasformare il calcolo di una DFT in una convoluzione ciclica. Il primo metodo, noto come metodo di Bluestein, consiste nel fattorizzare la matrice F_n come $F_n = DTD$ dove D è una matrice diagonale e T è una matrice di Toeplitz; il secondo, noto come metodo di Rader, consente di trasformare, tramite permutazioni, F_n (per n primo) in una matrice che contiene come sottomatrice una matrice circolante di ordine $n - 1$. In entrambi i casi la riduzione consente poi di trasformare il calcolo della DFT in una convoluzione di ordine pari ad una potenza di 2.

6.5.1 Metodo di Bluestein

Il metodo di Bluestein è basato sulla fattorizzazione della matrice di Fourier F_n nel prodotto DTD dove D è diagonale e T di Toeplitz. Vale il seguente teorema.

Teorema 6.12 (Bluestein). *Per ogni n, definiamo la matrice diagonale $D = \mathrm{Diag}(d_0, d_1, \ldots, d_{n-1})$ dove $d_j = \omega_{2n}^{j^2}$, e ω_{2n} è una radice primitiva $2n$-esima dell'unità. Sia T una matrice di Toeplitz $n \times n$ tale che $T_{ij} = \omega_{2n}^{-(i-j)^2}$, per $i, j = 0, \ldots, n-1$. Vale allora $F_n = DTD$.*

Dim. Per definizione di D e T, il generico elemento (i, j) del prodotto DTD è uguale a

$$d_i T_{ij} d_j = \omega_{2n}^{i^2} \omega_{2n}^{-(i-j)^2} \omega_{2n}^{j^2} = \omega_{2n}^{2ij} = \omega_n^{ij} = (F_n)_{ij},$$

dove abbiamo utilizzato la proprietà $\omega_{2n}^{2k} = \omega_n^k$. $\qquad \square$

Come abbiamo visto nella sezione precedente, il prodotto di una matrice di Toeplitz $n \times n$ per un vettore può essere calcolato in tempo $O(n \log n)$ anche quando n non è una potenza di 2.

Il metodo di Bluestein può essere riassunto come segue.

Algoritmo Bluestein

Input : $\mathbf{x}$ di dimensione n.

Ouput : $\mathbf{y} = F_n \mathbf{x}$.

---

1. calcola $D = \mathrm{Diag}(d_0, d_1, \ldots, d_{n-1})$ dove $d_j = \omega_{2n}^{j^2}$
2. calcola prima riga e colonna di $(T)_{ij} = \omega_{2n}^{-(i-j)^2}$
3. calcola $\tilde{\mathbf{x}} = D\mathbf{x}$
4. calcola $\tilde{\mathbf{y}} = T\tilde{\mathbf{x}}$ con l'algoritmo ToeplitzX
5. calcola $\mathbf{y} = D\tilde{\mathbf{y}}$
6. ritorna $\mathbf{y}$.

6.5.2 Metodo di Rader

Il metodo di Rader, come quello di Bluestein, permette di passare da una DFT ad una convoluzione. Il metodo, che si applica quando la dimensione è un numero primo, si basa su alcune elementari proprietà dell'aritmetica modulare, che ricordiamo.

Lemma 6.15. *Sia n un numero primo. Allora $\mathbf{Z}_n^*$ contiene un elemento r, detto generatore, tale che per ogni elemento $x \in \mathbf{Z}_n^*$ esiste un $k < n$ tale che $r^k = x$. Inoltre $r^i \not\equiv_n r^j$ per ogni $i \neq j$ e $1 \leq i, j \leq n-1$. Infine anche r^{-1} è un generatore.* $\qquad \square$

Esempio 6.12. Consideriamo $\mathbf{Z}_{11}$. Abbiamo

$$[2^1, \ldots, 2^{10}] \equiv_{11} [2, 4, 8, 5, 10, 9, 7, 3, 6, 1],$$
$$[3^1, \ldots, 3^{10}] \equiv_{11} [3, 9, 5, 4, 1, 3, 9, 5, 4, 1],$$

quindi 2 è un generatore, mentre 3 non lo è. $\qquad \square$

Dati un numero primo n e un generatore s, definiamo una matrice $Q_n(s)$ in modo tale che, per ogni vettore x, valga

$$\left(Q_n(s)^T x\right)_k = \begin{cases} x_k & \text{per } k = 0 \\ x_{s^k} & \text{per } 1 \le k \le n-1 . \end{cases}$$

Per le proprietà di $\mathbf{Z}_n^*$ e dei generatori, $Q_n(s)$ è una matrice di permutazione. Definiamo analogamente $Q_n(s^{-1})$, che risulterà anch'essa di permutazione.

Esempio 6.13. Consideriamo ad esempio $\mathbf{Z}_5$, il generatore $s = 2$ e il suo inverso $s^{-1} = 3$. Abbiamo $[2^1, \ldots, 2^4] \equiv_5 [2, 4, 3, 1]$ e $[3^1, \ldots, 3^4] \equiv_5 [3, 4, 2, 1]$. Le matrici $Q(2)$ e $Q(3)$ devono quindi soddisfare le relazioni

$$Q_5(2)^T [x_0\, x_1\, x_2\, x_3\, x_4]^T = [x_0\, x_2\, x_4\, x_3\, x_1]^T ,$$
$$Q_5(3)^T [x_0\, x_1\, x_2\, x_3\, x_4]^T = [x_0\, x_3\, x_4\, x_2\, x_1]^T .$$

$\square$

Il metodo di Rader si basa sul seguente teorema.

Teorema 6.13. *Per n primo e $r \in \mathbf{Z}_n^*$ generatore, vale*

$$Q_n(r)^T F_n Q_n(r^{-1}) = B_n = \begin{bmatrix} 1 & \mathbf{u}^T \\ \mathbf{u} & C_{n-1} \end{bmatrix} ,$$

dove $\mathbf{u}$ è il vettore di ordine $n-1$ con tutti gli elementi uguali a 1, e C_{n-1} è una matrice circolante la cui prima colonna è uguale a $[1\, \omega_n^r\, \omega_n^{r^2} \cdots \omega_n^{r^{n-2}}]^T$.

Dim. Per definizione le matrici di permutazione $Q(s)$ (e quindi anche $Q(s^{-1})$) lasciano invariata la prima componente. Quindi, poiché la prima riga e colonna di F_n sono costituite interamente da 1, anche la prima riga e colonna di B_n godranno della stessa proprietà. Ricordando la definizione di $Q_n(s)$ e di F_n otteniamo $C_{kj} = \omega_n^{(r^k)(r^{-j})} = \omega_n^{r^{k-j}}$. Poiché l'elemento C_{kj} è determinato dalla differenza $k - j$ degli indici, la matrice C è circolante. $\square$

Il metodo di Rader può essere riassunto nel seguente algoritmo.

Algoritmo Rader

Input   : $\mathbf{x}$ di dimensione n, con n primo, un generatore r di $\mathbf{Z}_n$.
Ouput : $\mathbf{y} = F_n \mathbf{x}$

---

1. calcola $\mathbf{x} = Q_n(r^{-1})\mathbf{x}$
2. poni $\tilde{\mathbf{x}} = [x_1, \ldots, x_{n-1}]^T$
3. calcola $\mathbf{c} = [1, \omega_n^r, \omega_n^{r^2}, \ldots, \omega_n^{r^{n-1}}]$
4. calcola $\tilde{y}_0 = \sum_i x_i$
5. calcola $\tilde{y}_{1..n-1} = x_0 \mathbf{u} + (\tilde{\mathbf{x}} \circ \mathbf{c})$, con CircolanteX
6. calcola $\mathbf{y} = Q_n(r)\tilde{\mathbf{y}}$
7. ritorna $\mathbf{y}$

6.6 Trasformata di Hadamard

Ci occupiamo ora di una trasformazione lineare profondamente legata alla trasformata discreta di Fourier, in quanto corrisponde ad una trasformata di Fourier sul cubo booleano $\{0,1\}^k$.

Consideriamo lo spazio vettoriale $\mathcal{F}$ delle funzioni $f : \{0,1\}^k \to \mathbf{R}$. Questo spazio è dotato di un prodotto scalare, definito da

$$\langle g, f \rangle = \frac{1}{2^k} \sum_{x \in \{0,1\}^k} f(x) g(x) \, ,$$

dove $f, g \in \mathcal{F}$.

Lo spazio $\mathcal{F}$ ha dimensione 2^k, e l'insieme di funzioni

$$\{ f_x(y) = 1 \text{ se e solo se } x = y \mid x \in \{0,1\}^k \}$$

ne costituisce una base.

Un'altra base per $\mathcal{F}$ si può ottenere considerando le cosiddette *funzioni di Fourier*.

Definizione 6.7. *Per ogni* $w \in \{0,1\}^k$, *si definisce* funzione di Fourier *relativa a* w *la funzione*

$$Q_w(x) = (-1)^{w_1 x_1} (-1)^{w_2 x_2} \cdots (-1)^{w_k x_k} = (-1)^{w^T x} \, ,$$

dove $x \in \{0,1\}^k$.

Le funzioni di Fourier sono particolarmente interessanti poiché formano una base ortonormale per $\mathcal{F}$ e consentono di definire una trasformata di Fourier su $\{0,1\}^k$.

Teorema 6.14. *L'insieme delle* 2^k *funzioni di Fourier*

$$\{ Q_w(x) = (-1)^{w^T x}, \ w \in \{0,1\}^k \}$$

forma una base ortonormale per lo spazio $\mathcal{F}$.

Dim. Per prima cosa dimostriamo che le 2^k funzioni sono tra loro distinte. Per assurdo, supponiamo che $Q_u = Q_v$ e che le due stringhe u e v differiscano nell'i-esima coordinata, ossia $u_i \neq v_i$. Otteniamo una contraddizione considerando la stringa e_i, avente un solo bit uguale a 1 nella i-esima posizione. Infatti, risulta $Q_u(e_i) = (-1)^{u_i}$ e $Q_v(e_i) = (-1)^{v_i}$, da cui $Q_u(e_i) \neq Q_v(e_j)$.

Dato che le 2^k funzioni di Fourier sono tra loro distinte e lo spazio $\mathcal{F}$ ha dimensione 2^k, per dimostrare che esse formano una base è sufficiente verificarne l'ortogonalità. Valutiamo allora il seguente prodotto scalare

$$\langle Q_w, Q_y \rangle = \frac{1}{2^k} \sum_x (-1)^{w^T x} (-1)^{y^T x}$$

$$= \sum_x \prod_j (-1)^{(w_j + y_j) x_j} = \sum_x (-1)^{(w+y)^T x} \, .$$

Dato che $(w_j + y_j)$ può assumere valore 0, 1 oppure 2, e che $(-1)^{2x_j} = (-1)^0 = 1$, la somma $(w_j + y_j)$ può essere sostituita con una somma modulo 2 (che denotiamo con il simbolo $\oplus$). Definendo $u = w \oplus y$, otteniamo

$$\langle Q_w, Q_y \rangle = \frac{1}{2^k} \sum_x (-1)^{u^T x} .$$

Per valutare questo prodotto consideriamo due casi distinti. Sia $\bar{0}$ la stringa composta da elementi tutti uguali a 0.

$w \neq y$. In questo caso risulta $u = w \oplus y \neq \bar{0}$. L'ortogonalità tra le due funzioni Q_w e Q_y segue allora dal fatto che gli insiemi $A = \{x \in \{0,1\}^k \mid u^T x = 1 \ (\mathrm{mod} \ 2)\}$ e $B = \{x \in \{0,1\}^k \mid u^T x = 0 \ (\mathrm{mod} \ 2)\}$ hanno la stessa cardinalità, $|A| = |B| = 2^{k-1}$. Otteniamo infatti

$$\langle Q_w, Q_y \rangle = \frac{1}{2^k} \sum_x (-1)^{u^T x} = \frac{1}{2^k} \left(\sum_{x \in A} (-1)^1 + \sum_{x \in B} (-1)^0 \right) =$$

$$= \frac{1}{2^k} (-2^{k-1} + 2^{k-1}) = 0 .$$

$w = y$. Se $w = y$, allora risulta $u = \bar{0}$. Ogni termine nella somma assume così valore 1, per cui abbiamo

$$\langle Q_w, Q_y \rangle = \frac{1}{2^k} \sum_x (-1)^{u^T x} = \frac{1}{2^k} \, 2^k = 1 ,$$

da cui segue l'ortonormalità della base. $\square$

Possiamo ora definire la *Trasformata di Fourier astratta* di una funzione booleana f come la funzione a valori razionali f^* che definisce le coordinate di f rispetto alla base $\{Q_w(x), w \in \{0, 1\}^k\}$, ossia $f^*(w) = 2^{-k} \sum_x Q_w(x) f(x)$. Allora $f(x) = \sum_w Q_w(x) f^*(w)$ è l'espansione di Fourier di f.

Usando la rappresentazione tramite 2^k-uple binarie per le funzioni f e f^*, e considerando l'ordinamento naturale delle k-uple x e w, è possibile ricostruire una formulazione matriciale per la trasformata in oggetto.

Per $n = 2^k$, consideriamo una matrice H_n di ordine $n \times n$ il cui elemento (i,j) h_{ij} soddisfa $h_{ij} = (-1)^{\mathbf{i}^T \mathbf{j}}$, dove $\mathbf{i}^T \mathbf{j}$ denota il prodotto scalare delle espansioni binarie di i e j. Se $f = [f_0 \, f_1 \ldots f_{2^k-1}]^T$ e $f^* = \left[f_0^* \, f_1^* \ldots f_{2^k-1}^* \right]^T$, allora, dal fatto che $H_n^{-1} = \frac{1}{n} H_n$, otteniamo $f = H_n f^*$ e $f^* = \frac{1}{n} H_n f$.

La matrice H_n viene detta matrice di Hadamard e può essere ricorsivamente definita come

$$H_1 = \begin{pmatrix} 1 & 1 \\ 1 & -1 \end{pmatrix} , \qquad H_n = \begin{pmatrix} H_{n/2} & H_{n/2} \\ H_{n/2} & -H_{n/2} \end{pmatrix} .$$

Dalla struttura di H_n emerge immediatamente l'idea del seguente algoritmo ricorsivo, analogo a quello per il calcolo di una FFT, che ha un costo computazionale proporzionale a $n \log n$.

Algoritmo Hadamard

Input : $n = 2^k$ e $a_0, a_1, \ldots, a_{n-1}$.

Ouput : $y = H_n a$.

---

1. poni $a^0 = [a_0, a_1, \ldots, a_{n/2-1}]^T$
2. poni $a^1 = [a_{n/2}, a_{n/2+1}, \ldots, a_{n-1}]^T$
3. calcola $y^0 = H_{n/2} a^0$ e $y^1 = H_{n/2} a^1$
4. calcola ciascuna componente di $y = H_n a$, come
5. $y_i = y_i^0 + y_i^1$, $i = 0, \ldots, n/2 - 1$ e
6. $y_i = y_i^0 - y_i^1$, $i = n/2, \ldots, n - 1$
7. ritorna y

6.7 Matrici di Hilbert generalizzate e problema di Trummer

Abbiamo visto l'equivalenza, dal punto di vista computazionale, tra il calcolo del prodotto di una matrice di Vandermonde per un vettore e la valutazione di un polinomio in più punti. In questa sezione ci occupiamo di un problema, noto come *problema di Trummer*, che può essere ricondotto alla valutazione di un polinomio e delle sue derivate in più punti.

Tale problema ha origine in importanti applicazioni, tra cui la valutazione multipla della funzione zeta di Riemann e la risoluzione di equazioni integrali singolari di Cauchy.

Siano $c_1, c_2, \ldots, c_n$ costanti distinte. Data una matrice T (detta *matrice di Hilbert generalizzata* o anche *matrice di Cauchy*) definita da $t_{ij} = \frac{1}{c_i - c_j}$, per $i \neq j$, e $t_{ii} = 0$, $i, j = 1, \ldots, n$, il problema di Trummer consiste nel calcolare il prodotto Ty, per un qualsiasi vettore y di ordine n.

Nel seguito mostriamo l'equivalenza tra questo problema, ossia il calcolo di $\sum_{i=1, i\neq j}^{n} \frac{y_i}{c_i - c_j}$, per $j = 1, \ldots, n$, e la valutazione del polinomio $g(z) = \prod_{i=1}^{n}(z - c_i)$ e delle sue derivate g' e g'' nei punti c_i, unita all'interpolazione di un polinomio nei punti c_j.

Consideriamo infatti il polinomio $g(z) = \prod_{i=1}^{n}(z - c_i)$ ed occupiamoci di determinare un polinomio $h(x)$ che soddisfi

$$\frac{h(x)}{g(x)} = \sum_{i=1}^{n} \frac{y_i}{x - c_i}.$$

Osserviamo innanzitutto che $h(c_j) = y_i g'(c_j)$, per $j = 1, \ldots, n$. Infatti si vede facilmente che $g'(c_j) = \prod_{i=1, i\neq j}^{n}(c_j - c_i)$ e l'uguaglianza segue allora dal fatto che l'unico termine diverso da zero della somma $\sum_{i=1}^{n} \frac{y_i g(c_j)}{c_j - c_i}$ si ha per $i = j$.

È facile vedere che

$$h'(x) = g'(x) \sum_{i=1}^{n} \frac{y_i}{x - c_i} - g(x) \sum_{i=1}^{n} \frac{y_i}{(x - c_i)^2}.$$

È conveniente riscrivere l'uguaglianza precedente separando il termine che corrisponde al caso $i = j$.

Abbiamo perciò

$$h'(x) = t_j(x) + g'(x) \sum_{i \neq j} \frac{y_i}{x - c_i} - g(x) \sum_{i \neq j} \frac{y_i}{(x - c_i)^2},$$

dove $t_j(x) = \frac{g'(x)y_j}{x - c_j} - \frac{g(x)y_j}{(x - c_j)^2}$.

Da questa formulazione, otteniamo immediatamente

$$h'(c_j) = t_j(c_j) + g'(c_j) \sum_{i \neq j} \frac{y_i}{x - c_i},$$

che è una riscrittura del j-esimo termine dell'uguaglianza $Ty = x$. A questo punto, l'equivalenza tra il problema di Trummer e la valutazione di polinomi (e delle loro prime due derivate) segue dal fatto che $t_j(c_j) = \frac{1}{2}y_j g''(c_j)$, come si può facilmente verificare espandendo in serie di Taylor $t_j(x)$.

Sintetizzando, abbiamo che la componente x_j del vettore $x = Ty$ è data da

$$x_j = \frac{h'(c_j) - t_j(c_j)}{g'(c_j)}.$$

L'uguaglianza precedente suggerisce il seguente algoritmo per risolvere il problema di Trummer.

Algoritmo Trummer

Input   : y e $c_1, c_2, \ldots, c_n$.

Ouput : $x = Ty$.

---

1. calcola i coefficienti di $g(x)$
2. calcola i coefficienti di $g'(x)$ e $g''(x)$
3. valuta $g'(x)$ e $g''(x)$ nei punti c_i, $i = 1, \ldots, n$
4. calcola $h(c_i) = y_i g'(c_i)$, $i = 1, \ldots, n$
5. determina il polinomio $h(x)$ che interpola i punti $(c_i, h(c_i))$, $i = 1, \ldots, n$
6. calcola i coefficienti di $h'(x)$
7. valuta $h'(x)$ nei punti c_i, $i = 1, \ldots, n$
8. calcola $t_i(c_i) = \frac{1}{2}y_i g''(c_i)$, $i = 1, \ldots, n$
9. calcola $x_i = \frac{h'(c_i) - t_i(c_i)}{g'(c_i)}$, $i = 1, \ldots, n$
10. ritorna x

Il costo computazionale dell'algoritmo è dominato da quello dei passi in cui bisogna eseguire interpolazione o valutazione di un polinomio in n punti. Come abbiamo visto nella Sezione 6.1, entrambe queste operazioni possono essere eseguite con un costo computazionale proporzionale a $n \log^2 n$, funzione che esprime perciò il costo complessivo dell'algoritmo.

Esercizi

Esercizio 6.1. Dimostrare che una matrice di Vandermonde ha determinante diverso da 0 se e solo se la sua seconda colonna contiene elementi a due a due distinti. (Suggerimento: si determini, usando un procedimento induttivo, una formula che esprime il determinante in funzione degli elementi della seconda colonna della matrice.)

Esercizio 6.2. Utilizzando l'algoritmo PoliMod, si valuti il polinomio $x^7 - x^6 + 1$ negli otto punti $x = \{0, \pm 1, \pm 2, \pm 3, 4\}$.

Esercizio 6.3. Si calcoli la convoluzione ciclica e lineare dei vettori $\mathbf{a} = [0\,1\,0\,1\,0\,1]^T$ e $\mathbf{b} = [1\,2\,4\,4\,2\,1]^T$.

Esercizio 6.4. Si dimostri il Teorema di convoluzione ciclica (Teorema 6.6).

Esercizio 6.5. Mostrare come esprimere la matrice di Fourier di ordine 9 in funzione della matrice di Fourier di ordine 3.

Esercizio 6.6. Scrivere un algoritmo per il calcolo di $C\mathbf{x}$, dove C è una matrice circolante di ordine arbitrario, utilizzando l'immersione di C in una matrice circolante il cui ordine è una potenza di due. (Suggerimento: si faccia riferimento agli algoritmi CircolanteX e ToeplitzX.)

Esercizio 6.7. Con riferimento al Teorema 6.11, si determinino due matrici di permutazione P' e P'' tali che $P' F_{10} P'' = F_2 \otimes F_5$.

Esercizio 6.8. Confrontare l'efficienza del metodo di Rader con quella del metodo di Bluestein per il calcolo di $F_n x$, per n primo.

Esercizio 6.9. Sia H_n la matrice di Hadamard. Sia D_n una matrice diagonale. Caratterizzare la classe di matrici definita, al variare di D_n, come $\frac{1}{n} H_n D_n H_n$.

Esercizio 6.10. Sia $A \equiv (a_{ij})$ la matrice di Hilbert, definita da $a_{ij} = \frac{1}{i-j}$, per $i \neq j$ e $a_{ii} = 0$. Semplificare l'algoritmo descritto per il problema di Trummer, adattandolo al calcolo di Ax. Analizzare eventuali guadagni computazionali rispetto al caso generale.

6.8 Note bibliografiche

Gli algoritmi FFT per il calcolo della trasformata discreta di Fourier rappresentano l'aspetto più significativo, per la vastità delle applicazioni, tra quelli trattati in questo capitolo. Le idee che sono alla base del calcolo veloce della DFT si possono far risalire, grazie a Gauss, ai primi anni del 1800 [75], ma passarono sostanzialmente inosservate. Nel 1965 Cooley e Tukey [48] hanno pubblicato il lavoro fondamentale sulla FFT, abbassando il costo computazionale del calcolo della DFT da $O(n^2)$ a $O(n \log n)$. Una monografia che raccoglie i principali risultati ed algoritmi per il calcolo della FFT è stata scritta da Van Loan [150].

La riduzione della DFT alla convoluzione è dovuta a Bluestein [37]. Una trasformazione che si applica quando la dimensione è data da un numero primo viene proposta da Rader in [125].

Per il problema di Trummer e le sue varie applicazioni, il lettore interessato all'approfondimento può consultare gli articoli [90, 69, 68].

Un argomento importante che è stato tralasciato in questo capitolo riguarda la tecnica della segmentazione, che può essere utilizzata per migliorare il costo computazionale, in termini di numero totale di operazioni sui bit, degli algoritmi FFT. L'idea di fondo è di calcolare il valore di un polinomio p nel punto 2^h, con h sufficientemente elevato, in modo tale che la rappresentazione esatta di $p(2^h)$ contenga in posizioni separate tutti i coefficienti di p. Essendo possibile, utilizzando il metodo di Horner, eseguire il calcolo di $p(2^h)$ con un numero lineare di operazioni, diventa allora possibile calcolare in tempo lineare una "quantità" che contiene in posizioni prespecificate tutti i coefficienti di p. Questa idea porta ad algoritmi per il calcolo della convoluzione e della FFT il cui costo computazionale è competitivo con quello dei metodi che abbiamo visto, se si prende in considerazione il numero totale di operazioni sui bit. Il lettore interessato alla segmentazione può consultare gli articoli di Schönhage [132] e di Fischer e Paterson [58].

7. Trasformazioni lineari: limitazioni inferiori

Questo capitolo è dedicato all'analisi di tecniche per determinare limitazioni inferiori al calcolo di trasformazioni lineari. Tale problema riveste un ruolo centrale in complessità algebrica e nello stesso tempo sembra - a prima vista - facile da analizzare. Se consideriamo la complessità della moltiplicazione di una matrice quadrata di ordine n, i cui elementi appartengono ad un dato campo, per un vettore di ordine n di indeterminate, lo spettro delle possibilità è infatti limitato all'intervallo da n a n^2. È facile costruire esempi di matrici per cui il problema è risolubile utilizzando un numero lineare di operazioni aritmetiche ed è evidente che con $2n^2$ operazioni si può eseguire qualsiasi moltiplicazione. D'altro canto non è noto se sia o meno possibile, per trasformazioni come la DFT, migliorare la limitazione asintotica $n \log n$ che si ottiene tramite gli algoritmi FFT.

La difficoltà sta nel determinare limitazioni inferiori *superlineari* e pertanto necessariamente *sganciate* da semplici considerazioni sulle relazioni tra input e output. In altri termini, per poter ottenere limitazioni che crescono asintoticamente in modo più che lineare, sembra necessario entrare profondamente nella natura delle computazioni.

Un primo passo è stato fatto in un modello che prevede che le quantità numeriche utilizzate dagli algoritmi siano limitate superiormente da una costante assoluta. In questo caso, è stato dimostrato che $n \log n$ è asintoticamente una limitazione inferiore per il calcolo della DFT.

Questo risultato mette in luce che, per migliorare asintoticamente gli algoritmi FFT, è necessario fare ricorso ad algoritmi che utilizzano costanti elevate. Dimostrare che questo non è possibile rende necessario analizzare le computazioni su modelli che non prevedono vincoli sulle costanti in gioco. Al riguardo, mostreremo una tecnica dovuta a Valiant, che consente di trasformare il problema (computazionale) della minima dimensione di circuiti di profondità logaritmica nel problema (matematico) di determinare un'opportuna proprietà algebrica (detta *rigidità*) della matrice associata al calcolo.

In questo capitolo, avremo a che fare con diverse proprietà algebriche legate alla complessità del calcolo di trasformazioni lineari; in particolare porremo l'accento sul ruolo del determinante per il modello restrittivo e del rango combinato con la sparsità nel caso generale.

Questo capitolo è organizzato come segue.

La Sezione 7.1 prepara il lettore ad un'analisi dell'ottimalità degli algoritmi presentati nel capitolo precedente. La sezione è infatti dedicata a dimostrare che, per il calcolo di forme lineari, ci si può limitare, senza perdita di generalità rispetto ai programmi in linea retta, al modello dei circuiti o programmi lineari.

Le sezioni successive trattano il problema delle limitazioni inferiori nel modello dei circuiti lineari. Nella Sezione 7.2 introduciamo una tecnica, dovuta a Jacques Morgenstern, che mette in relazione la lunghezza di un programma lineare con il determinante della matrice associata al calcolo. Tale tecnica viene in particolare applicata al calcolo della DFT e della trasformata di Hadamard e consente di dimostrare l'ottimalità degli algoritmi FFT esistenti, nel modello che prevede restrizioni sulle costanti.

I risultati di Morgenstern lasciano aperta la possibilità di algoritmi di costo lineare per il calcolo della DFT e di altre trasformate, con il vincolo (a cui abbiamo già accennato) che tale risultato può essere ottenuto solo tramite algoritmi che utilizzano costanti elevate.

Tale eventualità sembra tuttavia improbabile. Ci occuperemo di questo nella Sezione 7.3, illustrando una tecnica che mette in luce la difficoltà di eseguire il calcolo di certe trasformazioni lineari in tempo lineare. Più precisamente, verrà sviluppata la nozione algebrica di *rigidità* di una matrice, un concetto che ha rilievo nel contesto del calcolo di forme lineari, ottenuto senza porre vincoli sulle costanti in gioco. L'obiettivo ultimo è dimostrare che, per certe trasformazioni, non possono esistere algoritmi di costo lineare. Nel caso di circuiti lineari di profondità logaritmica, la rigidità della matrice associata alla trasformazione lineare in gioco è infatti intimamente legata alla dimensione dei circuiti stessi e vedremo come rappresenti una concreta speranza di ottenere limitazioni inferiori superlineari.

La Sezione 7.4 esamina una nozione simile alla rigidità, legata alla possibilità di decomporre una matrice nel prodotto di un numero costante di matrici sparse, e ne presenta le applicazioni a circuiti organizzati a livelli.

Infine la Sezione 7.5 contiene ampie note bibliografiche che guidano il lettore interessato ad un approfondimento di alcune delle questioni trattate nel capitolo così come di argomenti collegati.

7.1 Circuiti e programmi lineari

In questa sezione vediamo come, per il calcolo di forme lineari, non ci sia perdita di generalità considerando computazioni eseguite su circuiti (o programmi) aritmetici che non utilizzano moltiplicazioni e divisioni tra indeterminate (detti *circuiti lineari*). Per comodità del lettore, rivediamo ora le definizioni di programma in linea retta e di grafo ad esso associato, da cui deriviamo poi la nozione di circuito (o programma) lineare, che costituisce il modello di riferimento in questo capitolo.

Definizione 7.1. *Un* programma in linea retta *è una sequenza di* assegnamenti *del tipo* $x := f(y, z)$, *dove* f *appartiene ad un insieme di funzioni di due variabili e* x, y, z *ad un insieme di variabili che possono assumere valori in un certo* dominio. *Viene imposta una sola restrizione: una variabile* x *che appaia nella parte sinistra di un assegnamento, non può comparire in alcun assegnamento precedente nella sequenza. Le variabili che si presentano solo nella parte destra di assegnamenti si dicono* variabili di ingresso.

Ad un programma in linea retta corrisponde in modo naturale un grafo.

Definizione 7.2. *Il* grafo della computazione *di un programma in linea retta è un grafo diretto, aciclico che ha un nodo* $\hat{r}$ *per ogni variabile* r *del programma e un arco diretto* $(\hat{y}, \hat{x})$ *e* $(\hat{z}, \hat{x})$ *per ogni assegnamento del tipo* $x := f(y, z)$.

Definizione 7.3. *Sia* **F** *un campo. Un* programma lineare *su* **F** *è un programma in linea retta che consiste in assegnamenti del tipo* $x := \alpha y + \beta z$, *con* $\alpha, \beta \in$ **F**. *Un* circuito lineare *è il grafo della computazione di un programma lineare.*

L'importanza dei programmi lineari risiede nel fatto che, nel caso di opportuni campi **F** (tra cui il campo dei numeri reali e il campo dei numeri complessi) non c'è perdita di generalità a limitarsi ad essi come modello per il calcolo di insiemi di forme lineari. Più precisamente, si può dimostrare che la *perdita di prestazioni* indotta dall'uso di questo modello (rispetto a considerare programmi in linea retta in cui possono essere usate le quattro operazioni aritmetiche senza restrizioni) è limitata da un fattore costante. (Questo significa che se esiste un programma in linea retta che esegue una certa computazione in tempo T, allora esiste un corrispondente programma lineare che non impiega più di tempo kT, dove k è una costante, per eseguire la stessa computazione.)

Presentiamo innanzitutto un lemma che mostra come trasformare un programma in linea retta per il calcolo di forme lineari in un programma lineare, supponendo che il programma in linea retta possa utilizzare solo le operazioni $\pm$ e $*$. Vedremo poi come estendere questo risultato in modo da ottenere una simulazione efficiente anche quando il programma originario contiene divisioni.

Lemma 7.1. *Sia* $S = \{f_i(x_1, \ldots, x_n)\}_{i=1,\ldots,k}$ *un insieme di* k *forme lineari e sia* P *un programma in linea retta che calcola* S *utilizzando* m *operazioni del tipo* $+$, $-$ *e* $*$. *Esiste allora un programma lineare* P' *che calcola* S *usando* $2m$ *operazioni.*

Dim. Dato un polinomio p nelle variabili $x_1, \ldots, x_n$, indichiamo con $L_0(p)$ il termine costante di p, con $L_1(p)$ il termine lineare omogeneo, che avrà quindi la forma $\sum_i c_i x_i$, e con $L_2(p)$ i restanti termini (di grado maggiore di uno). Pertanto si ha che $p = L_0(p) + L_1(p) + L_2(p)$. Questa decomposizione gode evidentemente di proprietà di linearità, ovvero per due qualsiasi polinomi p e q e per due costanti c_1 e c_2 abbiamo

$$L_j(c_1 p + c_2 q) = c_1 L_j(p) + c_2 L_j(q) \,, \quad \text{per } j = 0, 1, 2 \,. \tag{7.1}$$

Notiamo inoltre che

$$
\begin{aligned}
L_0(p \cdot q) &= L_0(p) \cdot L_0(q) \,, \\
L_1(p \cdot q) &= L_1(p) \cdot L_0(q) + L_0(p) \cdot L_1(q) \,, \\
L_2(p \cdot q) &= L_2(p) \cdot L_0(q) + L_1(p) \cdot L_1(q) + L_0(p) \cdot L_2(q) + \\
&\quad L_1(p) \cdot L_1(q) + L_2(p) \cdot L_0(q) + L_0(p) \cdot L_2(q) + \\
&\quad L_1(p) \cdot L_2(q) + L_2(p) \cdot L_1(q) + L_2(p) \cdot L_2(q) \,.
\end{aligned}
\tag{7.2}
$$

Infine possiamo supporre, senza perdita di generalità, che $L_1(f_i) = f_i$.

Dalle relazioni (7.1) e (7.2) emerge che, combinando due polinomi per mezzo di somma o moltiplicazione, i termini in $L_2(p)$ e $L_2(q)$ non hanno alcuna influenza sui termini $L_0(p \cdot q)$ e $L_1(p \cdot q)$. Durante la simulazione possiamo quindi ignorare i termini del tipo L_2.

Mostriamo ora come simulare i passi s_j del programma in linea retta P che calcola S, utilizzando solo combinazioni lineari del tipo $v_i = \alpha v_j + \beta v_k$. Per ogni passo $s_i = s_j \text{ op } s_k$ in P, consideriamo in P' due variabili s_i' e s_i'', che terranno conto rispettivamente dei termini costanti e di quelli lineari che sono contenuti in s_i.

La simulazione avviene come segue.

$$
\begin{aligned}
s_i \text{ (input)} &\Rightarrow \begin{cases} s_i' \leftarrow 0 \\ s_i'' \leftarrow s_i \end{cases} \\[2mm]
s_i \text{ (costante)} &\Rightarrow \begin{cases} s_i' \leftarrow s_i \\ s_i'' \leftarrow 0 \end{cases} \\[2mm]
s_i \leftarrow \alpha s_j &\Rightarrow \begin{cases} s_i' \leftarrow \alpha s_j' \\ s_i'' \leftarrow \alpha s_j'' \end{cases} \\[2mm]
s_i \leftarrow s_j \pm s_k &\Rightarrow \begin{cases} s_i' \leftarrow s_j' \pm s_k' \\ s_i'' \leftarrow s_j'' \pm s_k'' \end{cases} \\[2mm]
s_i \leftarrow s_j \cdot s_k &\Rightarrow \begin{cases} s_i' \leftarrow L_0(s_j) L_0(s_k) \\ s_i'' \leftarrow L_0(s_j) s_k' + L_0(s_k) s_j' \end{cases}
\end{aligned}
$$

Al termine della computazione, abbiamo che, se $s_i = f_j$ allora $s_i'' = L_1(f_j) = f_j$. Poiché ad ogni istruzione di P corrispondono due istruzioni in P', otteniamo la tesi. $\quad\square$

Per poter mostrare come "simulare" con un programma lineare un programma in linea retta che usa anche la divisione introduciamo l'anello delle serie di potenze, così definito.

Definizione 7.4. *Dato un campo* $\mathbf{F}$, *denotiamo con* $\mathbf{F}[[x_1, \ldots, x_n]] = \mathbf{F}[[\overline{x}]]$ *l'anello formato dalle serie di potenze in* $\mathbf{F}$, *ovvero l'anello i cui elementi hanno la forma*

$$\sum_{j=0}^{\infty} \sum_{i_1+\cdots+i_n=j} c_{i_1,\ldots,i_n} x_1^{i_1} \cdots x_n^{i_n},$$

con $c_{i_1,\ldots,i_n} \in \mathbf{F}$. *Ogni elemento della forma*

$$c_0 + \sum_{j=1}^{\infty} \sum_{i_1+\cdots+i_n=j} c_{i_1,\ldots,i_n} x_1^{i_1} \cdots x_n^{i_n},$$

con $c_0 \neq 0$ *è invertibile su* $\mathbf{F}[[\overline{x}]]$ *ed è detto* unità.

Possiamo ora enunciare il seguente teorema.

Teorema 7.1. *Sia* $S = \{f_i(x_1,\ldots,x_n)\}_{i=1,\ldots,k}$ *un insieme di k forme lineari e sia P un programma in linea retta che calcola S utilizzando m operazioni del tipo $+$, $-$, $*$ e $/$. Esiste un programma lineare P' che calcola S usando $O(m)$ operazioni.*

Dim. Nella dimostrazione del Lemma 7.1 abbiamo simulato un generico prodotto $s_i \leftarrow s_j \cdot s_k$ in P mediante operazioni lineari del tipo $v_i \leftarrow \alpha v_j + \beta v_k$. Sostanzialmente abbiamo simulato una computazione in $\mathbf{F}[\overline{x}]$ per il calcolo di forme lineari con un calcolo in $\mathbf{F}[\overline{x}]$ mod J, dove J è l'ideale[1] generato dai polinomi $\{x_i x_j \mid 1 \leq i \leq j \leq n\}$. Ora vogliamo mostrare come simulare nello stesso modo una computazione in $\mathbf{F}[[\overline{x}]]$. Supponiamo che tutti i termini che compaiono al denominatore siano invertibili. (Vedremo poi come questa assunzione non sia restrittiva.)

Le operazioni $\pm$ e $*$ possono essere trattate analogamente a quanto visto nel Lemma 7.1. Vediamo come simulare la divisione p/q tra due elementi $p, q \in \mathbf{F}[[\overline{x}]]$. Siano $p = [c_1 + l_1 + q_1]$ e $q = [c_2 - (l_2 + q_2)]$, dove $c_1 = L_0(p)$, $l_1 = L_1(p)$, $q_1 = L_2(p)$, $c_2 = L_0(q)$, $l_2 = -L_1(q)$, e $q_2 = -L_2(q)$. Supponiamo che q sia invertibile, ovvero che $c_2 \neq 0$. Sviluppando in serie $1/[c_2 - (l_2 + q_2)]$, otteniamo

$$\frac{1}{q} = \frac{1}{c_2} + \frac{1}{c_2^2}(l_2 + q_2) + \frac{1}{c_2^3}(l_2 + q_2)^2 + \cdots.$$

Abbiamo

$$(p/q) \bmod J = [c_1 + l_1]\left[\frac{1}{c_2} + \frac{1}{c_2^2} l_2\right] \bmod J \equiv \frac{c_1}{c_2} + \frac{c_1}{c_2^2} l_2 + \frac{1}{c_2} l_1,$$

e quindi, utilizzando la notazione della dimostrazione del Lemma 7.1, possiamo scrivere

$$s_i \leftarrow s_j/s_k \quad \Rightarrow \quad \begin{cases} s_i' \leftarrow c_1/c_2 \\ s_i'' \leftarrow (c_1/c_2^2)s_k'' + (1/c_2)s_j''. \end{cases}$$

Le divisioni che compaiono riguardano solo le costanti, e quindi possiamo supporre che vengano rese disponibili in una fase di precalcolo.

---

[1] L'ideale generato dai polinomi $f_1,\ldots,f_s \in \mathbf{F}[x_1,\ldots,x_n]$, è l'insieme $\{\sum_{i=1}^{s} p_i f_i : p_i \in \mathbf{F}[x_1,\ldots,x_n],\ i=1,\ldots,s\}$.

Rimane ora da mostrare che l'assunzione $c_2 \neq 0$, ovvero che il denominatore della divisione sia sempre invertibile su $\mathbf{F}[[\overline{x}]]$, non è restrittiva.

Possiamo scegliere un insieme opportuno di costanti $\overline{\theta} = \{\theta_1, \ldots, \theta_n\}$ in modo tale che P, simulato su $\overline{x} + \overline{\theta}$, non presenti il problema di un denominatore non invertibile. Sia P' il programma lineare ottenuto simulando P applicato a $\overline{x} + \overline{\theta}$. Per ottenere una simulazione di P su $\overline{x}$ sarà sufficiente premettere al programma lineare le istruzioni $x_i \leftarrow x_i - \theta_i$. Possiamo assumere che il numero di operazioni effettuate da P, se utilizza tutti gli input $\overline{x}$, sia almeno $m \geq n/2$. Pertanto anche con l'introduzione di queste nuove istruzioni il numero di operazioni del programma lineare rimane dell'ordine di m.

Questa simulazione può essere effettuata sicuramente se $\mathbf{F}$ coincide con $\mathbf{R}$ o $\mathbf{C}$. Nel caso $\mathbf{F}$ sia un campo finito, potrebbe non esistere un insieme $\overline{\theta}$ che garantisca che durante la computazione di $\overline{x} + \overline{\theta}$ tutti i denominatori siano invertibili. $\qquad\square$

7.2 Limitazioni inferiori in un modello restrittivo

Dopo avere visto algoritmi efficienti per il calcolo di certe trasformazioni lineari ed avere dimostrato che ci possiamo limitare ad analizzarne le prestazioni nel modello dei circuiti lineari, passiamo ad esaminare alcuni metodi che sono stati introdotti per dimostrare limitazioni inferiori di complessità.

In questa sezione presentiamo una tecnica, dovuta a Jacques Morgenstern, che consente di dimostrare che la trasformata discreta di Fourier non può essere calcolata, in un modello che non consente l'uso di costanti elevate, utilizzando meno di $cn \log n$ operazioni, dove c è una costante. La tecnica si applica anche ad altre famiglie di trasformazioni lineari; il requisito per ottenere una limitazione superlineare è che il determinante della matrice associata alla trasformazione cresca in modo più che esponenziale con la dimensione.

Sia $\mathbf{F}$ un campo. Per fissare le idee supponiamo che $\mathbf{F}$ sia il campo complesso. Consideriamo un programma lineare per il calcolo di una trasformazione lineare Ax, dove A è una matrice di costanti (elementi del campo complesso) e x un vettore di indeterminate sul campo.

Morgenstern ha dimostrato il seguente risultato, di cui il lettore potrà apprezzare la semplicità e l'eleganza.

Teorema 7.2 (Teorema di Morgenstern). *Sia A una matrice quadrata ad elementi complessi. Ogni programma lineare per il calcolo di Ax che utilizza costanti limitate superiormente in modulo da un valore c, ha dimensione almeno proporzionale a $\frac{\log Det(A)}{\log 2c}$.*

Dim. Consideriamo le k linee di "codice" di un programma lineare che calcola Ax, dove x è un vettore con n componenti. Le prime n linee, corrispondenti alla fase di lettura, rendono disponibile l'input, ossia calcolano

Ix, dove I è la matrice identica di ordine n. Ciascuna delle successive linee calcola un termine del tipo $ay + bz$, dove a e b sono costanti e y e z sono indeterminate oppure combinazioni lineari di indeterminate precedentemente calcolate. Questo equivale ad individuare, in corrispondenza della linea i di codice, una matrice A_i, tale che il calcolo effettuato nelle linee $1, 2, \ldots, i$ è esprimibile come $A_i x$. Dimostriamo ora per induzione che $k \geq \frac{\log |Det \hat{A}_k|}{\log 2c}$, dove $\hat{A}_k$ è una sottomatrice quadrata di A_k che massimizza $|Det \hat{A}_k|$.

La base dell'induzione è ovvia. Per il passo induttivo, dobbiamo analizzare il legame tra $|Det(\hat{A}_i)|$ e $|Det(\hat{A}_{i+1})|$. Essendo c il massimo valore attribuibile ad una costante del programma lineare, dimostriamo che, per ogni scelta di una sottomatrice $\hat{A}_{i+1}$, vale la disuguaglianza $|Det(\hat{A}_{i+1})| \leq 2c|Det(\hat{A}_i)|$, da cui si ottiene $|Det(\hat{A}_{i+1})| \leq (2c)^i$, ossia $i \geq \frac{\log |Det(\hat{A}_{i+1})|}{\log 2c}$. Per dimostrare questo fatto è opportuno distinguere due casi, a seconda che la $(i+1)$-esima linea di codice influenzi o no il valore di $Det(\hat{A}_{i+1})$. Se non lo influenza, abbiamo l'uguaglianza $Det(\hat{A}_{i+1}) = Det(\hat{A}_i)$, altrimenti otteniamo $Det(\hat{A}_{i+1}) = a_i Det(H_i) + b_i Det(K_i)$, dove $|a_i|, |b_i| \leq c$, e H_i e K_i sono sottomatrici quadrate di A_i. Poiché per definizione, abbiamo che $|Det(H_i)|, |Det(K_i)| \leq |Det(\hat{A}_i)|$, vale allora la disuguaglianza $|Det(\hat{A}_{i+1})| \leq 2c|Det(\hat{A}_i)|$, da cui possiamo derivare $i \geq \frac{\log |Det(\hat{A}_{i+1})|}{\log 2c}$. Sia ora k l'ultimo passo del programma in linea retta. Abbiamo che $k \geq \frac{\log |Det(\hat{A}_k)|}{\log 2c}$. Tra le sottomatrici quadrate della matrice A_k abbiamo naturalmente anche la matrice A stessa, per cui otteniamo $k \geq \frac{\log |Det(A)|}{\log 2c}$. □

Questo teorema ha una conseguenza immediata sul calcolo della trasformata discreta di Fourier e della trasformata di Hadamard.

Corollario 7.1. *Sotto le ipotesi del Teorema 7.2, si ha che ogni programma lineare per il calcolo della DFT (così come della trasformata di Hadamard) di ordine n ha dimensione proporzionale ad almeno $n \log n$.*

Dim. Segue dal teorema precedente e dal fatto che sia il determinante di F_n sia quello di H_n sono uguali a $n^{n/2}$. □

Questi risultati sono importanti sia perché mostrano l'ottimalità degli algoritmi FFT, seppure in un modello di calcolo restrittivo, sia perché mettono in luce che un invariante algebrico (il determinante) è "responsabile" di una limitazione inferiore superlineare. Viene così compiuta una riduzione da un proprietà computazionale (elevata complessità) ad una algebrica (determinante che cresce in modo più che esponenziale): valutando il determinante otteniamo una limitazione inferiore.

7.3 Limitazioni inferiori tramite rigidità di matrici

Passiamo ora ad analizzare circuiti lineari in grado di eseguire computazioni che prevedono l'utilizzo di costanti arbitrariamente elevate. In particolare presentiamo una tecnica che consente di ridurre la questione (di natura computazionale) della minima dimensione di una famiglia di circuiti lineari al problema della *rigidità* di matrici.

La possibilità di operare questo genere di riduzione nasce dal fatto che, in modelli di calcolo come i *programmi in linea retta* e i *circuiti*, gli algoritmi possono essere associati ai grafi in un modo naturale (si veda la Definizione 7.2). Questa corrispondenza può essere utilizzata allo scopo di esplorare fino a che punto la complessità elevata (nel caso in esame non lineare) di certi problemi possa essere attribuita alla struttura e alle proprietà dei grafi associati.

Poiché la dimensione di un circuito corrisponde al grado di *sparsità* del grafo ad esso associato, risulta importante analizzare proprietà di grafi molto sparsi, quali i grafi con un numero di archi lineare nel numero di nodi. Sfruttando il fatto che questi ultimi descrivono i circuiti di dimensione lineare, il tentativo in atto è quello di vedere se le proprietà di tali grafi si traducano in limitazioni computazionali dei corrispondenti circuiti.

7.3.1 Cammini in grafi sparsi

Vediamo ora alcuni risultati, dovuti a Erdös, Graham e Szemerédi, che mettono in rilievo le forti proprietà strutturali dei cammini in *grafi sparsi*. Tali proprietà sono alla base di importanti riduzioni che illustreremo più avanti.

Definizione 7.5 (Proprietà $P(m,n)$). *Sia G un grafo diretto e aciclico. Diremo che G gode della proprietà $P(m,n)$ se per ogni insieme X di m vertici di G, esiste un cammino diretto in G di lunghezza n che non tocca i vertici in X. Denotiamo con $f(m,n)$ il numero minimo di archi di un grafo che gode della proprietà $P(m,n)$.*

I teoremi che seguono sono volti a dimostrare le seguenti disuguaglianze

$$c_1 \frac{n \log n}{\log \log n} < f(n,n) < c_2 \, n \log n \,, \tag{7.3}$$

dove c_1 e c_2 sono opportune costanti.

La prima disuguaglianza mette in rilievo che il numero di archi di un grafo che gode della proprietà $P(n,n)$ dev'essere superlineare, rispetto al parametro n.

Premettiamo un lemma che ci aiuterà nella costruzione di un grafo che gode della proprietà P.

Lemma 7.2. *Per ogni $\delta > 0$ esiste un valore $c = c(\delta)$ tale che per tutti i t sufficientemente grandi, esiste un grafo bipartito $B = B(\delta, t)$ con insieme di vertici A e A' tale che*

1. $|A| = |A'| = t$;
2. B ha al più $c\,t$ archi;

3. *Se $X \subseteq A$, $X' \subseteq A'$, con $|X|, |X'| \geq \delta t$, allora esiste un arco di B che connette X con X'.*

Dim. Usiamo un semplice argomento probabilistico per dimostrare l'esistenza di B. Consideriamo due insiemi di vertici A e A' tali che $|A| = |A'| = t$ e costruiamo un grafo bipartito $\overline{B}$ selezionando casualmente, per ogni $a \in A$, un sottoinsieme di cardinalità d di vertici in A', a cui collegare a. Denotiamo questo sottoinsieme con $\overline{B}(a)$. (Il valore di d verrà determinato successivamente.) Il grafo $\overline{B}$ non gode delle proprietà richieste se esistono due insiemi $X \subseteq A$, $X' \subseteq A'$, con $|X|, |X'| \geq \delta t$, tali che nessun arco di $\overline{B}$ va da X a X'. Per due sottoinsiemi X e X' fissati, la probabilità di questo evento è al più

$$\binom{(1-\delta)t}{d}^{\delta t} \binom{t}{d}^{(1-\delta)t} \bigg/ \binom{t}{d}^{t}.$$

Perciò la probabilità complessiva che $\overline{B}$ non sia uno dei grafi cercati è al più

$$p_B = \binom{t}{\delta t}^2 \binom{(1-\delta)t}{d}^{\delta t} \binom{t}{d}^{-\delta t}.$$

Non è difficile vedere che se d è sufficientemente grande, ad esempio se è tale per cui $(1 - \delta^2)^{d\delta} < \frac{1}{4}$, allora per $t > d/\delta$ vale $p_B < 1$ e quindi deve esistere un grafo $B = B(\delta, t)$ che soddisfa i requisiti richiesti. $\qquad \square$

Vediamo ora la definizione di un grafo $G = G(n)$ che ci sarà utile in seguito e che costruiamo sfruttando l'esistenza di un grafo bipartito del tipo $B(\delta, t)$ dimostrata nel Lemma 7.2. I vertici di G sono costituiti dall'insieme $V = \{0, 1, \ldots, 2^n - 1\}$.

Per $v > 0$ e $m > 0$, denotiamo con $D_v(m)$ l'insieme $\{v, v+1, \ldots, v+m-1\} \cap V$ e con $D_v^*(m)$ l'insieme $\{v, v-1, \ldots, v-m+1\} \cap V$. Con ϵ_i indichiamo costanti positive che verranno determinate successivamente. L'insieme E degli archi di G è definito in base a due regole:

1. Per ogni $v \in V$, l'arco (v, x), con $x \in D_{v+1}(4n)$, appartiene a E.

2. Per ogni t tale che $n/2 \leq 2^t < 2^n$, e per ogni $i \in \{1, \ldots, 10\}$, viene creata una copia di $B(\epsilon_1, 2^t)$ tra gli insiemi di vertici $A = D_{m2^t}(2^t)$ e $A' = D_{(n+i)2^t}(2^t)$, per $0 \leq m < 2^{n-t}$. Se i non può raggiungere il valore 10 perché $(m + 10)2^t > 2^n$, allora viene fatto variare tra 1 e $2^{n-t} - m$.

È possibile dimostrare che il numero degli archi di G è proporzionale a $n2^n$.

Dimostriamo ora il limite superiore per $f(n, n)$ espresso dalla (7.3).

Teorema 7.3. *Esiste $\epsilon > 0$ tale che G gode della proprietà $P(\epsilon 2^n, \epsilon 2^n)$ per ogni n sufficientemente grande.*

Dim. Il teorema verrà dimostrato mediante una sequenza di osservazioni. Per prima cosa dimostriamo che il grafo G ha in comune con $B(\epsilon, t)$ la seguente proprietà.

Osservazione 1. Se $m \geq 2n$, $X \subseteq D_x(m)$, e $X' \subseteq D_{x+m}(m)$ soddisfano $|X|, |X'| \geq \epsilon_2 m$, allora esiste un arco di G che va da X a X'.

Dim. Sia $2^t \leq m/2 < 2^{t+1}$. Poiché $m/4 < 2^t$, al più 5 tra gli intervalli $D_{r2^t}(2^t)$ hanno una intersezione non nulla con $D_x(m)$, e al più 5 hanno una intersezione non nulla con $D_{x+m}(m)$. Poiché $|X| \geq \epsilon_2 m$, per alcuni intervalli $D_{r2^t}(2^t)$ e $D_{r'2^t}(2^t)$ avremo

$$|D_{r2^t}(2^t) \cap X| \geq \epsilon_2 m/5, \text{ e } |D_{r'2^t}(2^t) \cap X| \geq \epsilon_2 m/5. \tag{7.4}$$

Dobbiamo avere $|r' - r| \leq 10$, in quanto per costruzione di G, esiste una copia di $B(\epsilon_1, 2^t)$ tra $D_{r2^t}(2^t)$ e $D_{r'2^t}(2^t)$. Quindi, se $\epsilon_2/5 > \epsilon_1$ e $m \geq 2^t$, le proprietà di $B(\epsilon_1, 2^t)$ garantiscono che esiste un arco in G che va da X a X', a patto che t sia sufficientemente grande. $\square$

Consideriamo ora un insieme arbitrario fissato $X \subset G$ di vertici tale che $|X| \leq \epsilon 2^n$. Nel seguito chiameremo i vertici di X *marcati*, mentre gli altri vertici verranno detti *liberi*. Inoltre chiameremo *cattivo* un vertice libero y se per qualche $m \geq 1$ almeno $\epsilon_3 m$ vertici in $D_y(m)$ sono marcati oppure almeno $\epsilon_3 m$ vertici in $D_y^*(m)$ sono marcati. Un vertice libero di G che non sia *cattivo* verrà detto *buono*.

Osservazione 2. Esistono al più $\epsilon_4 m$ vertici *cattivi*.

Dim. Assumendo un ordinamento tra i vertici di G, denotiamo con y_1 il primo vertice libero (se esiste) per il quale, per qualche $m_1 \geq 1$, almeno $\epsilon_3 m_1$ vertici in $D_{y_1}(m_1)$ sono marcati. In generale, se $y_1, \ldots, y_k$ e $m_1, \ldots, m_k$ sono stati definiti, denotiamo con y_{k+1} il primo vertice non marcato di G che segua il vertice $y_k + m_k - 1$ (se esiste) per il quale esiste $m_{k+1} \geq 1$ tale che almeno $\epsilon_3 m_{k+1}$ vertici in $D_{y_{k+1}}(m_{k+1})$ sono marcati.

Supponiamo di procedere in questo modo fino a che sia possibile, definendo y_i e m_i, per $i = 1, \ldots, s$. Definiamo ora analogamente y_i^* e m_i^*, per $i = 1, \ldots, s^*$, sostituendo D^* a D.

Dalla costruzione di G e dalla definizione di vertice *cattivo* segue che tutti i vertici *cattivi* sono contenuti nell'insieme

$$Y = \left[\bigcup_{k=1}^{s} D_{y_k}(m_k) \right] \cup \left[\bigcup_{k=1}^{s^*} D_{y_k^*}^*(m_k^*) \right].$$

Quindi ci sono al più

$$M = \sum_{k=1}^{s} m_k + \sum_{k=1}^{s^*} m_k^*$$

vertici *cattivi*. Per costruzione, ci sono almeno $(\epsilon_3/2) M$ vertici marcati in Y. Siccome per ipotesi ci sono al più $\epsilon 2^n$ vertici marcati in V, abbiamo che $(\epsilon_3/2) M \leq \epsilon 2^n$, da cui $M \leq (2\epsilon/\epsilon_3) 2^n < \epsilon_4 2^n$. $\square$

Per un vertice non marcato x, denotiamo con $P_x(m)$ l'insieme di tutti i vertici non marcati in $D_x(m)$ che può essere raggiunto da x con un cammino diretto che passa solo da vertici non marcati.

Osservazione 3. Se x è un vertice *buono* e $|D_x(m)| = m$, allora vale

$$|P_x(m)| > \epsilon_5\, m\,. \tag{7.5}$$

Dim. Se $m \leq 4n$, allora, essendo x *buono*, almeno $(1 - \epsilon_3)m$ vertici in $D_x(m)$ sono non marcati e x è collegato a tutti loro. Supponiamo ora che $m > 4n$. Sia $m' = \lceil m/2 \rceil$. Da $|D_x(m')| = m'$ discende, per induzione, $|P_x(m')| > \epsilon_5\, m'$. Siccome x è *buono*, al più $\epsilon_3 m$ vertici in $D_x(m)$ sono marcati. Quindi, al più $\epsilon_3 m$ vertici in $D_{x+m'}(m') \subseteq D_x(m)$ sono marcati. Poiché $m' \geq 2n$ e $\epsilon_5 \geq \epsilon_2$, ci sono archi da $P_x(m')$ verso almeno $(1 - \epsilon_2)m'$ vertici in $D_{x+m'}(m')$, ma al massimo $\epsilon_3 m < 3\epsilon_3 m'$ vertici in $D_{x+m'}(m')$ sono marcati. Quindi ci devono essere archi da $P_x(m')$ ad almeno $(1 - \epsilon_2 - 3\epsilon_3)m'$ vertici non marcati in $D_{x+m'}(m')$. Siccome $1 - \epsilon_2 - 3\epsilon_3 > 3\epsilon_5$ abbiamo

$$|P_x(m)| > 3\epsilon_5 m' > \epsilon_5 m\,,$$

e la tesi segue per induzione.   □

Sia P_x^* l'insieme di tutti i vertici non marcati in D_x^* che sono connessi al vertice non marcato x per mezzo di un cammino diretto contenente unicamente vertici non marcati. Analogamente a quanto visto nell'Osservazione 3 possiamo dimostrare che se x è *buono* e $D_x^*(m) = m$, allora

$$|P_x^*(m)| > \epsilon_5 m\,. \tag{7.6}$$

Osservazione 4. Siano x e x' vertici *buoni* e sia $x < x'$. Allora $x' \in P_x(2^n)$.
Dim. Se $x' - x \leq 4n$ la prova segue dal fatto che per costruzione esiste un arco da x a x'. Assumiamo che $x' - x > 4n$ e sia $y = \lceil (x + x')/2 \rceil$ e $m = y - x + 1$. Gli intervalli $D_x(m)$ e $D_x^*(m)$ o sono adiacenti oppure hanno un singolo elemento y in comune. Siccome x e x' sono *buoni*, dalle relazioni (7.5) e (7.6) seguono le disuguaglianze

$$|P_x(m)| > \epsilon_5 m\,, \quad |P_x^*(m)| > \epsilon_5 m\,. \tag{7.7}$$

Poiché $\epsilon_5 \geq \epsilon_2$, per l'Osservazione 1 c'è un arco in G da un vertice di $P_x(m)$ a un vertice di $P_x^*(m)$. Quindi esiste un cammino diretto da x a x' che non contiene vertici marcati.   □

La dimostrazione del teorema è ora immediata. Per l'Osservazione 2 ci sono almeno $(1 - \epsilon_4 - \epsilon)2^n$ vertici *buoni* in G. Per l'Osservazione 4 possiamo formare un cammino diretto che contiene solo vertici non marcati e che contiene tutti i vertici *buoni*, poiché x' può essere scelto in modo da essere il primo vertice *buono* che segue x. Essendo $1 - \epsilon_4 - \epsilon > \epsilon$, la tesi segue facilmente, scegliendo appropriatamente i valori ϵ_i e c_i.   □

Dimostriamo ora il limite inferiore per $f(n, n)$.

Teorema 7.4. *Sia H un grafo diretto aciclico con al più $c_7 n \log n / \log \log n$ archi, dove n è un numero intero fissato, opportunamente grande. Allora esiste un sottoinsieme di al più n vertici di H che è toccato da ogni cammino diretto di lunghezza n in H.*

Dim. Denotiamo l'insieme dei vertici di H con $V = \{1, 2, \ldots, n\}$ e supponiamo che tutti gli archi siano della forma (i, j), per $i < j$. Dato un arco

$e = (i, j)$, definiamo la funzione $lun(e) = j - i$. Partizioniamo l'insieme degli archi di H in $r + 1$ classi $C_0, C_1, \ldots, C_r$, dove

$$C_k = \left\{ e : 2^{4k \log \log n} \leq lun(e) < 2^{4(k+1) \log \log n} \right\},$$

e $r = \lceil \log v / (4 \log \log n) \rceil$. Poiché H ha almeno $c_8 \log n / \log \log n$ archi, abbiamo $v \geq c_9 n^{1/2}$ e $r \geq c_{10} \log n / \log \log n$. Quindi almeno una classe C_a, con $0 \leq a < r$ ha al più $c_{11} n$ elementi. Cancelliamo tutti i vertici in H che incidono su archi in C_a e cancelliamo anche i vertici $v \in V$ tali che

$$0 \leq x - m 2^{4a \log \log n} (1 + 2^{2 \log \log n}) < 2^{4a \log \log n},$$

per qualche intero $m \geq 0$. Quest'ultima operazione rimuove al più

$$\frac{2}{2^{2 \log \log n} - 1} v = O(n)$$

vertici, essendo $v \leq 2 c_7 n \log n / \log \log n$. Abbiamo quindi cancellato complessivamente $c_{12} n$ vertici. Tuttavia, ogni cammino diretto rimasto ha al più

$$\frac{2^{(4a+2) \log \log n} - 2^{4a \log \log n}}{2^{4(a+1) \log \log n}} v = O(n)$$

archi, poiché non possiamo fare più di $2^{(4a+2) \log \log n} - 2^{4a \log \log n}$ passi senza utilizzare un arco e tale che $lun(e) > 2^{4a \log \log n}$. Un tale arco e soddisfa in effetti $lun(e) > 2^{4(a+1) \log \log n}$, disuguaglianza che prova la tesi. $\qquad \square$

Utilizzando una partizione diversa degli archi di H è possibile dimostrare il seguente risultato.

Teorema 7.5. *Esistono due costanti k_1 e k_2 tali che ogni grafo G con $k_1 n$ vertici che soddisfa la proprietà $P(n, n)$ deve avere almeno $k_2 n \log n$ archi.*

$\qquad \square$

7.3.2 Altre proprietà di grafi sparsi

Abbiamo così visto che grafi che godono della proprietà P non possono essere *troppo sparsi*, in particolare non possono avere un numero lineare di archi. Tuttavia esistono grafi che godono di ottime proprietà dal punto di vista della ricchezza di connettività e che possono essere realizzati con un numero lineare di archi. Un esempio al riguardo è dato dai *superconcentratori*, che abbiamo già incontrato nel Capitolo 4.

L'esistenza di superconcentratori di dimensione lineare (che abbiamo visto nel Capitolo 4) ha riflessi di duplice natura. Come stiamo per vedere, ha tolto da un lato ogni speranza di determinare limitazioni inferiori non lineari di carattere generale a partire da superconcentratori, ma dall'altro ha messo in luce il sorprendente grado di connettività che possono presentare anche grafi molto sparsi.

Strassen ha dimostrato che esistono trasformazioni lineari associate a matrici con tutti i minori non singolari (che pertanto a prima vista sembrano tutt'altro che facili da calcolare) ma che possono essere calcolate tramite un algoritmo il cui grafo della computazione è un superconcentratore di dimensione lineare. Questo fatto mette in luce che la proprietà algebrica di *avere tutti i minori non singolari* non può essere responsabile di limitazioni inferiori superlineari.

Di seguito presentiamo il risultato di Strassen.

Teorema 7.6 (Teorema di Strassen). *Sia x un vettore colonna di ordine n. Esiste una costante k tale che per ogni n esiste una matrice A $n \times n$ con elementi interi in cui tutti i minori di qualsiasi dimensione sono non singolari, ma tale che le n forme lineari Ax possono essere calcolate da un circuito lineare di dimensione kn.*

Dim. La dimostrazione si ottiene definendo, a partire da un n-superconcentratore di dimensione lineare in n, il valore delle costanti associate agli archi in modo tale che le forme lineari calcolate dal circuito descritto dal superconcentratore soddisfino il requisito richiesto.

Assegnamo a ciascun nodo del grafo un intero (detto etichetta), rispettando la condizione che se (i, j) è un arco del grafo, allora l'etichetta associata ad i deve essere inferiore a quella associata a j. Un assegnamento di questo tipo è detto consistente.

Definiamo ora il programma lineare che corrisponde al grafo identificando gli n nodi di ingresso con le variabili $x_1, x_2, \ldots, x_n$ ed esplicitando opportunamente la combinazione lineare $f_{\alpha,\beta}(u, v)$ calcolata in ciascun nodo.

Si osservi che la funzione calcolata da ciascun nodo può essere vista come il prodotto scalare di un vettore di costanti per il vettore $\mathbf{x}$ che contiene le indeterminate $x_1, x_2, \ldots, x_n$. Ad esempio, l'i-esimo nodo di ingresso calcola $e_i^T \mathbf{x}$, dove e_i indica l'i-esima colonna della matrice identica.

In generale, un insieme S_m di m nodi determina i corrispondenti m vettori $w_1, w_2, \ldots, w_m$ di costanti e possiamo parlare dell'insieme delle forme lineari calcolate da S_m come del prodotto della matrice la cui i-esima riga è data da w_i per il vettore $\mathbf{x}$.

Vediamo ora come scegliere α e β in modo che le forme lineari risultino associate ad una matrice con tutti i minori non singolari.

Procedendo seguendo l'ordine crescente indotto della etichettatura, α e β possono essere scelti tra quei valori per cui, per ogni r, $1 \leq r \leq n$, per tutti gli insiemi $\{w_1, \ldots, w_{r-1}\}$ di funzioni calcolate in corrispondenza di etichette inferiori, per ogni insieme $\bar{x}$ di r componenti del vettore $\mathbf{x}$, se $\{u, w_1, \ldots, w_{r-1}\}$ e $\{v, w_1, \ldots, w_{r-1}\}$ quando ristrette a $\bar{x}$ sono entrambe linearmente indipendenti, allora così deve essere anche per

$$\{\alpha u + \beta v, w_1, \ldots, w_{r-1}\}$$

sullo stesso insieme $\bar{x}$.

Si noti che, qualunque siano r, $\{w_1, \ldots, w_{r-1}\}$, e $\bar{x}$, al più un valore del rapporto $\frac{\alpha}{\beta}$ deve essere evitato. Infatti se valgono sia $\alpha u + \beta v = \sum_{i=1}^{r} c_i w_i$ sia $\alpha' u + \beta' v = \sum_{i=1}^{r} c_i w_i$, allora è facile vedere che dev'essere $\frac{\alpha}{\beta} = \frac{\alpha'}{\beta'}$.

Questo fatto garantisce che è sempre possibile trovare, per ogni nodo, valori interi per le costanti α e β. Vediamo ora come la matrice A, le cui righe corrispondono ai vettori associati agli n nodi di uscita, soddisfi la proprietà cercata.

Dimostriamo, per induzione sulle etichette, che ogni insieme S_r di r nodi raggiunti da cammini disgiunti è associato a vettori linearmente indipendenti, quando questi sono ristretti a r componenti di $x_1, x_2, \ldots, x_n$ che corrispondono a nodi da cui possono essere raggiunti i nodi di S_r.

La base dell'induzione è data dagli n vettori e_i, $i = 1, 2, \ldots, n$, che sono associati ai nodi di ingresso e che sono linearmente indipendenti. Il passo induttivo segue facilmente per la scelta fatta delle costanti associate agli archi del grafo. $\qquad\qquad\square$

Il Teorema di Strassen è un esempio di una limitazione superiore sorprendente che viene determinata dopo vani tentativi di determinare limitazioni inferiori.

Passiamo ora a vedere come la ricchezza di connettività espressa da proprietà di concentrazione possa essere tradotta in una limitazione inferiore al numero di nodi che devono essere rimossi per poter separare opportuni sottoinsiemi di nodi. Vale infatti il seguente semplice risultato.

Lemma 7.3. *Se A e B sono sottoinsiemi disgiunti di cardinalità r dei nodi di un grafo non orientato G, allora le due seguenti proprietà sono equivalenti:*

1. *almeno r nodi devono essere rimossi per sconnettere A e B;*
2. *esistono r cammini disgiunti rispetto ai nodi che connettono i nodi di A con i nodi di B.*

Dim. Per scollegare A e B dobbiamo ovviamente interrompere tutti i cammini da A a B. Se esistono r cammini disgiunti che connettono A con B, l'eliminazione di un nodo al più interrompe uno degli r cammini e quindi per interromperli tutti è necessario rimuovere almeno r nodi.

Viceversa, se almeno r nodi devono essere rimossi per sconnettere A e B significa che abbiamo almeno r cammini per andare da A a B ed almeno r di questi devono essere disgiunti, o basterebbero meno eliminazioni per separare A da B. $\qquad\qquad\square$

7.3.3 Grafi sparsi di profondità assegnata

Torniamo ora alla questione della *densità su cammini lunghi*, che abbiamo già incontrato con la proprietà P introdotta nella Definizione 7.5. È necessario premettere un'altra definizione, in cui interviene anche la nozione di profondità del circuito in esame.

Definizione 7.6 (Proprietà R e S). *Si dice che un grafo diretto e aciclico G ha la proprietà $R(n, m)$ se e solo se, qualunque sia l'insieme di n archi che* *viene rimosso da G, in G rimane almeno un cammino composto da m archi. Indichiamo con $S(n, m, d)$ la dimensione del più piccolo grafo di profondità al più d che gode della proprietà $R(n, m)$.*

Teorema 7.7. $S(n, m, d) = \Omega\left(\dfrac{n \log_2 d}{\log_2 \frac{d}{m}}\right)$.

Dim. Supponiamo per semplicità che m e d siano potenze di 2. Si consideri un grafo con q archi e profondità d. Si attribuiscano ai nodi etichette prese dall'insieme $\{0, 1, \ldots, d-1\}$. Sia X_i l'insieme degli archi tra coppie di nodi le cui etichette godono della seguente proprietà: il bit più significativo in cui la loro rappresentazione binaria differisce è l'i-esimo. Se X_i viene rimosso dal grafo, allora è possibile rimuovere l'i-esimo bit da tutte le etichette e ottenere una nuova etichettatura usando $\{0, 1, \ldots, \frac{d}{2} - 1\}$. Ne consegue che, se si rimuovono s degli insiemi X_i, per $s \leq \log_2 d$, rimane un grafo di profondità $\frac{d}{2^s}$. Si osservi che l'unione delle s più piccole tra le classi $\{X_1, \ldots, X_{\log_2 d}\}$ contiene non più di $\frac{qs}{\log_2 d}$ archi. Infatti $\frac{q}{\log_2 d}$ è la media degli archi presenti in ciascun insieme. Perciò, si ha che $S(\frac{qs}{\log_2 d}, \frac{d}{2^s}, d) \geq q$, ossia $S(n, m, d) \geq \frac{n \log_2 d}{\log_2 \frac{d}{m}}$. $\qquad\square$

Corollario 7.2. *Per ogni $0 < k < \log_2 d$, la profondità di un grafo con q nodi, $n < q < \dfrac{n \log_2 d}{k}$, può essere ridotta da d a $\frac{d}{2^k}$, rimuovendo un insieme di n nodi.*

Dim. Supponiamo che la tesi sia falsa. Esiste allora un grafo G con q nodi tale che comunque rimuovendo n nodi la profondità rimane maggiore o uguale a $d/2^k$. L'esistenza di G proverebbe che

$$S(n, \frac{d}{2^k}, d) \leq q < \frac{n \log d}{k},$$

ma dal Teorema 7.7 abbiamo

$$S(n, \frac{d}{2^k}, d) \geq \frac{n \log d}{\log\left(\frac{d}{d/2^k}\right)} = \frac{n \log d}{k},$$

e la contraddizione prova la tesi. $\qquad\square$

Dal Teorema 7.3, segue che il risultato espresso dal Corollario 7.2 è ottimale (a meno di fattori costanti) per ogni valore di d, quando k è una costante. Nel caso in cui k non sia una costante, non se ne conosce l'ottimalità.
Vale il seguente risultato.

Corollario 7.3. *Sia $c > 0$ una costante. Dato un grafo di profondità $d = O(\log_2 n)^c$ e formato da q nodi, $n < q < \dfrac{n \log \log n}{\log \log \log n}$, se ne può ridurre la profondità da d a $\frac{d}{\log \log n}$, rimuovendo un insieme di n nodi.*

Dim. Analoga alla dimostrazione del Corollario 7.2. $\qquad\square$

I risultati che abbiamo visto mostrano come sia possibile, in un grafo di profondità sufficientemente bassa, ridurre tale profondità eliminando un numero di nodi di ordine asintoticamente inferiore rispetto al numero complessivo di nodi. Questo sta ad indicare che tutti i cammini sufficientemente "lunghi" attraversano un insieme di nodi di cardinalità sublineare rispetto alla dimensione del grafo. Tale insieme pone seri vincoli all'utilizzo dei cammini lunghi e può pertanto essere visto come un *collo di bottiglia* per le computazioni su circuiti descritti da questi grafi.

7.3.4 La nozione di rigidità

Le proprietà che abbiamo esaminato costituiscono l'impianto di base per capire le limitazioni computazionali dei circuiti di dimensione lineare. Come vedremo, la nozione di rigidità esprime compiutamente la natura di tali limitazioni, anche se solo per circuiti di profondità al più logaritmica.

In questa sezione prendiamo in esame matrici $n \times n$ i cui elementi appartengono ad un campo $\mathbf{F}$. Le caratteristiche del campo giocheranno un ruolo importante e saranno specificate quando necessario.

Definizione 7.7. *La* densità *di una matrice A (Dens(A)) è definita come il numero dei suoi elementi diversi da zero.*

Definizione 7.8. *La* rigidità *di una matrice A ad elementi su un campo $\mathbf{F}$ è la funzione $R_A^{\mathbf{F}}(r)$, definita come*

$$R_A^{\mathbf{F}}(r) = \min_B \{ Dens(A - B) \mid \mathrm{rank}_{\mathbf{F}}(B) \le r \}.$$

Quando il campo in questione è chiaro dal contesto, oppure non gioca un ruolo significativo, useremo la notazione $R_A(r)$ al posto di $R_A^{\mathbf{F}}(r)$.

È facile verificare che la rigidità di una matrice soddisfa sempre la disuguaglianza $R_A(r) \le (n - r)^2$.

L'importanza della nozione di rigidità nasce dai seguenti fatti.

Utilizzando le proprietà espresse dai Corollari 7.2 e 7.3, si dimostra il Teorema 7.10 - che vedremo nel seguito - in base al quale si può concludere che il calcolo di forme lineari associate a matrici con rigidità *elevata* non può essere eseguito su circuiti che abbiano dimensione lineare e profondità logaritmica, nel numero di forme. Più precisamente, arriveremo al seguente risultato.

Teorema 7.8 (Teorema di Valiant). *Se la matrice $n \times n$ A_n ha rigidità $R_{M_n}^{\mathbf{F}}(\varepsilon n) \ge n^{1+\varepsilon}$, dove ε è una costante positiva, allora la trasformazione lineare $x \to A_n x$ non può essere calcolata da un circuito di profondità $O(\log n)$ e dimensione $O(n)$, le cui porte calcolano funzioni lineari su $\mathbf{F}$.*

I collegamenti con questioni computazionali messi in luce dal Teorema 7.8 ci offrono la motivazione per formalizzare il problema di determinare limitazioni inferiori alla rigidità.

Problema 7.1 (Valiant). *Definire esplicitamente una matrice il cui rango può essere ridotto al di sotto di una soglia lineare solo modificandone un numero non lineare di elementi.*

La presenza del termine *esplicitamente* nella formulazione del Problema 7.1 risulterà più chiara dopo che avremo messo in luce che, a fronte di dimostrazioni non costruttive circa l'esistenza di matrici con rigidità non lineare, non si conoscono classi di matrici definite esplicitamente la cui rigidità sia (dimostrata essere) sufficientemente alta.

7.3.5 Rigidità e grate

La nozione di rigidità verrà messa in relazione con la seguente proprietà.

Definizione 7.9 (Grata). *Un grafo diretto e aciclico G si dice* grata *di ordine $f(r)$ con parametri s e t (o grata $f_{st}(r)$) se e solo se, fissati s e t per opportuni sottoinsiemi $\{a_1, a_2, \dots, a_s\}$ e $\{b_1, b_2, \dots, b_t\}$ dei suoi nodi, gode della proprietà che se si rimuovono da G r nodi con i relativi archi entranti e uscenti, allora, per almeno $f(r)$ delle st coppie distinte (a_i, b_j) rimane un cammino orientato da a_i a b_j in G.*

Come vedremo, i grafi della computazione nel calcolo di forme lineari sono grate $f((n-r)^2)$ con parametri $s = t = n$.

Il teorema seguente mette in evidenza il legame tra le nozioni di grata e di rigidità.

Teorema 7.9. *Valgono i due risultati seguenti:*

1. *Il grafo di qualsiasi programma lineare per il calcolo delle forme lineari Ax è una grata di ordine $R_A(r)$.*
2. *Se, per un certo r, si ha che $f(r) > R_A(r)$, allora esiste un programma lineare per il calcolo di Ax il cui grafo non è una grata di ordine $f(r)$.*

Dim.

1. Sia $t = s = n$. Identifichiamo $\{a_1, a_2, \dots, a_n\}$ con gli ingressi $\{x_1 \ x_2, \dots, x_n\}$ e $\{b_1, b_2, \dots, b_n\}$ con i nodi di uscita. Supponiamo, per contraddizione, che per un certo r, $1 \le r \le n$, accada che, se un certo insieme di r nodi viene rimosso, allora rimangono connesse meno di $R_A(r)$ coppie ingresso-uscita. Questo implica che, se i moltiplicatori α e β di questi r nodi sono posti a 0, allora la matrice C delle forme lineari calcolate dal programma modificato di conseguenza ha densità inferiore a $R_A(r)$. Infatti gli archi che *restano* corrispondono agli elementi diversi da zero di C. Si noti che le righe di C differiscono dalle corrispondenti righe di A solo per combinazioni lineari delle forme lineari calcolate dal programma originario in corrispondenza dei nodi rimossi. Ne consegue che $A = C + B$, per una certa matrice B di rango non superiore a r, e quindi, in base alla definizione di rigidità, abbiamo che $R_A(r) \le Dens(C) < R_A(r)$, che è una contraddizione.

2. Supponiamo che, per un certo r, valga $f(r) > R_A(r)$. Si consideri una matrice B di rango r tale che $Dens(A - B) = R_A(r)$. Supponiamo che il programma P calcoli le seguenti $n + r$ forme lineari in modo *non adattivo* come se fossero $n + r$ computazioni indipendenti. Specificamente, P calcola un insieme X di r forme lineari da Bx e le n forme lineari $(A - B)x$. Le n uscite possono poi essere calcolate come combinazioni lineari delle forme calcolate prima. Se gli r nodi corrispondenti all'insieme X vengono rimossi, allora il grafo rimanente contiene n alberi disgiunti, con le uscite come radici e con $Dens(A - B) = R_A(r) < f(r)$ collegamenti tra gli ingressi e le uscite.

$\square$

Il Teorema 7.9, che mette in relazione la rigidità delle matrici con la proprietà espressa dalla Definizione 7.9, può essere combinato con il Teorema 7.10 - che presentiamo nel seguito - per stabilire il collegamento tra rigidità e dimensione dei circuiti di profondità logaritmica.

Teorema 7.10. *Se un grafo G con fan-in 2 e profondità dell'ordine di $\log_2 n$ è una grata di ordine $f(r)$, con $f(n) > cn^{1+\epsilon}$, per ogni $\epsilon > 0$ e $c > 0$, allora G ha dimensione non inferiore a $\frac{n \log \log n}{\log \log \log n}$, per ogni n sufficientemente grande.*

Dim. Per contraddizione. Nel Corollario 7.3 abbiamo visto che si può rimuovere un insieme di n nodi da qualsiasi grafo di dimensione $\frac{n \log \log n}{\log \log \log n}$ e profondità $k \log n$ in modo tale che non restino cammini di lunghezza superiore a $\frac{k \log n}{\log \log n}$. Ne consegue che ciascuna uscita sarà collegata ad al più $2^{\frac{k \log n}{\log \log n}} = n^{\frac{k}{\log \log n}}$ ingressi dopo la rimozione degli n nodi. La funzione $n^{\frac{k}{\log \log n}}$ cresce asintoticamente meno di n^ϵ per ogni costante positiva ϵ. Questo implica che, per ogni n sufficientemente grande, il grafo non è una grata di ordine $f(r)$, e si ottiene così la contraddizione cercata. $\square$

A questo punto il Teorema di Valiant, che abbiamo già anticipato, segue facilmente.

Se combiniamo gli ultimi due teoremi con il Teorema di Strassen, possiamo dimostrare che esistono matrici i cui minori sono tutti non singolari, ma che hanno rigidità contenuta. Vale infatti il seguente risultato.

Teorema 7.11. *Per ogni n, esiste una matrice A $n \times n$ i cui minori di ogni dimensione sono non singolari, ma tale che*

$$R_A \left(\frac{n \log \log \log n}{\log \log n} \right) \le n^{1 + O\left(\frac{1}{\log \log n} \right)}.$$

Dim. Sia A la matrice del Teorema 7.6 costruita a partire da un superconcentratore di dimensione lineare e profondità logaritmica. Applicando il Corollario 7.3 al grafo della computazione come espresso dal Teorema 7.10 si ottiene che, per $r = \frac{n \log \log \log n}{\log \log n}$, $f(r) \le n^{1 + O\left(\frac{1}{\log \log n} \right)}$, e la tesi segue. $\square$

Ripercorriamo ora sinteticamente il cammino proposto finora da questa sezione. Siamo partiti da proprietà di grafi di profondità limitata che mettono in luce come tutti i cammini lunghi in tali grafi siano vincolati ad attraversare lo stesso insieme di relativamente pochi nodi. Tale insieme costituisce un collo di bottiglia in termini di connettività, e questo fatto, opportunamente combinato con proprietà del calcolo di forme lineari (vedi la nozione di grata), porta ad una sorta di *via obbligata* che deve essere seguita dagli algoritmi su circuiti di dimensione lineare e profondità logaritmica. In termini algebrici, tale via consiste nella decomposizione additiva della matrice in una matrice di rango sublineare e una matrice sparsa. Pertanto le forme lineari associate a matrici che non ammettono tale decomposizione non sono calcolabili dai circuiti in esame. Che la nozione di rigidità sia in qualche modo scorrelata con proprietà che tengono solo conto della non singolarità dei minori è infine messo in evidenza dal Teorema 7.11, dove viene utilizzato il Teorema di Strassen.

Il problema computazionale della dimensione dei circuiti di profondità logaritmica è perciò equivalente al problema algebrico di determinare matrici di elevata rigidità.

7.3.6 Limitazioni non costruttive

Facciamo ora vedere come esistano matrici il cui rango non può essere ridotto al valore r aggiungendo matrici di densità inferiore a $(n - r)^2$. A questo risultato si arriva in modo non costruttivo e usando una tecnica di conteggio, legata alla dimensione del campo $\mathbf{F}$. Una difficoltà fondamentale è quella di passare da tale risultato alla costruzione esplicita di matrici di cui sia possibile dimostrare la elevata rigidità.

Teorema 7.12.

1. *Sia* $\mathbf{F}$ *un campo infinito. Allora, per ogni* n, *esiste una matrice* $n \times n$ A *con elementi appartenenti a* $\mathbf{F}$ *tale che* $R_A(r) = (n - r)^2$.

2. *Sia* $\mathbf{F}$ *un campo finito con* c *elementi. Allora, per ogni* n, *esiste una matrice* $n \times n$ A *con elementi appartenenti a* $\mathbf{F}$ *tale che, per ogni* $r < n - \sqrt{2n \log_c 2 + \log_2 n}$, *si ha che*

$$R_A(r) \geq \frac{(n - r)^2 - 2n \log_c 2 - \log_2 n}{2 \log_c n + 1}.$$

Dim. Sia σ un qualsiasi insieme di $s < n$ coppie scelte nell'insieme delle coppie (i, j), per $i, j = 1, 2, \ldots, n$. σ viene detta *maschera*. Chiamiamo invece *minore* (indicato con τ) una coppia di sottoinsiemi di $\{1, 2, \ldots, n\}$ entrambi con t elementi. Sia $M(\sigma, \tau)$ la notazione usata per identificare l'insieme delle matrici A $n \times n$ che godono della seguente proprietà:
Esiste una matrice C tale che

- gli indici di tutti gli elementi diversi da zero di C appartengono alla maschera σ;
- il rango della matrice $A + C$ è uguale a t;
- τ specifica uno dei minori della matrice $B = A + C$ che hanno rango pari a t (rango massimo in B).

Senza perdita di generalità possiamo supporre che il minore specificato da τ si trovi nell'angolo in alto a sinistra della matrice. Per una generica matrice $n \times n$ X, usiamo la seguente notazione a blocchi

$$\begin{pmatrix} X_{11} & X_{12} \\ X_{21} & X_{22} \end{pmatrix},$$

dove il blocco X_{11} è una sottomatrice quadrata di ordine t.

Consideriamo ora l'insieme delle matrici di rango t che hanno un minore di ordine t e di rango massimo nell'angolo in alto a sinistra. Data una matrice B appartenente a questo insieme di matrici, abbiamo che gli elementi di B_{22} possono essere espressi come funzioni razionali in termini degli elementi di B_{11}, B_{12}, e B_{21}. A questo punto, si osservi che un elemento di $M(\sigma, \tau)$ differisce da una matrice nell'insieme che abbiamo appena descritto solo per un fattore additivo C. Ne consegue che esiste un insieme fissato di n^2 funzioni razionali $\{f_k\}$ tale che gli elementi di qualsiasi matrice $A \in M(\sigma, \tau)$ sono dati da queste funzioni in termini di $n^2 - (n - r)^2 + s$ argomenti, che corrispondono agli elementi di B_{11}, B_{12}, B_{21} e agli elementi diversi da zero di C. Perciò ciascun elemento di $M(\sigma, \tau)$ è l'immagine di $\mathbf{F}^{2tn - t^2 + s}$ in $\mathbf{F}^{n^2}$ secondo un'opportuna funzione razionale.

1. Allora per ogni r, tutte le matrici che possono essere ridotte a rango r aggiungendo una matrice di densità $(n - r)^2 - 1$ appartengono all'unione delle immagini in $\mathbf{F}^{n^2}$ di un numero finito di funzioni razionali definite su $\mathbf{F}^{n^2 - 1}$. Poiché $\mathbf{F}$ è un campo infinito, la tesi segue dal fatto che, per ogni u, l'unione finita delle immagini di $\mathbf{F}^u$ generate da funzioni razionali in $\mathbf{F}^{u+1}$ è contenuta propriamente in $\mathbf{F}^{u+1}$. Questo fatto può essere visto mostrando che se $f_1, f_2, \ldots, f_{u+1}$ sono funzioni razionali di $x_1, x_2, \ldots, x_u$, allora sono algebricamente dipendenti. Da questo si può poi dedurre che i punti che giacciono in una qualsiasi unione finita di tali immagini sono le radici di un polinomio non banale e quindi non possono coprire $\mathbf{F}^{n^2}$.

2. Se $\mathbf{F}$ è un campo finito con c elementi, allora il numero di elementi di $M(\sigma, \tau)$ è limitato dalla dimensione di $\mathbf{F}^{2tn - t^2 + s}$, che è pari a $c^{2tn - t^2 + s}$. Per s e t fissati, il numero di possibili scelte di σ (risp. τ) non supera $2^{2s \log_2 n}$ (risp. 2^{2n}). Perciò, se s e t sono fissati, il numero di matrici nell'unione di $M(\sigma, \tau)$ su tutti i σ e τ di queste dimensioni è limitato da c^α, dove $\alpha = 2tn - t^2 + s + 2s \log_c n + 2n \log_c 2$.
   Da questo segue che, per ogni $t < n - \sqrt{2n \log_c 2 + \log_2 n}$, se $0 \leq s < \frac{(n - t)^2 - 2n \log_c 2 - \log_2 n}{1 + 2 \log_c n}$, il numero di tali matrici è inferiore a $c^{n^2 - \log_c n} =$

$\frac{c^{n^2}}{n}$. Quindi l'unione di tutte queste matrici, per ogni valore di t, non può coprire $\mathbf{F}^{n^2}$, che ha dimensione c^{n^2}.

$\square$

7.3.7 Limitazioni non costruttive per matrici di *piccoli* interi

Indichiamo con $R_n^F(r)$ il massimo valore raggiunto da $R_A^F(r)$ rispetto a tutte le matrici $n \times n$ su un campo $\mathbf{F}$. Abbiamo già visto che, per ogni campo $\mathbf{F}$, $R_n^F(r) \leq (n-r)^2$; inoltre dal Teorema 7.12 discende che $R_n^F(r) = (n-r)^2$, se $\mathbf{F}$ è infinito, e $R_n^F(r) = \Omega\left(\frac{(n-r)^2}{\log n}\right)$, se $\mathbf{F}$ è un campo finito.

Passiamo ora a considerare matrici i cui elementi sono *piccoli* interi, con l'obiettivo di vedere se anche in questo caso si possa dimostrare l'esistenza di matrici con elevata rigidità. La risposta a questa domanda è affermativa, come mostrano i risultati che presentiamo nel seguito e che il lettore può ritrovare in [121].

Indichiamo con $R_n^{*F}(r)$ il massimo valore raggiunto da $R_A^F(r)$ rispetto a tutte le matrici $n \times n$ con elementi presi dall'insieme $\{0, 1\}$.

Teorema 7.13. *Esistono costanti positive $\varepsilon_1, \varepsilon_2 > 0$ tali che per n sufficientemente grande e per $r \leq \varepsilon_1 n$, si ha*

$$R_n^{*\mathbf{R}}(r) \geq \varepsilon_2 n^2.$$

Dim. Siano dati n, r e sia $R = R_n^{*\mathbf{R}}(r)$. Questo significa che ogni matrice $A \equiv (a_{ij})$ $n \times n$ può essere scritta come $B + C$, dove $\operatorname{rank} B \leq r$ e C ha al più R elementi diversi da zero. Allora possiamo fattorizzare B come $B_1 \times B_2$, dove B_1 è una matrice $n \times r$ e B_2 una matrice $r \times n$. Così possiamo scrivere $a_{i,j} = p_{i,j}(q_1, \ldots, q_t)$, dove $q_1, \ldots, q_t$ sono variabili, i $p_{i,j}$ sono polinomi reali di secondo grado e $t = 2nr + R$. Questi polinomi sono determinati dall'insieme di posizioni i, j in corrispondenza di elementi diversi da zero di C. Se si sottrae $\frac{1}{2}$ dai polinomi, si ottengono 2^{n^2} diverse sequenze di segni che corrispondono a diverse matrici con elementi in $\{0, 1\}$ le quali esprimono i valori di $\binom{n^2}{R}$ di queste sequenze di polinomi.

Useremo la nota limitazione

$$n_{sign} \leq \left(\frac{4edm}{t}\right)^t$$

dovuta a Warren [152] sul numero n_{sign} delle sequenze di segni di una sequenza di m polinomi di grado minore o uguale a d e con t variabili.

Si ottiene così la disuguaglianza

$$\left(\frac{8em}{t}\right)^t \binom{n^2}{R} \geq 2^{n^2}.$$

Usando la stima $\binom{n^2}{R} \leq \left(\frac{en^2}{R}\right)^R$, prendendo il logaritmo e poi sostituendo per m e t, si ricava

$$(2nr + R)(\log \frac{n^2}{2nr + R} + \log 8e) + R \log \frac{en^2}{R} \geq n^2, \qquad (7.8)$$

che può essere riscritta come

$$\frac{R}{n^2} \left(\log \frac{n^2}{2nr + R} + \log \frac{en^2}{R} + \log 8e \right) + \frac{2r}{n} \left(\log \frac{n^2}{2nr + R} + \log 8e \right) \geq 1.$$

Questa espressione può essere semplificata omettendo alcuni termini nei denominatori.

$$\frac{R}{n^2} \left(2 \log \frac{n^2}{R} + \log 8e^2 \right) + \frac{2r}{n} \left(\log \frac{n^2}{2nr} + \log 8e \right) \geq 1.$$

Consideriamo la sostituzione $\alpha = \frac{R}{n^2}$, $\beta = \frac{2r}{n}$, $a = \log 8e^2$, $b = \log 8e$. Si ottiene

$$\alpha(2 \log \alpha^{-1} + a) + \beta(\log \beta^{-1} + b) \geq 1.$$

Sia $\varepsilon_1 > 0$. Allora, supponendo che $r \leq \varepsilon_1 n$, ricaviamo $\beta \leq \varepsilon_1$. Così, se ε_1 è sufficientemente piccolo, abbiamo

$$\beta(\log \beta^{-1} + b) \leq \frac{1}{2},$$

da cui

$$\alpha(2 \log \alpha^{-1} + a) \geq \frac{1}{2}.$$

Poiché $\alpha(2 \log \alpha^{-1} + a) \to 0$ se $\alpha \to 0$, si ha che $\alpha = \frac{R}{n^2}$ deve essere maggiore di qualsiasi costante positiva. $\square$

Il Teorema 7.13 ci consente di concludere che anche nel caso di matrici di piccoli interi, e addirittura di matrici i cui elementi appartengono a $\{0, 1\}$, esistono matrici di rigidità non lineare.

7.3.8 Rigidità di matrici specifiche

Rimane ora il problema ostico di determinare (esplicitamente) insiemi di forme lineari per cui valgano limitazioni inferiori non lineari.

In questa prospettiva, affrontiamo ora il problema della rigidità delle matrici di Hadamard e di matrici legate ai codici lineari, entrambe candidate ad avere rigidità non lineare.

Matrici di Hadamard. Utilizzeremo il seguente lemma.

Lemma 7.4. *Siano* $f_i = (f_{i1}, f_{i2}, \ldots, f_{in})$, $1 \leq i \leq k$, *k vettori ortogonali, dove* $f_{ij} \in \{-1, 1\}$, *e siano* $c_1, c_2, \ldots, c_k$ *k numeri reali, non tutti nulli. Si fissi* $y = (y_1, y_2, \ldots, y_n) = \sum_{i=1}^{k} c_i f_i$, *e sia s il numero di elementi diversi da zero di y. Vale allora la disuguaglianza*

$$s \geq \frac{n}{k}. \qquad (7.9)$$

Dim. Senza perdita di generalità, si supponga che $|c_1| = max_{1 \leq i \leq k} |c_i|$. Dalla disuguaglianza di Cauchy-Schwartz, abbiamo

$$kc_1^2 n \geq \sum_{i=1}^{k} c_i^2 n = (\sum_{i=1}^{k} c_i f_i, \sum_{i=1}^{k} c_i f_i) = \sum_{j=1}^{n} y_j^2 \geq \frac{(\sum |y_j|)^2}{s}. \tag{7.10}$$

Inoltre, per $\epsilon \in \{-1, 1\}$, vale

$$\sum_{j=1}^{n} |y_j| \geq \epsilon \sum_{j=1}^{n} y_j f_{1j} = \epsilon \sum_{j=1}^{n} \sum_{i=1}^{k} c_i f_{ij} f_{1j} = \epsilon \sum_{i=1}^{k} c_i (f_i, f_1) = \epsilon c_1 n. \tag{7.11}$$

Scegliendo $\epsilon = sign(c_1)$ e sostituendo (7.11) nella parte destra della (7.10), otteniamo $s \geq \frac{n}{k}$. $\qquad \Box$

Il precedente lemma ci permette di studiare il rango delle sottomatrici di una matrice di Hadamard ed in particolare di derivare facilmente il seguente corollario.

Corollario 7.4. *Se $t > n - \frac{n}{r}$, allora ogni sottomatrice A di ordine $r \times t$ di una matrice di Hadamard $n \times n$ H ha rango r (sul campo $\mathbf{R}$).* $\qquad \Box$

Il Corollario 7.4 ha la seguente conseguenza riguardo alla rigidità delle matrici di Hadamard.

Corollario 7.5. *Se meno di $m = \frac{n^2}{r^2}$ elementi di una matrice di Hadamard H di ordine n vengono modificati, allora il rango sul campo $\mathbf{R}$ della matrice risultante non può essere inferiore a r.*

Dim. Per semplici considerazioni di media, in questo caso ci sono r righe di H in cui sono state apportate meno di n/r modifiche. Esiste perciò una sottomatrice $r \times t$, con $t > n - \frac{n}{r}$, in cui non sono state fatte modifiche. Il risultato ora segue dal Corollario 7.4. $\qquad \Box$

Abbiamo così visto che la rigidità delle matrici di Hadamard soddisfa $R_H(r) \geq \frac{n^2}{r^2}$, che è purtroppo una limitazione lineare quando r è lineare in n, ossia nel caso di interesse per il calcolo di forme lineari.

Il problema non sembra risiedere nel fatto che le matrici di Hadamard non abbiano la rigidità cercata, ma piuttosto nell'assenza di tecniche tramite cui migliorare sensibilmente la limitazione ottenuta nel Corollario 7.5.

Matrici di codici lineari. Vediamo ora una limitazione inferiore per la rigidità di una classe di matrici - che abbiamo già incontrato nel Capitolo 4 - legate alla generazione di codici lineari.

Per queste matrici si ottiene una limitazione inferiore leggermente migliore rispetto alla precedente, nonostante anche in questo caso essa diventi lineare quando r è lineare in n.

Teorema 7.14. *Sia M una matrice $m \times n$ sul campo $GF(2)$, sia $n > 2$ e supponiamo che le colonne di M generino un codice lineare su $GF(2)$ con distanza $d \geq \delta m$. Allora per $r \leq \frac{1}{16}n$ la rigidità di M soddisfa*

$$R_M(r) \geq \left(\frac{\delta}{2}\right) \frac{mn}{r + \log_2 \frac{n}{r}} \log_2 \frac{n}{r},$$

dove la rigidità è calcolata rispetto al campo $GF(2)$.

La dimostrazione del Teorema 7.14 richiede i due lemmi seguenti, dove il campo di riferimento è $GF(2)$.

Lemma 7.5. *Sia M una matrice $m \times n$ (ε, k)-biased, con k pari e $\varepsilon < 1$, dove ε può dipendere da m e n. Allora*

$$\operatorname{rank} M \geq \log_2 \binom{n}{k/2}.$$

Dim. Sia M' la matrice $m \times \binom{n}{k/2}$ le cui colonne sono le somme di $k/2$-uple di colonne di M. Allora M' è $(\varepsilon, 2)$-biased, poiché tutte le sue colonne sono diverse. Ne consegue che $\operatorname{rank} M \geq \log_2 \binom{n}{k/2}$.   □

Lemma 7.6. *Sia M una matrice (ε, k)-biased di ordine $m \times n$, k pari e $\varepsilon < 1$. Sia inoltre $r < \log_2 \binom{\lceil n/2 \rceil}{k/2}$. Allora*

$$R_M(r) \geq \frac{mn(1 - \varepsilon)}{2k}.$$

Dim. Supponiamo di modificare meno di $\frac{mn(1-\varepsilon)}{2k}$ elementi nella matrice. Allora ci saranno almeno $n/2$ colonne in cui sono stati modificati meno di $\frac{m(1-\varepsilon)}{k}$ elementi. Queste colonne formano una matrice (δ, k)-biased con $\delta < 1$. Così dal lemma precedente segue che il rango di tale matrice è maggiore o uguale a $\log_2 \binom{n/2}{k/2}$.   □

Dim. del Teorema 7.14. Sia data M e sia $r \leq \frac{1}{16}n$. La condizione sulla matrice M implica che M è $(1 - \delta)$-biased. Vogliamo scegliere un valore per k che sia pari, minore o uguale a n e che soddisfi

$$r < \log_2 \binom{n/2}{k/2}. \tag{7.12}$$

Usando stime note dei coefficienti binomiali, si vede che la disuguaglianza 7.12 è implicata da

$$r \leq \frac{k}{2} \log_2 \frac{n}{k}.$$

Supponiamo che $k \leq r$. In questo caso, la disuguaglianza precedente è a sua volta implicata da

$$k \geq \frac{2r}{\log_2 n/r}.$$

Perciò, se scegliamo k pari, vale

$$\frac{2r}{\log_2 n/r} \leq k < \frac{2r}{\log_2 n/r} + 2,$$

da cui si vede che sono verificate sia la disuguaglianza (7.12) sia $k \leq r$. Allora, dal Lemma 7.6, otteniamo

$$R_M(r) \geq \frac{mn\delta}{2k} \geq \frac{mn\delta}{\frac{2r}{\log_2 n/r} + 2} \geq \left(\frac{\delta}{2}\right) \frac{mn}{r + \log_2 \frac{n}{r}} \log_2 \frac{n}{r}.$$

$\square$

7.3.9 Calcolo esatto della rigidità

Abbiamo visto come non si riesca a valutare esattamente la rigidità della matrice di Hadamard o delle matrici del Teorema 7.14; in particolare le limitazioni inferiori che abbiamo presentato sono probabilmente molto basse rispetto all'effettiva rigidità.

Prendiamo ora in esame una matrice per cui è possibile fornire il valore esatto della rigidità [123]. La matrice in questione è la matrice triangolare inferiore $n \times n$ L_n con tutti gli elementi uguali ad uno ($l_{ij} = 1$ per $i \geq j$ e $l_{ij} = 0$ altrimenti), la cui rigidità risulterà essere dell'ordine di $\frac{n^2}{r}$. Il fatto che tale valore sia confrontabile con le limitazioni inferiori ottenute sopra per matrici che ragionevolmente dovrebbero essere ben *più rigide*, avvalora l'ipotesi che tali limitazioni possano essere sensibilmente migliorate.

Teorema 7.15 (Teorema di Pudlák e Vavřín). *Sia L la matrice triangolare inferiore di ordine n definita sopra. Sia dato $r < n$ e si determinino k e h in modo tale che*

$$n = k(2r + 1) + r + h = r(2k + 1) + k + h,$$

dove $k \geq 0$ e $1 \leq h \leq 2r + 1$. Allora

$$R_L(r) = \frac{(n - r - h)(n + r - h + 1)}{2(2r + 1)}.$$

Prima di dimostrare il Teorema 7.15, diamo alcune definizioni.

Definizione 7.10. *Diciamo che una decomposizione $M = A + B$ è di rango r se $\operatorname{rank}(A) = r$. $Dens(B) = |B|$ è detto numero di modifiche e $|b_i|$ numero di modifiche nella i-esima riga, dove b_i è l'i-esima riga della matrice B. Se vale $|B| = R_M(r)$, diremo che la decomposizione $M = A + B$ è ottima.*

La dimostrazione del Teorema 7.15 è basata sul lemma seguente.

Lemma 7.7. *Sia k dato come sopra. In ogni decomposizione di L di rango al più r deve esistere una riga con almeno $k + 1$ modifiche.*

Dim. Sia $L = A + B$ una decomposizione di rango r. Siano l_j, a_j e b_j la j-esima riga rispettivamente di L, A e B. Supponiamo per assurdo che il massimo numero di modifiche in una riga sia k. Consideriamo le $r + 1$ righe con indici appartenenti all'insieme $S = \{k + 1 + j(2k + 1) \mid j = 0, 1, 2, \ldots, r\}$. Poiché $\mathrm{rank}(A) \leq r$, queste righe di A devono essere linearmente dipendenti, ossia $\sum_{j \in S'} \alpha_j a_j = 0$, dove $0 \neq S' \subset S$, $|S'| = s' \leq r + 1$, e $\alpha_j \neq 0$, per ogni $j \in S'$.

Da questo segue che $\sum_{j \in S'} \alpha_j l_j = \sum_{j \in S'} \alpha_j b_j$ e di conseguenza

$$\left| \sum_{j \in S'} \alpha_j l_j \right| \leq \sum_{j \in S'} |\alpha_j b_j| \leq s'k .$$

Sia ora $N = |\sum_{j \in S'} \alpha_j l_j|$. Il vettore $\sum_{j \in S'} \alpha_j l_j$ ha la forma

$$(c_1, \ldots, c_1, c_2, \ldots, c_2, c_{s'}, \ldots, c_{s'}, 0, \ldots, 0),$$

dove la lunghezza di ogni blocco costante del vettore è almeno $2k + 1$, tranne che per il primo blocco $(c_1, \ldots, c_1)$ che potrebbe avere lunghezza $k + 1$. Si osservi che l'ultimo blocco $(c_{s'}, \ldots, c_{s'})$ non può consistere in zeri e inoltre che non è possibile avere due blocchi consecutivi del vettore che consistono in zeri. Ne consegue che

- $N \geq \frac{s'}{2}(2k+1) > s'k$, con eccezione del caso in cui il primo blocco è diverso da zero e contiene solo $k + 1$ elementi;
- $N \geq k + 1 + \frac{s'-1}{2}(2k + 1) > s'k$, nel caso rimanente.

In entrambi i casi si trova la contraddizione cercata.   □

Siamo adesso in grado di dimostrare il Teorema di Pudlák e Vavřín.
Dim. del Teorema 7.15. Sia L_m la matrice triangolare inferiore di ordine m i cui elementi sono tutti uguali ad 1. Procediamo come segue. Sia $m = k(2r+1)+r+h$. Data una qualsiasi decomposizione $L_m = A+B$ di rango al più r, troviamo una riga con almeno $k+1$ modifiche. Riduciamo le matrici L_m, A e B eliminando questa riga e la colonna corrispondente, in modo da ottenere una nuova decomposizione per la matrice L_{m-1} di rango al più r. Questa procedura, applicata per $m = n, n - 1, \ldots, r + 1$ ad ogni decomposizione di L_m, mostra che il numero totale di modifiche è dato da

$$h(k + 1) + \sum_{j=0}^{k-1}(2r + 1)(k - j),$$

da cui, con un po' di algebra, si ottiene la limitazione inferiore $R_L(r) \geq \frac{(n-r-h)(n+r-h+1)}{2(2r+1)}$. Per dimostrare che $R_L(r) \leq \frac{(n-r-h)(n+r-h+1)}{2(2r+1)}$ e quindi la tesi, consideriamo la decomposizione $L = A + B$, dove

$$B = \begin{pmatrix} 1 & & & & & & & & & & \\ 1 & 1 & & & & & & & & & \\ \vdots & & \ddots & & & & & & & & \\ 1 & \cdots & 1 & 1 & & & & & & & \\ & & & & 0 & -1 & \cdots & -1 & & & \\ & & & & & \ddots & \ddots & \vdots & & & \\ & & & & & & 0 & -1 & & & \\ & & & & & & & 0 & & & \\ & & & & & & & & \ddots & & \\ & & & & & & & & & 1 & \\ & & & & & & & & & 1 & 1 \\ & & & & & & & & & \vdots & \ddots \\ & & & & & & & & & 1 & \cdots & 1 & 1 \end{pmatrix}.$$

B è una matrice diagonale a blocchi, i cui blocchi sono alternativamente triangolari inferiori e triangolari superiori. In quest'ultimo caso, gli elementi diagonali sono uguali a zero. Il numero di blocchi diagonali è pari a $2r + 1$; $2r + 1 - h$ di questi hanno ordine k, i rimanenti h hanno dimensione $k + 1$. La struttura di B garantisce che la matrice A ha la forma di r *scalini* di elementi uguali ad 1, ed ha perciò rango r. È facile vedere che il numero di elementi diversi da zero di B, $Dens(B)$, è pari a $\frac{(n-r-h)(n+r-h+1)}{2(2r+1)}$, da cui si ha che $R_L(r) \leq \frac{(n-r-h)(n+r-h+1)}{2(2r+1)}$.   □

7.4 Altre nozioni

La rigidità di matrici è legata al calcolo di un'insieme di forme lineari su circuiti di profondità logaritmica. Sono state introdotte diverse generalizzazioni del concetto di rigidità e sono state individuate altre applicazioni alla complessità computazionale, a cui accenneremo nelle note bibliografiche di questo capitolo.

Una questione strettamente collegata alla rigidità è quella della decomponibilità di una matrice nel prodotto di matrici sparse. Abbiamo visto nel Capitolo 6 che la matrice di Fourier, pur candidata ad avere alta rigidità, è tuttavia decomponibile nel prodotto di un numero logaritmico di matrici molto sparse e strutturate. Viceversa è facile vedere che una matrice decomponibile nel prodotto di un numero costante di matrici sparse non può avere rigidità non lineare (si veda l'Esercizio 7.9).

La decomponibilità nel prodotto di matrici sparse è la proprietà fondamentale per l'analisi di circuiti a fan-in limitato organizzati *a livelli*, dove gli archi collegano solo nodi appartenenti a livelli adiacenti. In questo caso infatti il calcolo di una trasformazione lineare Ax avviene mediante la successione di prodotti $A_i x_i$, per $i = 1, 2, \ldots, d$, dove $x_1 = x$, $A_d A_{d-1} \ldots A_1 = A$ e d

è la profondità del circuito. Al livello j-esimo del circuito viene calcolato il prodotto $A_j x_j$.

Se $|A_i|$ denota il numero di elementi diversi da zero nella matrice A_i, allora è immediato vedere che il numero di archi del circuito è esattamente uguale a $|A_1| + |A_2| + \ldots + |A_d|$.

Nonostante i circuiti a livelli sembrino alquanto restrittivi rispetto ai circuiti generali, non sono state individuate limitazioni inferiori significative per il calcolo di trasformazioni lineari su di essi. Il problema matematico sottostante, ossia dimostrare che una matrice non può essere decomposta in meno di un numero prefissato di matrici sparse, sembra di non facile soluzione.

Un risultato parziale è stato dimostrato da Pudlák.

Teorema 7.16 (Teorema di Pudlák). *Sia M una matrice $n \times n$ con rango $r \le \log n$ su $GF(2)$. Allora M può essere decomposta come $M = ABC$ con $|A| + |B| + |C| = O(n)$.*

Dim. Supponiamo senza perdita di generalità che $n = 2^{2k}$ per qualche intero positivo k. Poiché il rango di M è minore o uguale a $\log n$ esisteranno due matrici P e Q, di ordine rispettivamente $n \times 2k$ e $2k \times n$, tali che $M = P \cdot Q$. Dividendo P e Q in blocchi di uguali dimensioni, possiamo scrivere $M = P_1 \cdot Q_1 + P_2 \cdot Q_2$, dove P_1, P_2 sono matrici $n \times k$ e Q_1, Q_2 matrici $k \times n$. Mostriamo ora come decomporre il prodotto $P_1 Q_1$ nel prodotto di tre matrici con un numero lineare di elementi diversi da zero. Poiché in dimensione k su $GF(2)$ ci sono solo 2^k vettori diversi, possiamo decomporre P_1 nel prodotto $P_1^{(1)} P_1^{(2)}$, dove $P_1^{(1)}$ è una matrice $n \times 2^k$ ed ha un solo 1 per riga e $P_1^{(2)}$ è una matrice $2^k \times k$. Se decomponiamo Q_1 in un modo analogo, otteniamo $P_1 Q_1 = P_1^{(1)} P_1^{(2)} Q_1^{(1)} Q_1^{(2)}$, dove le matrici $P_1^{(1)}$ e $Q_1^{(2)}$ hanno ciascuna n elementi diversi da zero, mentre la matrice $P_1^{(2)} Q_1^{(1)}$ ha al più $2^k \times 2^k = n$ elementi diversi da zero. Perciò abbiamo decomposto la matrice $P_1 Q_1$ nel prodotto di tre matrici, $P_1^{(1)}$, $P_1^{(2)} Q_1^{(1)}$ e $Q_1^{(2)}$, per un numero complessivo di elementi diversi da zero non superiore a $3n$. Operando la stessa decomposizione per il prodotto $P_2 Q_2$, otteniamo una decomposizione per M nel prodotto di tre matrici con al più $6n$ elementi diversi da zero. $\square$

Esercizi

Esercizio 7.1. Si scriva un programma in linea retta P per calcolare la forma lineare $2x + 4y$ tramite l'espressione $(x + 2y + 1)^2 - (x + 2y)^2 - 1$. Si costruisca poi il programma lineare che simula P.

Esercizio 7.2. Costruire una famiglia di matrici circolanti per cui il Teorema di Morgenstern fornisce una limitazione inferiore non lineare (riguardo al calcolo delle forme lineari ad essa associate).

(Suggerimento. Utilizzare la riduzione di Rader del Capitolo 6.)

Esercizio 7.3. Dimostrare che il grafo della computazione della DFT deve essere un superconcentratore.

(Suggerimento. Utilizzare la Proposizione 1 nell'articolo [145].)

Esercizio 7.4. Confrontare la proprietà P della Definizione 7.5 con la proprietà R della Definizione 7.6. Dire quale delle due è più forte, e in particolare se è vero che una delle due implica l'altra.

Esercizio 7.5. Dato il seguente grafo G,

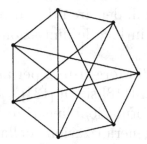

associare ad ogni arco una direzione in modo da ottenere un grafo G' diretto e aciclico. Determinare se e per quali parametri il grafo G' è una grata o gode delle proprietà P o R.

Esercizio 7.6. Dimostrare che per qualsiasi matrice $n \times n$ A vale la disuguaglianza $R_A(r) \leq (n - r)^2$.

Esercizio 7.7. Determinare una limitazione superiore migliore di quella generale per la rigidità della matrice di Hadamard.

(Suggerimento. Utilizzare iterativamente il fatto che si possono eliminare molti elementi diversi da zero da una matrice di Hadamard sottraendole la matrice di rango 1 i cui elementi sono tutti uguali a 1.)

Esercizio 7.8. Dimostrare il Corollario 7.4.

Esercizio 7.9. Sia $0 < \delta < 1$. Sia A una matrice $n \times n$ tale che $R_A(\delta n) = \Omega(n^{1+\delta})$. Dimostrare che A non può essere decomposta nel prodotto di due matrici B e C, tali che $|B| + |C| = O(n)$.

(Suggerimento: Analizzare la rigidità del prodotto di due matrici B e C, tali che $|B| + |C| = O(n)$. Non è difficile vedere che BC differisce da una matrice con un numero lineare di elementi diversi da zero per una matrice di rango sublineare.)

7.5 Note bibliografiche

Il primo contributo allo studio delle limitazioni inferiori per il calcolo di forme lineari è stato dato da Morgenstern. Come abbiamo visto, questi ha dimostrato che nel modello ristretto è necessario un numero di passi dell'ordine di

$n \log n$ per calcolare trasformazioni lineari associate a matrici con determinante il cui valore è più che esponenziale. Morgenstern si è occupato di questo in [100], mentre in [101] ha cercato di affrontare più in generale la questione della complessità del calcolo di forme lineari, cercando di caratterizzare le proprietà algebriche rilevanti ai fini computazionali.

Valiant [146] ha introdotto la nozione di rigidità, che come abbiamo visto esprime la complessità del problema quando i circuiti hanno profondità logaritmica. Va ricordato anche il lavoro di Grigoriev, che del tutto indipendentemente ha definito nozioni analoghe [73].

Le proprietà combinatoriali dei circuiti di profondità logaritmica sfruttate da Valiant per metterne in luce le limitazioni fondamentali nascono dai risultati contenuti in [55].

L'utilizzo delle tecniche di Morgenstern per analizzare versioni restrittive della rigidità è cruciale sia in [118] sia in [131].

Chazelle [44] studia trasformazioni lineari di interesse in geometria computazionale, mediante una generalizzazione della tecnica di Morgenstern; la novità, presente anche in [131], consiste nella transizione da argomenti basati sul *volume* a tecniche spettrali.

Per il lettore interessato alla rigidità di matrici derivate da codici, vale la pena di spendere qualche ulteriore parola. I codici noti come *codici buoni* sono classi di codici che hanno distanza minima limitata inferiormente da δm e dimensione $n \geq \varepsilon m$, dove m è la lunghezza delle parole del codice e δ, ε sono costanti positive. Tali codici lineari possono essere definiti in modo esplicito. Un esempio è dato dai codici di Justesen (al riguardo si possono consultare le pagine dalla 307 in poi dell'ottimo testo di MacWilliams e Sloane [92]).

Per poter confrontare le limitazioni sulla rigidità di queste matrici con altre, bisogna passare a matrici quadrate, ad esempio aggiungendo colonne nulle. Questo porta ad una limitazione inferiore dell'ordine di $\frac{n^2}{r} \log \frac{n}{r}$, che è la migliore tra le limitazioni note per matrici esplicitamente definite. Tale risultato, che vale sul campo $GF(2)$, è stato ottenuto da J. Friedman [61] e poi ripreso in [121]. Riguardo al campo dei numeri reali, la migliore limitazione nota sulla rigidità è dell'ordine di $\Omega(n^2/r)$, come si può vedere consultando [129] e [123].

Come abbiamo visto, anche le matrici di Hadamard sono candidate ad avere rigidità alta. La limitazione che abbiamo presentato per queste matrici è dovuta ad Alon [7] ed è solo dell'ordine di n^2/r^2. Un miglioramento del risultato di Alon si trova in [82], dove viene ottenuta la limitazione $\Omega(n^2/r)$. Nuove candidate a rigidità alta emergono in [46], dove vengono utilizzate tecniche per collegare il rango di matrici circolanti alla posizione dei loro elementi diversi da zero.

In [120] la nozione di rigidità è stata estesa ad un insieme di matrici, nel modo seguente.

$$R_{A_1,\ldots,A_k}(r) = \min\{|S| : \exists B_j \text{ con } \mathrm{rank}(A_j + B_j) \leq r, \ j = 1,\ldots,k\}$$

dove tutte le matrici $B_1, \ldots, B_k$ hanno elementi diversi da zero in un sottoinsieme dell'insieme di posizioni S.

Questo significa che si possono apportare modifiche in un certo insieme di posizioni fissate per tutte le matrici $A_1, \ldots, A_k$.

Sarebbe interessante determinare una limitazione inferiore per la rigidità di insiemi espliciti di matrici, persino nel caso in cui la dimensione dell'insieme è 2^n. Il migliore risultato noto coincide tuttavia con il miglior risultato ottenuto nel caso di una singola matrice.

Una diversa applicazione della rigidità in complessità computazionale è stata mostrata da Razborov [129], con riferimento alla complessità della comunicazione (si veda [108] per un'introduzione a questo settore).

Babai, Frankl e Simon in [18] hanno suggerito di considerare opportune controparti delle classi di complessità nell'ambito della complessità della comunicazione. In particolare, $\mathcal{P}^{CC}$, $\mathcal{NP}^{CC}$ e $\mathcal{PH}^{CC}$ sono gli analoghi delle classi **P**, **NP** e **PH** nell'ambito della complessità della comunicazione.

Razborov ha mostrato il seguente risultato.

Teorema 7.17 (Teorema di Razborov [129]). *Sia $\{A_n\}$ una sequenza di matrici $n \times n$ a elementi in $\{0, 1\}$. Sia* exp *la funzione di esponenziazione. Supponiamo che per un certo campo fissato* **F** *e per* $\exp((\log\log n)^{\omega(1)}) \le r \le n$ *valga*

$$R_{A_n}(r) \ge \frac{n^2}{\exp((\log r)^{o(1)})}.$$

Allora $\{A_n\}$ non appartiene a $\mathcal{PH}^{CC}$.

Questo teorema mostra che una certa limitazione inferiore sulla rigidità implicherebbe la risoluzione di un importante problema aperto in complessità della comunicazione, ossia la determinazione di problemi che non appartengono a $\mathcal{PH}^{CC}$.

Alcuni altri lavori che riguardano proprietà algebriche o combinatoriali legate alla complessità del calcolo di trasformazioni lineari sono [12, 114, 119, 120, 121, 122].

Concludiamo ricordando infine che esistono importanti collegamenti tra il calcolo di forme lineari e il calcolo di forme bilineari. Il lettore interessato a questo argomento può consultare [110].

8. Circuiti booleani di profondità limitata

La ricerca di limitazioni inferiori di complessità nel modello di calcolo dei circuiti booleani costituisce un settore molto importante della complessità computazionale. Una limitazione inferiore superpolinomiale sulla dimensione di un circuito che riconosce un linguaggio della classe **NP** implicherebbe infatti il risultato $P \neq NP$. Purtroppo le limitazioni inferiori superpolinomiali trovate fino ad ora sono state ottenute applicando tecniche che mostrano soltanto l'esistenza di problemi che richiedono circuiti di dimensione superpolinomiale, ma sono ben lontane dall'esibirli esplicitamente. Dimostrare l'esistenza di funzioni booleane che richiedono circuiti di dimensione esponenziale è come vedremo piuttosto semplice, mentre risulta estremamente difficile fornire un esempio *esplicito* di funzione di dimensione superpolinomiale. A tutt'oggi le migliori limitazioni inferiori note per problemi espliciti sono addirittura solo lineari.

Al fine di comprendere le ragioni di questa difficoltà a valutare la complessità di problemi espliciti, a partire dagli anni ottanta sono state sviluppate nuove tecniche rivolte ad analizzare le computazioni. Il punto di partenza consiste nel porre vincoli sulla potenza computazionale di un modello, in modo da restringere la classe degli algoritmi ammissibili, e determinare così limitazioni inferiori significative, anche se applicabili solo ad una classe di algoritmi (il lettore può osservare l'analogia tra questo approccio e quello proposto in ambito algebrico da Morgenstern, che abbiamo descritto nella Sezione 7.2).

I due modelli di calcolo ristretti che prenderemo in considerazione nell'ambito booleano sono i *circuiti di profondità limitata* ed i *circuiti monotoni*.

I circuiti di profondità limitata sono definiti sulla base canonica, hanno fan-in non limitato e profondità costante; i circuiti monotoni sono definiti sulla base formata dalle sole funzioni AND e OR e non contengono negazioni; ciò restringe la classe delle funzioni calcolabili alle sole funzioni monotone. Le restrizioni che caratterizzano questi due modelli consentono di analizzare i problemi computazionali con una certa cura:

- le limitazioni esponenziali determinate per i circuiti di profondità costante dipendono in modo molto severo dal parametro che esprime la profondità del circuito; infatti diventano lineari quando la profondità è almeno logaritmica;

- nel caso dei circuiti monotoni si ottengono limitazioni significative sfruttando il fatto che i circuiti monotoni di dimensione al più polinomiale tendono a comportarsi come una "soglia", ossia a calcolare funzioni booleane che valgono 1 se e solo se l'input contiene un numero di bit uguali a 1 non inferiore ad una data soglia; tali circuiti non sono perciò in grado di calcolare funzioni sostanzialmente diverse da funzioni soglia.

Questi risultati sono in qualche modo incoraggianti: esistono strumenti per dimostrare che certi problemi, in modelli ragionevoli, non ammettono una risoluzione efficiente. Tuttavia, la nostra attuale capacità di analizzare le computazioni si affievolisce e gli strumenti esistenti non possono più essere applicati non appena viene aumentata la profondità dei circuiti, oppure vengono ammesse negazioni. Ad esempio, nel caso dei circuiti monotoni, la generalizzazione sembra per ora fuori portata. Esistono infatti funzioni calcolabili in tempo polinomiale, ma che richiedono circuiti monotoni di dimensione superpolinomiale, risultato che indica come i circuiti monotoni siano un modello particolarmente limitante. Questa difficoltà legata alla generalizzazione dei risultati mette in luce un fenomeno che abbiamo già incontrato nel Capitolo 5 a proposito del determinante e nel Capitolo 7 col Teorema di Strassen: esistono "sorprendenti" limitazioni superiori ottenibili tramite algoritmi, in qualche modo controintuitivi, che sfruttano appieno le potenzialità di un ambiente di calcolo generale.

In questo capitolo, dopo aver presentato limitazioni inferiori generali ottenute tramite metodi di conteggio, illustreremo a fondo le tecniche utilizzate per analizzare i circuiti di profondità limitata. I circuiti monotoni saranno invece oggetto di studio del prossimo capitolo.

8.1 Tecniche generali

Come abbiamo già accennato, è facile dimostrare - in modo non costruttivo - l'esistenza di funzioni il cui calcolo richiede circuiti di dimensione esponenziale. Vale infatti il teorema seguente.

Teorema 8.1 (Teorema di Muller). *Quasi tutte le funzioni booleane di n variabili richiedono circuiti di dimensione $\Omega(2^n/n)$.*

Dim. Per prima cosa dimostriamo che il numero di circuiti di dimensione s, con n variabili in ingresso, è limitato superiormente da $[2(s+2n+2)^2]^s$. Ogni nodo operazione di un circuito è un nodo AND oppure OR, collegato con due nodi del livello inferiore. Ogni nodo del livello inferiore può essere a sua volta un nodo operazione (ci sono s scelte) o un nodo di ingresso (ci sono $2n$ scelte, perché dobbiamo considerare anche le negazioni delle variabili in ingresso), oppure una costante (ci sono 2 scelte). Per ciascun nodo operazione del circuito ci sono dunque al più $2(s+2n+2)^2$ possibili scelte. Componendo queste scelte per tutti gli s nodi operazione del circuito otteniamo la limitazione $[2(s + 2n + 2)^2]^s$.

Per $s = \frac{2^n}{10n}$, tale limitazione diventa approssimativamente $2^{2^n/5}$. Dato che il numero di funzioni booleane di n variabili è 2^{2^n} e che $2^{2^n/5} << 2^{2^n}$, possiamo affermare che quasi tutte le funzioni booleane richiedono circuiti di dimensione maggiore di $\frac{2^n}{10n}$.   □

Come si è visto, questa dimostrazione è basata su argomenti puramente probabilistici e combinatoriali e non fornisce alcuna informazione utile sulla struttura delle funzioni booleane che hanno dimensione esponenziale.

Quando si considerano funzioni esplicite, si ottengono invece risultati molto più deboli: attualmente la migliore limitazione inferiore nota per una funzione che rappresenta un problema appartenente alla classe **NP** è soltanto $3n + o(n)$.

Riportiamo qui di seguito la dimostrazione di una limitazione lineare leggermente più debole, precisamente pari a $2n - O(1)$.

Questo risultato si ottiene applicando un metodo chiamato *metodo dell'eliminazione dei nodi*. L'idea fondamentale alla base di tale metodo è di dimostrare che deve esistere nel circuito almeno una variabile di fan-out elevato, ossia una variabile mandata in ingresso a diversi nodi operazione. Il nome "eliminazione dei nodi" discende dal fatto che attribuendo un valore costante ad una variabile di fan-out elevato, è possibile eliminare diversi nodi dal circuito.

Nella dimostrazione che ora presentiamo, il metodo viene applicato ad una *funzione soglia*, che definiamo come

$$t_{k,n}(x_1, x_2, \ldots, x_n) = \begin{cases} 1 & \text{se } x_1 + x_2 + \ldots + x_n \geq k, \\ 0 & \text{altrimenti}. \end{cases}$$

Nella dimostrazione faremo inoltre ricorso alla nozione di *sottofunzione* di una funzione booleana.

Definizione 8.1. *Sia $f : \{0,1\}^n \to \{0,1\}$ una funzione booleana di n variabili. Si dice* sottofunzione *di f la funzione derivata da f attribuendo un valore costante, 0 o 1, ad alcune delle sue variabili.*

(Esempi di sottofunzioni di alcune funzioni booleane esplicite possono essere trovati nella Sezione 8.4.)

Teorema 8.2. *Per $n \geq 2$, la funzione $t_{2,n}$ richiede circuiti di dimensione maggiore o uguale a $2n - 4$.*

Dim. La dimostrazione procede per induzione su n. Consideriamo circuiti di fan-in 2, aventi sul primo livello nodi AND. Il caso base, $n = 2$, è immediato.

Per il passo induttivo, sia $\mathcal{C}$ un circuito ottimale per $t_{2,n}$. Senza perdere di generalità, supponiamo che x_i e x_j, $i \neq j$, siano le variabili in ingresso ad un nodo sul primo livello del circuito, che indichiamo con G. I quattro possibili assegnamenti di valori in $\{0,1\}$ alle variabili x_i e x_j definiscono tre possibili sottofunzioni di $t_{2,n}$:

- all'assegnamento $x_i = x_j = 1$ corrisponde la sottofunzione $t_{0,n-2}$;
- all'assegnamento $x_i = x_j = 0$ corrisponde la sottofunzione $t_{2,n-2}$;
- agli assegnamenti $x_i = 1$ e $x_j = 0$, oppure $x_i = 0$ e $x_j = 1$, corrisponde la sottofunzione $t_{1,n-2}$.

Ciò implica che almeno una delle due variabili deve essere in ingresso ad un altro nodo operazione. In caso contrario, infatti, il circuito $\mathcal{C}$ dipenderebbe da x_i e x_j solo tramite il nodo G e, dato che G può assumere solo i valori 0 oppure 1, risulterebbero definite solo due sottofunzioni non equivalenti, e non tre, in corrispondenza dei possibili assegnamenti a x_i e x_j.

Supponiamo allora che la variabile x_i sia mandata in ingresso ad almeno due nodi operazione del primo livello. Poiché per ipotesi tali nodi sono di tipo AND, è chiaro che essi possono essere immediatamente eliminati attribuendo valore 0 alla variabile x_i.

A questo punto possiamo osservare che la sottofunzione corrispondente a $x_i = 0$ è pari a $t_{2,n-1}$, e richiede, per ipotesi induttiva, circuiti di dimensione $2(n-1) - 4$. Sommando i due nodi eliminati, otteniamo allora la limitazione $2n - 4$ per l'intero circuito $\mathcal{C}$, completando l'induzione.   □

Esiste dunque uno scarto enorme tra la limitazione inferiore $\Omega(2^n/n)$ determinata per "quasi tutte" le funzioni booleane e le limitazioni inferiori determinate invece per funzioni esplicite. Come abbiamo già accennato nell'introduzione a questo capitolo, allo scopo di ridurre questo scarto si è cercato di procedere introducendo vincoli che, limitando la potenza computazionale dei circuiti, consentano di restringere la classe delle funzioni calcolabili e di determinare così limitazioni inferiori significative.

Un modo per limitare la potenza computazionale di un circuito è quello di imporre significativi vincoli alla sua struttura, come accade nel caso dei *circuiti booleani di profondità limitata*.

Definizione 8.2. *I* circuiti di profondità limitata *sono definiti sulla base canonica, hanno fan-in non limitato e profondità costante (indipendente dalla dimensione della funzione da calcolare) oppure espressa da una funzione che cresce molto lentamente con la dimensione.*

Senza perdita di generalità, possiamo supporre che i circuiti di profondità limitata abbiano la seguente struttura:

- i nodi operazione di tipo NOT sono presenti solo a livello dei nodi di input, ossia ogni variabile è data in input sia in forma non negata, x_i, che in forma negata $\neg x_i$ e non ci sono altri nodi NOT nel circuito;
- il circuito ha una struttura a livelli e tutti i cammini da un nodo di input al nodo di output hanno la stessa lunghezza;
- tutti i livelli del circuito sono consistenti (ossia ciascuno di essi contiene solo nodi AND o solo nodi OR) e alternati (ad esempio il primo livello contiene nodi OR, il secondo nodi AND, il terzo OR, e così via).

Si osservi che qualsiasi circuito di profondità costante e dimensione polinomiale può essere facilmente trasformato in un circuito del tipo definito sopra mantenendo la profondità costante e la dimensione polinomiale. In particolare, i nodi NOT possono essere spostati verso gli ingressi applicando le leggi di De Morgan:

- $\neg(x_1 \wedge x_2) = \neg x_1 \vee \neg x_2$;
- $\neg(x_1 \vee x_2) = \neg x_1 \wedge \neg x_2$.

Questo modo di procedere può al massimo raddoppiare la dimensione del circuito. È inoltre possibile disporre i nodi di tipo $\vee$ e $\wedge$ su livelli alternati, in quanto due nodi dello stesso tipo posti in cascata possono essere uniti in un unico nodo.

Nel seguito esamineremo in dettaglio le tecniche matematiche che sono state sviluppate per determinare limitazioni inferiori di complessità su circuiti di profondità costante. In particolare illustreremo il metodo probabilistico delle *restrizioni casuali* introdotto da Furst, Saxe e Sipser nel 1984 e ripreso poi da Yao e da Håstad. Presenteremo inoltre altre due tecniche di analisi per i circuiti di profondità limitata, una basata sulla nozione di *complessità secondo Kolmogorov*, sviluppata da Fortnow e Laplante, ed una basata invece sull'applicazione del cosiddetto *metodo polinomiale* di analisi delle funzioni booleane.

8.2 Limitazioni inferiori di complessità

La prima limitazione inferiore superpolinomiale che è stata determinata per la classe dei circuiti di profondità costante riguarda la dimensione dei circuiti che calcolano la funzione *parità*, ossia la somma modulo 2 delle variabili in ingresso. Nel seguito indichiamo con $\log^{(i)} n$ la funzione logaritmo iterata i volte. Vale il seguente risultato.

Teorema 8.3 (Teorema di Furst e al.). *I circuiti di profondità costante d che calcolano la funzione parità di n variabili devono avere dimensione $\Omega(n^{\log^{(i)} n})$, dove $i = 3(d-2)$.*   □

Da questo risultato segue che il linguaggio di cui la parità è funzione caratteristica non appartiene alla classe $\mathbf{AC}^0$ (si ricordi che $\mathbf{AC}^0$ è la classe delle funzioni booleane calcolabili da circuiti di fan-in illimitato, dimensione polinomiale e profondità costante). Come vedremo nella Sezione 8.6, tale linguaggio appartiene invece alla classe di complessità $\mathbf{NC}^1$ (ovvero alla classe delle funzioni calcolabili da circuiti di fan-in limitato, dimensione polinomiale e profondità logaritmica). La classe $\mathbf{AC}^0$ è pertanto contenuta propriamente nella classe $\mathbf{NC}^1$, e ciò costituisce uno dei pochi *risultati di separazione* che sono stati dimostrati in complessità.

Il Teorema di Furst et al. può essere rafforzato, come espresso dal seguente teorema.

Teorema 8.4 (Teorema di Yao). *I circuiti di profondità d che calcolano la funzione parità di n variabili hanno dimensione $\Omega(2^{n^{\frac{1}{4d}}})$.*   □

I Teoremi 8.3 e 8.4 sfruttano la medesima intuizione. Le loro dimostrazioni sono basate su un procedimento induttivo che prevede la verifica delle seguenti proprietà:

1. i circuiti di profondità 2 che calcolano la parità di n variabili devono avere dimensione pari a $2^{n-1} + 1$;
2. i circuiti di dimensione polinomiale in n e di profondità d che calcolano la parità possono essere trasformati in equivalenti circuiti di dimensione ancora polinomiale e profondità $d - 1$.

Da questo schema si possono ottenere limitazioni inferiori esponenziali per la dimensione dei circuiti che calcolano la parità. Infatti, se per assurdo esistesse un circuito di profondità costante e dimensione polinomiale che calcola la parità, riducendo progressivamente la profondità sarebbe possibile ottenere, grazie alla proprietà 2, un circuito di profondità 2 e dimensione polinomiale, in evidente contraddizione con la proprietà 1.

Mentre la prima proprietà è facilmente dimostrabile, il punto cruciale delle dimostrazioni è quello relativo alla verifica della seconda proprietà.

Un sostanziale contributo a questo settore di ricerca è stato dato da Håstad, il quale ha semplificato e formalizzato in modo molto preciso la tecnica che porta al Teorema di Furst, Saxe e Sipser, sviluppando un vero e proprio metodo probabilistico per analizzare circuiti di profondità limitata ed ottenere limitazioni inferiori significative. Questo gli ha consentito di ottenere limitazioni quasi ottimali per le funzioni parità e maggioranza. Il risultato chiave di Håstad è costituito da un lemma tecnico, noto come *"Lemma dello scambio"*. Come indica lo stesso nome, questo lemma viene utilizzato per "scambiare" due livelli alternati di nodi OR e nodi AND in un circuito booleano, senza aumentarne la dimensione in modo significativo. Una volta effettuato lo scambio, avremo nel circuito due livelli di nodi OR (o nodi AND) adiacenti, che si possono fondere in un unico livello. Infatti, un nodo OR che riceve in ingresso le uscite di k nodi OR è chiaramente equivalente ad un unico nodo OR calcolato sull'unione di tutti gli ingressi dei k OR corrispondenti. Un'applicazione del Lemma dello scambio consente perciò di diminuire la profondità di un circuito di una unità. Discuteremo questo lemma in termini rigorosi nella Sezione 8.5.

8.3 Circuiti di profondità costante per la funzione parità

Scopo di questa sezione è analizzare la proprietà 1 dello schema induttivo descritto nella Sezione 8.2, e di presentare allo stesso tempo alcune limitazioni superiori per la dimensione di circuiti di profondità costante che calcolano la funzione parità.

Lemma 8.1. *I circuiti di profondità 2 che calcolano la funzione parità (o il suo complemento) hanno dimensione $2^{n-1} + 1$, e fan-in dei nodi operazione sul primo livello uguale a n. Tali circuiti possono essere scritti sia come un AND di OR che come un OR di AND.*

Dim. Sia σ un mintermine della funzione parità, ossia una congiunzione di un insieme minimale di literal per cui la parità è uguale a 1 su ogni input che assegna valore 1 ad ogni literal in esso contenuto. Chiaramente, per stabilire la parità di una stringa occorre conoscere il valore assegnato a ciascuna variabile; perciò il mintermine σ deve contenere ogni variabile (in forma negata o non negata). Ogni mintermine della funzione parità individua dunque una ed una sola stringa, ed avremo così un mintermine associato ad ogni stringa di parità 1.

Dato che il numero di stringhe di n variabili la cui parità risulta uguale a 1 è 2^{n-1}, un circuito di profondità 2 che calcola la parità avrà sul primo livello esattamente 2^{n-1} nodi AND (corrispondenti ai mintermini), ciascuno dei quali riceve in input n variabili (negate o non negate). A questo punto la tesi segue osservando che la parità può essere calcolata valutando l'OR degli output dei nodi AND.

Si osservi che il circuito così ottenuto corrisponde esattamente alla forma normale disgiuntiva della funzione parità. Considerando la forma normale congiuntiva, si può invece costruire, in modo del tutto analogo, un circuito di profondità 2 che contiene 2^{n-1} nodi OR sul primo livello e un nodo AND sul secondo.

Un risultato del tutto analogo si ottiene anche per il complemento della funzione parità. $\square$

Più in generale è possibile ottenere la seguente limitazione superiore per la dimensione dei circuiti di profondità costante che calcolano la funzione parità.

Teorema 8.5. *La parità di n variabili può essere calcolata da circuiti di profondità d e dimensione $O(n^{\frac{d-2}{d-1}} 2^{n^{\frac{1}{d-1}}})$. Il nodo di uscita può essere sia un AND che un OR.*

Dim. Per induzione.

Caso base. Sia $d = 3$. Senza perdere di generalità, possiamo supporre che n sia un quadrato perfetto. Dividiamo gli ingressi in $\sqrt{n}$ gruppi di $\sqrt{n}$ variabili ciascuno. La parità di ciascun gruppo può essere calcolata da un sottocircuito di profondità 2 e dimensione $2^{\sqrt{n}-1} + 1$. Con un altro circuito di profondità 2 e dimensione $2^{\sqrt{n}-1} + 1$, che chiameremo "circuito superiore", è infine possibile calcolare la parità dei risultati ottenuti.

Osserviamo però che per calcolare la parità di un insieme di variabili, è necessario utilizzare tutte le variabili e tutte le loro negazioni; quindi il circuito superiore dovrà ricevere in ingresso i risultati di tutti i sottocircuiti, così come le loro negazioni.

Utilizziamo a questo scopo due copie di ciascun sottocircuito, una che calcola la parità delle $\sqrt{n}$ variabili, e un'altra che ne calcola il complemento. Questo ci permette di non inserire nodi NOT all'interno del circuito e di mantenere le negazioni esclusivamente sotto forma di negazioni delle variabili di ingresso. Utilizziamo la copia del sottocircuito che calcola la parità quando l'ingresso al circuito superiore non è negato, mentre in caso contrario utilizzeremo il sottocircuito che ne calcola il complemento. In questo modo si ottiene un circuito di profondità 4 e dimensione $(2\sqrt{n} + 1)(2^{\sqrt{n}-1} + 1)$.

Vediamo ora come sia possibile diminuire la profondità del circuito da 4 a 3. Supponiamo che il circuito superiore sia costituito da un AND di OR. Il Lemma 8.1 ci assicura che la parità ed il suo complemento possono essere calcolati in profondità 2, sia in termini di un OR di AND sia di un AND di OR. Dunque possiamo scrivere tutti i sottocircuiti e le loro copie "negate" sotto forma di un OR di AND, ed in questo modo abbiamo nel circuito due livelli adiacenti di nodi OR, che possiamo fondere uno nell'altro ottenendo un circuito di profondità 3 e dimensione $[(2\sqrt{n}+1)\,2^{\sqrt{n}-1}+1]$. Questa espressione si ricava sottraendo dalla precedente valutazione della dimensione il numero di nodi OR eliminati, che è pari a $2\sqrt{n}$ (viene infatti eliminato un OR per ciascun sottocircuito).

Passo induttivo. Dividiamo le n variabili in ingresso in $n^{\frac{1}{d-1}}$ gruppi di $n^{\frac{d-2}{d-1}}$ variabili ciascuno. In modo del tutto analogo al caso base, per ciascun sottoinsieme di variabili consideriamo due sottocircuiti, uno che calcola la parità e l'altro che calcola il complemento. Per ipotesi induttiva possiamo calcolare la parità (ed il suo complemento) di ciascun sottoinsieme di variabili in profondità $d-1$ e dimensione $O((n^{\frac{d-2}{d-1}})^{\frac{d-3}{d-2}}2^{(n^{\frac{d-2}{d-1}})^{\frac{1}{d-2}}})$, ossia $O(n^{\frac{d-3}{d-1}}2^{n^{\frac{1}{d-1}}})$. La tesi segue allora osservando che il numero di tali sottocircuiti è $O(n^{\frac{1}{d-1}})$.   □

8.4 La tecnica delle restrizioni casuali

Come si è già osservato nella Sezione 8.2, la maggiore difficoltà nel derivare le limitazioni inferiori si incontra cercando di verificare la seconda proprietà dello schema induttivo di dimostrazione.

Dato che i circuiti sono organizzati secondo livelli di nodi AND e nodi OR, è chiaro che per poter diminuire la profondità di una unità è sufficiente convertire un livello costituito da AND di OR in uno costituito da OR di AND (o viceversa). In questo modo, si ottengono infatti due livelli adiacenti di OR che si possono fondere in un unico livello. Il problema è che quando convertiamo un AND di OR in un OR di AND la dimensione del circuito può crescere considerevolmente, come è evidenziato dal seguente esempio.

Esempio 8.1. Si consideri la funzione
$$f(x_1, \ldots, x_{10}) = [(x_1 \vee x_2) \wedge (x_3 \vee x_4) \wedge (x_5 \vee x_6)]\vee$$
$$[(x_7 \vee x_8) \wedge (x_9 \vee x_{10})],$$

calcolabile da un circuito di profondità 3 e dimensione 8. Convertendo gli AND di OR in OR di AND, otteniamo la seguente espressione:

$$
\begin{aligned}
f(x_1, \ldots, x_{10}) = {} & \big[(x_1 \wedge x_3 \wedge x_5) \vee (x_1 \wedge x_3 \wedge x_6) \vee \\
& (x_1 \wedge x_4 \wedge x_5) \vee (x_1 \wedge x_4 \wedge x_6) \vee (x_2 \wedge x_3 \wedge x_5) \vee \\
& (x_2 \wedge x_3 \wedge x_6) \vee (x_2 \wedge x_4 \wedge x_5) \vee (x_2 \wedge x_4 \wedge x_6)\big] \vee \\
& \big[(x_7 \wedge x_9) \vee (x_7 \wedge x_{10}) \vee (x_8 \wedge x_9) \vee (x_8 \wedge x_{10})\big],
\end{aligned}
$$

che può essere calcolata tramite un circuito di due livelli, un livello composto da 12 nodi AND ed un livello costituito da un unico OR. Si ottiene così un circuito di profondità 2 e dimensione 13. □

Con questo procedimento è dunque possibile convertire un circuito di dimensione piccola e profondità k in un circuito di profondità $k - 1$, ma può accadere che la dimensione cresca molto, in evidente contraddizione con la proprietà che vorremmo invece verificare!

Il risultato chiave che ha consentito di aggirare questo problema è costituito dal già citato Lemma dello scambio di Håstad. Questo lemma consente di "scambiare" tra loro due livelli alternati di nodi OR e nodi AND in un circuito booleano, senza aumentarne la dimensione e senza alterarne le funzionalità in modo significativo.

Per operare efficientemente questa procedura di scambio è necessario fare ricorso alla nozione di *restrizione casuale*.

Definizione 8.3 (Restrizione casuale). *Sia $p \in [0, 1]$. Una restrizione casuale ρ con parametro p è una funzione che associa indipendentemente ad ogni variabile un elemento dell'insieme $\{0, 1, \star\}$, nel modo seguente:*

- *$\rho(x_i) = 0$ con probabilità $\frac{1}{2} - \frac{p}{2}$,*
- *$\rho(x_i) = 1$ con probabilità $\frac{1}{2} - \frac{p}{2}$,*
- *$\rho(x_i) = \star$ con probabilità p.*

La variabile x_i è detta libera *se $\rho(x_i) = \star$. Data $f : \{0, 1\}^n \to \{0, 1\}$, si indica con f_ρ la funzione indotta dalla restrizione ρ, ossia la funzione che si ottiene da f dopo aver operato gli assegnamenti descritti sopra. f_ρ dipende dalle sole variabili libere ed è una sottofunzione di f.*

Per chiarire questo concetto consideriamo subito alcuni esempi.

Esempio 8.2 (Funzione maggioranza). Sia $f(x_1, x_2, x_3, x_4, x_5)$ la funzione *maggioranza*, ossia la funzione che risulta pari ad 1 quando la maggioranza delle variabili di ingresso è pari ad 1 (nel caso $n = 5$ risulta $f = 1$ se almeno 3 variabili sono pari ad 1). Supponiamo che l'azione della restrizione abbia associato alle variabili i valori seguenti: $\rho(x_1) = \star$, $\rho(x_2) = \star$, $\rho(x_3) = 0$, $\rho(x_4) = 0$, $\rho(x_5) = \star$. Dato che la restrizione ρ assegna a due delle variabili il valore 0, la maggioranza delle 5 variabili sarà pari ad 1 se e solo se le tre variabili libere assumono valore 1. Questo significa che la funzione f_ρ si riduce ad una funzione AND, ossia $f_\rho(x_1, x_2, x_5) = x_1 \wedge x_2 \wedge x_5$. □

Esempio 8.3 (Funzione parità). Per ogni restrizione ρ, se f è la funzione parità di n variabili, la funzione f_ρ è a sua volta una funzione parità o il suo complemento. Infatti, supponiamo che ρ assegni valore 1 ad un numero dispari di variabili. Allora la parità delle n variabili sarà 1 quando la stringa composta dalle variabili libere conterrà un numero pari di 1. Quindi f_ρ è data dal complemento della funzione parità delle variabili libere. Viceversa quando il numero di valori 1 assegnati da ρ è pari, f_ρ coincide con la funzione parità delle variabili libere. □

L'idea alla base della restrizione casuale è di semplificare notevolmente un circuito, assegnando un valore ad alcune delle variabili. Ovviamente, al decrescere della probabilità p (e quindi al decrescere del numero delle variabili libere), aumenta la "semplificazione" del circuito, ma allo stesso tempo può risultare compromessa la significatività del risultato, ossia la correlazione tra la funzione originaria e la funzione indotta dalla restrizione. È dunque opportuno determinare p in modo da bilanciare semplificazione con significatività.

Il Lemma di Håstad nasce dall'osservazione di come l'applicazione delle restrizioni casuali consenta non solo di semplificare il circuito, ma anche di operare la procedura di scambio di due livelli di nodi AND e OR senza alterare sensibilmente la dimensione.

Diremo che un nodo operazione è "limitato" quando riceve "poche" variabili in ingresso.

Lemma 8.2 (Lemma di Håstad: formulazione intuitiva).
Dato un circuito di profondità 2 costituito da un AND di nodi OR limitati, l'attribuzione di valori casuali ad un sottoinsieme di variabili scelte in modo casuale e in accordo alla distribuzione uniforme, definisce una funzione indotta che, con alta probabilità, può essere espressa come un OR di nodi AND limitati. □

Il Lemma dello scambio afferma dunque che l'azione di una restrizione casuale su un circuito booleano consente, con alta probabilità di successo, di scambiare gli ultimi due livelli del circuito (ossia i due livelli prossimi al nodo di output) senza aumentarne la dimensione in modo significativo. Una volta effettuato lo scambio, avremo nel circuito due livelli di nodi AND disposti in cascata, che possono essere fusi in un unico livello. Un'applicazione del Lemma dello scambio di Håstad consente perciò, con alta probabilità di successo, di diminuire di una unità la profondità di un circuito, completando la seconda fase dello schema induttivo di dimostrazione.

8.5 Il Lemma dello scambio

Ci occupiamo ora di dimostrare formalmente il Lemma dello scambio.

A questo scopo è necessario introdurre le seguenti definizioni.

Definizione 8.4.

- *Una t-disgiunzione è una disgiunzione di al più t variabili o negazioni di variabili.*
- *Una t-congiunzione è una congiunzione di al più t variabili o negazioni di variabili.*
- *Una funzione booleana è t-chiusa se è una congiunzione di t-disgiunzioni.*
- *Una funzione booleana è t-aperta se è una disgiunzione di t-congiunzioni.*

Definizione 8.5. *La dimensione di un mintermine, o di un maxtermine, è uguale al numero di literal in esso contenuti.*

Si osservi che una funzione booleana è t-chiusa (risp. t-aperta) se i suoi maxtermini (risp. mintermini) hanno dimensione al più t.

A questo punto possiamo enunciare il Lemma dello scambio. Il resto della sezione sarà interamente dedicato alla sua dimostrazione.

Lemma 8.3 (Lemma dello scambio). *Sia g una funzione t-chiusa e sia ρ una restrizione casuale con parametro p. Allora, la probabilità che g_ρ non sia s-aperta è limitata superiormente da α^s, dove $\alpha = \gamma pt$, $\gamma = \frac{2}{\ln \phi} \simeq 4.16$, e $\phi = \frac{1+\sqrt{5}}{2}$ è una radice dell'equazione $\phi^2 = \phi + 1$.*

Sostituendo alla funzione t-chiusa g nell'enunciato del lemma il suo complemento $\neg g$, diventa possibile convertire una funzione t-aperta in una funzione s-chiusa, con la stessa probabilità di successo. Infatti, una semplice applicazione delle leggi di De Morgan consente di riscrivere $\neg g$ come una disgiunzione di congiunzioni, ossia come una funzione t-aperta. Analogamente, se g_ρ è s-aperta, $\neg g_\rho$ può essere espressa come una congiunzione di disgiunzioni, ossia come una funzione s-chiusa.

Per meglio comprendere la dimostrazione del Lemma dello scambio, consideriamo prima il caso particolare in cui ogni variabile nel circuito per g è mandata in ingresso ad uno ed un solo nodo OR. Ciò è equivalente a richiedere che i sottoinsiemi di variabili mandati in ingresso ai nodi OR del circuito siano tra loro disgiunti. In questo caso, una semplice induzione sul numero di nodi OR consente di dimostrare il lemma.

Indicheremo con "$min(g) \geq s$" l'evento "g ha un mintermine di dimensione maggiore o uguale a s", e con "$g \equiv 1$" l'evento "g coincide con la funzione costante uguale a 1".

8.5.1 Dimostrazione (caso semplificato)

La dimostrazione procede per induzione sul numero w di nodi OR nel circuito che calcola la funzione g.

Caso base. Per $w = 0$ il risultato è ovvio in quanto g è una funzione costante.

Passo induttivo. Sia g_1 il primo nodo OR nel circuito che calcola la funzione

$$g = \bigwedge_{i=1}^{w} g_i \,,$$

dove, per ogni i, g_i rappresenta una disgiunzione di variabili. Indichiamo con g_{1_ρ} la funzione indotta dall'azione di ρ su g_1, e con h la funzione ottenuta eliminando g_1 da g, ossia

$$h = \bigwedge_{i=2}^{w} g_i \,.$$

Senza perdere di generalità possiamo supporre che g_1 non riceva alcuna variabile negata in ingresso (si osservi che questa condizione può essere sempre soddisfatta, eventualmente ridenominando le variabili in ingresso). Siano inoltre $P(A)$ e $P(B)$ le seguenti probabilità:

$$P(A) = \text{Prob}\{min(g_\rho) \geq s \mid g_{1_\rho} \equiv 1\} \,,$$

$$P(B) = \text{Prob}\{min(g_\rho) \geq s \mid g_{1_\rho} \not\equiv 1\} \,.$$

Ovviamente vale

$$\text{Prob}\{min(g_\rho) \geq s\} = \text{Prob}\{g_{1_\rho} \equiv 1\} \cdot P(A) + \text{Prob}\{g_{1_\rho} \not\equiv 1\} \cdot P(B) \,.$$

Dato che

$$\text{Prob}\{g_{1_\rho} \equiv 1\} + \text{Prob}\{g_{1_\rho} \not\equiv 1\} = 1 \,,$$

la tesi del lemma, ossia

$$\text{Prob}\{min(g_\rho) \geq s\} \leq \alpha^s \,,$$

può essere dimostrata verificando che le probabilità $P(A)$ e $P(B)$ siano entrambe minori o uguali a α^s.

Adotteremo la convenzione che $\text{Prob}\{A \mid B\} = 0$ se $\text{Prob}\{B\} = 0$.

Consideriamo per prima cosa la probabilità $P(A)$ e osserviamo che, se $g_{1_\rho} \equiv 1$, i mintermini di g_ρ coincidono con i mintermini di h_ρ in quanto risulta

$$g_\rho = \bigwedge_{i=1}^{w} g_{i_\rho} = \bigwedge_{i=2}^{w} g_{i_\rho} = h_\rho \,.$$

Dato che per ipotesi i sottoinsiemi di variabili in ingresso ai nodi OR sono tra loro disgiunti, è chiaro che la condizione $g_{1_\rho} \equiv 1$ diventa irrilevante, e dunque risulta

$$P(A) = \text{Prob}\{[min(g_\rho) \geq s \mid g_{1_\rho} \equiv 1\} = \text{Prob}\{min(h_\rho) \geq s\} \,.$$

A questo punto possiamo applicare l'ipotesi induttiva per concludere che $P(A) \leq \alpha^s$, in quanto il circuito che calcola h contiene $w - 1$ nodi OR.

Rimane ora da valutare la probabilità $P(B)$. A questo scopo è utile scomporre $P(B)$ in accordo con il numero di variabili libere in ingresso a g_{1_ρ}. Siano allora $P(C)$ e $P(D)$ le seguenti probabilità:

$$P(C) = \text{Prob}\{g_{1_\rho} \text{ riceve } k \text{ variabili libere} \mid g_{1_\rho} \not\equiv 1\}$$

$$P(D) = \text{Prob}\{min(h_\rho) \geq s - k \mid g_{1_\rho} \text{ riceve } k \text{ variabili libere e } g_{1_\rho} \not\equiv 1\}.$$

Poiché il numero di variabili libere in ingresso a g_1 costituisce una limitazione superiore per il numero di variabili di g_1 che contribuiscono ai mintermini di g_ρ, risulta

$$P(B) \leq \sum_{k=1}^{t} P(C) \cdot P(D),$$

dove t è il numero massimo di variabili in ingresso ai nodi OR del circuito per g (si ricordi che g è per ipotesi t-chiusa). Il termine corrispondente a $k = 0$ è stato escluso dalla sommatoria poiché esso implica $g_{1_\rho} \equiv 0$, e di conseguenza $g_\rho \equiv 0$.

Il termine $P(C)$ può essere valutato osservando che la condizione $g_{1_\rho} \not\equiv 1$ è equivalente a richiedere che, sotto l'azione della restrizione ρ, tutte le variabili in ingresso a g_1 ricevano il valore 0 oppure $\star$. La probabilità che una variabile x_i rimanga indeterminata, condizionata dal fatto che essa non assuma il valore 1, è data da

$$\text{Prob}\{x_i = \star \mid x_i \neq 1\} = \frac{p}{1 - (1-p)/2} = \frac{p}{(1+p)/2} \leq 2p,$$

e da questa limitazione segue

$$P(C) \leq \binom{t}{k} (2p)^k.$$

Il termine $P(D)$ può infine essere valutato sfruttando l'ipotesi induttiva. Infatti, dato che la condizione g_{1_ρ} *riceve k variabili libere e $g_{1_\rho} \not\equiv 1$* non ha nessun effetto sulla funzione h, risulta

$$P(D) \leq \alpha^{s-k}.$$

Possiamo allora concludere il passo induttivo, verificando che $P(B)$ non è maggiore di α^s:

$$P(B) \leq \sum_{k=1}^{t} \binom{t}{k} (2p)^k \alpha^{s-k} = \alpha^s \sum_{k=1}^{t} \binom{t}{k} \left(\frac{2p}{\alpha}\right)^k$$

$$= \alpha^s ((1 + 2p/\alpha)^t - 1) = \alpha^s ((1 + 2p/(\gamma pt))^t - 1)$$

$$\leq \alpha^s \left((e^{\frac{2}{\gamma t}})^t - 1\right) = \alpha_s \left(e^{\frac{2}{\gamma}} - 1\right) = \alpha^s (\phi - 1) < \alpha^s,$$

dove abbiamo applicato la disuguaglianza $1 + x \leq e^x$ ed usato l'uguaglianza $\alpha = \gamma pt$, con $\gamma = \frac{2}{\ln \phi}$ e $\phi = \frac{1+\sqrt{5}}{2}$.

8.5.2 Dimostrazione (caso generale)

La dimostrazione del Lemma dello scambio nel caso generale è molto più complessa. Infatti, eliminando l'ipotesi che i sottoinsiemi di variabili in ingresso ai nodi operazione di tipo OR siano tra loro disgiunti, non è più possibile ignorare le condizioni presenti nella definizione di $P(A)$ e $P(B)$. Per trattare questo caso risulta conveniente dimostrare una versione ancora più forte del Lemma dello scambio.

Per prima cosa richiederemo che i mintermini di g_ρ siano limitati, ossia ricevano poche variabili in ingresso; questo implica che g_ρ è rappresentabile da una funzione s-aperta, con s limitato. La differenza rispetto alla versione originale del Lemma dello scambio è data dall'inserimento di una condizione nella probabilità $\mathrm{Prob}\{min(g_\rho) \geq s\}$, allo scopo di semplificare il passo induttivo.

Lemma 8.4. *Sia g una funzione t-chiusa, f una funzione booleana arbitraria e ρ una restrizione casuale con parametro p. Allora*

$$\mathrm{Prob}\{min(g_\rho) \geq s \mid f_\rho \equiv 1\} \leq \alpha^s.$$

Dim. Per prima cosa osserviamo che, quando f è la funzione costante pari ad 1, questo lemma implica il Lemma dello scambio; risulta infatti

$$\mathrm{Prob}\{min(g_\rho) \geq s \mid f_\rho \equiv 1\} = \mathrm{Prob}\{min(g_\rho) \geq s\}.$$

Se nessuna restrizione ρ soddisfa la condizione $f_\rho \equiv 1$, per convenzione assumeremo che la probabilità sia nulla.

La dimostrazione procede per induzione su w, ovvero sul numero di nodi OR nel circuito che calcola g.

Caso base. Per $w = 0$ il lemma è ovvio, in quanto $g \equiv 1$.

Passo Induttivo. Sia g_1 il primo nodo OR nel circuito che calcola la funzione

$$g = \bigwedge_{i=1}^{w} g_i,$$

dove, per ogni i, g_i è una disgiunzione di variabili. Senza perdere di generalità possiamo supporre che g_1 non riceva alcuna variabile negata in ingresso.

Siano $P(A)$ e $P(B)$ le seguenti probabilità:

$$P(A) = \mathrm{Prob}\{min(g_\rho) \geq s \mid g_{1_\rho} \equiv 1 \text{ e } f_\rho \equiv 1\},$$

$$P(B) = \mathrm{Prob}\{min(g_\rho) \geq s \mid g_{1_\rho} \not\equiv 1 \text{ e } f_\rho \equiv 1\}.$$

Poiché risulta

$$\mathrm{Prob}\{min(g_\rho) \geq s \mid f_\rho \equiv 1\} = \mathrm{Prob}\{g_{1_\rho} \equiv 1 \mid f_\rho \equiv 1\} \cdot P(A)$$
$$+ \mathrm{Prob}\{g_{1_\rho} \not\equiv 1 \mid f_\rho \equiv 1\} \cdot P(B),$$

la tesi segue dimostrando che $P(A)$ e $P(B)$ assumono un valore minore o uguale a α^s.

La valutazione del termine $P(A)$ è piuttosto semplice. Dato che la restrizione ρ forza g_1 ad essere uguale ad 1, avremo

$$g_\rho = \bigwedge_{i=1}^{w} g_{i_\rho} = \bigwedge_{i=2}^{w} g_{i_\rho}.$$

L'evento "$min(g_\rho) \geq s$" risulta così equivalente all'evento "$min(\bigwedge_{i=2}^{w} g_{i_\rho}) \geq s$". Questo ci consente di applicare l'ipotesi induttiva (abbiamo infatti una congiunzione di $w-1$ disgiunzioni) e concludere che la probabilità in questione è minore o uguale a α^s.

Si noti che la probabilità è ora condizionata dall'evento "$(g_1 \wedge f)_\rho \equiv 1$", e non più da "$f_\rho \equiv 1$". Questo non costituisce un problema poiché stiamo assumendo che l'ipotesi induttiva sia valida per una funzione f arbitraria. La versione più forte del Lemma dello scambio è stata introdotta proprio allo scopo di gestire eventuali variazioni della condizione.

A questo punto rimane da dimostrare che anche per il termine $P(B)$ vale $P(B) \leq \alpha^s$. Sia T la collezione delle variabili in ingresso a g_1. Scomponiamo la restrizione ρ nelle due sottorestrizioni ρ_1 e ρ_2, dove ρ_1 è la restrizione relativa alle variabili in T e ρ_2 è la restrizione applicata alle altre variabili. La condizione $g_{1_\rho} \not\equiv 1$ è equivalente all'evento "ρ_1 *non assegna mai il valore 1*" e può essere riscritta come $g_{1_{\rho_1}} \not\equiv 1$.

Sia ora σ un mintermine di g_ρ. Poiché $g_{1_\rho} \not\equiv 1$, deve esistere una variabile $x_i \in T$ tale che $\sigma(x_i) = 1$ (si noti che σ può assegnare un valore anche ad altre variabili in T).

Consideriamo ora un particolare mintermine di g_ρ e indichiamo con Y il sottoinsieme delle variabili in T a cui tale mintermine assegna un valore. Si osservi che alle variabili in Y era stato precedentemente attribuito dalla restrizione ρ_1 un valore indeterminato $\star$; indicheremo questo evento con "$\rho_1(Y) = \star$". Sia inoltre "$min(g_\rho)^Y \geq s$" l'evento "g_ρ *ha un mintermine di dimensione maggiore o uguale a s, la cui restrizione alle variabili in T assegna un valore alle sole variabili del sottoinsieme Y*". Otteniamo allora

$$P(B) = \text{Prob}\{min(g_\rho) \geq s \mid g_{1_\rho} \not\equiv 1 \wedge f_\rho \equiv 1\}$$

$$\leq \sum_{Y \subset T, Y \neq \emptyset} \text{Prob}\{min(g_\rho)^Y \geq s \mid f_\rho \equiv 1 \wedge g_{1_{\rho_1}} \not\equiv 1\}$$

$$= \sum_{Y \subset T, Y \neq \emptyset} \text{Prob}\{min(g_\rho)^Y \geq s \wedge \rho_1(Y) = \star \mid f_\rho \equiv 1 \wedge g_{1_{\rho_1}} \not\equiv 1\}$$

$$= \sum_{Y \subset T, Y \neq \emptyset} \text{Prob}\{\rho_1(Y) = \star \mid f_\rho \equiv 1 \wedge g_{1_{\rho_1}} \not\equiv 1\} \cdot$$

$$\cdot \text{Prob}\{min(g_\rho)^Y \geq s \mid f_\rho \equiv 1 \wedge g_{1_{\rho_1}} \not\equiv 1 \wedge \rho_1(Y) = \star\},$$

dove l'ultima uguaglianza segue dalla definizione di probabilità condizionata. Dobbiamo a questo punto valutare i due fattori che compongono ciascun termine della sommatoria.

Consideriamo il primo fattore e per il momento ignoriamo la condizione $f_\rho \equiv 1$. Vale in questo caso il seguente risultato.

Lemma 8.5. *Sia Y un sottoinsieme delle variabili in ingresso a g_1, e sia ρ_1 una restrizione con parametro p che agisce sulle variabili di g_1. Allora*
$$\text{Prob}\left\{\rho_1(Y) = \star \mid g_{1_{\rho_1}} \not\equiv 1\right\} = \left(\frac{2p}{1+p}\right)^{|Y|}.$$

Dim. La condizione $g_{1_{\rho_1}} \not\equiv 1$ è equivalente a $\rho_1(x_i) \in \{0, \star\}$, per ogni $i \in T$; inoltre
$$\text{Prob}\{\rho(x_i) \in \{0, \star\}\} = \frac{1-p}{2} + p = \frac{1+p}{2}.$$

Per le probabilità indotte otteniamo dunque
$$\text{Prob}\{\rho(x_i) = 0 \mid \rho(x_i) \neq 1\} = \frac{\frac{1-p}{2}}{\frac{1+p}{2}} = \frac{1-p}{1+p},$$

$$\text{Prob}\{\rho(x_i) = \star \mid \rho(x_i) \neq 1\} = \frac{p}{\frac{1+p}{2}} = \frac{2p}{1+p}.$$

La tesi segue allora dal fatto che ρ assegna un valore alle diverse variabili indipendentemente. □

Per tener conto della condizione $f_\rho \equiv 1$ utilizzeremo il seguente risultato di teoria della probabilità.

Lemma 8.6. *Siano A, B e C tre eventi arbitrari. Allora*
$$\text{Prob}\{A \mid B \wedge C\} \le \text{Prob}\{A \mid C\} \iff \text{Prob}\{B \mid A \wedge C\} \le \text{Prob}\{B \mid C\}.$$

Dim. Le due disuguaglianze sono rispettivamente equivalenti a
$$\frac{\text{Prob}\{A \wedge B \wedge C\}}{\text{Prob}\{B \wedge C\}} \le \frac{\text{Prob}\{A \wedge C\}}{\text{Prob}\{C\}} \quad \text{e}$$
$$\frac{\text{Prob}\{A \wedge B \wedge C\}}{\text{Prob}\{A \wedge C\}} \le \frac{\text{Prob}\{B \wedge C\}}{\text{Prob}\{C\}}.$$

Se $\text{Prob}\{A \wedge B \wedge C\} > 0$, la tesi segue moltiplicando la prima disuguaglianza per il fattore (positivo) $\frac{\text{Prob}\{B \wedge C\}}{\text{Prob}\{A \wedge C\}}$. Se invece $\text{Prob}\{A \wedge B \wedge C\} = 0$, le disuguaglianze sono vere poiché il primo termine di entrambe è nullo. □

Questo risultato permette di dimostrare il seguente lemma.

Lemma 8.7. *Sia Y un sottoinsieme delle variabili in ingresso a g_1, e sia ρ_1 una restrizione con parametro p che agisce sulle variabili di g_1. Allora*
$$\text{Prob}\left\{\rho_1(Y) = \star \mid f_\rho \equiv 1 \wedge g_{1_{\rho_1}} \not\equiv 1\right\} \le \left(\frac{2p}{1+p}\right)^{|Y|}.$$

Dim. Osserviamo che richiedere che alcune variabili rimangano libere non può incrementare la probabilità che una funzione sia determinata; dunque risulta

$$\text{Prob}\left\{f_\rho \equiv 1 \mid \rho_1(Y) = \star \wedge g_{1_{\rho_1}} \not\equiv 1\right\} \leq \text{Prob}\left\{f_\rho \equiv 1 \mid g_{1_{\rho_1}} \not\equiv 1\right\}. \quad (8.1)$$

A questo punto, la tesi segue facilmente dal Lemma 8.5 e dal Lemma 8.6 applicato agli eventi $A \equiv \{\rho_1(Y) = \star\}$, $B \equiv \{f_\rho \equiv 1\}$ e $C \equiv \{g_{1_{\rho_1}} \not\equiv 1\}$.

Infatti, dal Lemma 8.5 segue che

$$\text{Prob}\{A \mid C\} = \left(\frac{2p}{1+p}\right)^{|Y|}.$$

Dunque è sufficiente verificare che $\text{Prob}\{A \mid B \wedge C\} \leq \text{Prob}\{A \mid C\}$. Grazie al Lemma 8.6, questa disuguaglianza è verificata se e solo se $\text{Prob}\{B \mid A \wedge C\} \leq \text{Prob}\{B \mid C\}$, disuguaglianza che coincide con la (8.1). $\quad\Box$

A questo punto, possiamo riprendere la dimostrazione del Lemma dello scambio stimando la probabilità

$$\text{Prob}\left\{min(g_\rho)^Y \geq s \mid f_\rho \equiv 1 \wedge g_{1_{\rho_1}} \not\equiv 1 \wedge \rho_1(Y) = \star\right\},$$

che indicheremo con $P(D)$.

Sia σ un mintermine che assegna un valore alle variabili contenute nell'insieme Y e non assegna alcun valore alle variabili in $T \setminus Y$. Scomponiamo σ in due sottorestrizioni σ_1 e σ_2 così definite:

- σ_1 assegna un valore alle variabili di Y ;
- σ_2 assegna un valore ad alcune variabili nel complemento $\hat{T}$ di T.

Osserviamo che σ_2 è un mintermine per la funzione $(g_\rho)_{\sigma_1}$. Infatti, essendo σ un mintermine, nessuna sottorestrizione di σ può forzare g_ρ ad assumere valore 1, ed in particolare questo non può verificarsi per σ_1. Dunque la funzione $(g_\rho)_{\sigma_1}$ è indeterminata, ed essa viene forzata ad assumere il valore 1 dall'azione della sottorestrizione σ_2.

Se ora riusciamo ad eliminare la condizione $g_{1_{\rho_1}} \not\equiv 1$, possiamo utilizzare l'ipotesi induttiva.

Sia "$min(g_\rho)^{Y,\sigma_1} \geq s$" l'evento "$g_\rho$ *ha un mintermine di dimensione maggiore o uguale a s che assegna i valori alle variabili in Y in accordo a σ_1, e che non assegna un valore ad alcuna variabile in $T \setminus Y$*". Indichiamo inoltre con Prob_{ρ_2} la probabilità valutata esclusivamente rispetto alla restrizione ρ_2 (anziché rispetto alla restrizione ρ), dove ρ_2 è la restrizione che interessa le variabili che non appartengono al sottoinsieme T, e che quindi non sono in ingresso a g_1.

Risulta

$$P(D) \leq \sum_{\sigma_1} \left(\max_{\rho_1} \text{Prob}_{\rho_2}\left\{min(g_\rho)^{Y,\sigma_1} \geq s \mid (f_{\rho_1})_{\rho_2} \equiv 1\right\}\right).$$

La somma è estesa a tutte le sottorestrizioni $\sigma_1 \in \{0,1\}^{|Y|}$ che attribuiscono il valore 1 ad almeno una variabile in Y, ed il massimo è preso rispetto alle restrizioni ρ_1 che soddisfano le condizioni $\rho_1(Y) = \star$, $\rho_1(T) \in \{0,\star\}^{|T|}$. Le due condizioni $g_{1_{\rho_1}} \not\equiv 1$ e $\rho_1(Y) = \star$ spariscono perché coinvolgono solo ρ_1, mentre la probabilità è ora valutata facendo riferimento esclusivamente alla restrizione ρ_2. Questa probabilità può essere stimata applicando l'ipotesi induttiva. A questo scopo occorre attribuire un valore 0 o 1 a tutte le variabili lasciate libere dalla restrizione ρ_1. Per le variabili libere in Y useremo l'assegnamento corrispondente al mintermine σ_1. Per le variabili in $T \setminus Y$ prenderemo in considerazione l'assegnamento τ che conduce al "caso peggiore".

Sia $W \subseteq (T \setminus Y)$ l'insieme delle variabili che rimangono libere sotto l'azione di ρ_1. Si ha che

$$\mathrm{Prob}_{\rho_2}\left\{ \min(g_\rho)^{Y,\sigma_1} \geq s \mid (f_{\rho_1})_{\rho_2} \equiv 1 \right\}$$

$$\leq \max_{\mu \in \{0,1\}^W} \mathrm{Prob}_{\rho_2}\left\{ \min\left(\left(\left(\bigwedge_{i=2}^{w} g_i\right)_{\sigma\mu\rho_1}\right)_{\rho_2}\right) \geq s - |Y| \ \middle|\ (f_{\rho_1})_{\rho_2} \equiv 1 \right\}$$

$$= \mathrm{Prob}_{\rho_2}\left\{ \min\left(\left(\left(\bigwedge_{i=2}^{w} g_i\right)_{\sigma\tau\rho_1}\right)_{\rho_2}\right) \geq s - |Y| \ \middle|\ (f_{\rho_1})_{\rho_2} \equiv 1 \right\} .$$

Siamo ora nelle condizioni di applicare l'ipotesi induttiva e concludere che questa probabilità è minore o uguale a $\alpha^{s-|Y|}$.

Otteniamo così la seguente limitazione superiore per il termine $P(D)$:

$$P(D) \leq \sum_{\sigma_1} \max_{\rho_1} \alpha^{s-|Y|} = \sum_{\sigma_1} \alpha^{s-|Y|} = (2^{|Y|} - 1)\alpha^{s-|Y|} .$$

Per limitare superiormente il termine $P(B)$ rimane solo da valutare la seguente somma (dove si è incluso il termine corrispondente a $Y = \emptyset$ poiché nullo):

$$P(B) \leq \sum_{Y \subset T} \left(\frac{2p}{1+p}\right)^{|Y|} (2^{|Y|} - 1)\alpha^{s-|Y|}$$

$$\leq \sum_{Y \subset T} (2p)^{|Y|} (2^{|Y|} - 1)\alpha^{s-|Y|}$$

$$= \alpha^s \sum_{k=0}^{|T|} \binom{|T|}{k} (2p)^k \frac{2^k - 1}{\alpha^k}$$

$$\leq \alpha^s \left[\sum_{k=0}^{t} \binom{t}{k}\left(\frac{4p}{\alpha}\right)^k - \sum_{k=0}^{t} \binom{t}{k}\left(\frac{2p}{\alpha}\right)^k \right]$$

$$= \alpha^s \left[\left(1 + \frac{4}{\gamma t}\right)^t - \left(1 + \frac{2}{\gamma t}\right)^t \right]$$

$$\leq \alpha^s \left(e^{\frac{4}{\gamma}} - e^{\frac{2}{\gamma}} \right) \leq \alpha^s ,$$

dove abbiamo utilizzato il fatto che $|T| \leq t$ (la funzione g è per ipotesi t-chiusa), $\alpha = \gamma pt$, $\gamma = \frac{2}{\ln \phi}$ e $\phi = \frac{1+\sqrt{5}}{2}$ è una radice dell'equazione $\phi^2 = \phi + 1$. Questo conclude il passo induttivo e la dimostrazione del Lemma dello scambio. $\square$

8.6 Limitazioni inferiori per la funzione parità

In questa sezione mostreremo come applicare il Lemma dello scambio per ottenere una limitazione inferiore esponenziale per la dimensione dei circuiti di profondità costante che calcolano la funzione parità. A questo scopo occorre premettere una definizione.

Definizione 8.6. *Il fan-in di ingresso di un circuito è il fan-in dei nodi operazione che ricevono in ingresso direttamente le variabili.*

Iniziamo la trattazione dimostrando il seguente teorema.

Teorema 8.6. *La parità non può essere calcolata da un circuito di profondità d contenente al più $2^{\frac{1}{10} n^{\frac{1}{d-1}}}$ nodi a distanza maggiore o uguale a 2 dai nodi di input, e il cui fan-in di ingresso è minore o uguale a $\frac{1}{10} n^{\frac{1}{d-1}}$, per $n > n_0^d$, dove n_0 è una costante assoluta.*

Dim. Per induzione su d.

Caso Base $(d = 2)$. Il caso base segue immediatamente dal fatto che i circuiti di profondità 2 che calcolano la parità devono avere fan-in di ingresso n (si veda il Lemma 8.1).

Passo Induttivo. Per assurdo supponiamo che esista un circuito di profondità d con le caratteristiche descritte nell'enunciato del teorema, che calcola la funzione parità. Costruiremo un circuito con le medesime caratteristiche e profondità $d - 1$.

Il passo chiave della dimostrazione consiste nell'applicazione del Lemma dello scambio, che permette di contenere la crescita nella dimensione.

Senza perdere di generalità, supponiamo che a distanza 2 dagli ingressi ci siano nodi di tipo AND. Ciascun nodo individua un sottocircuito che calcola una funzione $\left(\frac{1}{10} n^{\frac{1}{d-1}} \right)$-chiusa. Infatti, il fan-in di ingresso del circuito è per ipotesi minore o uguale a $\frac{1}{10} n^{\frac{1}{d-1}}$, e dunque ogni sottocircuito calcola una congiunzione di t-disgiunzioni, con $t \leq \frac{1}{10} n^{\frac{1}{d-1}}$.

Applichiamo una restrizione casuale ρ con parametro $p = n^{-\frac{1}{d-1}}$. Il Lemma dello scambio consente di trasformare ciascuna funzione $\left(\frac{1}{10} n^{\frac{1}{d-1}} \right)$-chiusa calcolata da un sottocircuito in una funzione s-aperta, con probabilità $1 - \alpha^s$.

Dato che $\alpha < 5pt$ (si veda il Lemma 8.3), la scelta dei valori di t e p garantisce che $\alpha < \frac{1}{2}$. Scegliendo $s = \frac{1}{10} n^{\frac{1}{d-1}}$, la probabilità che ciascuno dei $2^{\frac{1}{10}n^{\frac{1}{d-1}}}$ sottocircuiti di profondità 2 non possa essere trasformato in un sottocircuito avente come nodo di uscita un OR, e fan-in di ingresso minore o uguale a s, è limitata superiormente da

$$2^{\frac{1}{10}n^{\frac{1}{d-1}}}\alpha^s = (2\alpha)^s \, .$$

Possiamo pertanto invertire, con probabilità almeno pari a $1-(2\alpha)^s$, l'ordine degli AND e degli OR in tutti i sottocircuiti di profondità 2, mantenendo il fan-in di ingresso limitato da s. Otteniamo in questo modo due livelli adiacenti di OR che possiamo fondere uno nell'altro, portando la profondità del circuito a $d-1$.

Il valore atteso del numero di variabili rimanenti è dato da $np = n^{\frac{d-2}{d-1}}$ e possiamo determinare una costante n_0 tale che, per $n > n_0$, il numero di variabili libere sia maggiore o uguale a np con probabilità maggiore di $\frac{1}{3}$.

Ne consegue che, con probabilità non nulla, possiamo scambiare AND e OR in tutti i circuiti di profondità 2 conservando un numero di variabili $m = n^{\frac{d-2}{d-1}}$.

Applicando tale restrizione al circuito otteniamo allora un circuito di profondità $d-1$ che calcola la parità (o il suo complemento) di m variabili (si ricordi che la funzione indotta da una restrizione applicata alla parità è a sua volta una funzione parità, oppure il suo complemento). Inoltre, il fan-in di ingresso non è superiore a $\frac{1}{10}n^{\frac{1}{d-1}} = \frac{1}{10}m^{\frac{1}{d-2}}$. Osserviamo infine che i nodi che si trovano a distanza maggiore o uguale a 2 dagli ingressi nel nuovo circuito corrispondono ai nodi che si trovavano a distanza maggiore o uguale a 3 nel circuito di partenza. Il numero di tali nodi è quindi minore o uguale a

$$2^{\frac{1}{10}n^{\frac{1}{d-1}}} = 2^{\frac{1}{10}m^{\frac{1}{d-2}}} \, .$$

Abbiamo dunque costruito un circuito che, per ipotesi induttiva, non può esistere.   □

Il Teorema 8.6 consente di dimostrare agevolmente il seguente risultato molto più generale.

Teorema 8.7. *Per il calcolo della funzione parità non esistono circuiti di profondità d e dimensione $2^{\left(\frac{1}{10}\right)^{\frac{d}{d-1}}n^{\frac{1}{d-1}}}$, per $n > n_0^d$, dove n_0 è una costante assoluta.*

Dim. Assimiliamo i nodi di ingresso al circuito ai nodi operazione, considerando così il circuito come fosse di profondità $d+1$ e fan-in di ingresso $t = 1$. Senza perdere di generalità, supponiamo che le variabili di ingresso siano collegate a nodi operazione di tipo AND. Applichiamo una restrizione casuale con parametro $p = \frac{1}{10}$. Il Lemma dello scambio consente di trasformare ciascun AND in una funzione s-aperta, con probabilità $1-\alpha^s$. Dato che $\alpha < 5pt$, la scelta dei valori di t e p garantisce che $\alpha < \frac{1}{2}$.

Scegliendo $s = \frac{1}{10}\left(\frac{n}{10}\right)^{\frac{1}{d-1}}$, la probabilità che non sia possibile trasformare tutte le sottofunzioni in funzioni s-aperte è limitata inferiormente da

$$2^{\left(\frac{1}{10}\right)^{\frac{d}{d-1}} n^{\frac{1}{d-1}}} \alpha^s = 2^{\frac{1}{10} \left(\frac{n}{10}\right)^{\frac{1}{d-1}}} \alpha^s = (2\alpha)^s .$$

Con probabilità almeno pari a $1 - (2\alpha)^s$, possiamo così ottenere un circuito in cui a distanza 1 dagli ingressi si trovano nodi OR di fan-in minore o uguale a s. Ciò significa che avremo nel circuito due livelli adiacenti di OR che possiamo fondere uno nell'altro, portando la profondità a d.

Il valore atteso del numero di variabili libere è dato da $np = \frac{n}{10}$ e possiamo determinare una costante n_0 tale che, per $n > n_0$, il numero di variabili libere sia maggiore o uguale a np con probabilità maggiore di $\frac{1}{3}$.

Abbiamo così ottenuto un circuito di profondità d che calcola la parità (o il suo complemento) di m variabili. Inoltre, il fan-in di ingresso non è superiore a

$$\frac{1}{10} \left(\frac{n}{10}\right)^{\frac{1}{d-1}} = \frac{1}{10} m^{\frac{1}{d-1}}$$

e il numero di nodi di profondità maggiore o uguale a 2 è minore o uguale a

$$2^{\left(\frac{1}{10}\right)^{\frac{d}{d-1}} n^{\frac{1}{d-1}}} = 2^{\frac{1}{10} \left(\frac{n}{10}\right)^{\frac{1}{d-1}}} = 2^{\frac{1}{10} m^{\frac{1}{d-1}}} .$$

La dimostrazione si conclude osservando che, in base al Teorema 8.6, tale circuito non può esistere. □

È importante osservare che il risultato espresso dal Teorema 8.7 è quasi ottimale poiché, come si è dimostrato nel Teorema 8.5, la parità può essere calcolata da circuiti di profondità d e dimensione $O\left(n^{\frac{d-2}{d-1}} 2^{n^{\frac{1}{d-1}}}\right)$.

Abbiamo analizzato la dimensione minima dei circuiti di profondità assegnata che calcolano la funzione parità. Ora ci occupiamo invece dell'analisi della profondità minima dei circuiti di dimensione polinomiale che calcolano la parità.

Lemma 8.8. *I circuiti di dimensione polinomiale che calcolano la funzione parità devono avere profondità* $\Omega\left(\frac{\log n}{c + \log \log n}\right)$ *per una costante opportuna c.*

Dim. Sia $m = \frac{n}{10}$. Senza perdere di generalità, supponiamo che la dimensione del circuito che calcola la parità sia minore o uguale a m^q, dove q è una costante. Dal Teorema 8.7 segue che se

$$m^q = 2^{\left(\frac{1}{10}\right) m^{\frac{1}{d-1}}} ,$$

allora la profondità del circuito deve essere maggiore o uguale a d. La dimostrazione si conclude risolvendo l'equazione per d:

$$m^q = 2^{\left(\frac{1}{10}\right) m^{\frac{1}{d-1}}}$$

$$q \log m = \left(\frac{1}{10}\right) m^{\frac{1}{d-1}}$$

$$\log\log m + c = \frac{1}{d-1}\log m$$

$$d - 1 = \frac{\log m}{c + \log\log m},$$

dove $c = \log 10q$.   □

Il risultato espresso dal Lemma 8.8 è ottimale in quanto, per ogni costante c, esistono circuiti di dimensione polinomiale e profondità $O\left(\frac{\log n}{c+\log\log n}\right)$ che calcolano la funzione parità. Questo fatto è illustrato dal seguente teorema.

Teorema 8.8. *La funzione parità può essere calcolata da circuiti di dimensione polinomiale e profondità $O\left(\frac{\log n}{c+\log\log n}\right)$.*

Dim. Sia $d(n) = \left\lceil\frac{\log n}{\log\log n}\right\rceil + 1$. Mostreremo come sia possibile calcolare la parità in $d(n) - 1$ passi, ciascuno eseguibile da un circuito di profondità 2 e di dimensione polinomiale.

Passo 1. Dividiamo le n variabili in N_1 sottoinsiemi, dove N_1 è definito come il minimo numero di sottoinsiemi per cui ciascun sottoinsieme contiene al più $\lceil\log n\rceil + 1$ variabili. Chiaramente risulta

$$N_1 \leq \left\lfloor\frac{n}{\log n}\right\rfloor.$$

La parità di ciascun sottoinsieme di variabili può essere calcolata in profondità 2 e dimensione $O(n)$ (si veda il Lemma 8.1).

Passo i, per $i = 2, \ldots, d(n) - 2$. Dividiamo gli N_{i-1} risultati ottenuti al passo $i-1$ in N_i sottoinsiemi di al più $\lceil\log n\rceil + 1$ elementi, dove quindi N_i è definito esattamente come al passo 1. In questo caso risulta

$$N_i \leq \max\left\{1, \left\lfloor\frac{n}{(\log n)^i}\right\rfloor\right\}.$$

La parità di ciascun sottoinsieme può nuovamente essere calcolata in profondità 2 e dimensione $O(n)$.

Passo $d(n) - 1$. La scelta del valore di $d(n)$ ci assicura che al passo $d(n) - 1$ si ha

$$\frac{n}{(\log n)^{d(n)-1}} \leq 1.$$

Al passo $d(n) - 1$ avremo dunque un unico blocco di al più $\lceil\log n\rceil + 1$ elementi, di cui possiamo calcolare la parità in dimensione $O(n)$ e profondità 2.

La limitazione superiore alla profondità del circuito complessivo segue facilmente osservando che ciascun passo è eseguibile tramite circuiti di profondità 2. Per la dimensione $L(n)$ possiamo ricavare una limitazione superiore osservando che

$$L(n) \leq \sum_{i=1}^{d(n)-1} N_i \cdot O(n) \leq (d(n) - 1) \cdot \frac{n}{\log n} \cdot O(n) = O\left(\frac{n^2}{\log \log n}\right) .$$

Con una costruzione simile, è possibile ottenere un circuito di profondità esattamente $\left\lceil \frac{\log n}{\log \log n} \right\rceil + 1$, riducendo la dimensione a $O\left(\frac{n^2}{\log n}\right)$.   □

8.7 Limitazioni inferiori per la funzione maggioranza

Oltre alla funzione parità, il Lemma dello scambio può essere applicato anche ad altre funzioni.

In questa sezione presenteremo brevemente il caso della *funzione maggioranza*, ossia della funzione che assume valore 1 se e solo se la maggioranza delle variabili in ingresso è uguale a 1.

Teorema 8.9. *La dimensione di un circuito di profondità d che calcola la funzione maggioranza è limitata inferiormente da $2^{\left(\frac{1}{10}\right)^{\frac{d}{d-1}} n^{\frac{1}{d-1}}}$, per $n \geq n_0^d$, dove n_0 è una costante assoluta.*

Dim. (Cenni.) La dimostrazione è molto simile a quella vista nel caso della funzione parità.

Per prima cosa si osservi che il caso base è banalmente verificato. Per il passo induttivo occorre richiedere che la restrizione ρ soddisfi alcune proprietà:

1. Tutti i sottocircuiti di profondità 2 all'interno del circuito possono essere "invertiti" senza incrementare il fan-in di ingresso.
2. ρ attribuisce lo stesso numero di valori uguali a 0 e di valori uguali a 1.
3. ρ lascia almeno np variabili libere.

La probabilità che la restrizione violi le proprietà 1 o 3 è esponenzialmente piccola, mentre la probabilità che la seconda proprietà sia soddisfatta è dell'ordine di $\frac{1}{\sqrt{n}}$. Le tre proprietà sono pertanto soddisfatte con probabilità non nulla. Questo consente di portare a termine il passo induttivo poiché dalla proprietà 1 segue che la profondità del circuito decresce, mentre le proprietà 2 e 3 implicano che il circuito rimanente calcola la maggioranza di un numero elevato di variabili.   □

8.8 Tecniche di analisi basate sulla complessità secondo Kolmogorov

Oltre ai metodi di natura probabilistica che abbiamo esaminato nelle sezioni precedenti, sono state individuate altre tecniche matematiche che consentono di analizzare i circuiti booleani di profondità limitata. In questa sezione presenteremo una dimostrazione alternativa del Lemma dello scambio basata su concetti importati dalla disciplina nota come *complessità secondo Kolmogorov*.

8.8.1 Preliminari

Richiamiamo innanzitutto alcune definizioni e fatti elementari della teoria della complessità secondo Kolmogorov (per maggiori dettagli il lettore è invitato a consultare l'ottimo testo di Li e Vitányi [89] citato nelle note bibliografiche).

La teoria della complessità secondo Kolmogorov si occupa della valutazione del contenuto informativo codificato da una stringa. Questa teoria rivolge dunque la sua attenzione alla complessità di singole stringhe piuttosto che alla difficoltà di risoluzione di un problema. Tuttavia vedremo come possa essere applicata in complessità computazionale.

Intuitivamente ci aspettiamo che una stringa "difficile" codifichi una grande quantità di informazione e che sia necessario conoscere tutta questa informazione per poter eventualmente ricostruire la stringa stessa. Al contrario, una stringa "facile" avrà uno scarso contenuto informativo, così che sarà possibile descriverla in modo compatto, ossia tramite una stringa sostanzialmente più corta.

Per chiarire questi concetti vediamo subito un esempio.

Esempio 8.4. Se consideriamo le due stringhe 000000000 e 110100010, è evidente che la seconda stringa è più difficile da descrivere. Per la prima stringa, infatti, la sequenza "9 0" è una buona descrizione, una volta specificatone il significato. Per quanto riguarda la seconda, non sembra invece esservi alcuna "struttura" da poter sfruttare per ottenerne una descrizione tramite una stringa più corta. □

Le stringhe la cui descrizione più breve è ottenuta riproducendo integralmente la stringa stessa sono *ad alta complessità secondo Kolmogorov*.

Collegato alla nozione di alta complessità secondo Kolmogorov è il concetto di *stringa casuale*, che identifica il caso in cui non è possibile fare previsioni relative ad uno o più caratteri della stringa basandosi sulla conoscenza di altri caratteri.

Vediamo ora brevemente come sia possibile dare una formalizzazione precisa a questi concetti intuitivi.

Consideriamo stringhe definite sull'alfabeto $\{0, 1\}$. Data una MdT M che calcola una funzione, indichiamo con $M(y)$ il risultato, quando esso è definito, della computazione di M su y. Sia U una MdT Universale, cioè una macchina che riceve in ingresso coppie del tipo (p, y), dove p rappresenta la codifica di una MdT M_p, e y è un possibile ingresso per M_p, e fornisce in uscita il risultato $U(p, y) = M_p(y)$.

Definizione 8.7 (Complessità secondo Kolmogorov). *Per ogni coppia di stringhe $x, y \in \{0,1\}^*$, la complessità secondo Kolmogorov di x relativamente a y è definita da*

$$K_U(x|y) = \min\{ \; |p| \mid U(p,y) = x \},$$

dove $|p|$ rappresenta la lunghezza della codifica della macchina di Turing M_p.

In altre parole, la complessità secondo Kolmogorov di una stringa x è misurata dalla lunghezza del programma più corto in grado di generare x.

Nel resto della discussione considereremo fissata la macchina U e scriveremo semplicemente $K(x|y)$ anziché $K_U(x|y)$. Inoltre, quando y coincide con la stringa vuota, scriveremo semplicemente $K(x)$.

Si osservi che, per ogni n, esiste sempre una stringa x di lunghezza n tale che $K(x) \geq n$. Ciò è conseguenza del fatto che esistono esattamente 2^n stringhe di lunghezza n e solo $2^{n-1} + 1$ possibile codifiche di programmi di lunghezza minore di n. Poiché ciascun programma fornisce in uscita una solo stringa, è evidente che esiste almeno una stringa che nessuno di tali programmi può fornire in uscita.

Concludiamo questa sezione presentando alcuni risultati che si renderanno necessari nel seguito. Per la dimostrazione di questi risultati, il lettore interessato è invitato a consultare il testo di Li e Vitányi [89].

Proposizione 8.1. *Sia $A \subseteq \{0,1\}^* \times \{0,1\}^*$ un insieme ricorsivamente enumerabile e sia $X_y = \{ \; x \in \{0,1\}^* \mid (x,y) \in A \; \}$, per qualche $y \in \{0,1\}^*$. Se X_y ha cardinalità finita, allora per ogni $x \in X_y$*

$$K(x|y) \leq \log|X_y| + c_A,$$

dove c_A è una costante dipendente solo da A.   □

Proposizione 8.2. *Per ogni $y \in \{0,1\}^*$ e per ogni insieme $A \subseteq \{0,1\}^*$, con $|A| = m$, esiste una stringa $x \in A$ tale che $K(x|y) \geq \log m$.*   □

Si osservi che la Proposizione 8.2 formalizza il concetto secondo cui ogni insieme di cardinalità sufficientemente grande rispetto alla lunghezza delle stringhe in esso contenute, contiene stringhe ad alta complessità secondo Kolmogorov. A questo proposito, è possibile dimostrare un risultato più generale.

Proposizione 8.3. *Per ogni intero positivo c, ogni $y \in \{0,1\}^*$, ed ogni insieme $A \subseteq \{0,1\}^*$ di cardinalità $|A| = m$, il numero di stringhe $x \in A$ tali che $K(x|y) \geq \log m - c$ è maggiore o uguale a $m(1 - 2^{-c})$.*   □

8.8.2 Il Lemma dello scambio secondo Kolmogorov

In questa sezione illustreremo una dimostrazione alternativa del Lemma dello scambio ottenuta da Fortnow e Laplante esclusivamente sulla base dei fatti basilari di complessità secondo Kolmogorov che abbiamo presentato.

Sia $\mathcal{R}^l$ l'insieme delle restrizioni casuali che lasciano l variabili libere. Nel corso della dimostrazione useremo il fatto che la cardinalità di questo insieme è data da

$$|\mathcal{R}^l| = \binom{n}{l} 2^{n-l}.$$

L'idea intuitiva su cui è costruita la dimostrazione è la seguente: se una restrizione è sufficientemente casuale, nel senso che non possiede una rappresentazione breve, allora applicando tale restrizione ad una funzione t-chiusa si ottiene una funzione s-aperta.

Indicheremo con $K(\rho|f, n, l, s, t)$ la complessità secondo Kolmogorov della restrizione ρ relativamente alla funzione f, ed ai parametri n, l, s e t, dove n è uguale al numero di variabili in ingresso a f, mentre i parametri l, s e t sono definiti nel seguito.

Lemma 8.9. *Sia $f : \{0,1\}^n \to \{0,1\}$ una funzione t-chiusa e sia $\rho \in \mathcal{R}^l$. Se*

$$K(\rho|f, n, l, s, t) \geq \log\binom{n}{l-s} + n - l + s\log 8t + c,$$

allora f_ρ è s-aperta, dove $s < l < n$, $n \geq 2l - s$ e c è una costante assoluta.

Dim. Dimostriamo il lemma per assurdo, ossia fissiamo f, n, s, l, t, ρ, e supponiamo che f_ρ non sia s-aperta. Ricaveremo una limitazione superiore per la complessità secondo Kolmogorov di ρ mostrando che esistono un'estensione $\rho' \in \mathcal{R}^{l-s}$ di ρ ed una stringa $\sigma \in \{0, 1, \star\}^*$ che insieme consentono di descrivere ρ. Inoltre la stringa σ sarà tale che

1. σ può essere divisa in *blocchi* $\sigma = \sigma^{(1)}\sigma^{(2)}\ldots\sigma^{(k)}$, ciascuno di lunghezza $|\sigma^{(i)}| = t$;
2. per $i < k$, ogni blocco $\sigma^{(i)}$ contiene almeno un elemento diverso da $\star$;
3. σ possiede al massimo s elementi diversi da $\star$.

Verifichiamo innanzitutto che da ρ' e da σ è possibile ottenere la limitazione superiore per la complessità secondo Kolmogorov di ρ.

Dal fatto che ρ' e σ sono sufficienti per ricostruire ρ segue che

$$K(\rho|f, n, l, s, t) \leq K(\rho'|f, n, l, s, t) + K(\sigma|f, n, l, s, t) + c_\rho.$$

Dato che $\rho' \in \mathcal{R}^{l-s}$, applicando la Proposizione 8.1 otteniamo allora

$$K(\rho'|f, n, l, s, t) \leq \log|\mathcal{R}^{l-s}| + c_{\rho'}$$
$$= \log\binom{n}{l-s} + n - l + s + c_{\rho'}.$$

La struttura di σ consente di ottenere una limitazione superiore per la sua complessità secondo Kolmogorov nel modo seguente. Per la Proprietà 3, σ contiene principalmente elementi indeterminati, ossia $\star$. Possiamo infatti pensare a σ come ad una successione di al più $s+1$ sottostringhe di $\star$ consecutive, interrotta al massimo da s elementi diversi da $\star$. Le proprietà 1 e 2 ci assicurano inoltre che ciascuna sottostringa contenente esclusivamente il simbolo $\star$ ha una lunghezza limitata da $2t$; la lunghezza di ciascuna sottostringa può dunque essere codificata usando $\log 2t$ bit. Per codificare l'intera stringa σ possiamo allora codificare la lunghezza di ogni sottostringa insieme al valore del primo elemento diverso da $\star$ che la segue. Si osservi che non è necessario codificare la lunghezza dell'ultima sottostringa, in quanto essa è ricavabile da t e da k.

Sulla base di queste osservazioni possiamo ottenere una limitazione superiore per la complessità di σ, ossia

$$K(\sigma|f,n,l,s,t) \leq s\log 2t + s + c_\sigma = s\log 4t + c_\sigma.$$

Combinando le limitazioni ottenute, otteniamo allora

$$K(\rho|f,n,l,s,t) \leq \log\binom{n}{l-s} + n - l + s + s\log 4t + c_\rho + c_\sigma + c_{\rho'}$$

$$< \log\binom{n}{l-s} + n - l + s\log 8t + c,$$

dove $c = c_\rho + c_\sigma + c_{\rho'} + 1$.

Per completare la dimostrazione dobbiamo ora verificare come sia possibile determinare le restrizioni ρ' e σ.

Per ipotesi, f è t-chiusa e può pertanto essere rappresentata come una congiunzione di t disgiunzioni D_i

$$f = \bigwedge_i D_i.$$

D'altra parte risulta

$$f_\rho = \bigvee_j C_j,$$

dove ogni C_j corrisponde ad un mintermine di f_ρ. Poiché per ipotesi f_ρ non è s-aperta, deve esistere un mintermine di dimensione almeno $s+1$. Sia π un tale mintermine. Definiremo ρ' come una restrizione che agisce su s delle variabili di π.

Per prima cosa osserviamo che un mintermine π può essere considerato come una restrizione tale che $(f_\rho)_\pi \equiv 1$. La funzione f_ρ è difatti definibile come una disgiunzione dei suoi mintermini, quindi un assegnamento di valori alle variabili in π tale che il mintermine π assume valore 1 forza la funzione f_ρ ad assumere il valore 1. Indichiamo con $dom(\pi)$ l'insieme di variabili contenute (in forma negata o non negata) nel mintermine π, o equivalentemente, l'insieme di variabili a cui la "restrizione" π assegna un valore 0 o 1. Dividiamo ora π in 'sottorestrizioni' π_i che tengano conto di come le variabili del mintermine π sono distribuite tra le disgiunzioni D_i, prima e dopo l'applicazione della restrizione ρ. Le sottorestrizioni π_i possono essere definite ricorsivamente. Supponiamo che $\pi_1, \pi_2, \ldots, \pi_{i-1}$ siano già state definite, e che ci siano ancora variabili nell'insieme $dom(\pi) \setminus dom(\pi_1 \cdots \pi_{i-1})$, dove $(\pi_1 \cdots \pi_{i-1})$ rappresenta la restrizione ottenuta concatenando le sottorestrizioni π_i già definite. (La concatenazione di due restrizioni $\pi_i \pi_j$ aventi domini disgiunti è una restrizione definita dai valori di π_i su $dom(\pi_i)$ e dai valori di π_j sulle altre variabili.) Consideriamo le disgiunzioni D_j in ordine crescente con gli indici j. Scegliamo un sottoinsieme massimale di variabili

$$S \subseteq dom(\pi) \setminus dom(\pi_1 \cdots \pi_{i-1})$$

che abbia le seguenti proprietà:

- le variabili in S sono presenti nella disgiunzione D_j;
- anche sotto l'azione di ρ e di $\pi_1 \cdots \pi_{i-1}$, S non è sufficiente per forzare la clausola D_j ad essere vera.

Se non è possibile trovare un sottoinsieme con queste proprietà, si considera la disgiunzione successiva D_{j+1}. A questo proposito è importante osservare che deve sicuramente esistere una disgiunzione per cui sia possibile trovare un sottoinsieme che soddisfi i requisiti richiesti. Infatti, dato che $(f_\rho)_\pi \equiv 1$, e f_ρ è una congiunzione di disgiunzioni, π deve forzare ogni disgiunzione $(D_i)_\rho$ ad essere vera. D'altra parte questo non può accadere per nessuna sottorestrizione di π (π è un mintermine), ed in particolare non può accadere per la sottorestrizione $\pi_1 \cdots \pi_{i-1}$. Definiamo quindi π_i come

$$\pi_i(x) = \begin{cases} \pi(x) & \text{se } x \in S, \\ \star & \text{altrimenti}. \end{cases}$$

Sia k il più piccolo intero tale che la restrizione $\pi_1 \cdots \pi_k$ assegna un valore ad almeno s variabili. Modifichiamo π_k in modo tale che la restrizione $\pi_1 \cdots \pi_k$ assegni un valore ad esattamente s variabili. A questo punto siamo pronti per definire la restrizione ρ'.

Ricordiamo che la restrizione π corrisponde ad un mintermine di f_ρ, quindi ciascuna sottorestrizione π_i cerca, in un certo senso, di rendere vera la disgiunzione D_j ad esso associata. Per definire ρ', modifichiamo ciascuna sottorestrizione π_i al fine di ottenere una nuova sottorestrizione $\tilde{\pi}_i$ che forzi la clausola D_j ad assumere il valore 0:

$$\tilde{\pi}_i(x) = \begin{cases} 0 & \text{se } x \text{ appare in } D_j, \\ 1 & \text{se } \neg x \text{ appare in } D_j. \end{cases}$$

Sia allora $\rho' = \rho \tilde{\pi}_1 \cdots \tilde{\pi}_k$. Per ricostruire ρ da ρ' avremo bisogno di isolare e rimuovere ogni $\tilde{\pi}_i$ da ρ'. Le informazioni necessarie per effettuare la ricostruzione possono essere completate definendo la stringa σ che codifica ciascuna sottorestrizione π_i.

Per ogni i, sia T_i l'insieme ordinato di variabili che appaiono nella disgiunzione associata a π_i. Dato che f è t-chiusa, si ha che $|T_i| \leq t$. Per ogni $x \in T_i$ definiamo

$$\sigma^{(i)}(x) = \begin{cases} \pi_i(x) & \text{se } x \in dom(\pi_i) = dom(\tilde{\pi}_i)\,, \\ \star & \text{altrimenti}\,. \end{cases}$$

Dobbiamo a questo punto verificare che la stringa σ definita dalla concatenazione delle stringhe $\sigma^{(i)}$ soddisfi le tre proprietà citate.

1. Poiché $|T_i| \leq t$, ogni $\sigma^{(i)}$ ha lunghezza limitata da t .
2. Per ogni $i < k$, $\sigma^{(i)}$ contiene almeno un elemento diverso da $\star$. Ciò è evidente poiché, per definizione di π_i, $dom(\pi_i) \neq \emptyset$.
3. Dato che $\pi_1 \cdots \pi_k$ è una restrizione che assegna un valore ad esattamente s variabili, σ deve avere al massimo s elementi diversi da $\star$.

L'ultima cosa che resta da dimostrare è che le restrizioni σ e ρ' sono sufficienti per ricostruire ρ. Procediamo nel modo seguente: per ogni i individuiamo la clausola D_j corrispondente a π_i; quindi ricaviamo $\tilde{\pi}_i$ da ρ' e $\sigma^{(i)}$.

Il punto cruciale della procedura delineata consiste nell'individuare D_j.

Supponiamo di aver già ricostruito $\tilde{\pi}_1, \ldots, \tilde{\pi}_{i-1}$ e quindi di conoscere $\rho\pi_1 \cdots \pi_{i-1}\tilde{\pi}_1 \cdots \tilde{\pi}_k$. Si ricordi che la sottorestrizione π_i era stata definita considerando le clausole di f in ordine crescente e scegliendo l'ultima clausola non ancora forzata ad assumere il valore 1 da $\rho\pi_1 \cdots \pi_{i-1}$. Si osservi inoltre che l'ulteriore applicazione della restrizione $\tilde{\pi}_1 \cdots \tilde{\pi}_k$ non può forzare le clausole a comportarsi diversamente da quanto farebbero sotto l'applicazione di ρ e di $\pi_1 \cdots \pi_{i-1}$. Dunque, la prima clausola che non viene forzata ad assumere il valore 1 da $\rho\pi_1 \cdots \pi_{i-1}\tilde{\pi}_1 \cdots \tilde{\pi}_k$ corrisponde esattamente alla prima clausola che avevamo associato a π_i.

Una volta noto l'indice di questa clausola, per individuare l'insieme di variabili cui π_i assegna un valore, è sufficiente considerare tutte le posizioni che non corrispondono a $\star$ in $\sigma^{(i)}$; infine gli assegnamenti effettuati da $\tilde{\pi}_i$ possono essere ricavati da ρ'. $\square$

Vediamo ora come sia possibile dedurre dal lemma appena dimostrato il Lemma dello scambio di Håstad. Faremo uso della seguente proposizione.

Proposizione 8.4. *Per ogni $s < l < n$, dove $n \geq 2l - s$, si ha*

$$\frac{\binom{n}{l}}{\binom{n}{l-s}} \geq \left(\frac{n-l+s}{l}\right)^s\,.$$

Dim. Osserviamo che

$$\frac{\binom{n}{l}}{\binom{n}{l-s}} = \frac{(n-l+s)!\,(l-s)!}{(n-l)!\,l!}$$

$$= \frac{(n-l+s)(n-l+s-1)\cdots(n-l+1)}{l(l-1)\cdots(l-s+1)}$$

$$= \frac{n-l+s}{l} \cdot \frac{n-l+s-1}{l-1} \cdots \frac{n-l+1}{l-s+1}\,.$$

Il risultato segue allora dal fatto che la condizione $2l - s \leq n$ garantisce che ciascuno degli s fattori nell'ultima espressione è limitato inferiormente da $\frac{n-l+s}{l}$. $\square$

Corollario 8.1. *Sia* $f : \{0,1\}^n \to \{0,1\}$ *una funzione booleana t-chiusa e sia* $s < l < n$, $n \geq 2l - s$. *Se* ρ *è scelta uniformemente nell'insieme* $\mathcal{R}^l$, *allora la probabilità che* f_ρ *sia s-aperta è maggiore o uguale a*

$$1 - 2^c \left(\frac{8tl}{n - l + s} \right)^s ,$$

dove c è la costante definita nel Lemma 8.9.

Dim. Dal Lemma 8.9 segue che f_ρ è s-aperta se ρ ha complessità secondo Kolmogorov

$$K(\rho|f, n, l, s, t) \geq \log \binom{n}{l - s} + n - l + s \log 8t + c.$$

Applicando la Proposizione 8.3 ricaviamo allora che il numero di restrizioni nell'insieme $\mathcal{R}^l$ di tale complessità è maggiore o uguale a

$$|\mathcal{R}^l| \left(1 - 2^{-\log |\mathcal{R}^l| + \left(\log \binom{n}{l-s} + n - l + s \log 8t + c \right)} \right).$$

La probabilità che f_ρ sia s-aperta è dunque data da

$$
\begin{aligned}
\text{Prob}\{f_\rho \text{ è } s\text{-aperta}\} &\geq 1 - 2^{-\log |\mathcal{R}^l| + \left(\log \binom{n}{l-s} + n - l + s \log 8t + c \right)} \\
&= 1 - 2^{-\log \binom{n}{l} - \log 2^{n-l} + \log \binom{n}{l-s} + n - l + s \log 8t + c} \\
&= 1 - 2^{-\log \left(\frac{\binom{n}{l}}{\binom{n}{l-s}} \right) + s \log 8t + c} \\
&\geq 1 - 2^{-\log \left(\frac{n-l+s}{l} \right)^s + \log (8t)^s + c} \\
&= 1 - 2^{\log \left(\frac{8tl}{n-l+s} \right)^s + c} \\
&= 1 - 2^c \left(\frac{8tl}{n - l + s} \right)^s .
\end{aligned}
$$

□

Si noti che questa versione del Lemma dello scambio è solo leggermente più debole della versione dimostrata da Håstad.

8.8.3 Limitazioni inferiori

Vediamo ora come l'applicazione del Lemma dello scambio nella formulazione secondo Kolmogorov consenta di ottenere una limitazione inferiore esponenziale per la dimensione dei circuiti di profondità costante che calcolano la funzione parità.

È innanzitutto necessario estendere il Lemma 8.9, in modo da trattare un circuito qualsiasi, anziché un circuito di profondità 2.

Lemma 8.10. *Sia* $\mathcal{C}$ *un circuito con n nodi di ingresso e fan-in di ingresso limitato da t. Sia* $\mathcal{F}$ *l'insieme delle funzioni booleane t-chiuse calcolate dai sottocircuiti di* $\mathcal{C}$ *di profondità 2. Dati* $s < l < n$, $n \geq 2l - s$ *e* $\rho \in \mathcal{R}^l$, *se*

$$K(\rho|\mathcal{C},n,l,s,t) \geq \log \binom{n}{l-s} + n - l + s\log 8t + \log|\mathcal{F}| + c$$

(dove c è la costante assoluta del Lemma 8.9), allora per ogni $f \in \mathcal{F}$, f_ρ è s-aperta.

Dim. Supponiamo che esista $f \in \mathcal{F}$ tale che f_ρ non sia s-aperta. Dal Lemma 8.9 segue che

$$K(\rho|f,n,l,s,t) < \log \binom{n}{l-s} + n - l + s\log 8t + c.$$

Si osservi ora che, dato il circuito $\mathcal{C}$, la restrizione ρ può essere descritta utilizzando la sua descrizione relativamente a f, insieme ad una descrizione della funzione f. Inoltre, conoscendo il circuito $\mathcal{C}$, si può ottenere la descrizione di f utilizzando un puntatore al sottocircuito di $\mathcal{C}$ che corrisponde a f e che avrà lunghezza $\log|\mathcal{F}|$. Risulta pertanto

$$K(\rho|\mathcal{C},n,l,s,t) < \log|\mathcal{F}| + \log\binom{n}{l-s} + n - l + s\log 8t + c,$$

e ciò completa la dimostrazione. □

Lemma 8.11. *Sia $\rho \in \mathcal{R}^l$ una restrizione tale che*

$$K(\rho|\mathcal{C},n,l,s,t) \geq \log|\mathcal{R}^l|,$$

e sia

$$\left(\frac{n-l+s}{8tl}\right)^s \geq 2^c|\mathcal{F}|,$$

dove c è la costante assoluta del Lemma 8.9. Allora, per ogni $f \in \mathcal{F}$, f_ρ è s-aperta.

Dim. Per dimostrare il lemma, è sufficiente verificare che

$$K(\rho|\mathcal{C},n,l,s,t) \geq \log\binom{n}{l-s} + n - l + s\log 8t + \log|\mathcal{F}| + c,$$

e ciò segue facilmente dalle due ipotesi e dalla Proposizione 8.4. Infatti

$$K(\rho|\mathcal{C},n,l,s,t) \geq \log|\mathcal{R}^l|$$
$$\geq s\log\left(\frac{n-l+s}{l}\right) + \log\binom{n}{l-s} + n - l$$
$$\geq c + \log|\mathcal{F}| + s\log 8t + \log\binom{n}{l-s} + n - l.$$

□

A questo punto abbiamo gli strumenti necessari per dimostrare un lemma fondamentale per poter ricavare la limitazione inferiore per la dimensione della funzione parità.

Lemma 8.12. *La funzione parità non può essere calcolata correttamente da un circuito $\mathcal{C}$ di profondità d e con n nodi di ingresso, tale che*

- *il fan-in di ingresso è al più $(1/17)\, n^{1/(d-1)}$;*
- *il numero di nodi operazione a distanza almeno 2 dai nodi di ingresso è al più $2^{(1/17)n^{1/(d-1)}}$.*

Dim. La dimostrazione procede per induzione sulla profondità del circuito.

Caso base. Per il caso base, che corrisponde a $d = 2$, è sufficiente osservare che i circuiti di profondità 2 che calcolano la funzione parità devono avere fan-in di ingresso almeno n (si veda il Lemma 8.1).

Passo induttivo. Sia ora $d > 2$, e sia $\mathcal{C}$ un circuito di profondità d, fan-in di ingresso al più $t = (1/17)n^{1/(d-1)}$ e con al più $2^{(1/17)n^{1/(d-1)}}$ nodi operazione a distanza almeno 2 dai nodi di ingresso. Sia $\mathcal{F}$ l'insieme delle funzioni t-chiuse calcolate dai nodi operazione del secondo livello di $\mathcal{C}$.

Siano $s = (1/17)n^{1/(d-1)}$, $l = n^{(d-2)/(d-1)}$ e ρ una restrizione tale che

$$K(\rho|\mathcal{C}, n, l, s, t) \geq \log |\mathcal{R}^l| \,.$$

Con questi valori risulta

$$\binom{n-l+s}{8tl} = \left(\frac{n - n^{(d-2)/(d-1)} + (1/17)n^{1/(d-1)}}{8(1/17)n^{1/(d-1)}\, n^{(d-2)/(d-1)}} \right)^s$$

$$= \left(\frac{17}{8} \left(1 - n^{-1/(d-1)} + \frac{1}{17} n^{-d/(d-1)} \right) \right)^s$$

$$= 2^s \left(\frac{17}{16} \left(1 - n^{-1/(d-1)} + \frac{1}{17} n^{-d/(d-1)} \right) \right)^s .$$

Dato che $n^{-1/(d-1)} - (1/17)n^{-d/(d-1)}$ tende a zero al crescere di n, per n sufficientemente grande, si ottiene

$$2^s \left(\frac{17}{16} \left(1 - n^{-1/(d-1)} + \frac{1}{17} n^{-d/(d-1)} \right) \right)^s > 2^s 2^c$$

$$= 2^{c+(1/17)\, n^{1/(d-1)}}$$

$$\geq |\mathcal{F}|\, 2^c .$$

Siamo ora in condizione di applicare il Lemma 8.11: dato che tutte le funzioni $f \in \mathcal{F}$ sono tali per cui f_ρ è s-aperta, il circuito $\mathcal{C}$ può essere ridisegnato come un circuito di profondità $d-1$ unendo in un unico livello i nodi OR dei livelli 2 e 3.

Supponiamo ora, per assurdo, che $\mathcal{C}$ calcoli correttamente la parità di n variabili. Allora, anche il nuovo circuito di profondità $d-1$ calcolerebbe correttamente la parità, questa volta di l variabili. Il fan-in di ingresso è ora

$$s = (1/17)\, n^{1/(d-1)} = (1/17)\, l^{1/(d-2)}$$

e il numero di nodi a distanza maggiore o uguale a 2 dai nodi di ingresso è ancora limitato da

$$2^{(1/17)\, n^{1/(d-1)}} = 2^{(1/17)l^{1/(d-2)}} \, .$$

Per ipotesi induttiva questo circuito non può calcolare correttamente la parità. □

A questo punto possiamo concludere la nostra analisi dimostrando il seguente teorema.

Teorema 8.10. *Un circuito di profondità d e con al più $2^{\left(\frac{1}{17}\right)^{\frac{d}{d-1}} n^{\frac{1}{d-1}}}$ nodi operazione non può calcolare correttamente la funzione parità.*

Dim. Dato un circuito $\mathcal{C}$ di profondità d, consideriamo i nodi di ingresso come nodi operazione, in modo che la profondità complessiva del circuito possa essere considerata pari a $d+1$.

Applicando il Lemma 8.11, in corrispondenza della scelta di valori $t = 1$, $l = (1/17)\, n$, e $s = (1/17)\, l^{1/(d-1)}$, possiamo ottenere un nuovo circuito di profondità d, con l nodi di ingresso, fan-in di ingresso $s = (1/17)\, l^{1/(d-1)}$ e al più

$$2^{(1/17)^{d/(d-1)} n^{1/(d-1)}} = 2^{(1/17)\, l^{1/(d-1)}}$$

nodi a distanza maggiore o uguale a 2 dai nodi di ingresso. A questo punto, il Lemma 8.12 consente di concludere che il nuovo circuito non può calcolare correttamente la parità di l variabili, da cui segue che il circuito originale non può calcolare correttamente la parità di n variabili. □

8.9 Il metodo polinomiale

Rivolgiamo ora la nostra attenzione ad un'altra tecnica di analisi della complessità delle funzioni booleane, nota come *metodo polinomiale*.

L'idea alla base di questo metodo è di associare ad ogni funzione booleana un polinomio in grado di rappresentarla, e quindi di dimostrare l'esistenza di legami tra le proprietà computazionali delle funzioni booleane e le proprietà algebriche dei polinomi ad esse associati. Questo consente, per alcune classi di funzioni, di determinare una corrispondenza tra complessità di calcolo della funzione e grado del polinomio associato.

Presenteremo uno dei risultati principali ottenuti applicando il metodo polinomiale alla complessità su circuiti. Tale risultato ha consentito di separare alcune classi di complessità all'interno della classe $\mathbf{NC}^1$. (Per altri risultati invitiamo il lettore interessato a fare riferimento all'ottima rassegna di Beigel [32] citata nelle note bibliografiche.)

8.9.1 Rappresentazione polinomiale delle funzioni booleane

Le funzioni booleane possono essere rappresentate in diverse forme. Una delle più semplici e naturali consiste nella rappresentazione tramite polinomi.

Sia A un anello e sia

$$f(x_1, x_2, \ldots, x_n) : \{vero, falso\}^n \to \{vero, falso\}$$

una funzione booleana di n variabili. Codificando i concetti di *vero* e *falso* con elementi dell'anello A, f diventa una funzione definita su un sottoinsieme di A^n a valori in A.

Definizione 8.8. *Un polinomio multivariato* $p : A^n \to A$ *rappresenta una funzione booleana* f *se e solo se per ogni elemento* x *nel dominio di* f *risulta* $f(x) = p(x)$.

Vediamo subito un semplice esempio.

Esempio 8.5. Consideriamo la funzione $f(x, y) = x \oplus y$, dove $\oplus$ indica l'OR esclusivo. È facile verificare che il polinomio $p(x, y) = x + y - 2xy$ rappresenta $f(x, y)$, in quanto per ogni scelta di valori in $\{0, 1\}$ da attribuire alle variabili x e y risulta $f(x, y) = p(x, y)$. □

La scelta di lavorare su un anello è motivata dal fatto che tale struttura algebrica, con le due operazioni di addizione e moltiplicazione e la proprietà distributiva della moltiplicazione sull'addizione, è sufficiente per definire i polinomi.

Esistono diverse rappresentazioni di f come polinomio sull'anello A. Esse dipendono essenzialmente dalla codifica numerica dei concetti di *falso* e *vero*.

Definizione 8.9 (Codifica standard).
La codifica standard *corrisponde alla scelta* falso $= 0$ *e* vero $= 1$. *Con questa codifica, l'operazione logica* AND *è equivalente alla moltiplicazione.*

Definizione 8.10 (Codifica di Fourier).
La codifica di Fourier *corrisponde alla scelta* falso $= 1$ *e* vero $= -1$. *Con questa codifica l'operazione logica* OR-esclusivo *è equivalente alla moltiplicazione.*

(La denominazione "codifica di Fourier" è legata al fatto che la rappresentazione polinomiale di una funzione sotto questa codifica coincide con la *trasformata di Fourier* o di *Hadamard* delle funzioni booleane, che abbiamo incontrato nella Sezione 6.6.)

Si noti che, per ogni variabile booleana x, utilizzando la codifica standard si ha che $x^2 = x$, mentre nella codifica di Fourier $x^2 = 1$. Questo significa che in entrambi i casi i polinomi risultano automaticamente multilineari, ossia lineari in ciascuna variabile.

Definizione 8.11. *Si dice* grado di una funzione booleana f *il grado del polinomio multilineare che la rappresenta. Il grado di un polinomio multilineare è dato dal massimo numero di variabili che appaiono in un monomio con coefficiente diverso da zero.*

Definiamo ora le tre rappresentazioni polinomiali più comuni. Sia $\mathcal{F}$ lo spazio vettoriale, di dimensione 2^n, delle funzioni definite su $\{0, 1\}^n$, o $\{1, -1\}^n$, a valori in A.

Rappresentazione "table lookup". Si utilizza la codifica standard delle variabili.

Per ogni $S \subseteq \{1, 2, \ldots, n\}$ si considera il termine

$$t_S = \prod_{i \in S} x_i \prod_{j \notin S} (1 - x_j).$$

Il termine corrispondente a $S = \{1, 2, \ldots, n\}$ è dato da $\prod_{i=1}^{n} x_i$, mentre il termine corrispondente all'insieme vuoto $\emptyset$ da $\prod_{j=1}^{n} (1 - x_j)$.

Esiste una corrispondenza biunivoca tra i sottoinsiemi S e le stringhe binarie. Tale corrispondenza è definita da

$$x_i = 1 \iff i \in S \, ;$$

ossia l'elemento i-esimo della stringa $x_1, x_2, \ldots, x_n$ è pari a 1 se e solo se l'intero i appartiene al sottoinsieme S.

Osserviamo ora che i 2^n termini t_S formano una base per $\mathcal{F}$. Infatti, dato che ciascun termine individua uno ed un solo elemento del dominio $\{0, 1\}^n$, ogni funzione $f \in \mathcal{F}$ può essere espressa tramite una loro combinazione lineare. Il coefficiente relativo a ciascun termine t_S in questa combinazione lineare è uguale al valore che la funzione f assume sulla stringa corrispondente al sottoinsieme S. È inoltre immediato verificare che i termini introdotti sono tra loro linearmente indipendenti.

Esempio 8.6 (Rappresentazione table lookup).

Sia $n = 2$ e $f(x_1, x_2) = x_1 \vee x_2$. Dobbiamo considerare quattro termini, relativi ai sottoinsiemi $\emptyset, \{1\}, \{2\}, \{1, 2\}$. I valore che la funzione OR assume sulle stringhe corrispondenti sono rispettivamente 0, 1, 1, 1. Otteniamo perciò

$$f(x_1, x_2) = x_1(1 - x_2) + (1 - x_1)x_2 + x_1 x_2. \qquad \square$$

Rappresentazione standard. Si utilizza la codifica standard delle variabili.

Per ogni $S \subseteq \{1, 2, \ldots, n\}$ si considera il termine

$$t_S = \prod_{i \in S} x_i.$$

Anche in questo caso, i 2^n termini t_S formano una base per $\mathcal{F}$ e pertanto ogni funzione f può essere espressa come loro combinazione lineare. I coefficienti si ottengono dalla rappresentazione table lookup semplicemente eseguendo le moltiplicazioni ed applicando la proprietà distributiva.

Esempio 8.7 (Rappresentazione standard).

Sia $f(x_1, x_2) = x_1 \vee x_2$. Nell'Esempio 8.6 abbiamo ricavato la rappresentazione table lookup della funzione OR. La rappresentazione standard si ottiene eseguendo le moltiplicazioni e semplificando:

$$\begin{aligned}
f(x_1, x_2) &= x_1(1 - x_2) + (1 - x_1)x_2 + x_1 x_2 \\
&= x_1 - x_1 x_2 + x_2 - x_1 x_2 + x_1 x_2 \\
&= x_1 + x_2 - x_1 x_2.
\end{aligned}$$

$\square$

Rappresentazione di Fourier. Si adottano la codifica di Fourier per le variabili di ingresso e la codifica standard per le variabili in uscita. Per ogni $S \subseteq \{1, 2, \ldots, n\}$ si considera il termine

$$t_S = \prod_{i \in S} x_i \, .$$

I termini t_S formano una base per $\mathcal{F}$ e ogni funzione può essere espressa come loro combinazione lineare. Infatti, se $x_i \in \{-1, 1\}$, applicando la trasformazione $x_i \to \frac{1-x_i}{2}$, otteniamo una variabile $y_i \in \{0, 1\}$ e, come è già noto, i termini $\prod_{i \in S} y_i$ costituiscono una base.

I coefficienti della rappresentazione di Fourier si possono derivare da una delle due rappresentazioni precedenti sostituendo ogni x_i con $\frac{1-x_i}{2}$, eseguendo le moltiplicazioni ed applicando la proprietà distributiva.

Esempio 8.8 (Rappresentazione di Fourier). Sia $f(x_1, x_2) = x_1 \vee x_2$. Sostituendo ogni variabile x_i con $\frac{1-x_i}{2}$ nella rappresentazione standard della funzione OR otteniamo

$$
\begin{aligned}
f(x_1, x_2) &= x_1 + x_2 - x_1 x_2 \\
&= \frac{1-x_1}{2} + \frac{1-x_2}{2} - \frac{1-x_1}{2}\frac{1-x_2}{2} \\
&= 1 - \frac{x_1}{2} - \frac{x_2}{2} - \frac{1}{4} + \frac{x_1}{4} + \frac{x_2}{4} - \frac{x_1 x_2}{4} \\
&= \frac{3}{4} - \frac{1}{4}\, x_1 - \frac{1}{4}\, x_2 - \frac{1}{4}\, x_1 x_2 \, .
\end{aligned}
$$

$\square$

Concludiamo con una sintesi delle principali proprietà della rappresentazione polinomiale delle funzioni booleane.

- I polinomi che rappresentano funzioni booleane di n variabili sono *multilineari*, cioè sono lineari in ciascuna variabile.
- In ciascuna rappresentazione, per ogni funzione $f \in \mathcal{F}$ esiste uno ed un solo polinomio che rappresenta f sull'anello A. Esistenza e unicità derivano dal fatto che i termini costituiscono una base per $\mathcal{F}$.
- Il grado di una funzione booleana di n variabili è indipendente dalla rappresentazione adottata (le tre rappresentazioni si possono infatti ottenere l'una dall'altra per mezzo di operazioni che lasciano invariato il grado).

8.9.2 Le classi di complessità $\mathbf{AC}^0[k]$

Prima di addentrarci nella trattazione di alcune applicazioni del metodo polinomiale, è opportuno aprire una parentesi e richiamare le definizione di alcune classi di complessità contenute nella classe $\mathbf{NC}^1$. Come si è visto nelle sezioni precedenti, la classe $\mathbf{AC}^0$, ovvero la classe dei problemi risolvibili da circuiti di dimensione polinomiale, profondità costante e fan-in non limitato, è contenuta propriamente in $\mathbf{NC}^1$. È dunque naturale chiedersi se aggiungendo altri tipi di nodi operazione ai circuiti di profondità costante si possa *riequilibrare* la situazione. Questa domanda ha portato alla definizione di diverse estensioni della classe $\mathbf{AC}^0$ (tutte contenute in $\mathbf{NC}^1$), tra cui le classi $\mathbf{AC}^0[k]$.

Definizione 8.12. *Per ogni intero $k > 1$, $\mathbf{AC}^0[k]$ è la classe dei linguaggi riconosciuti dai circuiti booleani di fan-in illimitato, profondità costante e dimensione polinomiale, definiti sulla base $\{AND, OR, NOT, MOD(k)\}$, dove i nodi MOD(k) calcolano la funzione che vale 0 se e solo se il numero dei bit in ingresso uguali ad 1 è congruo a 0 modulo k.*

Si definisce inoltre la classe

$$\mathbf{ACC} = \bigcup_k \mathbf{AC}^0[k].$$

I risultati più interessanti relativi alle classi $\mathbf{AC}^0[k]$ sono stati ottenuti applicando le tecniche basate sulla rappresentazione polinomiale delle funzioni booleane.

In particolare, è stato dimostrato che per ogni coppia di numeri primi distinti p e q,

$$MOD(q) \notin \mathbf{AC}^0[p]$$

e che, per ogni numero primo p, la funzione maggioranza non appartiene alla classe $\mathbf{AC}^0[p]$. Dato che la funzione maggioranza, così come le funzioni $MOD(q)$, appartiene alla classe $\mathbf{NC}^1$, abbiamo che, per tutti i numeri primi p,

$$\mathbf{AC}^0[p] \subset \mathbf{NC}^1.$$

Le classi $\mathbf{AC}^0[p]$ sono le più ampie tra quelle per cui è noto il contenimento proprio in $\mathbf{NC}^1$. Uno dei più importanti problemi aperti della complessità su circuiti è quello di verificare se l'inclusione $\mathbf{ACC} \subseteq \mathbf{NC}^1$ sia propria o meno.

8.9.3 Limitazioni inferiori per circuiti con nodi operazione MOD(k)

Il fatto che, per p e q primi, $p \neq q$, la funzione $MOD(q)$ non appartenga alla classe $\mathbf{AC}^0[p]$ equivale ad affermare che la funzione $MOD(q)$ richiede dimensione superpolinomiale per poter essere calcolata da circuiti $\{AND, OR, NOT, MOD(p)\}$ di profondità costante.

In questa sezione presenteremo la dimostrazione di questo risultato nel caso particolare in cui $p = 2$ e $q = 3$.

Tale dimostrazione consiste in due passi fondamentali. Per prima cosa si dimostra che le funzioni nella classe $\mathbf{AC}^0[3]$ sono ben approssimabili da polinomi su $GF(3)$ di grado al più $\sqrt{n}$. Quindi si dimostra che la funzione $MOD(2)$, ovvero la funzione parità, non gode di questa proprietà, e perciò non può appartenere alla classe $\mathbf{AC}^0[3]$.

Teorema 8.11. *Ogni circuito C della classe $\mathbf{AC}^0[3]$ può essere approssimato da un polinomio su $GF(3)$ di grado minore o uguale a $(2l)^d$, con un numero di errori minore o uguale a $L(C)2^{n-l}$, dove d e $L(C)$ sono rispettivamente la profondità e la dimensione di C, ed l è un parametro con il quale si misura la correlazione tra grado ed errore dell'approssimazione polinomiale.*

Dim. Sia C un circuito della classe $\mathbf{AC}^0[3]$ di profondità d.

Ad ogni sottocircuito di C associamo un polinomio definito sul campo $GF(3)$, ossia il campo con tre elementi $\{-1, 0, 1\}$. L'associazione è fatta in modo che il polinomio assuma un valore in $\{0, 1\}$ quando le n variabili di ingresso $x_1, \ldots, x_n$ assumono valori in $\{0, 1\}$.

Per contenere la crescita del grado dei polinomi, ogni associazione tra sottocircuito e polinomio sarà fatta in modo approssimato, ossia consentendo un certo errore, misurato dal numero di assegnamenti di valori alle variabili x_1, $x_2, \ldots, x_n$, per cui il sottocircuito ed il polinomio ad esso associato assumono un valore diverso. Per questo motivo parleremo nel seguito di *polinomi approssimanti*.

La costruzione dei polinomi approssimanti è fatta induttivamente, partendo dai nodi di ingresso (cui si associa un polinomio in modo ovvio: al nodo di ingresso con etichetta x_i si associa il polinomio costituito dal solo monomio x_i).

Sia ora $\mathcal{D}$ un sottocircuito di C, e supponiamo di aver già associato un polinomio approssimante a ciascun sottocircuito di $\mathcal{D}$. Più precisamente, supponiamo che $p_1, \ldots, p_k$ siano i polinomi, di grado al più b, associati alle funzioni calcolate dai sottocircuiti in ingresso al nodo di uscita del sottocircuito $\mathcal{D}$.

Se il nodo di uscita di $\mathcal{D}$ è un nodo NOT e l'unico sottocircuito collegato in ingresso al nodo NOT è approssimato dal polinomio p, allora possiamo associare a $\mathcal{D}$ il polinomio $1 - p$. In questo caso l'associazione non introduce nuovi errori: p e $1-p$ sono infatti corretti sui medesimi assegnamenti di valore alle variabili di ingresso.

Supponiamo ora che il nodo di uscita di $\mathcal{D}$ sia un nodo MOD(3). Allora possiamo associare a $\mathcal{D}$ il polinomio $(\sum_{i=1}^k p_i)^2$. Anche in questo caso non si introducono nuovi errori in quanto $0^2 = 0$, $(-1)^2 = 1^2 = 1$.

Rimangono da considerare i casi in cui il nodo di uscita di $\mathcal{D}$ sia un nodo AND o un nodo OR. Prima di trattare questi casi è opportuno esaminare in che modo tali operazioni influenzano il grado del polinomio approssimante. Se il nodo di uscita di $\mathcal{D}$ è un nodo AND, allora il sottocircuito $AND(p_1, p_2, \ldots, p_k)$ può essere rappresentato esattamente dal polinomio $p_1 \cdot p_2 \cdot \ldots \cdot p_k$, di grado al più kb. Dato che p_i e $\neg p_i = 1 - p_i$ hanno lo stesso grado, ed applicando le leggi di De Morgan, si ottiene

$$OR(p_1, p_2, \ldots, p_k) = \neg AND(\neg p_1, \neg p_2, \ldots, \neg p_k),$$

così che anche il sottocircuito $OR(p_1, p_2, \ldots, p_k)$ può essere approssimato da un polinomio di grado al più kb. Osserviamo tuttavia che k può anche essere polinomiale in n, e ciò rende la limitazione superiore per il grado troppo elevata.

Come già anticipato, per poter ottenere un'approssimazione polinomiale di grado basso per il sottocircuito, è preferibile consentire la presenza di un certo errore. Introduciamo allora un parametro l che, come vedremo, misura la correlazione tra errore e grado. Se il nodo di uscita di $\mathcal{D}$ è un nodo OR, possiamo ricavare un polinomio approssimante per $\mathcal{D}$ di grado al più $2lb$ nel modo seguente:

- si scelgono l sottoinsiemi P_1, P_2, ..., P_l dell'insieme $\{p_i \mid i = 1, 2, \ldots, k\}$;
- a ciascun sottoinsieme si associa il polinomio $g_i = \left(\sum_{p \in P_i} p\right)^2$;
- si considera quindi il polinomio a che rappresenta esattamente il sottocircuito $OR(g_1, \ldots, g_l)$.

Il polinomio approssimante cercato viene ottenuto scegliendo opportunamente i sottoinsiemi P_i ed il polinomio a di grado al più $2lb$.

Per valutare l'errore commesso, osserviamo che se per un particolare assegnamento di valori alle variabili di ingresso risulta $OR(p_1, \ldots, p_k) = 0$, allora tutti i polinomi p_i, e quindi anche i polinomi g_i, assumono valore 0, in modo tale che anche a assume valore 0.

Per trattare il caso in cui $OR(p_1, \ldots, p_k) = 1$, supponiamo che i sottoinsiemi P_i siano stati scelti casualmente tra tutti i possibili sottoinsiemi di $\{p_i \mid i = 1, 2, \ldots, k\}$. Dato che almeno uno dei polinomi p_i deve assumere valore 1 affinché $OR(p_1, \ldots, p_k) = 1$, allora ciascun polinomio g_i, indipendentemente, assume valore 1 con probabilità almeno $1/2$. Di conseguenza si ottiene $\text{Prob}\{a = 0\} \leq 2^{-l}$, il che implica che deve esistere qualche collezione di sottoinsiemi per cui il numero di assegnamenti sui quali $OR(p_1, \ldots, p_k) = 1$ e $a = 0$ è al più 2^{n-l}.

Un'argomentazione del tutto analoga può essere applicata nel caso in cui il nodo di uscita di $\mathcal{D}$ sia di tipo AND. Perciò in entrambi i casi il polinomio approssimante per $\mathcal{D}$ ha grado al più $2lb$ e introduce al più 2^{n-l} errori.

A questo punto, per valutare il grado del polinomio approssimante associato all'intero circuito $\mathcal{C}$, è sufficiente osservare che ai nodi di ingresso vengono associati polinomi di grado 1, e che ciascun livello può aumentare il grado del polinomio approssimante per un fattore non superiore a $2l$. Complessivamente, il polinomio approssimante associato a $\mathcal{C}$ avrà dunque grado minore o uguale a $(2l)^d$. Per quanto riguarda l'errore commesso con tale approssimazione, esso risulta limitato superiormente da $L(\mathcal{C}) \cdot 2^{n-l}$, poiché l'associazione di un polinomio a ciascun nodo operazione introduce un errore al più pari a 2^{n-l}. $\square$

Lemma 8.13. *Le funzioni calcolate dai circuiti della classe* $\mathbf{AC}^0[3]$ *possono essere approssimate da polinomi di grado al più* $\sqrt{n}$, *con un errore* $o(2^n)$.

Dim. È sufficiente porre $l = \dfrac{n^{\frac{1}{2d}}}{2}$ ed applicare il Teorema 8.11. $\square$

A questo punto, si ottiene il risultato $MOD(2) \notin \mathbf{AC}^0[3]$ dimostrando che la funzione $MOD(2)$, ossia la funzione parità, non può essere approssimata da un polinomio di grado al più $\sqrt{n}$ con un errore $o(2^n)$.

Teorema 8.12. *Ogni polinomio p di grado minore o uguale a $\sqrt{n}$ differisce dalla funzione parità su almeno $\frac{1}{50} 2^n$ assegnamenti di valore alle variabili di ingresso.*

Dim. Sia $G \subseteq \{0,1\}^n$ l'insieme di assegnamenti di valore alle variabili di ingresso per cui il polinomio p e la funzione parità assumono lo stesso valore. Per ciascuna variabile x_i, $i = 1, 2, \ldots, n$, definiamo una nuova variabile $y_i = x_i + 1$ (modulo 3).

Con questo cambiamento di variabili, la parità può essere interpretata come una funzione definita su $\{-1, 1\}^n$, a valori in $\{-1, 1\}$, e può dunque essere rappresentata esattamente dal polinomio $\prod_i y_i$, che ha grado n. Osserviamo inoltre che, poiché questo cambiamento di variabili non altera il grado dei polinomi, il polinomio p deve coincidere con $\prod_i y_i$ su G.

Sia $\mathcal{F}_G$ l'insieme delle funzioni $f : G \to \{-1, 0, 1\}$. Dato che

$$|\mathcal{F}_G| = 3^{|G|},$$

possiamo limitare la cardinalità di G dimostrando che la cardinalità dell'insieme $\mathcal{F}_G$ è limitata.

Sia $f \in \mathcal{F}_G$. Estendiamo f in modo arbitrario a tutto $\{-1, 1\}^n$, e indichiamo con $\hat{f} : \{-1, 1\}^n \to \{-1, 0, 1\}$ tale estensione.

Sia ora q un polinomio nelle variabili y_i che rappresenta $\hat{f}$, e $c\, y_{i_1} y_{i_2} \cdots y_{i_l}$ un qualsiasi termine di q (si osservi che $c \in \{-1, 1\}$, poiché q è definito su $GF(3)$). Indichiamo con Y l'insieme delle variabili $\{y_1, \ldots, y_n\}$ e con $T \subseteq Y$ l'insieme delle variabili y_i che sono presenti nel termine $cy_{i_1} y_{i_2} \cdots y_{i_l}$.

Osserviamo ora che, per ogni i, si ha $y_i^2 = 1$, per cui è possibile rappresentare il termine $c \prod_{i \in T} y_i$ come $c \prod_{i \in Y} y_i \prod_{j \in Y \setminus T} y_j$. Poiché sull'insieme G abbiamo che $p = \prod_{i \in Y} y_i$, è evidente che se restringiamo il dominio all'insieme G, il termine $c \prod_{i \in T} y_i$ risulta equivalente al polinomio $c \cdot p \cdot \prod_{j \in Y \setminus T} y_j$, che ha grado $\sqrt{n} + (n - |T|)$.

Riscrivendo in questo modo tutti i termini di q di grado maggiore di $n/2$, si ottiene così un polinomio che su G coincide con p, e quindi con f. Tale polinomio ha grado al più $(n - n/2) + \sqrt{n} = n/2 + \sqrt{n}$.

Osserviamo ora che il numero di monomi multilineari di grado al più $n/2 + \sqrt{n}$ è

$$\sum_{i=0}^{n/2+\sqrt{n}} \binom{n}{i}.$$

Per n sufficientemente grande, tale numero è approssimativamente pari a

$$0.9772 \cdot 2^n < \frac{49}{50} \cdot 2^n.$$

Il numero di polinomi con monomi multilineari di grado al più $n/2 + \sqrt{n}$ risulta dunque minore di $3^{(49/50)\,2^n}$.

A questo punto possiamo ricavare una limitazione superiore per la cardinalità di G. Vale infatti $|\mathcal{F}_G| < 3^{\frac{49}{50} \cdot 2^n}$, da cui $|G| = \log_3 |\mathcal{F}_G| \leq \frac{49}{50} 2^n$.

Il numero di assegnamenti di valore alle variabili di ingresso su cui il polinomio p e la funzione parità differiscono risulta perciò maggiore o uguale a

$$2^n - \frac{49}{50} 2^n = \frac{1}{50} 2^n,$$

e questo conclude la dimostrazione.   □

Osserviamo infine che il Teorema 8.12 consente di ricavare una limitazione inferiore esponenziale per la dimensione dei circuiti di profondità costante, definiti sulla base {AND, OR, NOT, MOD(3)}, che calcolano la funzione parità.

Teorema 8.13. *Per n sufficientemente grande, la funzione parità non può essere calcolata da circuiti, definiti sulla base {AND, OR, NOT, MOD(3)}, di profondità d e dimensione minore di $\frac{1}{50}\sqrt{2}^{\,n^{\frac{1}{2d}}}$.*

Dim. Sia $\mathcal{C}$ un circuito di profondità costante che calcola la funzione parità. Dal Teorema 8.11 segue che la dimensione $L(\mathcal{C})$ del circuito $\mathcal{C}$ è maggiore o uguale all'errore totale introdotto dall'approssimazione polinomiale del circuito, diviso per l'errore introdotto con ogni assegnamento di un polinomio approssimante ad un nodo operazione.

Supponiamo di approssimare il circuito con un polinomio di grado al più $\sqrt{n}$. Dal Lemma 8.13 segue che l'errore locale introdotto in corrispondenza di ciascun nodo operazione è pari a 2^{n-l}, con $l = \frac{n^{\frac{1}{2d}}}{2}$. Applicando il Teorema 8.12 risulta allora

$$L(\mathcal{C}) \geq \frac{\frac{1}{50} 2^n}{2^{n - \frac{n^{\frac{1}{2d}}}{2}}} \geq \frac{1}{50}\sqrt{2}^{\,n^{\frac{1}{2d}}}.$$

□

Esercizi

Esercizio 8.1. Si dimostri che ogni funzione booleana $f : \{0,1\}^n \to \{0,1\}$ è calcolabile da un circuito di fan-in 2 e dimensione al più $2^n - 3$.

(Suggerimento: si osservi che

$$f(x_1, \ldots, x_{n-1}, x_n) = (x_n \wedge f(x_1, \ldots, x_{n-1}, 1)) \vee$$
$$(\neg x_n \wedge f(x_1, \ldots, x_{n-1}, 0)).)$$

Esercizio 8.2. Si consideri la funzione booleana

$$f(x_1, \ldots, x_{10}) = [(x_1 \lor x_2 \lor x_3) \land (x_3 \lor x_4) \land (x_5 \lor x_6)] \lor$$
$$[(x_6 \lor x_7 \lor x_8) \land (x_9 \lor x_{10})].$$

Costruire un circuito di dimensione minima, che calcola f in profondità 3.

Esercizio 8.3. Dire se la dimensione del circuito di profondità 2 costruito nell'Esempio 8.1 è la minima possibile.

Esercizio 8.4. Con riferimento all'Esempio 8.2, analizzare l'effetto sulla funzione maggioranza di $2n + 1$ variabili, di una restrizione ρ che assegna ad n variabili il valore 1 e che lascia libere le rimanenti $n + 1$.

Esercizio 8.5. Si valuti la complessità secondo Kolmogorov della stringa di lunghezza n costituita da n zeri. Si confronti poi tale valore con quello della complessità secondo Kolmogorov della stringa che contiene le prime n cifre di π.

(Suggerimento: riguardo alla complessità di π, si pensi alla lunghezza di un programma, scritto in un linguaggio ad alto livello, per il calcolo di π.)

Esercizio 8.6. Determinare la codifica polinomiale standard della funzione booleana

$$f(x_1, \ldots, x_8) = [(x_1 \lor x_2) \land (x_3 \lor x_4) \land (x_5 \lor x_6)] \lor (x_7 \land x_8).$$

Esercizio 8.7. Dimostrare che il grado di una funzione booleana di n variabili è indipendente dalla rappresentazione polinomiale adottata.

Esercizio 8.8. Si dica quanto è il grado della funzione AND e si quantifichi l'errore che viene commesso approssimando la funzione AND con un polinomio di grado 0.

Esercizio 8.9. Scopo di questo esercizio è di analizzare la complessità di calcolo delle *funzioni booleane simmetriche* nel modello dei circuiti di profondità limitata.

Una funzione booleana $f : \{0, 1\}^n \to \{0, 1\}$ è detta *simmetrica* se

$$f(x_1, x_2, \ldots, x_n) = f(x_{\pi(1)}, x_{\pi(2)}, \ldots, x_{\pi(n)})$$

per ogni permutazione π degli elementi dell'insieme $\{1, 2, \ldots, n\}$. Dato che tutte le stringhe che contengono esattamente k bit uguali ad 1 sono ottenibili per permutazione l'una dall'altra, è chiaro che una funzione booleana è simmetrica se e solo se essa dipende solo dal numero di bit uguali ad 1 nella stringa di ingresso, ovvero dalla sola variabile $y = x_1 + x_2 + \ldots + x_n$. Una funzione simmetrica f può perciò essere rappresentata tramite il vettore

$$v(f) = (v_0, v_1, \ldots, v_n)$$

tale che

$$f(x_1, x_2, \ldots, x_n) = v_i \quad \text{se e solo se} \quad y = x_1 + x_2 + \ldots + x_n = i.$$

Si osservi che la funzione maggioranza e la funzione parità sono simmetriche.

Sia $f : \{0,1\}^n \to \{0,1\}$ una funzione booleana simmetrica, rappresentata dal vettore $v(f)$, e siano $v_{max}(f)$ la lunghezza della sottostringa costante più lunga contenuta in $v(f)$, e $l_{min}(f)$ la dimensione del più piccolo mintermine (o maxtermine) di f. Sia inoltre $H(n,d)$ la funzione che definisce la limitazione inferiore per la dimensione di un circuito di profondità d che calcola la funzione maggioranza, ossia

$$H(n,d) = 2^{(\frac{1}{10})^{d/d-1} n^{1/d-1}}$$

(si veda il Teorema 8.9). Indicheremo infine con $L_d(f)$ la dimensione di un circuito di profondità d per la funzione f.

Si dimostrino i seguenti risultati.

1. $l_{min}(f) = n + 1 - v_{max}(f)$.
2. Se $l = l_{min}(f) \le (n+1)/2$, allora per $l \ge n_0^{d+1}$, $L_d(f) \ge H(l, d+1)/l$.
3. Se $l = l_{min}(f) > (n+1)/2$, allora per $w = v_{max}(f)$ e $w \ge n_0^{d+1}$, $L_d(f) \ge H(w, d+1)/w$.
4. $f \in \mathbf{AC}^0$ se e solo se $l_{min}(f) = O(\log^r n)$ per qualche costante r.

(Suggerimento: si consulti il testo di I. Wegener citato nelle note bibliografiche di questo capitolo.)

8.10 Note bibliografiche

Per uno studio generale della teoria della complessità su circuiti suggeriamo di consultare la rassegna scritta da Boppana e Sipser [40]. Segnaliamo anche due volumi interamente dedicati allo studio di funzioni booleane e circuiti booleani, dovuti a Dunne [53] e Wegener [153].

Approfondimenti sui risultati relativi alla tecnica delle restrizioni casuali e alle applicazioni Lemma dello scambio possono essere trovati in [6, 62, 74, 154].

Pe quanto riguarda invece la dimostrazione del Lemma dello scambio, esistono in letteratura varie versioni. Quella che abbiamo presentato è ripresa dalla dimostrazione proposta da Boppana e Sipser nella già citata rassegna.

Un'ottima introduzione alla complessità secondo Kolmogorov si trova nel libro di Li e Vitányi [89].

L'uso di utilizzare tecniche basate sulla complessità secondo Kolmogorov per derivare limitazioni inferiori di complessità per circuiti è stato suggerito da Fortnow e Laplante [59]. Altre applicazioni sono illustrate nella tesi di dottorato di Laplante [87].

Per quanto riguarda infine il metodo polinomiale, invitiamo il lettore interessato a consultare la rassegna di Beigel [32] che contiene riferimenti a molti altri articoli sull'argomento.

Il fatto che la funzione $MOD(q)$ richiede dimensione superpolinomiale per poter essere calcolata da circuiti {AND, OR, NOT, MOD(p)} di profondità costante è stato dimostrato indipendentemente da Razborov [128] e Smolensky [137].

9. Circuiti monotoni

I circuiti monotoni sono circuiti booleani definiti sulla base composta dalle sole funzioni AND e OR; ciò restringe la classe delle funzioni calcolabili alle sole funzioni monotone.

Così come i circuiti di profondità limitata, anche i circuiti monotoni costituiscono un modello di calcolo con potere computazionale ristretto, sul quale risulta più facile effettuare indagini circa l'efficienza delle computazioni, e determinare così limitazioni inferiori di complessità significative. In particolare, nel caso dei circuiti monotoni si ottengono limitazioni significative sfruttando il fatto che i circuiti monotoni di dimensione al più polinomiale "tendono" a calcolare funzioni soglia, ossia funzioni che valgono 1 se e solo se l'input contiene un numero di bit uguali a 1 non inferiore ad una data soglia; tali circuiti non sono perciò in grado di calcolare funzioni sostanzialmente diverse da funzioni soglia.

In questo capitolo studieremo le tecniche sviluppate per studiare la complessità delle funzioni booleane in questo modello e presenteremo i principali risultati ottenuti.

9.1 Introduzione

I circuiti monotoni sono circuiti privi di nodi che eseguono l'operazione di negazione.

Definizione 9.1. *Un circuito monotono è un circuito definito sulla base* $\{AND, OR\}$. *I nodi operazioni hanno fan-in 2 e fan-out illimitato.*

Le funzioni booleane calcolabili dai circuiti monotoni sono tutte e sole le *funzioni monotone*. Date due stringhe

$$v = (v_1, \ldots, v_n), \quad w = (w_1, \ldots, w_n) \in \{0,1\}^n,$$

diremo che $v \leq w$ se e solo se $v_i \leq w_i$, per ogni $i = 1, 2, \ldots, n$.

Definizione 9.2. *Una funzione booleana* $f : \{0,1\}^n \to \{0,1\}$ *è detta monotona se* $v \leq w$ *implica* $f(v) \leq f(w)$, *per ogni* $v, w \in \{0,1\}^n$.

Le principali misure di complessità definite per un circuito booleano monotono sono la sua *dimensione* e la sua *profondità*.

Definizione 9.3. *Sia f una funzione booleana monotona. La dimensione monotona $L_m(f)$ e la profondità monotona $D_m(f)$ della funzione f sono date rispettivamente dalla minima dimensione e minima profondità di un circuito monotono che calcola f.*

Molte funzioni di notevole importanza nella teoria della complessità sono monotone, come ad esempio la funzione booleana $clique_{k,n}$, che codifica il problema **NP**-completo $CLIQUE$[1]. La funzione $clique_{k,n}$ dipende da $\binom{n}{2}$ variabili booleane, una per ogni potenziale arco in un grafo di n vertici, e risulta pari a 1 se il grafo contiene una clique su k vertici, ovvero un sottografo di k vertici completo. La funzione $clique_{k,n}$ è una funzione monotona poiché aumentando il numero di archi, la dimensione della massima clique non può diminuire.

Nel modello dei circuiti monotoni è stato possibile determinare alcune limitazioni inferiori di complessità estremamente significative. Nelle sezioni seguenti illustreremo una tecnica (introdotta da Razborov) che consente di ricavare una limitazione inferiore superpolinomiale per la dimensione monotona della funzione $clique_{k,n}$.

9.2 Il metodo di Razborov

L'idea alla base del metodo di Razborov è di mostrare come il comportamento dei circuiti monotoni di dimensione polinomiale sia in un certo senso "determinato" e di sfruttare questo fatto per dimostrare che alcune funzioni monotone non sono calcolabili da tali circuiti. Intuitivamente il metodo mette in evidenza che un circuito monotono di dimensione polinomiale tende a comportarsi come una "soglia", ossia a calcolare una funzione booleana che vale 1 se e solo se l'input contiene un numero di uni superiore ad una data soglia. Per questa ragione, diventa praticabile analizzare le limitazioni di questi circuiti osservandone il comportamento su istanze campione di problemi monotoni che presentino proprietà radicalmente diverse da quelle che caratterizzano le funzioni soglia.

Nel caso della funzione *clique*, ciò viene effettuato selezionando opportune *istanze campione* del problema $CLIQUE$, in cui la presenza di clique di una certa dimensione sia il più possibile scorrelata con la densità del grafo. Queste istanze sono pertanto adatte per mettere in luce la limitazione dei circuiti monotoni di dimensione polinomiale e vengono utilizzate per quantificare la diversità di comportamento tra le funzioni calcolate dai circuiti in esame e la funzione *clique*.

Definizione 9.4. *Un grafo con n vertici si dice* grafo campione positivo *se è costituito unicamente da una clique su k vertici, senza nessun altro arco.*

---

[1] Il problema decisionale $CLIQUE$ consiste nel dire se, dati un grafo ed un intero k, esiste nel grafo un sottoinsieme di vertici di cardinalità almeno k che sia completo, ossia che contiene tutti i possibili archi.

L'aggettivo "positivo" deriva dal fatto che la funzione $clique_{k,n}$ assume valore 1 sull'istanza che codifica un tale grafo. Si osservi che esistono $\binom{n}{k}$ grafi campione positivi.

Definizione 9.5. *Un grafo campione negativo è un grafo su n vertici ottenuto assegnando ad ogni vertice un'etichetta, o colore, presa dall'insieme $\{1, 2, \ldots, k-1\}$, e collegando con un arco solo le coppie di vertici di colori diversi.*

Questi grafi sono detti *negativi* poiché la funzione $clique_{k,n}$ assume valore 0 sulle istanze ottenute dalla loro codifica. Esistono $(k-1)^n$ colorazioni possibili, e sebbene da colorazioni diverse si possa talvolta ottenere lo stesso grafo, considereremo sempre diversi i grafi ottenuti da colorazioni differenti.

Il metodo di Razborov è orientato a dimostrare che ogni circuito monotono di dimensione polinomiale non può calcolare la funzione *clique* in quanto restituisce il valore 0 per la maggior parte delle istanze ottenute codificando grafi campione positivi ed il valore 1 per la maggior parte delle istanze relative a grafi campione negativi.

Poiché l'analisi diretta del comportamento di un circuito può risultare estremamente complessa, il metodo prevede l'introduzione di appositi *circuiti approssimanti* da associare al circuito monotono in esame.

Definizione 9.6. *Dato un sottoinsieme X di vertici, sia $\lceil X \rceil$ la funzione* indicatore di clique *che dipende da $\binom{n}{2}$ variabili e che assume valore 1 se il grafo contiene una clique sui vertici X, e 0 altrimenti.*

Un circuito approssimante *è costituito da un OR di al più m indicatori di clique, relativi ad insiemi di al più l vertici. Gli interi $m \geq 2$ ed $l \geq 2$ hanno un valore fissato, dipendente solo da n e k.*

I circuiti approssimanti svolgono un ruolo cruciale nel metodo di Razborov, che procede, intuitivamente, nel modo seguente:

- Dato il circuito $\mathcal{C}$, si costruisce un circuito approssimante $\tilde{\mathcal{C}}$ sostituendo a tutti i nodi AND e OR di $\mathcal{C}$ opportuni nodi approssimanti $\widetilde{AND}$ e $\widetilde{OR}$, in modo tale che l'approssimazione locale sia buona, ossia che il comportamento dei nodi $\widetilde{AND}$ e $\widetilde{OR}$ differisca da quello di AND e OR solo in una piccola frazione delle istanze.

- Quindi si dimostra che ogni circuito approssimante restituisce il valore 0 per la maggior parte delle istanze ottenute codificando grafi campione positivi ed il valore 1 per la maggior parte delle istanze relative ai grafi campione negativi.

Questo schema permette di concludere che il circuito di partenza $\mathcal{C}$ che calcola la funzione *clique* non può avere dimensione polinomiale. Infatti il circuito approssimante $\tilde{\mathcal{C}}$ è costruito in modo tale da garantire una buona approssimazione locale; pertanto un'approssimazione globale poco accurata può verificarsi solo se il circuito di partenza $\mathcal{C}$ contiene un numero molto elevato di nodi operazione.

9.3 Approssimazione dei circuiti monotoni

Mostriamo ora come sia possibile approssimare un circuito monotono arbitrario C con un circuito approssimante.

Il circuito approssimante viene costruito con un procedimento induttivo, che prevede l'assegnazione di un approssimante a ciascun sottocircuito del circuito originario.

Consideriamo innanzitutto le variabili di ingresso. Una variabile di ingresso ha la forma $x_{i,j}$ dove i e j rappresentano due diversi vertici di un grafo (abbiamo infatti associato una variabile ad ogni arco potenziale di un grafo). Dunque, la variabile $x_{i,j}$ è equivalente all'indicatore di clique $\lceil\{i,j\}\rceil$ ed è già un approssimante.

Supponiamo di aver assegnato un circuito approssimante ad ogni sottocircuito proprio del circuito C. Vogliamo a questo punto costruire un circuito approssimante per C. Facciamo l'ipotesi che il nodo di uscita del circuito C sia un nodo OR. L'idea più naturale sarebbe quella di ottenere il circuito approssimante $\tilde{C}$ calcolando l'OR degli approssimanti relativi ai due sottocircuiti che sono direttamente collegati in ingresso al nodo di uscita di C. Indichiamo questi due approssimanti con

$$A = \bigvee_{i=1}^{r} \lceil X_i \rceil \quad \text{e} \quad B = \bigvee_{j=1}^{s} \lceil Y_j \rceil,$$

dove $r \leq m$ e $s \leq m$. L'OR di questi due approssimanti riceve in ingresso $r + s$ indicatori di clique, dove tuttavia $r + s$ potrebbe valere anche $2m$. Di conseguenza, non è detto che l'OR dei due approssimanti sia a sua volta un approssimante (si ricordi che un circuito approssimante è stato definito come un OR di al più m indicatori di clique). Per questo motivo è necessario ridurre in qualche modo il numero degli indicatori di clique, e l'idea è di sostituire un certo numero di indicatori con la loro "parte comune". Per implementare questo tipo di procedura faremo ricorso ad un oggetto combinatoriale detto *girasole*.

Definizione 9.7. *Un girasole è una collezione di insiemi distinti Z_1, Z_2, ..., Z_n chiamati* petali, *tali che l'intersezione $Z_i \cap Z_j$ è la stessa per ogni coppia di indici i e j. La parte comune $Z_i \cap Z_j$ è chiamata* centro *del girasole.*

Vediamo allora in che modo i girasoli possono essere utilizzati per ridurre il numero degli indicatori di clique. In questa applicazione, ciascun petalo corrisponderà ad un sottoinsieme di vertici.

Fissiamo un valore $p \geq 2$, e consideriamo la collezione di insiemi di vertici

$$\{X_1, \ldots, X_r, Y_1, \ldots, Y_s\}.$$

Se un certo numero p di questi insiemi forma un girasole, allora sostituiamo i p insiemi con il loro centro. Chiameremo questa operazione *raccolto*. L'operazione di raccolto viene ripetuta fino a quando non è più possibile effettuare nuovi raccolti. Poiché il numero di insiemi diminuisce ad ogni raccolto, il numero totale di raccolti sarà al più $2m$. Il numero di insiemi rimasti dopo aver completato questa procedura può essere caratterizzato applicando il lemma seguente.

Lemma 9.1 (Lemma di Erdös e Rado). *Sia $\mathcal{Z}$ una collezione di insiemi, ciascuno di cardinalità al più l. Se*

$$|\mathcal{Z}| > (p-1)^l \, l!$$

allora la collezione contiene un girasole con p petali.

Dim. La dimostrazione procede per induzione su l.

Il caso $l = 1$ è immediato. Per $l \geq 2$, sia $\mathcal{M}$ una sottocollezione massimale di insiemi disgiunti di $\mathcal{Z}$, e sia S l'unione degli insiemi di $\mathcal{M}$. Se $|\mathcal{M}| \geq p$, allora la collezione $\mathcal{M}$ forma il girasole cercato.

In caso contrario risulta $|S| \leq (p-1)\,l$. Dato che $\mathcal{M}$ è massimale, l'insieme S deve intersecare ciascun insieme di $\mathcal{Z}$, e quindi qualche elemento $i \in S$ deve intersecare, in media, una frazione di almeno $\frac{1}{(p-1)l}$ insiemi di $\mathcal{Z}$.

Consideriamo allora la seguente collezione di insiemi di cardinalità al più $l-1$:

$$\mathcal{Z}' = \{Z \setminus \{i\} \mid i \in Z,\ Z \in \mathcal{Z}\}.$$

Tenendo conto della scelta di i, si ottiene

$$|\mathcal{Z}'| \geq \frac{|\mathcal{Z}|}{(p-1)\,l} > (p-1)^{l-1}\,(l-1)!.$$

Per ipotesi induttiva, possiamo concludere che la collezione $\mathcal{Z}'$ contiene un girasole con p petali e, aggiungendo nuovamente l'elemento i a ciascun petalo, otteniamo il girasole cercato nella collezione $\mathcal{Z}$. □

Per poter applicare il Lemma 9.1 all'insieme degli $r+s$ indicatori di clique in ingresso all'OR degli approssimanti A e B, è necessario porre $m = (p-1)^l\,l!$. In questo caso, il Lemma 9.1 implica che, una volta completata la procedura di raccolto, devono rimanere al più m insiemi di vertici. L'OR dei relativi indicatori di clique, fornisce così il circuito approssimante per $\mathcal{C}$. Tale circuito, detto OR *approssimato* degli approssimanti A e B, è indicato con la notazione $A \sqcup B$.

Dobbiamo ora considerare il caso in cui il nodo di uscita del circuito $\mathcal{C}$ calcola la funzione AND. Di nuovo indichiamo con

$$A = \bigvee_{i=1}^{r} [X_i] \quad \text{e} \quad B = \bigvee_{j=1}^{s} [Y_j]$$

gli approssimanti dei due sottocircuiti in ingresso al nodo AND. Per ragioni tecniche assumiamo, senza perdere di generalità, che tutti gli insiemi X_i e Y_j abbiano cardinalità almeno pari a 2.

L'AND dei due circuiti approssimanti può essere espresso come

$$\bigvee_{i=1}^{r} \bigvee_{j=1}^{s} \left(\lceil X_i \rceil \wedge \lceil Y_j \rceil \right),$$

dove abbiamo applicato la proprietà distributiva. È evidente che tale espressione non può definire un circuito approssimante: il termine $\lceil X_i \rceil \wedge \lceil Y_j \rceil$ non è un indicatore di clique, ed inoltre ci possono essere m^2 termini di questo tipo.

Per superare queste difficoltà si applica la procedura seguente:

1. si sostituisce ciascun termine $\lceil X_i \rceil \wedge \lceil Y_j \rceil$ con l'indicatore di clique $\lceil X_i \cup Y_j \rceil$;
2. si eliminano gli indicatori $\lceil X_i \cup Y_j \rceil$ tali che $|X_i \cup Y_j| > l$;
3. si applica infine la procedura di raccolto agli indicatori rimasti.

Si osservi che ci possono essere al più m^2 raccolti.

Questi tre passi garantiscono la realizzazione di un circuito approssimante valido. Tale circuito, chiamato AND *approssimato* degli approssimanti A e B, è indicato con la notazione $A \sqcap B$.

Ciò completa la costruzione del circuito approssimante $\tilde{C}$ del circuito monotono C.

9.4 Proprietà dei circuiti approssimanti

Verifichiamo ora che i circuiti approssimanti costruiti secondo lo schema descritto nella sezione precedente soddisfano le proprietà cruciali per poter applicare con successo il metodo di Razborov. Si ricordi che tale metodo si propone di dimostrare che ogni circuito monotono di dimensione polinomiale calcola il valore 0 sulla maggior parte delle istanze che codificano grafi campioni positivi ed il valore 1 sulla maggior parte delle istanze che codificano grafi campioni negativi. Tale obiettivo viene raggiunto in due passi principali.

1. se C è un circuito monotono di dimensione polinomiale, allora si dimostra che per la maggior parte delle istanze ottenute codificando grafi campione positivi risulta $C \leq \tilde{C}$, (dove con tale notazione si intende dire che il valore calcolato dal circuito C è minore o uguale al valore calcolato dal circuito $\tilde{C}$) e per la maggior parte delle istanze ottenute codificando grafi campione negativi, risulta invece $C \geq \tilde{C}$, dove $\tilde{C}$ è il circuito approssimante associato a C.
2. Ogni circuito approssimante calcola il valore 0 per la maggior parte delle istanze ottenute codificando grafi campioni positivi, oppure il valore 1 per la maggior parte delle istanze relative ai grafi campioni negativi.

Presentiamo ora le dimostrazioni di queste due proprietà, a partire dalla seconda.

Lemma 9.2. *Ogni circuito approssimante calcola la funzione identicamente nulla, oppure calcola il valore 1 su almeno*

$$\left[1 - \frac{\binom{l}{2}}{k-1} \right] (k-1)^n$$

istanze che codificano grafi campione negativi.

Dim. Sia

$$A = \bigvee_{i=1}^{r} \lceil X_i \rceil$$

un circuito approssimante. Se A è identicamente nullo, allora il circuito approssimante calcola la funzione identicamente nulla. In caso contrario si ha che $A \geq \lceil X_1 \rceil$, dove con questa disuguaglianza si intende esprimere il fatto che il valore calcolato dal circuito A è maggiore o uguale di quello assunto dalla funzione indicatore.

L'indicatore di clique $\lceil X_1 \rceil$ assume il valore 0 sull'istanza che codifica un grafo campione negativo se e solo se la colorazione associata assegna lo stesso colore a due vertici di X_1. Supponiamo di aver scelto una colorazione in modo casuale in accordo con la distribuzione uniforme, in modo che ciascuna delle $(k-1)^n$ colorazioni è ugualmente probabile. La probabilità di assegnare lo stesso colore a due vertici di X_1 risulta pertanto minore o uguale a

$$\frac{\binom{|X_1|}{2}}{(k-1)} \leq \frac{\binom{l}{2}}{(k-1)} .$$

La probabilità che la funzione indicatore $\lceil X_1 \rceil$ dia in uscita il valore 1 su questo grafo campione negativo risulta perciò almeno pari a

$$1 - \frac{\binom{l}{2}}{(k-1)} .$$

$\square$

Rimane ora da dimostrare la prima proprietà.

Lemma 9.3. *Per ogni circuito monotono C, il numero di istanze che codificano grafi campione positivi per le quali risulta $C > \tilde{C}$ è al più*

$$L_m(C)\, m^2 \binom{n-l-1}{k-l-1} ,$$

dove $L_m(C)$ rappresenta la dimensione monotona del circuito C.

Dim. Siano

$$A = \bigvee_{i=1}^{r} \lceil X_i \rceil \quad e \quad B = \bigvee_{j=1}^{s} \lceil Y_j \rceil$$

due circuiti approssimanti. Dimostriamo che entrambe le disuguaglianze

$$A \vee B \leq A \sqcup B, \quad A \wedge B \leq A \sqcap B$$

sono violate da al più $m^2 \binom{n-l-1}{k-l-1}$ istanze relative a grafi campione positivi. Si osservi che la tesi del lemma segue immediatamente da questo risultato poiché nella trasformazione di $\mathcal{C}$ in $\tilde{\mathcal{C}}$ ci sono $L_m(C)$ nodi AND e OR approssimanti.

La disuguaglianza $A \vee B \leq A \sqcup B$ è sempre vera poiché $A \sqcup B$ si ottiene da $A \vee B$ applicando la procedura di raccolto, e ciascun raccolto può solo far aumentare la classe di grafi accettati.

Consideriamo quindi la disuguaglianza $A \wedge B \leq A \sqcap B$. Il primo passo della trasformazione di $A \wedge B$ in $A \sqcap B$ consiste, come abbiamo visto, nel sostituire $\lceil X_i \rceil \wedge \lceil Y_j \rceil$ con $\lceil X_i \cup Y_j \rceil$, e queste due funzioni si comportano esattamente nello stesso modo sulle istanze che codificano grafi campione positivi.

Il secondo passo della trasformazione consiste nell'eliminazione degli indicatori di clique $\lceil X_i \cup Y_j \rceil$ tali che $|X_i \cup Y_j| > l$. Per ciascun indicatore, si perdono così al più $\binom{n-l-1}{k-l-1}$ grafi campione positivi. Dato che ci sono al più m^2 indicatori di clique, allora il numero di grafi campione negativi persi in questo secondo passo è limitato superiormente da $m^2 \binom{n-l-1}{k-l-1}$.

L'ultimo passo della trasformazione prevede infine l'applicazione della procedura di raccolto e, come abbiamo già osservato, ciò può solo far aumentare la classe di grafi accettati.

Da questi risultati segue dunque che al più $m^2 \binom{n-l-1}{k-l-1}$ istanze che codificano grafi campione positivi non soddisfano la disuguaglianza $A \wedge B \leq A \sqcap B$.

$\square$

Lemma 9.4. *Per ogni circuito monotono $\mathcal{C}$, il numero di istanze che codificano grafi campione negativi per le quali risulta $\mathcal{C} < \tilde{\mathcal{C}}$ è al più*

$$L_m(C)\, m^2 \left[\frac{\binom{l}{2}}{k-1} \right]^p (k-1)^n.$$

Dim. Siano

$$A = \bigvee_{i=1}^{r} \lceil X_i \rceil \quad \text{e} \quad B = \bigvee_{j=1}^{s} \lceil X_j \rceil$$

due circuiti approssimanti. Dimostriamo che entrambe le disuguaglianze

$$A \vee B \geq A \sqcup B, \quad A \wedge B \geq A \sqcap B$$

sono violate da al più

$$m^2 \left[\frac{\binom{l}{2}}{k-1} \right]^p (k-1)^n$$

istanze relative a grafi campione negativi. Come nella dimostrazione precedente, la tesi del lemma segue immediatamente da questo risultato.

Consideriamo inizialmente la disuguaglianza $A \vee B \geq A \sqcup B$. $A \sqcup B$ si ottiene da $A \vee B$ effettuando al più $2m$ raccolti. Dimostreremo che solo pochi grafi campione negativi addizionali possono essere accettati per effetto della procedura di raccolto.

Coloriamo a caso i vertici, considerando ugualmente probabili tutte le $(k-1)^n$ possibili colorazioni, e indichiamo con G il grafo campione negativo associato. Siano inoltre $Z_1, Z_2, \ldots, Z_p$ i petali del girasole di centro Z. Calcoliamo ora la probabilità che $\lceil Z \rceil$ accetti G e che nessuno dei termini $\lceil Z_1 \rceil, \lceil Z_2 \rceil, \ldots, \lceil Z_p \rceil$ accetti G. Osserviamo che questo evento si può verificare se e solo se ai vertici di Z sono stati assegnati colori diversi, mentre ciascun petalo Z_i contiene due vertici dello stesso colore. Diremo che un insieme è *propriamente colorato* se i vertici che corrispondono ai suoi elementi hanno tutti colore diverso, e chiameremo PC la collezione degli insiemi propriamente colorati. Risulta allora

$$\mathrm{Prob}\{Z \in PC \ \wedge \ Z_1, \ldots, Z_p \notin PC\} \leq \mathrm{Prob}\{Z_1, \ldots, Z_p \notin PC \mid Z \in PC\}$$

$$= \prod_{i=1}^{p} \mathrm{Prob}\{Z_i \notin PC \mid Z \in PC\}$$

$$\leq \prod_{i=1}^{p} \mathrm{Prob}\{Z_i \notin PC\}.$$

La prima disuguaglianza segue dalla definizione di probabilità condizionata; l'uguaglianza segue dall'indipendenza degli eventi $Z_i \notin PC$ e $Z \in PC$; la seconda disuguaglianza deriva infine dal fatto che l'evento $Z \in PC$ è negativamente correlato con gli altri eventi.

Come abbiamo già visto nella dimostrazione del Lemma 9.2, risulta

$$\mathrm{Prob}\{Z_i \notin PC\} \leq \frac{\binom{l}{2}}{k-1}.$$

Sostituendo questo risultato nella catena di disuguaglianze che abbiamo ricavato, risulta allora

$$\mathrm{Prob}\{Z \in PC \ \wedge \ Z_1, Z_2, \ldots, Z_p \notin PC\} \leq \left[\frac{\binom{l}{2}}{k-1}\right]^p.$$

La classe di grafi campione negativi accettati cresce perciò, per effetto di ciascun raccolto, di al più

$$\left[\binom{l}{2} / (k-1)\right]^p (k-1)^n$$

nuovi grafi. Poiché il numero massimo di raccolti è $2m$, il numero di grafi campione negativi che violano la disuguaglianza $A \vee B \geq A \sqcup B$ risulta dunque superiormente limitato da

$$2m \left[\binom{l}{2} / (k-1)\right]^p (k-1)^n.$$

Rimane ora da considerare la disuguaglianza $A \wedge B \geq A \sqcap B$. Nella trasformazione di $A \wedge B$ in $A \sqcap B$, il primo passo non introduce alcuna violazione poiché $\lceil X_i \rceil \wedge \lceil Y_j \rceil \geq \lceil X_i \cup Y_j \rceil$. Anche il secondo passo, nel quale si eliminano degli indicatori di clique, non introduce violazioni. Nel terzo passo, che consiste nell'applicazione della procedura di raccolto, si possono invece verificare delle violazioni. In particolare, abbiamo già dimostrato che il numero dei grafi campione negativi accettati cresce per effetto di ciascun raccolto di al più $[\binom{l}{2}/(k-1)]^p(k-1)^n$ nuovi grafi. Tenendo presente che il numero massimo di raccolti è in questo caso uguale a m^2, otteniamo immediatamente che il numero di grafi campione negativi che violano la disuguaglianza $A \wedge B \geq A \sqcap B$ è superiormente limitato da

$$ m^2 \left[\binom{l}{2}/(k-1) \right]^p (k-1)^n . $$

$\square$

9.5 Una limitazione inferiore esponenziale per la funzione clique

A questo punto disponiamo degli strumenti necessari per derivare una limitazione inferiore esponenziale per la dimensione dei circuiti monotoni che calcolano la funzione clique.

Teorema 9.1. *Se $k \leq n^{1/4}$, allora la dimensione monotona della funzione clique$_{k,n}$ è pari a $n^{\Omega(\sqrt{k})}$.*

Dim. Siano $l = \lfloor \sqrt{k} \rfloor$, $p = \lceil 10\sqrt{k} \log_2 n \rceil$ e $m = (p-1)^l\, l!$. Sia inoltre C il circuito monotono che calcola la funzione clique$_{k,n}$. Dal Lemma 9.2 segue che il circuito approssimante $\tilde{C}$ è identicamente nullo, oppure calcola in uscita il valore 1 su almeno $\frac{1}{2}(k-1)^n$ istanze che codificano grafi campione negativi. Se si verifica il primo dei due casi, possiamo applicare il Lemma 9.3 e ottenere

$$ L_m(C)\, m^2 \binom{n-l-1}{k-l-1} \geq \binom{n}{k} , $$

da cui segue

$$ L_m(C) = n^{\Omega(\sqrt{k})} . $$

Se invece si verifica il secondo dei due casi, applicando il Lemma 9.4 si ha che

$$ L_m(C)\, m^2\, 2^{-p}\, (k-1)^n \geq \frac{1}{2}(k-1)^n , $$

da cui segue

$$ L_m(C) = n^{\Omega(\sqrt{k})} . $$

$\square$

Per meglio apprezzare questo risultato, occorre tenere presente che prima del lavoro di Razborov erano note solo limitazioni inferiori lineari sulla dimensione monotona di funzioni della classe **NP**.

9.6 Relazioni tra dimensione e dimensione monotona

Se i circuiti generali che calcolano funzioni monotone potessero essere convertiti in circuiti monotoni equivalenti con un incremento solo polinomiale della dimensione, allora il metodo di Razborov potrebbe risultare di importanza cruciale per il confronto tra le classi **P** e **NP**. Razborov stesso ha però dimostrato che questo non accade: il suo metodo fornisce limitazioni inferiori più che polinomiali anche per la "risoluzione monotona" di alcuni problemi appartenenti alla classe **P**.

Una prima indicazione di questo fatto è stata ottenuta studiando la complessità dei problema dell'ordinamento booleano (date n variabili booleane, determinare una sequenza ordinata dei loro valori) e della moltiplicazione di matrici booleane (date due matrici booleane $n \times n$, calcolare la matrice prodotto booleano). È stato dimostrato che la dimensione monotona $L_m(f)$ di questi due problemi è asintoticamente maggiore rispetto alla dimensione $L(f)$.

È allora del tutto naturale chiedersi se tra le due misure possa esservi un gap esponenziale. La risposta a questa domanda è stata ottenuta da Tardos, che, migliorando un precedente risultato di Razborov, ha dimostrato che il problema di determinare se un grafo bipartito possiede un *matching* perfetto richiede circuiti monotoni di dimensione esponenziale. D'altra parte è noto che esistono algoritmi polinomiali per la risoluzione di questo problema, che appartiene infatti alla classe **P** (si veda [35]).

9.7 Le funzioni slice

La discussione della Sezione 9.6 ha messo in luce che i circuiti monotoni sono un modello molto "debole" e che le tecniche sviluppate per analizzarli non possono essere trasferite ad ambiti più generali. Esiste tuttavia una classe speciale di funzioni per cui la dimensione e la dimensione monotona sono legate polinomialmente. Si tratta delle funzioni *slice*.

Definizione 9.8.

- *La funzione $f : \{0,1\}^n \to \{0,1\}$ è chiamata slice$_k$ se, per un dato intero k, $f(x) = 0$ quando il numero di bit uguali ad 1 nella stringa x è minore di k, e $f(x) = 1$ se tale numero è maggiore di k, mentre non ci sono restrizioni sul valore che $f(x)$ può assumere se tale numero è esattamente k.*
- *La funzione $f \equiv (f_1, f_2, \ldots, f_m) : \{0,1\}^n \to \{0,1\}^m$ è chiamata slice$_k$ se ogni $f_i : \{0,1\}^n \to \{0,1\}$ è una slice$_k$.*

Dimostreremo che la dimensione monotona $L_m(f)$ e la dimensione $L(f)$ di una funzione slice$_k$ di n variabili sono legate dalla relazione

$$L_m(f) = O(L(f)) + O(n \min\{k, n+1-k, \log^2 n\}).$$

Da ogni limitazione inferiore per $L_m(f)$ che sia di ordine superiore a $n \log^2 n$, si può perciò ricavare una limitazione inferiore per $L(f)$ dello stesso ordine di grandezza.

Introduciamo innanzitutto il concetto di *slice di livello k* di una funzione booleana qualsiasi.

Definizione 9.9. *La* slice *di livello k, f^k, di una funzione $f : \{0,1\}^n \to \{0,1\}$ è la funzione definita da*

$$f^k = (f \wedge e_{k,n}) \vee t_{k+1,n} = (f \wedge t_{k,n}) \vee t_{k+1,n} \, ,$$

dove le funzioni $t_{k,n}$ ed $e_{k,n}$ sono definite come

$$t_{k,n}(x_1, x_2, \ldots, x_n) = \begin{cases} 1 & se \ x_1 + x_2 + \ldots + x_n \geq k \, , \\ 0 & altrimenti, \end{cases}$$

$$e_{k,n}(x_1, x_2, \ldots, x_n) = \begin{cases} 1 & se \ x_1 + x_2 + \ldots + x_n = k \, , \\ 0 & altrimenti. \end{cases}$$

Si osservi che ciascuna slice di livello k è una funzione slice.

Le funzioni $t_{k,n}$, che sono *funzioni soglia*, hanno dimensione (su circuiti generali) lineare nel numero delle variabili di input, mentre la loro dimensione monotona è proporzionale a $n \log n$. Inoltre $L_m(t_{k,n}) = O(n)$ se k è una costante. Le slice di livello k di una funzione f non possono perciò essere molto più difficili da calcolare rispetto alla funzione stessa. Allo stesso tempo, tuttavia, non tutte le slice f^k di una funzione f "difficile" da calcolare, possono risultare "facili".

Teorema 9.2.

1. $L(f) \leq \sum_{1 \leq k \leq n} L(f^k) + O(n)$;
2. $L(f^k) \leq L(f) + O(n)$;
3. $L_m(f^k) \leq L_m(f) + O(n \log n)$;
4. $L_m(f^k) \leq L_m(f) + O(n)$, se k è una costante.

Dim. La prima disuguaglianza segue osservando che f può essere espressa come

$$f = \bigvee_{1 \leq k \leq n} (f^k \wedge e_{k,n}) \, ,$$

dove $e_{k,n} = t_{k,n} \wedge (\neg t_{k+1,n})$, e, come abbiamo già ricordato, $L(t_{k,n}) = O(n)$, per ogni k.

Le disuguaglianze 2, 3 e 4 seguono invece dalla Definizione 9.9 e dalle seguenti limitazioni superiori:

$$\begin{aligned} L(t_{k,n}) &= O(n) & \text{per ogni } k \, , \\ L_m(t_{k,n}) &= O(n \log n) & \text{per ogni } k \, , \\ L_m(t_{k,n}) &= O(n) & \text{per } k \text{ costante} \, . \end{aligned}$$

$\square$

Analizziamo ora la relazione che intercorre tra la dimensione e la dimensione monotona delle funzioni slice. Per ottenere questo, è necessario operare la trasformazione di un circuito ordinario in un circuito monotono. Senza perdere di generalità, supponiamo che le negazioni siano presenti nel circuito solo sotto forma di negazioni delle variabili di ingresso, e che i nodi di tipo AND e OR siano disposti su livelli alternati. Un circuito con questa struttura è chiamato *circuito standard*. Si osservi che applicando le leggi di De Morgan è sempre possibile trasformare un circuito qualsiasi in un circuito standard, con un incremento al più polinomiale della dimensione.

Per effettuare la trasformazione di un circuito standard in un circuito monotono è necessario eliminare dal circuito le negazioni delle variabili di ingresso, e ciò si effettua cercando di sostituire ciascuna variabile negata $\neg x_i$ con una funzione monotona.

Introduciamo a questo scopo la definizione seguente.

Definizione 9.10. *Sia* $f : \{0,1\}^n \to \{0,1\}^m$ *una funzione monotona. La funzione monotona* $h_i : \{0,1\}^n \to \{0,1\}$ *è detta* pseudo complemento *per la variabile* x_i *rispetto a* f *se in ogni circuito standard per* f, $\neg x_i$ *può essere rimpiazzato con* h_i.

Dimostreremo che le funzioni soglia $t_{k,n}$ costituiscono gli pseudo complementi per le variabili negate delle funzioni slice.

Teorema 9.3. *Sia* $X = \{x_1, x_2, \dots, x_n\}$ *e sia* $X_i = X \setminus \{x_i\}$. *La funzione soglia* $t_{k,n-1}$ *calcolata sulle variabili dell'insieme* X_i, $t_{k,n-1}[X_i]$, *è uno pseudo complemento per* x_i *rispetto alle funzioni* slice$_k$.

Dim. Sia f una funzione slice$_k$, e sia $\hat{f}$ la funzione calcolata da un circuito standard per f nel quale le variabili negate $\neg x_i$ sono state sostituite dalle funzioni soglia $t_{k,n-1}[X_i]$. Mostreremo che $f = \hat{f}$.

Sia $a \equiv (a_1, a_2, \dots, a_n) \in \{0,1\}^n$. Se il numero di bit uguali ad 1 nella stringa a è strettamente minore di k, allora $f(a) = 0$, esattamente come $t_{k,n-1}[X_i](a)$. Risulta quindi

$$t_{k,n-1}[X_i](a) \leq (\neg a_i).$$

Inoltre, dato che il circuito standard non contiene alcun nodo NOT, in quanto le negazioni compaiono solo a livello delle variabili di ingresso, risulta $\hat{f}(a) = 0$.

Se il numero di bit uguali ad 1 nella stringa a è maggiore di k, risulta invece $f(a) = t_{k,n-1}[X_i](a) = 1$, per cui abbiamo che $t_{k,n-1}[X_i](a) \geq (\neg a_i)$, e $\hat{f}(a) = 1$.

Se il numero di bit uguali ad 1 nella stringa a è esattamente uguale a k, abbiamo infine

$$\neg a_i = 1 \iff a_i = 0 \iff t_{k,n-1}[X_i](a) = 1,$$

e risulta nuovamente $f(a) = \hat{f}(a)$ poiché in questo caso la sostituzione di $\neg a_i$ con $t_{k,n-1}[X_i]$ non produce alcuna variazione nel circuito. □

Si osservi che per tutte le funzioni monotone è possibile determinare opportune funzioni che agiscono da pseudo complemento, e quindi trasformare un circuito standard in un circuito monotono. Tuttavia, le funzioni pseudo complemento possono risultare estremamente difficili da calcolare, e di conseguenza può accadere che la trasformazione del circuito standard in circuito monotono provochi un incremento esponenziale della dimensione.

Il vantaggio delle funzioni slice, e di conseguenza l'interesse per il loro studio, nasce dal fatto che esse possiedono pseudo complementi più facili da calcolare. Proprio per questo motivo la trasformazione di un circuito standard che calcola una funzione slice in un circuito monotono introduce un incremento della dimensione al più polinomiale.

A questo punto possiamo dimostrare il risultato principale di questa sezione, vale a dire la relazione polinomiale tra dimensione monotona e dimensione di circuiti generali, nel caso delle funzioni slice.

Teorema 9.4. *Sia f una funzione slice$_k$. Allora*

$$L_m(f) = O(L(f)) + O(n \min\{k, n + 1 - k, \log^2 n\}).$$

Dim. Dal Teorema 9.3 segue che

$$L_m(f) = O(L(f)) + L_m(t_{k,n-1}[X_1], \ldots, t_{k,n-1}[X_n]).$$

Dobbiamo quindi stimare la dimensione monotona

$$L_m(t_{k,n-1}[X_1], \ldots, t_{k,n-1}[X_n]).$$

Descriviamo a questo scopo un circuito efficiente per il calcolo delle funzioni soglia $t_{k,n-1}$, per valori piccoli di k. Ovviamente

$$t_{k,n-1}[X_i] = \bigvee_{p+q=k} t_{p,i-1}(x_1, \ldots, x_{i-1}) \wedge t_{q,n-i}(x_{i+1}, \ldots, x_n).$$

Se abbiamo già calcolato tutte le funzioni $t_{p,i}(x_1, \ldots, x_i)$ e le funzioni $t_{p,n-i}(x_{i+1}, \ldots, x_n)$ ($1 \le p \le k, 1 \le i \le n$), $2nk$ nodi operazione sono sufficienti per calcolare tutte le funzioni $t_{k,n-1}[X_i]$. Dato che

$$t_{p,i}(x_1, \ldots, x_i) = t_{p,i-1}(x_1, \ldots, x_{i-1}) \vee (t_{p-1,i-1}(x_1, \ldots, x_{i-1}) \wedge x_i),$$

possiamo calcolare tutte le funzioni $t_{p,i}(x_1, \ldots, x_i)$ utilizzando al più $2nk$ nodi operazione e, analogamente, tutte le funzioni $t_{p,n-i}(x_{i+1}, \ldots, x_n)$ con al più $2nk$ nodi. Risulta dunque

$$L_m(t_{k,n-1}[X_1], \ldots, t_{k,n-1}[X_n]) \le 6nk.$$

Scambiando tra loro i nodi AND e i nodi OR, un circuito monotono che calcola la funzione $t_{k,n}$ viene trasformato in un circuito che calcola $t_{n+1-k,n}$. Questo ci permette di ottenere un circuito simile a quello descritto, che contiene al più $6n(n + 1 - k)$ nodi.

Quando k assume valori elevati è conveniente seguire un approccio di tipo diverso.

Senza perdere di generalità supponiamo che $n = 2^m$. Per ogni $r \in \{0, \ldots, m\}$ dividiamo l'insieme X delle variabili in 2^{m-r} blocchi di 2^r variabili ciascuno, e indichiamo con $X_{i,r}$ il blocco che include la variabile x_i.

Utilizziamo ora un circuito di dimensione $O(n \log^2 n)$ che determina l'ordinamento dell'insieme X (un circuito che raggiunge queste prestazioni è noto in letteratura col nome di *Batcher sorting network* [26]) e ordiniamo simultaneamente tutti gli insiemi $X_{i,r}$.

Ciascun insieme $X_i = X \setminus \{x_i\}$, di cardinalità $|X_i| = 2^m - 1$, può essere rappresentato come una unione disgiunta di blocchi $Z_{i,m-1}, \ldots, Z_{i,0}$, dove ciascun blocco $Z_{i,r}$ ha cardinalità $|Z_{i,r}| = 2^r$ (abbiamo infatti $\sum_{i=0}^{m-1} 2^i = 2^m - 1$).

Possiamo allora ordinare X_i e calcolare $t_{k,n-1}[X_i]$ eseguendo una *fusione ordinata* (o *merging*) dei blocchi $Z_{i,m-1}, \ldots, Z_{i,0}$. A questo proposito, osserviamo che se si esegue prima il merging dei blocchi di cardinalità piccola, i risultati intermedi interessano solo $t_{k,n-1}[X_i]$. Se si esegue il merging dei blocchi $Z_{i,m-1}$ e $Z_{i,m-2}$, il risultato interessa solo i 2^{m-2} insiemi X_j tali che $x_j \notin Z_{i,m-1} \cup Z_{i,m-2}$. Conviene pertanto effettuare sempre il merging di un insieme di cardinalità elevata con un insieme di cardinalità piccola.

Indichiamo con $Y_{i,r}$ l'unione degli insiemi $Z_{i,m-1}, \ldots, Z_{i,r}$. In particolare, risulta $Y_{i,0} = X_i$, e $Y_{i,r} = X \setminus X_{i,r}$, da cui segue che solo 2^{m-r} insiemi $Y_{i,r}$ sono diversi tra loro (gli insiemi $X_{i,r}$ sono infatti 2^{m-r}).

Dobbiamo ora determinare il k-esimo elemento (in ordine crescente) appartenente all'insieme $Y_{i,0}$, che chiameremo *elemento di rango k* nell'insieme $Y_{i,0}$. Se gli elementi di rango $k-1$ e k in $Y_{i,1}$ sono noti, possiamo eseguire il merging con il blocco $Z_{i,0}$ che contiene un solo elemento, e l'elemento mediano dell'insieme ottenuto definisce esattamente $t_{k,n-1}[X_i]$.

In generale è sufficiente conoscere gli elementi di rango $k - 2^{r+1} + 1, \ldots, k$ nell'insieme $Y_{i,r+1}$. Dato che $Y_{i,r}$ è uguale all'unione disgiunta di $Y_{i,r+1}$ e $Z_{i,r}$, gli elementi di rango $k - 2^r + 1, \ldots, k$ di $Y_{i,r}$ sono definiti dai 2^r elementi mediani calcolati da un circuito che produce il merging degli elementi di rango $k - 2^{r+1} + 1, \ldots, k$ dell'insieme $Y_{i,r+1}$ con gli elementi dell'insieme $Z_{i,r}$. Tutti gli altri elementi di $Y_{i,r+1}$ non possono avere rango $k - 2^r + 1, \ldots, k$ nell'insieme $Y_{i,r}$.

Possiamo perciò partire dagli insiemi ordinati $Y_{i,m-1} = Z_{i,m-1}, \ldots, Z_{i,0}$. Per $r = m - 2, \ldots, 0$ calcoliamo gli elementi di rango $k - 2^r + 1, \ldots, k$ in $Y_{i,r}$ effettuando il merging degli elementi di rango $k - 2^{r+1} + 1, \ldots, k$ in $Y_{i,r+1}$ con gli elementi dell'insieme $Z_{i,r}$. Gli elementi mediani così ottenuti sono proprio gli elementi cercati.

Queste operazioni possono essere eseguite da circuiti di dimensione $O((r+1)2^{r+1})$ (utilizzando ancora un *Batcher sorting network*). Fissato il valore r, avremo dunque bisogno di 2^{m-r} circuiti per il merging, e quindi di un circuito di dimensione complessiva $O((r+1)2^m) = O((r+1)n)$. Considerando infine tutti i valori che r può assumere, otteniamo una dimensione $O(nm^2) = O(n \log^2 n)$. $\qquad \square$

Poiché esistono funzioni slice che codificano problemi **NP**-completi, si ha che una limitazione inferiore superpolinomiale alla dimensione monotona di una funzione slice esplicita potrebbe consentire di dimostrare la congettura **P** ≠ **NP**. Purtroppo fino ad ora non si conoscono limitazioni inferiori più che lineari sulla dimensione monotona delle funzioni slice. In particolare, il metodo di Razborov non può essere applicato direttamente a tali funzioni.

Esercizi

Esercizio 9.1. Con riferimento alle istanze campione costruite per la funzione booleana $clique_{k,n}$, dimostrare che esistono $\binom{n}{k}$ grafi campione positivi.

Esercizio 9.2. Si caratterizzi l'insieme delle funzioni booleane monotone e simmetriche. (Una funzione booleana si dice simmetrica se dipende solo dal numero di bit uguali ad 1 nella stringa di input.)

Esercizio 9.3. Utilizzando la struttura combinatoriale del girasole, costruire un circuito approssimante per il calcolo della funzione booleana

$$f(x_1, \ldots, x_{10}) = [(x_1 \vee x_2) \wedge (x_3 \vee x_4) \wedge (x_5 \vee x_6)] \vee$$
$$[(x_7 \vee x_8) \wedge (x_9 \vee x_{10})].$$

Esercizio 9.4. Sia $f : \{0,1\}^n \to \{0,1\}$ una funzione booleana monotona. Si dimostri che se f è calcolabile da un circuito monotono contenente k nodi di tipo AND (ed un numero imprecisato di nodi di tipo OR), allora f è calcolabile da un circuito monotono contenente k nodi AND e $O(k(n + k))$ nodi OR.

Esercizio 9.5. Determinare una famiglia di grafi per i quali la funzione $clique_{k,n}$ è una funzione slice.

Esercizio 9.6.

1. Applicando il metodo di Razborov, si dimostri che il problema di determinare se un grafo bipartito possiede un *matching* perfetto richiede circuiti monotoni di dimensione superpolinomiale.
2. Si progetti un circuito non monotono di dimensione polinomiale che risolve il problema di determinare se un grafo bipartito possiede un *matching* perfetto.

(Suggerimento: si consultino l'articolo di Razborov [127] ed il testo di Wegener [153] citati nelle note bibliografiche di questo capitolo.)

9.8 Note bibliografiche

Approfondimenti sul modello dei circuiti booleani monotoni possono essere trovati nel libro di Wegener [153] e nella rassegna di Boppana e Sipser [40].

Dell'ampia letteratura pubblicata su questo argomento, segnaliamo gli articoli di Razborov [126, 127], in cui è illustrata la tecnica per derivare limitazioni inferiori superpolinomiali per la dimensione monotona della funzione *clique*, ed i lavori di Alon e Boppana [8] e di Andreev [14], in cui, rafforzando la tecnica di Razborov, si ricavano delle limitazioni inferiori esponenziali per problemi monotoni appartenenti alla classe **NP**.

Per quanto riguarda lo studio delle relazioni tra dimensione e dimensione monotona, si possono consultare i seguenti lavori:

- l'articolo di Lamagna e Savage [86], in cui si dimostra che i circuiti monotoni che risolvono il problema dell'ordinamento booleano devono avere dimensione $\Omega(n \log n)$;
- l'articolo di Muller e Preparata [106], in cui si dimostra che il problema dell'ordinamento booleano può essere risolto da circuiti non monotoni di dimensione lineare;
- l'articolo di Tardos [141], in cui, migliorando un risultato di Razborov [127], si dimostra che la dimensione di circuiti monotoni che determinano se un grafo bipartito possiede un matching perfetto deve essere esponenziale.

Le proprietà delle funzioni *slice* sono studiate nell'articolo di Berkowitz [33]. Alcuni approfondimenti si trovano inoltre nel libro di Wegener [153].

Il lettore interessato ad analizzare la struttura combinatoriale *girasole* e le sue proprietà può infine consultare l'articolo di Erdös e Rado [56].

10. Caratterizzazione algebrica di classi in $\mathbf{NC}^1$

L'oggetto di studio di questo capitolo è la classe $\mathbf{NC}^1$, che abbiamo già incontrato parlando di circuiti booleani. L'interesse verso questa classe nasce dalla ricchezza dei problemi che vi appartengono e dalla speranza di dimostrare per essa limitazioni inferiori di complessità. Uno strumento per analizzare la classe $\mathbf{NC}^1$, nella sua versione non uniforme, è dato dal modello dei branching program (BP); è stato infatti dimostrato che BP di ampiezza 5 e lunghezza polinomiale riconoscono l'intera classe $\mathbf{NC}^1$. Come vedremo, tale risultato sfrutta la proprietà algebrica secondo cui il *gruppo simmetrico di ordine 5* non è risolubile.

Il modello dei BP viene messo in corrispondenza con un modello che è stato chiamato *automa a stati finiti non uniforme*, o anche programma per un monoide M, modello che consente di analizzare le principali sottoclassi di $\mathbf{NC}^1$. Infatti, a seconda delle restrizioni algebriche imposte su M, tale modello riconosce le versioni non uniformi di $\mathbf{ACC}$ e $\mathbf{AC}^0$.

Questi risultati nascono dall'estensione di una teoria che consente di collegare le proprietà combinatorie di certe classi di linguaggi regolari e le proprietà algebriche degli automi che li riconoscono. L'estensione consiste nel passare dal riconoscimento tramite automi a stati finiti al riconoscimento tramite programmi per monoidi, che consente di trattare linguaggi arbitrari, anziché solo linguaggi regolari.

Nella teoria algebrica degli automi, il comportamento dell'automa, ossia la successione delle trasformazioni di stato, viene visto come una moltiplicazione iterata in un particolare monoide finito, il cui insieme di base corrisponde all'insieme degli stati e la cui operazione alla funzione di transizione.

Ad ogni linguaggio riconoscibile da un automa a stati finiti è possibile associare un particolare monoide minimale, detto monoide sintattico, che deve essere "contenuto" in qualsiasi automa che riconosce il linguaggio.

A partire da questo, è stata sviluppata una teoria della complessità basata sul fatto che un linguaggio è più difficile di un altro se il monoide sintattico del primo "contiene", in un senso che sarà specificato più avanti, il monoide sintattico dell'altro. In particolare, la teoria ha avuto successo nello studio di linguaggi regolari il cui monoide sintattico è *risolubile* ed ha consentito, come già anticipato, di analizzare importanti classi di complessità all'interno di $\mathbf{NC}^1$ e di studiare con tecniche di natura algebrica il problema della loro inclusione propria nella classe $\mathbf{NC}^1$ stessa.

La transizione dai linguaggi regolari ai linguaggi in $\mathbf{NC}^1$ avviene estendendo il concetto di riconoscibilità da parte di un monoide finito, passando dagli automi a stati finiti agli automi a stati finiti non uniformi. Questo passaggio mette in luce il ruolo particolare dei linguaggi regolari nella classe $\mathbf{NC}^1$: come vedremo, essi ne formano una sorta di "spina dorsale".

Molto della struttura interna di $\mathbf{NC}^1$ viene determinato dai monoidi risolubili; essendo questi ben "capiti" dalla teoria algebrica degli automi, risulta allora naturale analizzare i collegamenti tra sottoclassi di $\mathbf{NC}^1$ e automi non uniformi sotto la guida della teoria che mette in relazione le proprietà algebriche di opportuni monoidi risolubili e quelle combinatoriali dei linguaggi ad essi associati.

10.1 Preliminari algebrici

Prima di addentrarci nella trattazione ed in particolare nelle applicazioni alla complessità computazionale della teoria algebrica degli automi, è opportuno premettere una serie di definizioni ed alcuni risultati di base di teoria dei semigruppi, monoidi e gruppi.

Definizione 10.1. *Siano X e X' due insiemi e op e op$'$ operazioni binarie che agiscono rispettivamente su X e X'. Si dice morfismo una funzione $f : X \to X'$ tale che $f(x \, op \, y) = f(x) \, op' \, f(y)$.*

Esempio 10.1. Consideriamo gli insiemi $\mathbf{R}^+$ e $\mathbf{R}$ rispettivamente con le operazioni $*$ e $+$. Allora la funzione *logaritmo* che trasforma $(\mathbf{R}^+, *) \to (\mathbf{R}, +)$ è un morfismo. Infatti abbiamo che $\log xy = \log x + \log y$.   □

Un *semigruppo* è un insieme con un'operazione associativa. Un semigruppo S viene detto *con annichilatore sinistro* se $st = s$, per ogni $s, t \in S$.

Un *monoide* è un *semigruppo* con l'identità. L'insieme A^* di tutte le parole sull'alfabeto A è il *monoide libero* generato da A, dove l'identità è data dalla parola vuota. Nel seguito, useremo in modo intercambiabile i simboli 1 ed e per denotare l'identità. Un gruppo è un monoide in cui ogni elemento è dotato di un inverso.

Definizione 10.2. *Dato un insieme X, un sottogruppo qualsiasi del gruppo $S(X)$ di tutte le permutazioni di X viene detto gruppo di trasformazioni sull'insieme X.*

Definizione 10.3. *Un sottogruppo N di G è detto normale in G se per ogni $n \in N$ e $a \in G$ si ha che $ana^{-1} \in N$. Viene così indotta in G una relazione di equivalenza e possiamo definire il gruppo quoziente G/N (che rappresenta l'insieme delle classi di equivalenza) e dire che G è un'estensione di N mediante G/N.*

Diciamo che un gruppo G divide un altro gruppo H se esiste un morfismo da un sottogruppo di H in G.

Un gruppo viene detto *semplice* quando non ha sottogruppi normali propri.

Dato un numero primo p, un gruppo G è detto *p-gruppo* se e solo se ogni elemento $g \in G$ ha ordine p^k, per qualche $k > 0$, ossia se vale $g^{p^k} = 1$.

Il *centro* di un gruppo G, che denotiamo con $Z(G)$, è definito da $Z(G) = \{a \mid a \in G \,e\, ag = ga$, per ogni $g \in G\}$.

Il procedimento di prendere il centro di un gruppo può essere iterato per definire, per ogni k, il centro k-esimo di G, che denotiamo con $Z_k(G)$ e che risulta essere un sottogruppo normale di G.

Siano $Z_0(G) = 1$ e $Z_1(G) = Z(G)$. Se $Z_k(G)$ è normale in G, allora il gruppo quoziente $G/Z_k(G)$ ha un centro che, come tutti i sottogruppi di $G/Z_k(G)$, deve avere la forma $S/Z_k(G)$, per un solo S che contiene $Z_k(G)$. Questo sottogruppo S è il centro $(k + 1)$-esimo, definito in funzione del centro k-esimo $Z_k(G)$. In termini compatti, abbiamo $Z_{k+1}(G)/Z_k(G) = Z(G/Z_k(G))$.

Definizione 10.4 (Gruppo nilpotente). *Dato un gruppo G, consideriamo la successione $Z_0(G) \subseteq Z_1(G) \subseteq \ldots Z_k(G) \subseteq \ldots$, detta successione centrale ascendente.*

G si dice nilpotente se esiste un indice c per cui $Z_c(G) = G$. Il minimo c per cui si verifica la precedente uguaglianza è detto classe di nilpotenza di G.

Definizione 10.5. *Sia G un gruppo e a, b due suoi elementi. Un commutatore in G è un elemento della forma $aba^{-1}b^{-1}$. Talvolta viene usata la notazione $[a, b]$ per indicare tale elemento.*

Il termine commutatore nasce dal fatto che $ba = [b, a]ab$.

Si noti che il prodotto di due commutatori non è necessariamente un commutatore. Consideriamo l'insieme di tutti i prodotti di commutatori; questo insieme, detto sottogruppo commutatore o sottogruppo derivato, è un sottogruppo di G ed è denotato con $[G, G]$.

Dati due sottogruppi G_1 e G_2 di un gruppo G, con la notazione $[G_1, G_2]$ si indica il sottogruppo generato da tutti gli elementi del tipo $g_1 g_2 g_1^{-1} g_2^{-1}$, con $g_1 \in G_1$ e $g_2 \in G_2$.

Esattamente come la classe dei gruppi nilpotenti è stata definita considerando la successione ascendente dei suoi centri iterati, allo stesso modo la classe dei *gruppi risolubili* viene definita tramite l'introduzione della successione decrescente dei sottogruppi commutatori iterati.

Definizione 10.6 (Gruppo e monoide risolubile). *Sia $G' = [G, G]$ e consideriamo la successione data da $G^{(0)} = G$ e $G^{(k+1)} = (G^{(k)})'$. Un gruppo G si dice risolubile se esiste un indice c per cui $G^{(c)} = 1$. Un monoide si dice risolubile se tutti i suoi sottoinsiemi che formano gruppi (rispetto all'operazione del monoide stesso) sono gruppi risolubili.*

Non è difficile vedere che qualsiasi gruppo nilpotente è risolubile.

Definizione 10.7 (Monoide aperiodico). *Un monoide è detto aperiodico se non contiene alcun gruppo non banale. In altri termini ogni sottoinsieme di un monoide aperiodico che forma un gruppo deve avere cardinalità 1.*

Dalla definizione precedente, segue immediatamente che un monoide aperiodico è risolubile.

La seguente caratterizzazione dei monoidi aperiodici sarà importante nel seguito.

Teorema 10.1. *Un monoide finito M è aperiodico se e solo se tutti i suoi elementi m soddisfano l'equazione $m^t = m^{t+1}$, per qualche $t \geq 0$.*

Dim. Supponiamo che M sia aperiodico. Per $m \in M$, consideriamo la sequenza $m, m^2, \ldots$ Poiché M è finito, devono esistere $k, t \geq 1$ tali che $m^k = m^{k+t}$. L'insieme $H = \{m^k, m^{k+1}, \ldots, m^{k+t-1}\}$ è chiuso rispetto al prodotto. Inoltre, per ogni $h \in H$, la trasformazione $g \to gh$ è una permutazione di H. Perciò H è un gruppo; essendo M aperiodico, la cardinalità di H deve essere 1, da cui otteniamo che deve essere $m^k = m^{k+1}$.

Per il viceversa, basta osservare che in un gruppo non banale, se un elemento m non è l'elemento neutro, allora, per ogni $k \neq 0$, vale $m^k \neq m^{k+1}$. Se abbiamo $m^k = m^{k+1}$, per ogni elemento $m \in M$, possiamo quindi concludere che M è aperiodico.   □

Consideriamo ora due gruppi di permutazioni H e K che agiscono rispettivamente sugli insiemi X e Y. Descriviamo ora un modo per costruire un nuovo gruppo di permutazioni, che dà origine al *prodotto intrecciato* (in Inglese "wreath product") di H e K. Tale gruppo agisce sull'insieme $Z = X \times Y$.

Per $h \in H$, $y \in Y$ e $k \in K$, definiamo le permutazioni $h(y)$ e k^* di Z come segue. $h(y)$ manda la coppia (x, y) nella coppia $(h(x), y)$ e la coppia (x, y_1) in se stessa, per $y_1 \neq y$. k^* manda invece la coppia (x, y) nella coppia $(x, k(y))$. È facile verificare che $h(y)$ e k^* sono permutazioni, in quanto $(h^{-1})(y) = (h(y))^{-1}$ e $(k^{-1})^* = (k^*)^{-1}$. Le funzioni $h \to h(y)$, dove y è un elemento prefissato di Y e $k \to k^*$ sono morfismi iniettivi (anche detti monomorfismi) da H e K nel gruppo simmetrico su Z. Siano $H(y)$ e K^* le loro immagini.

Possiamo ora presentare la definizione di prodotto intrecciato.

Definizione 10.8 (Prodotto intrecciato). *Il prodotto intrecciato di H e K, che denotiamo con $H \circ K$, è il gruppo di permutazione su Z generato da $H(y)$, per ogni $y \in Y$, e da K^*. Si usa anche la notazione*

$$H \circ K = < H(y), K^* \mid y \in Y > .$$

10.2 Automi, linguaggi e monoidi

La teoria algebrica degli automi consente di mettere in corrispondenza le proprietà algebriche degli automi, visti come monoidi, con le proprietà combinatoriali dei linguaggi regolari da essi riconosciuti. In questa sezione illustreremo innanzitutto questo fatto, per poi passare ad un nuovo modello, quello degli automi non uniformi o programmi per un monoide, ed ai linguaggi da esso riconosciuti, tramite programmi di lunghezza polinomiale. Come vedremo, tali linguaggi risultano essere tutti i linguaggi nella classe $\mathbf{NC}^1$ non uniforme.

10.2.1 Riconoscimento tramite automi a stati finiti

Sia A un alfabeto finito ed L un sottoinsieme di A^*.

Diremo che un monoide M riconosce L e che L è un M-linguaggio se esiste un *morfismo* suriettivo $\Phi : A^* \to M$ tale che $L = \Phi^{-1}(X)$, per qualche $X \subseteq M$. Diremo anche che il morfismo Φ riconosce L.

Ricordiamo che i linguaggi regolari vengono definiti come la più piccola classe di linguaggi che contiene tutti i sottoinsiemi finiti di A^* ed è chiusa rispetto a concatenazione, unione e stella (l'operazione "stella" applicata ad un linguaggio restituisce un nuovo linguaggio ottenuto concatenando tra loro in tutti i modi possibili ed un numero arbitrario di volte le stringhe del linguaggio originario). Riassumendo abbiamo che, se L, L_1, $L_2 \subseteq A^*$ sono linguaggi regolari, allora anche $L_1 L_2$, $L_1 \cup L_2$ e L^* lo sono.

Un famoso risultato di Kleene afferma che un linguaggio è regolare se e solo se è riconoscibile tramite un automa a stati finiti.

Non è difficile convincersi del fatto che il riconoscimento tramite un *monoide finito* è equivalente al riconoscimento tramite un automa a stati finiti, per cui i linguaggi regolari su A^* sono esattamente quei linguaggi riconoscibili tramite monoidi finiti.

Un concetto fondamentale è quello di monoide sintattico. Prima di introdurlo, è opportuno premettere alcune definizioni.

Definizione 10.9 (Congruenza). *Una relazione di equivalenza α su A^* è detta congruenza se e solo se $x\alpha y$ implica $uxv\alpha xyv$, per ogni x, y, u, $v \in A^*$.*

La classe di equivalenza rispetto ad α di un elemento x (anche detta α-classe) viene indicata con $[x]_\alpha$ ed è data da $\{y \mid x\alpha y\}$.

L'insieme di tutte le α-classi è denotato da A^*/α; la cardinalità di A^*/α è detta indice di α. L'insieme A^*/α con l'operazione $[x]_\alpha[x]_\alpha = [xy]_\alpha$ è un monoide in cui la α-classe contenente la parola vuota agisce da identità.

La trasformazione $f_\alpha : A^* \to A^*/\alpha$, definita come $f_\alpha(x) = [x]_\alpha$ è un morfismo; viceversa, ogni morfismo $\phi : A^* \to M$ induce una congruenza su A^* definita come $x c_\phi y$ se e solo se $\phi(x) = \phi(y)$.

Se $L \subseteq A^*$ è dato dall'unione di α-classi, allora è L detto linguaggio α.

Sia $L \subseteq A^*$. Diremo che due parole x e y sono *congruenti* modulo L (e scriveremo $x \equiv_L y$) se, per ogni $u, v \in A^*$, si ha che $uxv \in L$ se e solo se $uyv \in L$. La relazione di equivalenza $\equiv_L$ è ovviamente una congruenza su A^*, ed è detta congruenza sintattica di L. Il *monoide quoziente* $A^* / \cong_L$ è denotato da $M(L)$ ed è detto *monoide sintattico* di L.

Il morfismo $\eta_L : A^* \to M(L)$ è detto *morfismo sintattico* di L.

Si può dimostrare che

- $\equiv_L$ è la congruenza di indice minimo per cui L è un linguaggio $\equiv_L$;
- $M(L)$ è il monoide di cardinalità minima per cui L è un M-linguaggio.

Esempio 10.2. Sia $L \subseteq \{0,1\}^*$ il linguaggio delle parole di lunghezza pari. Allora l'insieme delle coppie di parole (t, w) tali che $txw \in L$ soddisfa $|t| + |w| \equiv |x| \pmod 2$, da cui abbiamo che la congruenza $x \equiv_L y$ vale se e solo se $|x| \equiv |y| \pmod 2$. Da questo segue allora che il monoide sintattico $M(L)$ consiste in due elementi, uno rappresentante dell'insieme delle parole di lunghezza pari e l'altro dell'insieme delle parole di lunghezza dispari. L'identità in $M(L)$ è chiaramente data dalla prima classe.   □

Il monoide sintattico è definito per ogni sottoinsieme di A^*. Per sottoinsiemi che costituiscono linguaggi regolari vale il seguente risultato.

Teorema 10.2. $L \subseteq A^*$ *è un linguaggio regolare se e solo se* $M(L)$ *è finito.*

Dim. Sia L un linguaggio regolare e $A = (Q, s_0, F, \delta)$ un automa a stati finiti che lo riconosce. Q è l'insieme degli stati, $s_0 \in Q$ lo stato iniziale, $F \subseteq Q$ l'insieme degli stati finali e δ la funzione di transizione.

Definiamo la seguente relazione di equivalenza su A^*: diciamo che $x \cong y$ se e solo se, per ogni $q \in Q$ vale $q \cdot x = q \cdot y$, dove la notazione $q \cdot k$ indica lo stato in cui porta la sequenza di transizioni dell'automa a partire dallo stato q in corrispondenza della parola k. Si vede immediatamente che il numero di classi di equivalenza indotte da $\cong$ non supera $|Q|^{|Q|}$. Notiamo ora che, se $x \cong y$ e $uxv \in L$, allora $s_0 \cdot (uyv) = s_0 \cdot (uxv)$. Infatti $s_0 \cdot (uyv) = ((s_0 \cdot u) \cdot y) \cdot v$, che, per la $x \cong y$, è uguale a $((s_0 \cdot u) \cdot x) \cdot v$, che a sua volta è uguale a $s_0 \cdot (uxv) \in F$. Abbiamo così visto che $uxv \in L$ implica $uyv \in L$. Poiché vale anche il viceversa, abbiamo che $x \cong y$ implica $x \equiv_L y$, ossia la relazione $\cong$ è un raffinamento di $\equiv_L$, il che equivale a dire che $|M(L)| \leq |Q|^{|Q|}$, per cui $M(L)$ è finito.

Supponiamo ora che $M(L)$ sia finito e mostriamo che L è riconosciuto da un automa a stati finiti.

L'insieme degli stati dell'automa è dato da $M(L)$, lo stato iniziale è e e l'insieme di stati finali è l'insieme delle classi di parole in L. Indichiamo con $[w]$ la classe di equivalenza a cui appartiene la parola w, rispetto alla relazione $\equiv_L$. Possiamo allora definire la funzione di transizione dell'automa come $[w] \cdot a = [wa]$.

In base a queste definizioni, abbiamo che una parola x è accettata dall'automa se e solo se $e \cdot x = [x]$ è la classe di una parola che appartiene ad L. Osserviamo ora che, se $y \in L$ e $y \equiv_L x$, allora $x \in L$, in quanto $y = e \cdot y \cdot e$. Da questo segue che $[x]$ è la classe di una parola in L se e solo se $x \in L$. Perciò l'automa riconosce L ed essendo il numero di stati dell'automa pari a $|M(L)|$, con $M(L)$ finito, abbiamo che L è regolare.   □

È possibile dare una definizione di monoide sintattico e morfismo sintattico in termini di automi. In un automa deterministico $A = (Q, s_0, F, \delta)$, ogni parola $x \in A^*$ induce la trasformazione $f_x : Q \to Q$ definita come

$f_x(q) = q \cdot x = \delta(q, x)$. L'insieme di queste trasformazioni forma un monoide $M(\mathcal{A})$ rispetto alla composizione, ossia all'operazione $f_x \cdot f_y = f_{xy}$. $M(\mathcal{A})$ viene detto *monoide di transizione*. Si può dimostrare che, se $\mathcal{A}$ è l'automa minimale per L, allora $M(\mathcal{A})$ è isomorfo a $M(L)$.

Una nozione fondamentale al fine di esplicitare la corrispondenza tra la struttura algebrica di un monoide e la descrizione combinatoriale del linguaggio da esso riconosciuto è quella di *varietà*. Al riguardo, è necessario premettere la definizione di $\mathcal{M} - divisione$. Diremo che un monoide M $\mathcal{M} - divide$ un monoide N, e scriveremo $M \prec_{\mathcal{M}} N$, se ogni linguaggio riconosciuto da M viene anche riconosciuto da N.

Vale il seguente risultato.

Fatto 10.1. *$M \prec_{\mathcal{M}} N$ se e solo se M è l'immagine, secondo un morfismo, di un sottomonoide di N.*

Il precedente fatto implica che la struttura algebrica di un monoide impone restrizioni sui linguaggi da esso riconosciuti.

Il livello a cui è naturale analizzare tale implicazione è quello delle varietà di monoidi finiti.

Definizione 10.10 (Varietà). *Una classe* **V** *di monoidi finiti è una varietà se è chiusa rispetto a $\mathcal{M} - divisione$ e prodotto diretto finito.*

Useremo allora la notazione $\mathcal{M}(A^*, \mathbf{V})$ per indicare la classe dei sottoinsiemi di A^* riconosciuti da un monoide in **V** e la notazione $\mathcal{M}(\mathbf{V})$ per l'unione, rispetto a tutti gli alfabeti A, delle classi $\mathcal{M}(A^*, \mathbf{V})$.

L'associazione tra linguaggi regolari e monoidi può essere precisata utilizzando la nozione di *semiautoma* (o *automa parziale*), che introduciamo nel seguente esempio.

Esempio 10.3 (Semiautomi e monoidi). Un *semiautoma* è una tripla $A = < S, A, \delta >$, dove S è l'insieme (finito) degli stati, A è un alfabeto finito e $\delta : S \times A \to S$ è la funzione di transizione. Il simbolo e denota la parola vuota.

Estendiamo δ in modo che sia definita su tutte le coppie $(s, x) \in S \times A^*$, nel seguente modo

$$\delta(s, x) = \begin{cases} s & \text{se } x = e \\ \delta(\delta(s, x'), a) & \text{se } x = x'a. \end{cases}$$

Scegliendo uno stato iniziale $s_0 \in S$ ed un insieme S' di stati finali, $S' \subseteq S$, otteniamo un automa a stati finiti deterministico (DFA) $A = < S, A, \delta, s_0, S' >$ che accetta il linguaggio regolare $L = \{x \in A^* \mid \delta(s_0, x) \in S'\}$.

Ad ogni semiautoma $A = < S, A, \delta >$, associamo ora un monoide $M(\mathcal{A}) = A^*/ \cong$, dove $\cong$ è la congruenza definita da

$$x \cong y \text{ se e solo se, per ogni } s \in S, \delta(s, x) = \delta(s, y).$$

Si noti che $M(\mathcal{A})$ è un gruppo se e solo se esiste un intero n tale che $x^n \cong e$, per ogni $x \in A^*$ (si veda l'Esercizio 10.2).

Viceversa, ad ogni monoide finito M è associato un unico semiautoma $< M, M, \delta >$, dove δ è l'operazione del monoide. $\qquad\qquad\square$

Il riconoscimento di linguaggi tramite monoidi è collegato al problema della *parola*, che, per un monoide, consiste nel considerarne una sequenza ordinata di elementi e nel determinarne il prodotto.

L'operazione di un monoide M induce un morfismo $\eta_M : M^* \to M$, definito dalla valutazione del prodotto degli elementi di una sequenza data, detto *morfismo canonico suriettivo*. Ogni morfismo da A^* in M può essere interpretato come un morfismo $\phi : A^* \to M^*$ composto con η_M. L'azione di ϕ è quindi una sorta di pre-elaborazione che trasforma l'input (una sequenza in A^*) in una parola (una sequenza in M^*) che viene valutata tramite η_M.

Se $\mathcal{W}(M)$ denota l'insieme $\{\eta_M^{-1}(m) \mid m \in M\}$, detto insieme dei problemi della parola su M, abbiamo che $\mathcal{W}(M)$ è contenuto nell'insieme dei linguaggi riconosciuti da M.

10.2.2 Riconoscimento tramite automi non uniformi

La riconoscibilità tramite automi a stati finiti, che come abbiamo visto è basata sui morfismi, può essere generalizzata passando a trasformazioni più generali. Così come la riconoscibilità tramite morfismi caratterizza i linguaggi regolari, vedremo come questa nuova classe di trasformazioni, che saranno dette *programmi*, costituisca la chiave per una *comprensione algebrica* della classe $\mathbf{NC}^1$ non uniforme.

Definiamo la nozione di automa a stati finiti deterministico non uniforme (NUDFA) su un monoide M (o anche *programma* su M).

Fissati un insieme finito A e un monoide M, un NUDFA è un automa a k stati che riceve in input sia un elemento di A^n (su un nastro bidirezionale di sola lettura) sia un programma (su un nastro monodirezionale di sola lettura). Il programma è una sequenza di istruzioni, ciascuna delle quali è costituita da un numero in $\{1, 2, \ldots, n\}$ e da una trasformazione dall'alfabeto A in M.

Per dare una descrizione più precisa del modello, facciamo ora riferimento al termine "programma su M", che risulta essere maggiormente informativo. Un programma su M è una sequenza $\Phi = \{\Phi_1, \Phi_2, \ldots, \Phi_n, \ldots\}$, dove, per ogni n, l'n-esimo termine Φ_n viene determinato da una sequenza di istruzioni $s_1 s_2 \ldots s_{l(n)}$, ciascuna delle quali ha la forma (i, f), dove $i \in \{1, 2, \ldots, n\}$ e $f : \{0, 1\} \to M$. Ponendo, per ogni $x = x_1 \ldots x_n \in \{0, 1\}^n$, $(i, f) = f(x_i)$, allora $\Phi_n : A^n \to M$ viene definita come la mappa che trasforma x nel prodotto degli elementi $s_1(x) s_2(x) \ldots s_{l(n)}(x)$. In questo modo, il programma su M Φ induce una trasformazione $\Phi : A^* \to M$.

Possiamo ora introdurre la nozione di linguaggio riconosciuto da un programma per un monoide.

Definizione 10.11 (P-riconoscimento). *Un linguaggio $L \subseteq A^*$ viene P-riconosciuto da M se e solo se esistono un programma su M $\Phi : A^* \to M$ di lunghezza polinomiale ed una sequenza F_n di sottoinsiemi di M tali che, per ogni n, vale $L \cap A^n = \Phi^{-1}(F_n)$.*

Illustriamo ora questo nuovo concetto di riconoscimento tramite un semplice esempio, da cui risulta come possano essere P-riconosciuti linguaggi che non sono regolari.

Esempio 10.4 (McKenzie e Thérien). Mostriamo come il linguaggio delle stringhe palindrome (che non è un linguaggio regolare) venga P-riconosciuto da un monoide M. Sia M il monoide di trasformazione che agisce sui tre punti $\{1, 2, 3\}$ ed è generato dagli elementi a, b, c, e, definiti come segue

$$ a = \begin{pmatrix} 1\,2\,3 \\ 2\,2\,3 \end{pmatrix} \; ; \; b = \begin{pmatrix} 1\,2\,3 \\ 3\,1\,3 \end{pmatrix} \; ; \; c = \begin{pmatrix} 1\,2\,3 \\ 1\,3\,3 \end{pmatrix} \; ; \; e = \begin{pmatrix} 1\,2\,3 \\ 1\,2\,3 \end{pmatrix} . $$

Sia $\{0, 1\}$ l'alfabeto su cui è definito il linguaggio delle stringhe palindrome. Ciascuna istruzione s_i, $i = 1, 2, \ldots, l$, del programma Φ per il NUDFA ha la forma (i, f), dove $i \in \{1, 2, \ldots, n\}$ e $f : \{0, 1\} \to M$. Il programma determina una funzione $\Phi_n : \{0, 1\}^n \to M$, ponendo, per ogni $x = x_1 \ldots x_n \in \{0, 1\}^n$, $(i, f) = f(x_i)$ e $\Phi_n(x) = s_1(x) \ldots s_l(x)$.

Supponiamo ora per semplicità che n sia pari, rappresentiamo ciascuna istruzione (i, f) come la tripla $(i, f(0), f(1))$ e consideriamo la seguente sequenza di istruzioni:

$$
\begin{aligned}
s_1 &= & (1, a, e) \\
s_2 &= & (n, b, c) \\
s_3 &= & (2, a, e) \\
s_4 &= & (n - 1, b, c) \\
&\vdots& \\
s_{n-1} &= & (\tfrac{n}{2}, a, e) \\
s_n &= & (\tfrac{n}{2} + 1, b, c) .
\end{aligned}
$$

Il significato di ciascuna istruzione $(i, f(0), f(1))$ è il seguente: a seconda del valore di x_i ($x_i = 0$ oppure $x_i = 1$), viene prodotto $f(0)$ oppure $f(1)$. Ad esempio, l'effetto dell'istruzione s_1 è

$$ \begin{cases} a & \text{se } x_1 = 0 \\ e & \text{se } x_1 = 1 . \end{cases} $$

Il programma Φ procede in modo che siano due istruzioni consecutive ad esaminare le corrispondenze che determinano se la stringa in ingresso è o meno palindroma: le istruzioni $2j - 1$ e $2j$ dipendono infatti rispettivamente da x_j e x_{n-j+1}; se questi due valori sono uguali tra loro l'effetto combinato delle due istruzioni è di generare la parola ab oppure $ec = c$, mentre, se sono diversi, esse producono ac oppure $eb = b$.

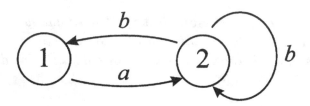

Figura 10.1. Semiautoma a due stati e relative transizioni

Perciò se la stringa in ingresso è palindroma, la parola costruita dal programma non può contenere sequenze del tipo eb o ac, ma è costituita da sequenze del tipo ab e/o ec.

Poiché

$$ab = \begin{pmatrix} 1\,2\,3 \\ 1\,1\,3 \end{pmatrix} \; ; \; ec = \begin{pmatrix} 1\,2\,3 \\ 1\,3\,3 \end{pmatrix} \; ; \; ac = \begin{pmatrix} 1\,2\,3 \\ 3\,3\,3 \end{pmatrix} \; ; \; eb = \begin{pmatrix} 1\,2\,3 \\ 3\,1\,3 \end{pmatrix} ,$$

abbiamo che l'effetto complessivo del programma Φ è di mantenere fisso il punto 1 se e solo se la stringa in ingresso è palindroma.

Infatti il punto 1 rimane fissato se e solo se la parola è costituita da sequenze del tipo ab e/o ec, il che accade se e solo se la stringa in ingresso è palindroma.

Consideriamo allora l'insieme $P = \{t \in M \,|\, t \text{ fissa il punto } 1\}$. Abbiamo che $\Phi^{-1}(P)$ è il linguaggio delle stringhe palindrome sull'alfabeto $\{0,1\}$.

Notiamo che non è stato necessario utilizzare la possibilità di riconoscere un insieme diverso, al variare di n.   □

Il prossimo esempio mostra l'universalità dei NUDFA, ossia il fatto che possono riconoscere qualsiasi linguaggio. L'esempio è preso da [144], dove viene dato credito a Straubing per la costruzione.

Esempio 10.5 (Universalità dei NUDFA). Consideriamo il monoide di transizione M del semiautoma illustrato in Figura 10.1. Tale monoide possiede, oltre ai 4 elementi a, b, $c = ab$ e $d = ba$, un'identità $e = a^2$ ed uno "zero" $z = b^2$. La tavola moltiplicativa corrispondente è data da

	z	e	a	b	c	d
z	z	z	z	z	z	z
e	z	e	a	b	c	d
a	z	a	a	c	c	a
b	z	b	d	z	b	z
c	z	c	a	z	c	z
d	z	d	d	b	b	d

Poiché ogni elemento m soddisfa l'equazione $m^2 = m^3$, il monoide M risulta essere aperiodico. Costruiamo ora un programma Φ su M. Per ogni $w = w_1 \ldots w_n \in \{0,1\}^n$, consideriamo il programma $\Phi_w = s_1 s_2 \ldots s_n$, dove s_i è data da (i, e, a), se $w_i = 0$, e da (i, a, e), se $w_i = 1$, per $i < n$, mentre s_n è uguale a (n, b, c), se $w_n = 0$ ed a (n, c, b), se $w_n = 1$. Il programma Φ_w gode della seguente proprietà: dato un input $x \in \{0,1\}^n$, $\Phi_w(x) = b$, se $x = w$ e $\Phi_w(x) = c$, altrimenti. Dato un linguaggio qualsiasi $L \subseteq \{0,1\}^n$, costruiamo il programma Φ concatenando tutti i programmi Φ_w corrispondenti a $w \in L$. Dalla proprietà di Φ_w che abbiamo appena visto, si ottiene che $\Phi(x)$ produce in output b oppure z se e solo se $x \in L$, ossia che $L = \Phi^{-1}(\{z, b\})$.   □

La proprietà di universalità illustrata dal precedente esempio va confrontata con i risultati della Sezione 10.7, in cui si mettono in rilievo alcune limitazioni dei programmi operanti su gruppi risolubili.

10.3 Linguaggi regolari

Prima di addentrarci nella trattazione del P-riconoscimento e delle sue applicazioni alla struttura della classe $\mathbf{NC}^1$, ci occupiamo ora di M-riconoscimento, analizzando la struttura dei monoidi sintattici associati a certe classi di linguaggi regolari. Questo studio metterà in luce la profonda relazione tra la teoria dei linguaggi regolari e la teoria dei monoidi finiti e sarà il punto di partenza per utilizzare la nozione di P-riconoscimento per una descrizione algebrica della classe $\mathbf{NC}^1$.

10.3.1 Linguaggi modulo e gruppi nilpotenti

Introduciamo una famiglia di congruenze su A^*, definite contando il numero di volte che una sottoparola compare in una parola, modulo un certo intero. Queste congruenze determinano una famiglia di linguaggi regolari, detti *linguaggi modulo*, che sono caratterizzati in termini del loro monoide sintattico; vedremo infatti che un linguaggio L è un linguaggio modulo se e solo se $M(L)$ è un gruppo finito nilpotente.

Date due parole, $u = a_1 \ldots a_m \in A^*$ e $x \in A^*$, la notazione $\binom{x}{u}$ indica il numero di fattorizzazioni di x della forma $x = x_0 a_1 x_1 \ldots a_m x_m$, se $u \neq e$, mentre $\binom{x}{u} = 1$, se $u = e$.

Ad esempio, date le parole $x = abbab$ e $u = ab$, abbiamo che $\binom{x}{u} = 4$.

Per ogni $m \geq 0$ e per ogni $q \geq 1$, definiamo ora la congruenza di indice finito $c_{m,q}$ su A^*.

Diciamo che $x \, c_{m,q} \, y$ se e solo se $\binom{x}{u} \equiv \binom{y}{u} \ (mod \ q)$, per ogni $u \in (A \cup e)^m$.

La famiglia di tutti i linguaggi indotti dalle congruenze $c_{m,q}$ (che indichiamo come linguaggi $c_{m,q}$) è detta famiglia dei *linguaggi modulo*. Se m è fissato, parleremo di linguaggi modulo di classe m.

Il lemma seguente fa riferimento alla nozione di algebra booleana; ricordiamo che un'algebra booleana consiste in un'insieme con le operazioni binarie AND e OR e l'operazione unaria di negazione, che soddisfano le proprietà note come *Teoremi dell'algebra di Boole* (si veda ad esempio [117]).

Lemma 10.1. *I linguaggi modulo di classe m formano un'algebra booleana.*

Dim. La chiusura rispetto al complemento si vede facilmente ed è lasciata come esercizio. Consideriamo ora l'operazione di unione. Sia L il linguaggio $L = L_1 \cup L_2$, dove L_1 e L_2 sono rispettivamente linguaggi c_{m,q_1} e c_{m,q_2}. Allora L è un linguaggio $c_{m,q}$, dove q è il minimo comune multiplo di q_1 e q_2.   □

Presentiamo ora un lemma ed un teorema che costituiscono gli strumenti essenziali per dimostrare che $A_{m,q} = A^*/c_{m,q}$ è un gruppo finito.

Lemma 10.2. *Siano $q, m \geq 1$ numeri interi. Per ogni $1 \leq k \leq m$, il coefficiente binomiale $\binom{q^m}{k}$ è un multiplo di q.*

Dim. Per $m \leq 2$ la dimostrazione è immediata. Nel seguito assumiamo perciò che $m \geq 3$. Dimostriamo che per ogni numero primo p e per ogni intero h per cui p^h divide q, p^h divide anche $\binom{q^m}{k}$. Poiché vale

$$\binom{q^m}{k} = \frac{q^m \cdot (q^m - 1) \cdots (q^m - (k-1))}{2 \cdot 3 \cdots k}$$

è semplice verificare che il fattore primo p compare rispettivamente

$$mh + \sum_{i=1}^{t} \left\lfloor \frac{k-1}{p^i} \right\rfloor \quad e \quad \sum_{i=1}^{t} \left\lfloor \frac{k}{p^i} \right\rfloor \tag{10.1}$$

volte nel numeratore e denominatore di $\binom{q^m}{k}$, dove t è tale che $p^t > k$. Avendo fissato $m \geq 3$, ed essendo $p \geq 2$ e $k \leq m$, il valore $t = m - 1$ soddisfa $p^t \geq k$ per ogni scelta di k, m e p. In base alla (10.1) il numero di volte che p compare nella fattorizzazione di $\binom{q^m}{k}$ è dato da

$$mh - \sum_{i=1}^{m-1} \left(\left\lfloor \frac{k}{p^i} \right\rfloor - \left\lfloor \frac{k-1}{p^i} \right\rfloor \right) \geq mh - (m-1) \geq h.$$

Infatti per ogni i vale $\lfloor k/p^i \rfloor - \lfloor (k-1)/p^i \rfloor \leq 1$ e

$$mh - (m-1) \geq h \iff (m-1)(h-1) \geq 0,$$

che è sempre verificata nell'ipotesi $h \geq 1$ e $m \geq 3$. Quindi p^h divide $\binom{q^m}{k}$.   □

Teorema 10.3. *Siano s e x due stringhe, con $|x| = m$. Per ogni intero $q \geq 1$, sia $t = s^{q^m}$ la stringa ottenuta concatenando q^m copie di s. Allora il numero di volte che x appare in t è un multiplo (eventualmente nullo) di q.*

Dim. Se x non è contenuto in s non abbiamo nulla da dimostrare. Supponiamo quindi che x compaia in s almeno una volta. Gli m caratteri di x risulteranno suddivisi tra k copie di s, con k che varia tra 1 ed m. È evidente che ogni gruppo di k copie (consecutive ma non necessariamente contigue), di s in t contiene esattamente una occorrenza di x, suddivisa nello stesso modo. Quindi per dimostrare che le occorrenze di x in t sono un multiplo di q è sufficiente mostrare che, per ogni k tra 1 ed m, il numero di gruppi consecutivi di k copie di s è un multiplo di q. Il numero di sottoinsiemi di k copie è $q^m (q^m - 1) \cdots (q^m - (k-1))$ che va diviso per $k!$ perché solo uno su $k!$ sarà ordinato. Quindi ci sono esattamente

$$\frac{q^m (q^m - 1) \cdots (q^m - (k-1))}{k!} = \binom{q^m}{k}$$

occorrenze che in base al Lemma 10.2 sono un multiplo di q. $\square$

Possiamo ora dimostrare il seguente lemma.

Lemma 10.3. *Sia $A_{m,q} = A^*/c_{m,q}$. Per ogni $m \geq 0$ e per ogni $q \geq 1$, $A_{m,q}$ è un gruppo finito.*

Dim. Essendo $c_{m,q}$ una congruenza di indice finito, $A_{m,q}$ è un monoide finito. Per dimostrare che è un gruppo, facciamo vedere che, per ogni $x \in A_{m,q}$, si ha che $x^{q^m} c_{m,q} e$.

Per ogni parola $u \neq e$, $\binom{x^{q^m}}{u}$ risulta essere un multiplo di q (Teorema 10.3), da cui la congruenza di x^{q^m} e e. Questo risultato vale per ogni x, che ha quindi un inverso in $A_{m,q}$. $\square$

Se r è una congruenza su A^*, usiamo la notazione $[x]_r$ per denotare l'insieme $\{y \in A^* \mid x\,r\,y\}$ e la notazione A_r per denotare A^*/r.

I sottogruppi normali di A_r, quando questo è un gruppo finito, hanno una struttura estremamente semplice, messa in evidenza dal seguente lemma.

Lemma 10.4. *Siano r_1, r_2 ed r_3 congruenze su A^*. Si ha che:*

- *se $r_1 \subseteq r_2$ e $H = \{[x]_{r_1} \mid x\,r_2\,e\}$, allora H è un sottogruppo normale in A_{r_1} e $A_{r_1}/H = A_{r_2}$;*
- *se $r_1 \subseteq r_2 \subseteq r_3$, $H_{12} = H$, $H_{13} = \{[x]_{r_1} \mid x\,r_3\,e\}$, $H_{23} = \{[x]_{r_2} \mid x\,r_3\,e\}$, allora H_{12} è un sottogruppo normale in H_{13} e $H_{13}/H_{12} = H_{23}$.*

$\square$

Dal Lemma 10.3 segue immediatamente il seguente corollario.

Corollario 10.1. *Sia p un numero primo e $c \geq 1$. Allora, per ogni $m \geq 1$, il gruppo A_{m,p^c} è un p-gruppo.* $\square$

Sia ora $m \geq 1$. Usiamo la notazione $[x]_{m,q}$ per denotare l'insieme $\{y \in A^* \mid x\,c_{m,q}\,y\}$. Vale il seguente risultato.

Lemma 10.5. *Sia* $H = \{[x]_{m,q} \mid x \, c_{m-1,q} \, e\}$. *Allora* $H \subseteq Z(A_{m,q})$.

Dim. Poiché vale l'inclusione $c_{m,q} \subseteq c_{m-1,q}$, possiamo applicare il Lemma 10.4 e affermare che H è un sottogruppo normale in $A_{m,q}$. Consideriamo ora l'uguaglianza

$$\binom{xy}{u} = \binom{x}{u} + \binom{y}{u} + \sum_{u = u_1 u_2, \, u_1, u_2 \neq e} \binom{x}{u_1}\binom{y}{u_2}.$$

Osserviamo che, se vale $x \, c_{m-1,q} \, e$, allora, per ogni $u_1 \neq e$, si ha $\binom{x}{u_1} \equiv 0 \,(\mathrm{mod}\ q)$.

Otteniamo perciò

$$\binom{xy}{u} \equiv \binom{x}{u} + \binom{y}{u} \ (\mathrm{mod}\ q)$$

e naturalmente anche

$$\binom{yx}{u} \equiv \binom{x}{u} + \binom{y}{u} \ (\mathrm{mod}\ q),$$

da cui si ha $xy \, c_{m,q} \, yx$, che dimostra l'inclusione $H \subseteq Z(A_{m,q})$. $\qquad\square$

Dimostriamo ora che il gruppo $A_{m,q}$ è nilpotente, per poi passare a dimostrare il risultato di caratterizzazione dei linguaggi modulo.

Lemma 10.6. $A_{m,q}$ *è nilpotente di classe* k, *con* $k \leq m$.

Dim. La dimostrazione procede per induzione su m. Per $m = 0$, abbiamo che $A_{0,q}$ è nilpotente di classe 0 in quanto $A_{0,q} = \{e\}$.

Applichiamo ora l'induzione, per dire che $A_{m-1,q}$ è un gruppo nilpotente di classe al più $m-1$. Poiché $H \subseteq Z(A_{m,q})$ (Lemma 10.5) e $A_{m,q}/H = A_{m-1,q}$ (Lemma 10.4), abbiamo che $A_{m,q}$ è l'estensione di un gruppo nilpotente di classe al più $m - 1$ tramite un gruppo incluso nel suo centro. Allora $A_{m,q}$ è un gruppo nilpotente di classe al più m. $\qquad\square$

Enunciamo ora un lemma la cui dimostrazione si trova nel Volume B del libro di Eilenberg citato nelle note bibliografiche.

Lemma 10.7 (Lemma di Eilenberg). *Sia* L *un linguaggio per cui* $M(L)$ *è un p-gruppo. Allora* L *è un linguaggio modulo, in particolare un linguaggio* $c_{m,p}$. $\qquad\square$

Disponiamo ora di tutti gli strumenti per dimostrare la caratterizzazione dei linguaggi modulo.

Teorema 10.4. L *è un linguaggio modulo se e solo se* $M(L)$ *è un gruppo finito nilpotente.*

Dim. Se L è un linguaggio modulo, L è l'unione di classi di $c_{m,q}$, per qualche $m \geq 0$, $q \geq 1$. Pertanto $M(L)$ è un'immagine omomorfica di $A_{m,q}$ ed è nilpotente, essendo $A_{m,q}$ nilpotente, per il Lemma 10.6.

Per dimostrare l'implicazione opposta, supponiamo che $M(L)$ sia nilpotente. Allora $M(L)$ è il prodotto diretto di p-gruppi, ossia $M(L) = G_1 \times G_2 \times \ldots \times G_n$, dove G_i è un p_i-gruppo. Se il linguaggio L è definito sull'alfabeto A, dove $A = \{a_1, \ldots, a_k\}$, allora ciascun elemento $[a_j]_{\equiv_L}$ ammette una rappresentazione unica $(g_{j1}, g_{j2}, \ldots, g_{jn}) \in G_1 \times G_2 \times \ldots \times G_n$ e C_i è generato da $A_i = \{g_{1i}, g_{2i}, \ldots, g_{ki}\}$. Per il Lemma di Eilenberg che abbiamo enunciato sopra, esistono m_i e t_i tali che ciascun linguaggio accettato dal semiautoma (G_i, A_i, δ_i) è un linguaggio $c_{m_i, p^{t_i}}$. Siano ora $m = max\{m_1, \ldots, m_n\}$ e q il minimo comune multiplo dei $p_i^{t_i}$. Sia inoltre $\theta_i : A^* \to (A_i)^*$ l'i-esimo morfismo di proiezione. Allora si ha che

$$x\, c(m,q)\, y \to \theta_i(x)\, c_{m_i, p_i^{t_i}}\, \theta_i(x),$$

per $i = 1, \ldots, n$.

Questo dimostra che $x \equiv_L y$ e che L è un linguaggio modulo. $\square$

Per illustrare i concetti introdotti e utilizzati in questa sezione, presentiamo ora un esempio, che abbiamo ripreso da Thérien [143].

Esempio 10.6 (Thérien). Consideriamo il gruppo diedrico D_n, ossia il gruppo delle simmetrie di un poligono regolare con n lati. Così come è facile derivare la tavola di moltiplicazione di un gruppo ciclico con generatore c di ordine n dall'unica equazione $c^n = 1$ (detta *relazione di definizione* del gruppo ciclico), allo stesso modo possiamo derivare la tavola per D_n dalle sue relazioni di definizione. Un elemento di D_n è la rotazione R di $360°/n$ attorno al centro, che ha ordine n ($R^n = 1$). Un altro elemento di D_n è il ribaltamento T attorno ad un asse per uno dei vertici, che ha ordine 2 ($T^2 = 2$). R e T generano $2n$ simmetrie diverse, date da

$$1, R, R^2, \ldots, R^{n-1}, T, RT, R^2T, \ldots, R^{n-1}T.$$

Queste sono tutte le simmetrie del poligono, in quanto una qualunque simmetria che, ad esempio, porti il vertice 1 nel vertice i deve mantenere i vertici nello stesso ordine ciclico (come fa R^i), oppure invertire tale ordine (come fa $R^{i-1}T$).

Così il gruppo D_n è generato dai due elementi R e T e contiene $2n$ elementi. Poiché la simmetria composta TR è uguale alla $R^{n-1}T$, abbiamo che T ed R soddisfano alle seguenti relazioni di definizione:

$$R^n = 1, \; T^2 = 1, \; TR = R^{n-1}T,$$

che determinano completamente la tavola di moltiplicazione di D_n.

Consideriamo ora D_4, gruppo che risulta essere nilpotente di classe 2.

In questo caso le relazioni di definizione diventano

$$R^4 = 1, \; T^2 = 1, \; TR = R^3T.$$

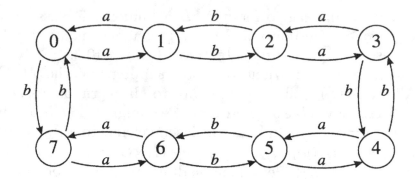

Figura 10.2. Rappresentazione dell'insieme di relazioni 10.2

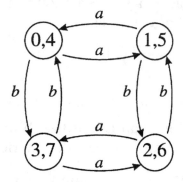

Figura 10.3. Rappresentazione del gruppo quoziente

Per convenienza utilizzeremo i due seguenti insiemi di relazioni di definizione (equivalenti alle precedenti):

$$a^2 = 1, \; b^2 = 1, \; (ab)^4 = 1, \; (\text{a=T } e \text{ b=RT}) \tag{10.2}$$

e

$$R^4 = 1, \; T^2 = 1, \; (RT)^2 = 1. \tag{10.3}$$

La rappresentazione corrispondente all'insieme di relazioni 10.2 è descritta in Figura 10.2.

Il gruppo D_4 è un'immagine omomorfica di $A_{2,2}$. Infatti si vede che il semiautoma descritto in figura esegue il conteggio $\begin{pmatrix} x \\ a \end{pmatrix}$, $\begin{pmatrix} x \\ b \end{pmatrix}$ e $\begin{pmatrix} x \\ ab \end{pmatrix}$, modulo 2. Il centro consiste degli elementi con un numero pari di lettere a e un numero pari di lettere b (gli elementi 0 e 4 in Figura 10.2).

Si può verificare che il gruppo quoziente risultante è il gruppo abeliano $\mathbf{Z}_2 \times \mathbf{Z}_2$, che è descritto in Figura 10.3.

Consideriamo ora l'insieme 10.3, rappresentato in Figura 10.4. Anche questa è naturalmente un'immagine omomorfica di $A_{2,2}$. Il conteggio associato a questa rappresentazione è $\begin{pmatrix} x \\ a \end{pmatrix}$, $\begin{pmatrix} x \\ b \end{pmatrix}$ e $\begin{pmatrix} x \\ aa \end{pmatrix} + \begin{pmatrix} x \\ ba \end{pmatrix}$ modulo 2. Il centro

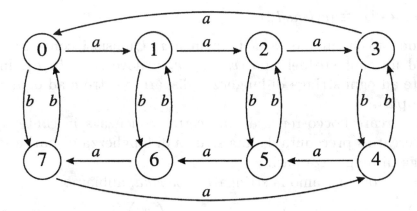

Figura 10.4. Rappresentazione dell'insieme di relazioni 10.3

è formato dagli elementi denotati da 0 e 2 in figura e corrisponde ancora a quegli elementi che hanno un numero pari di lettere a e di lettere b.   □

10.3.2 Linguaggi di conteggio e gruppi risolubili

Le fattorizzazioni di ogni parola che intervengono nella definizione dei linguaggi modulo sono *indipendenti dal contesto*, nel senso che in una fattorizzazione di x del tipo $a_0 x_0 a_1 x_1 \ldots a_m x_m$ i termini x_i non vengono presi in considerazione. In questa sezione introduciamo la nozione di *conteggio in un contesto*, che, come vedremo, ci permetterà di definire nuove gerarchie di famiglie di congruenze e che corrisponde proprio a prendere in considerazione i segmenti x_i. I linguaggi relativi saranno detti *linguaggi di conteggio* e vedremo che i linguaggi modulo occupano il primo livello della gerarchia che definisce i linguaggi di conteggio.

Definizione 10.12. *Diciamo che la parola $u = a_1 a_2 \ldots a_m$ si presenta in x nel contesto $X = (x_0, \ldots, x_m)$ se e solo se $x = x_0 a_1 x_1 \ldots a_m x_m$.*

Per ogni coppia di contesti $V_1 = (v_{0,1}, \ldots, v_{m,1})$ e $V_2 = (v_{0,2}, \ldots, v_{n,2})$, definiamo il prodotto di contesti $V = V_1 V_2 = (v_0, \ldots, v_{m+n})$, dove $v_i = v_{i,1}$, per $i = 0, 1, \ldots, m-1$, $v_m = v_{m,1} v_{0,2}$ e $v_j = v_{j-m,2}$, per $j = m+1, m+2, \ldots, m+n$.

Ogni congruenza $\cong$ su A^* induce una congruenza sui contesti. Dati $V = (v_0, \ldots, v_m)$ e $V' = (v'_0, \ldots, v'_m)$, diciamo che $V \cong V'$ se e solo se $v_i \cong v'_i$, per $i = 0, 1, \ldots, m$.

Useremo inoltre il simbolo $\begin{pmatrix} x \\ u \end{pmatrix}_{[V]_\cong}$ per denotare il numero di fattorizzazioni di x della forma $x = x_0 a_1 x_1 \ldots a_m x_m$, per ogni contesto $X \cong V$. (Nell'Esercizio 10.4 si chiede di dimostrare una proprietà molto utile per contare le fattorizzazioni in un contesto.)

Esempio 10.7. Sia $\cong$ la congruenza su $\{a, b\}^*$ definita da

$$x \cong y \leftrightarrow |x| \equiv |y| \ (mod\,2)\,,$$

dove $|x|$ denota la lunghezza della stringa x. Qualsiasi contesto V è equivalente ad un contesto del tipo $(v_0, \ldots, v_m)$, dove $v_i \in \{a,e\}$. Infatti a è congruente ad ogni stringa di lunghezza dispari, mentre e ad ogni stringa di lunghezza pari.

Perciò cercare l'occorrenza di una certa sequenza s in contesti $[(a,e)]_\cong$ significa cercare s preceduta da una stringa di lunghezza dispari e seguita da una stringa di lunghezza pari.

Allora, se consideriamo la stringa $x = babaaa$, abbiamo

$$\binom{x}{a}_{[(a,e)]_\cong} = 3, \quad \binom{x}{a}_{[(e,a)]_\cong} = 1, \quad \binom{x}{ab}_{[(a,e,a)]_\cong} = 1\,.$$

$\square$

Per ogni $m, n \geq 0$, $q \geq 1$, consideriamo ora un insieme di relazioni $c(m,q,n)$ definito ricorsivamente come segue:

1. Caso $n = 0$. La relazione $x\,c(m,q,0)\,y$ è verificata da ogni $x, y \in A^*$.
2. Caso $n > 0$. La relazione $x\,c(m,q,n)\,y$ è verificata se e solo se per ogni $u \in \{A \cup e\}^m$ e per ogni contesto V di lunghezza $|u| + 1$ si ha che

$$\binom{x}{u}_{[V]_{c(m,q,n-1)}} \equiv \binom{y}{u}_{[V]_{c(m,q,n-1)}}\,.$$

Si noti che il caso $n = 1$ determina la relazione $c_{m,q}$ della sezione precedente. È facile vedere che, per ogni $m, n \geq 0$, $q \geq 1$, la relazione $c(m,q,n)$ è una congruenza di indice finito.

Definizione 10.13 (Linguaggi di conteggio). *Sia*

$$C_n = \{L \mid L \ \text{è un linguaggio}\, c(m,q,n),\ m \geq 0,\ q \geq 1\,\}\,.$$

L'insieme $C = \cup_{n\geq 0} C_n$ è detto famiglia dei linguaggi di conteggio.

Anche in questa sezione, indicheremo $A^*/c(m,q,n)$ con la notazione $A_{m,q,n}$.

I seguenti risultati sono analoghi a quelli della sezione precedente e la loro dimostrazione viene lasciata come esercizio.

Lemma 10.8.

- *Per ogni $m, n \geq 0$, $q \geq 1$, $A_{m,q,n}$ è un gruppo finito.*
- *Per ogni $m, n \geq 0$, p primo, e $c > 1$, $A_{m,p^c,n}$ è un p-gruppo.*
- *Per m, n e q fissati, sia $H = \{[x]_{m,q,n} \mid xc(m,q,n-1)e\}$. H è nilpotente di classe m.*

$\square$

Teorema 10.5. *L è un linguaggio di conteggio se e solo se $M(L)$ è un gruppo risolubile.*

$\square$

10.3.3 La classificazione di Thérien

Presentiamo ora una caratterizzazione di natura combinatoriale dei linguaggi riconosciuti da monoidi risolubili (che generalizza e sintetizza quanto abbiamo visto prima riguardo ai linguaggi regolari associati a gruppi risolubili e nilpotenti), per cui il riconoscimento avviene contando i diversi modi in cui una parola può essere fattorizzata in sottoparole seguendo regole opportune. Considerando fattorizzazioni sempre più complicate, si generano gerarchie di varietà di linguaggi.

Le macchine a stati finiti possono eseguire due tipi diversi di conteggio, uno detto *a soglia* ed un altro detto *modulare*.

Per $t \geq 0$, il conteggio a soglia t corrisponde ad una congruenza su $\mathbf{N}$ che indichiamo con $r_{t,1}$, dove $ir_{t,1}j$ se e solo se $i = j$ oppure sia i che j sono maggiori o uguali a t.

Per $q \geq 1$, il conteggio modulo q corrisponde ad una congruenza su $\mathbf{N}$ che indichiamo con $r_{0,q}$, dove $ir_{0,q}j$ se e solo se i è congruente a j modulo q. Questo tipo di conteggio, da solo, ha portato, in precedenza, alla caratterizzazione dei linguaggi modulo e di conteggio in termini di gruppi nilpotenti e risolubili.

Possiamo combinare il conteggio modulare col conteggio a soglia per ottenere una congruenza $r_{t,q}$ sui numeri naturali, dove $ir_{t,q}j$ se e solo se $ir_{t,1}j$ e $ir_{0,q}j$.

Si osservi che il monoide $\mathbf{N}/r_{t,q}$ è un gruppo se e solo se $t = 0$ ed è aperiodico se e solo se $q = 1$ (si veda l'Esercizio 10.9). Perciò l'intersezione dei conteggi a soglia e modulare porta a perdere la struttura di gruppo. Come vedremo nel Teorema di Krohn e Rhodes, tale intersezione conduce infatti alla varietà dei monoidi risolubili.

Vediamo innanzitutto cosa accade nel caso particolare del conteggio delle occorrenze di lettere (anziché di sottoparole).

Fatto 10.2. *Sia* **Com** *la varietà dei monoidi abeliani e sia* $\mathbf{M_{t,q}}$ *la varietà dei monoidi* M *tali che* $m^t = m^{t+q}$, *per ogni* $m \in M$. *Allora* $L \subseteq A^*$ *è un linguaggio indotto dalla congruenza* $r_{t,q}$, *applicata al conteggio del numero di occorrenze di lettere nelle parole in* A^*, *se e solo se*

$$L \in \mathbf{Com} \cap \mathbf{M_{t,q}}.$$

$\square$

Dal precedente fatto, emerge che l'operazione di contare l'occorrenza di lettere è strutturalmente legata alla commutatività del corrispondente monoide.

Passando alle sottoparole, per $t = 0$ otteniamo naturalmente i risultati delle sezioni precedenti, mentre più in generale otteniamo una caratterizzazione, nota sotto il nome di caratterizzazione di Thérien. Prima di illustrarla è opportuno fare riferimento al fatto che il conteggio di sottoparole può essere realizzato tramite un conteggio ricorsivo di lettere.

Dati due linguaggi $L_0 \subseteq A^*$ e $L_1 \subseteq A^*$, e dato $a \in A$, definiamo il linguaggio $[L_0, a, L_1, k]_{t,q}$ formato da tutte le parole x che hanno j fattorizzazioni distinte della forma $x = x_0 a x_1$, dove $x_0 \in L_0$, $x_1 \in L_1$ e $jr_{t,q}k$.

Pertanto, l'appartenenza di x nel linguaggio appena definito è determinata dal conteggio, rispetto alla relazione $jr_{t,q}k$, del numero di occorrenze della lettera a nel contesto di un prefisso che appartenga a L_0 e di un suffisso in L_1.

Sia ora $\mathbf{L}$ una famiglia di linguaggi su un alfabeto A e sia $(\mathbf{L})$ la sua chiusura booleana. Per ogni $t \geq 0$ e $q \geq 1$, definiamo la seguente gerarchia di famiglie:

$\mathbf{M}_{t,q}^0 = (\mathbf{A}^*)$, e, per ogni $i > 0$,

$$\mathbf{M}_{t,q}^i = (\{[L_0, a, L_1, k]_{t,q} \mid L_0, L_1 \in \mathbf{M}_{t,q}^{i-1}, k \in \mathbf{N}\}).$$

È possibile dimostrare che i linguaggi corrispondenti al conteggio di sottoparole piuttosto che di lettere appartengono alla gerarchia appena definita. Più precisamente, se si considera una gerarchia del tipo $\mathbf{M}_{t,q}^{i,m}$, dove m è la lunghezza delle sottoparole (e che per $m = 1$ coincide quindi con la precedente), si ha che

$$\mathbf{M}_{t,q}^{i,m} \subseteq \mathbf{M}_{t,q}^{i(\lceil \log_2(m+1)\rceil),1}.$$

Possiamo ora presentare i risultati di caratterizzazione.

Teorema 10.6. *Un linguaggio L è riconoscibile da un monoide aperiodico finito se e solo se $L \in \mathbf{M}_{t,1}^i$, per qualche $i, t \geq 0$, se e solo se $L \in \mathbf{M}_{1,1}^i$, per qualche $i \geq 0$.*

Dim. (Cenni.) L'idea è di usare il fatto che i monoidi aperiodici finiti sono prodotti intrecciati di semigruppi con annichilatore a sinistra e poi mostrare che questi riconoscono i linguaggi di conteggio a soglia.   □

Teorema 10.7. *Un linguaggio L è riconoscibile da un gruppo risolubile finito se e solo se $L \in \mathbf{M}_{0,q}^i$, per qualche $i \geq 0$ e per qualche $q \geq 1$.*

Dim. Si tratta di una riscrittura del Teorema 10.5, in cui si sfrutta la possibilità di simulare il conteggio di sottoparole tramite il conteggio di lettere.   □

Possiamo utilizzare i precedenti teoremi per costruire monoidi risolubili arbitrari, a partire dai due tipi di conteggio visti sopra.

Lo strumento per eseguire tale costruzione è dato dal prodotto intrecciato. Vale infatti il seguente risultato, che è una versione adattata ai nostri scopi del Teorema di Krohn e Rhodes.

Teorema 10.8 (Teorema di Krohn e Rhodes). *Siano $\mathbf{G_{sol}}$, $\mathbf{A}$ e $\mathbf{M_{sol}}$ rispettivamente le varietà dei gruppi risolubili, monoidi aperiodici e monoidi risolubili. Sia $\circ$ l'operazione di prodotto intrecciato estesa alle varietà. Allora si ha che*

$$(\mathbf{G_{sol}} \circ \mathbf{A})^* = \mathbf{M_{sol}}.$$

$\square$

Possiamo ora enunciare l'ultimo teorema di caratterizzazione, che si applica alla combinazione dei conteggi a soglia e modulari.

Teorema 10.9. *Un linguaggio L è riconoscibile da un monoide risolubile finito se e solo se $L \in \mathbf{M}_{t,q}^i$, per qualche $i, t \geq 0$, $q \geq 1$, se e solo se $L \in \mathbf{M}_{1,q}^i$, per qualche $i \geq 0$ e per qualche $q \geq 1$.*

Dim. Segue dai Teoremi 10.6 e 10.7. $\square$

10.3.4 Complessità dei linguaggi regolari

Mostriamo ora che ogni linguaggio regolare è riconoscibile tramite circuiti di dimensione polinomiale e profondità logaritmica, ossia che tutti linguaggi regolari appartengono alla classe $\mathbf{NC}^1$. Più avanti vedremo che i linguaggi regolari *stratificano* la classe $\mathbf{NC}^1$, nel senso che si trovano ad ogni livello di complessità all'interno della classe $\mathbf{NC}^1$, dalla classe $\mathbf{AC}^0$ alla classe dei problemi completi per $\mathbf{NC}^1$ rispetto a riduzioni $\mathbf{AC}^0$.

Consideriamo un linguaggio regolare $L \subseteq \{0,1\}^*$. Essendo $M(L)$ finito, possiamo codificare ogni suo elemento utilizzando $l = O(\log |M(L)|)$ bit. Costruiamo un circuito che riconosce L, a partire dai seguenti sottocircuiti.

- Un circuito con un input e l output, che per ogni input $a \in \{0,1\}$, produce la codifica di $\eta_L(a)$, dove ricordiamo che $\eta_L(a)$ denota il morfismo sintattico di L.
- Un circuito con l input e 1 output che restituisce 1 se e solo se il suo input è la codifica di un elemento di $\eta_L(L)$.
- Un circuito con $2l$ input e l output che, date in input le codifiche di due elementi di $M(L)$, produce in output la codifica del loro prodotto.

A questo punto è facile costruire un circuito di profondità logaritmica per il riconoscimento di L: tale circuito deve infatti sostanzialmente calcolare il prodotto iterato di elementi di $M(L)$ utilizzando i sottocircuiti descritti sopra. Ciascuno di questi ha dimensione e profondità costante (dipendente solo da $M(L)$) e costituisce la componente base di un albero binario che calcola il prodotto iterato.

Lo strumento fondamentale per analizzare diverse gerarchie di linguaggi all'interno di $\mathbf{NC}^1$ sono le riduzioni $\mathbf{AC}^0$. Se l'obiettivo è di caratterizzare la complessità di linguaggi regolari in termini di invarianti algebrici, si potrebbe essere tentati di pensare che se un linguaggio L_1 ha un monoide sintattico più semplice rispetto al monoide sintattico di L_2, allora L_1 è riducibile a L_2. Questo non è vero, come l'esempio seguente mette in luce.

Esempio 10.8. Dato $x \in \{0,1\}^*$, indichiamo con $|x|$ la lunghezza di x e con $|x|_1$ il numero di lettere uguali ad 1 in x. Siano $L_1 = \{x \in \{0,1\}^* \mid |x| \equiv 0 (\mathrm{mod}\ 4)\}$ e $L_2 = \{x \in \{0,1\}^* \mid |x|_1 \equiv 0 (\mathrm{mod}\ 2)\}$. Allora $M(L_1)$ è il gruppo ciclico di ordine 4 e $M(L_2)$ il gruppo ciclico di ordine 2. Tuttavia $L_1 \in \mathbf{AC}^0$, mentre $L_2 \notin \mathbf{AC}^0$. $\qquad\square$

Tuttavia, se il morfismo sintattico di un linguaggio si fattorizza in termini del morfismo sintattico di un'altro, allora si ottiene il risultato di riducibilità espresso dal seguente lemma.

Lemma 10.9. *Siano A e B alfabeti finiti e $L_1 \subseteq A^*$ e $L_2 \subseteq B^*$ linguaggi regolari. Supponiamo che L_2 sia riconosciuto da un morfismo $\delta : B^* \to N$, dove N è un quoziente, tramite un morfismo β, di un sottomonoide M' di $M(L_1)$. Supponiamo inoltre che esista un intero positivo t tale che, per ogni $b \in B$, esiste $x \in A^t$ tale che $\beta(\eta_{L_1}(x)) = \delta(b)$. Allora L_2 è riducibile a L_1 tramite riduzioni $\mathbf{AC}^0$.*

Dim. Siano $u, v \in A^*$. Definiamo il linguaggio

$$u^{-1} L_1 v^{-1} = \{x \in A^* \mid uxv \in L_1\}.$$

Essendo $M(L_1)$ finito, esiste solo un numero finito di linguaggi diversi del tipo $u^{-1} L_1 v^{-1}$. Scegliamo $u_i, v_i, i = 1, \dots, r$, in modo da ottenere tutti questi linguaggi. Notiamo ora che due parole x_1 e x_2 hanno immagini diverse in $M(L)$ se e solo se esiste un indice $i \in \{1, 2, \dots, r\}$ per cui $u_i x_1 v_i \in L$ e $u_i x_2 v_i \notin L$, o viceversa.

Costruiamo ora un circuito di dimensione lineare e profondità costante con porte per L_1, che riconosce L_2. Più precisamente, il circuito è il membro n-esimo di una famiglia di circuiti, per cui riconosce le parole di lunghezza n di L_2.

Sia $b_1 b_2 \dots b_n \in B^n$ l'input del circuito. Useremo il fatto che, per ogni $b \in B$, esiste una parola $x_b \in A^t$ tale che $\beta(\eta_{L_1}(x_b)) = \delta(b)$. Gli ingressi $b_2 b_3 \dots b_{n-1}$ sono inviati a circuiti booleani di dimensione costante che calcolano le rispettive codifiche x_{b_i}. L'ingresso b_1 viene inviato ad r circuiti di dimensione costante che restituiscono $u_1 x_{b_1}, \dots, u_r x_{b_1}$, mentre l'ingresso b_n viene inviato ad r circuiti di dimensione costante che restituiscono $x_{b_n} v_1, \dots, x_{b_n} v_r$.

I risultati vengono poi presentati ad r diverse componenti del circuito, che verificano l'appartenenza a L_1. L'i-esima di queste componenti controlla input di lunghezza $tn + |u_i v_i|$ ed è utilizzata per verificare se $u_i x_{b_1} x_{b_2} \dots x_{b_n} v_i \in L_1$. Gli output prodotti da queste r componenti determinano $\beta(x_{b_1} x_{b_2} \dots x_{b_n})$ e quindi anche $\delta(b_1 b_2 \dots b_n)$. Possiamo adesso inviare questi output ad un circuito di dimensione costante (dipendente da r) che determina se $b_1 b_2 \dots b_n \in L_2$. $\qquad\square$

10.4 Il Teorema di Barrington

Riprendiamo la trattazione riguardante il Teorema di Barrington, a cui abbiamo fatto riferimento nella Sezione 5.3.1. Tale teorema afferma che i branching program (BP) di ampiezza 5 riconoscono tutti e soli i linguaggi che appartengono alla versione non uniforme di $\mathbf{NC}^1$. Il collegamento con gli argomenti trattati in questo capitolo è dato dal fatto che un branching program può essere descritto in termini di NUDFA. Il Teorema di Barrington mette pertanto in rilievo che i NUDFA possono essere studiati per analizzare la struttura della classe $\mathbf{NC}^1$, nella sua versione non uniforme. È opportuno introdurre la nozione di BP utilizzata da Barrington.

Definizione 10.14 (Branching Program di ampiezza w).
Un BP di ampiezza w (w-BP) è una sequenza di istruzioni della forma (j_i, f_i, g_i), per $i = 1, 2, \ldots, l$, dove f_i e g_i sono funzioni da $\{0, 1, \ldots, w - 1\}$ in $\{0, 1, \ldots, w - 1\}$, e l è la lunghezza del BP. Dato un opportuno assegnamento di valori alle n variabili di ingresso x_k, per $k = 1, 2, \ldots, n$, l'istruzione (j_i, f_i, g_i) calcola la funzione f_i, se $x_{j_i} = 1$, e g_i, se $x_{j_i} = 0$. Un BP B, con input x, calcola la composizione $B(x)$ delle funzioni calcolate da ciascuna istruzione.

È immediato vedere il legame tra le definizioni di BP e di NUDFA: un w-BP e un NUDFA con w stati possono simularsi reciprocamente e la lunghezza del BP corrisponde, a meno di un fattore lineare in n, alla lunghezza del programma sul nastro del NUDFA (Esercizio 10.6).

Per poter presentare la dimostrazione del Teorema di Barrington, è necessario premettere un'altra definizione.

Definizione 10.15. *Un BP è detto di permutazione (w-PBP) se le funzioni f_i e g_i sono entrambe permutazioni di $\{0, 1, \ldots, w - 1\}$.*

Vediamo ora la definizione di riconoscimento di un linguaggio da parte di un 5-PBP. La notazione S_5 denota il gruppo simmetrico di ordine 5.

Definizione 10.16. *Un 5-PBP B riconosce tramite 5-ciclo un insieme $L \subseteq \{0, 1\}^n$ se esiste un ciclo di lunghezza 5 σ (detto output) nel gruppo S_5 tale che $B(x) = \sigma$ se $x \in L$ e $B(x) = e$ se $x \notin L$, dove e è la permutazione identica.*

Lemma 10.10. *Sia τ un ciclo qualsiasi di lunghezza 5. Se B riconosce tramite 5-ciclo un insieme L con output σ, allora esiste un 5-PBP B', della stessa lunghezza di B, che riconosce tramite 5-ciclo L con output τ.*

Dim. Poiché sia τ che σ sono 5-cicli, esiste una permutazione p tale che $\tau = p\sigma p^{-1}$. Per ottenere B' da B, basta allora modificare ciascuna istruzione di B rimpiazzando ogni σ_i con $p\sigma_i p^{-1}$. $\qquad\square$

Lemma 10.11. *Se L è riconosciuto tramite 5-ciclo da un 5-PBP di lunghezza l, anche il suo complemento $\overline{L}$ lo è.*

Dim. Basta modificare l'ultima istruzione (i, t, q) del 5-PBP per L. Se σ è l'output del PBP, allora la sostituzione di (i, t, q) con $(i, t\sigma^{-1}, q\sigma^{-1})$, fa sì che venga riconosciuto il complemento di L. Infatti tale modifica produce in output $\sigma\sigma^{-1} = e$ se $x \in L$, e $e\sigma^{-1} = \sigma^{-1}$ se $x \notin L$.   □

Lemma 10.12. *Esistono in S_5 due cicli di lunghezza 5 il cui commutatore è un ciclo di lunghezza 5.*

Dim. Usiamo per i cicli una rappresentazione compatta data da una sola riga, in cui al primo posto scriviamo un punto qualsiasi, al secondo la sua immagine e così via. Allora se consideriamo i cicli $(1, 2, 3, 4, 5)$ e $(1, 3, 5, 4, 2)$, il commutatore

$$(1, 2, 3, 4, 5)(1, 3, 5, 4, 2)(5, 4, 3, 2, 1)(2, 4, 5, 3, 1)$$

è la permutazione $(1, 3, 2, 5, 4)$, che è un ciclo di lunghezza 5, come si può verificare tramite ispezione diretta.   □

Possiamo ora dimostrare il seguente teorema.

Teorema 10.10. *Se l'insieme $L \subseteq \{0, 1\}^n$ è riconosciuto da un circuito booleano con fan-in 2 e di profondità d, allora è riconoscibile tramite 5-ciclo da un 5-PBP di lunghezza 4^d.*

Dim. La dimostrazione procede per induzione su d. Il caso base si ha per $d = 0$, in cui il circuito è semplicemente costituito da una porta di ingresso e può essere simulato tramite un 5-PBP che consiste in una singola istruzione. Supponiamo ora che $L = L_1 \cap L_2$, dove L_1 e L_2 sono riconosciuti da circuiti di profondità al più $d - 1$, e quindi, per ipotesi induttiva, da 5-PBP B_1 e B_2 di lunghezza al più 4^{d-1}. Questo equivale a dire che la porta al livello d del circuito per L calcola la funzione AND dei suoi due ingressi. Se così non è, ossia se la porta al livello d è una porta OR, applichiamo il Lemma 10.11 e consideriamo il riconoscimento di $\overline{L} = \overline{L_1} \cap \overline{L_2}$. Pertanto la supposizione $L = L_1 \cap L_2$ non ci fa perdere di generalità. Siano ora σ_1 e σ_2 gli output di B_1 e B_2, scelti come nel Lemma 10.12. Costruiamo adesso, utilizzando il Lemma 10.10, B_1' e B_2' con output σ_1^{-1} e σ_2^{-1}. Sia ora B dato dalla concatenazione $B_1 B_2 B_1' B_2'$. È immediato verificare che B restituisce in output e, tranne nel caso in cui l'input appartiene sia a L_1 che a L_2. In tal caso, B restituisce il commutatore dei due output. Per la scelta fatta, tale commutatore è un ciclo di lunghezza 5 e pertanto B riconosce L tramite 5-ciclo. Essendo $B = B_1 B_2 B_1' B_2'$, la sua lunghezza è al più 4^d.   □

Il prossimo teorema, insieme al Teorema 10.10, fornisce la dimostrazione del Teorema di Barrington. È l'analogo, nel caso non uniforme, del risultato secondo cui i linguaggi regolari appartengono alla classe $\mathbf{NC}^1$ uniforme.

Teorema 10.11. *Se l'insieme $L \subseteq \{0,1\}^n$ è riconosciuto da un w-PBP B di lunghezza l, allora è riconosciuto da un circuito booleano con fan-in 2 e di profondità $O(\log l)$.*

Dim. Possiamo supporre che B accetti l'input x se $B(x)$ appartiene ad un qualche sottoinsieme di tutte le funzioni dall'insieme $\{0,1,\ldots,w-1\}$ in se stesso. Ogni funzione f di questo tipo può essere rappresentata tramite w^2 variabili booleane che, per ogni i e j, dicono se $f(i) = j$. La composizione di due funzioni del genere può essere calcolata da un circuito fissato la cui dimensione dipende solo da w. A questo punto, il circuito per L sarà costituito da una parte di profondità costante che determina la funzione scelta in corrispondenza di ogni istruzione di B, da un albero binario di circuiti di composizione ed infine da una parte che, in profondità costante, determina l'accettazione in funzione del valore prodotto da B.   □

Sia *BWBP* la classe dei linguaggi riconosciuti da BP di ampiezza costante e lunghezza polinomiale.

Corollario 10.2 (Teorema di Barrington). *Le classi $\mathbf{NC}^1$ non uniforme e BWBP coincidono. Sono inoltre uguali alla classe dei linguaggi riconosciuti da 5-PBP di lunghezza polinomiale.*   □

Il Teorema 10.10 può essere equivalentemente dimostrato in termini di NUDFA. Questo fatto viene illustrato nell'Esercizio 10.8.

10.5 Applicazioni a $\mathbf{NC}^1$

Siamo ora in grado di utilizzare quanto visto finora nel capitolo per dimostrare che le classi di complessità $\mathbf{AC}^0$ e $\mathbf{ACC}$ sono descritte da programmi di lunghezza polinomiale rispettivamente su un monoide aperiodico e risolubile. Questi fatti consentono così di dare un'interpretazione algebrica chiara a vari problemi di separazione all'interno della classe $\mathbf{NC}^1$.

Teorema 10.12. *Un linguaggio è riconoscibile da NUDFA di lunghezza polinomiale su un monoide aperiodico se e solo se appartiene alla classe $\mathbf{AC}^0$.*

Dim. Dimostriamo innanzitutto che il problema della parola per un monoide aperiodico è nella classe $\mathbf{AC}^0$. Questo implica che è possibile determinare l'output di un programma polinomiale per un corrispondente NUDFA in $\mathbf{AC}^0$.

Sia ora $L \in \mathbf{M}^l_{1.1}$. La dimostrazione procede per induzione su l. Se $l = 1$, allora bisogna verificare l'appartenenza della stringa di ingresso ad un numero costante di linguaggi della forma A^*aA^* e per ciascuno di questi è possibile utilizzare una porta OR con fan in lineare in n per cercare la lettera a. Complessivamente possiamo così costruire una combinazione booleana di porte OR di dimensione polinomiale e risolvere il problema in profondità 1.

Supponiamo ora, per induzione, di disporre di un circuito di profondità $l - 1$ e dimensione polinomiale per qualsiasi linguaggio nella classe $\mathbf{M}_{1,1}^{l-1}$. Il linguaggio L è la combinazione booleana di linguaggi della forma $L_0 a L_1$, con $L_0, L_1 \in \mathbf{M}_{1,1}^{l-1}$.

Ciascuna di queste condizioni può essere verificata utilizzando (per cercare la lettera a) una porta OR di fan-in lineare, applicata alle uscite dei circuiti di profondità $l - 1$. Tutto questo può essere realizzato in profondità l. Abbiamo così dimostrato la prima parte del teorema.

Dobbiamo ora far vedere che che un circuito $\mathbf{AC}^0$ arbitrario può essere simulato da un NUDFA definito su un monoide aperiodico. Procediamo definendo, per ogni $k \geq 1$, un monoide aperiodico M_k. Ad ogni circuito C di profondità k e ad ogni stringa di input x, associamo una parola c_x di elementi di M_k in modo tale che il prodotto delle lettere della parola c_x dica se x viene accettata da C.

I monoidi M_k sono generati dall'insieme

$$A = \{0, 1, \langle \wedge, \rangle \wedge, \langle \vee, \rangle \vee\} .$$

I simboli $\langle$ e $\rangle$ servono come parentesi da usare per rappresentare il circuito tramite una formula booleana in notazione infissa. Senza perdita di generalità possiamo supporre che il circuito sia un albero e a livelli (ossia che gli ingressi per le porte al livello i provengano tutti dalle uscite di porte al livello $i - 1$). Così come c_x è la parola di M_k associata alla porta di output, allo stesso modo associamo ad ogni porta G del circuito una parola g. La "codifica" di ciascuna porta è data in base al livello a cui la porta si trova. Se G è al livello 1, allora g è la concatenazione dei valori che entrano nella porta (una sequenza di 0-1). Se G si trova al livello i, con $i > 1$, allora g viene definita in funzione di g_t, $t = 1, \ldots, r$, e h_w, $w = 1, \ldots, s$, che rappresentano le parole associate rispettivamente alle porte OR e AND del livello $i - 1$. Precisamente abbiamo

$$g = \langle \vee g_1 \rangle \vee \langle \vee g_2 \rangle \vee \ldots \langle \vee g_r \rangle \vee \langle \wedge h_1 \rangle \wedge \ldots \langle \wedge h_s \rangle \wedge .$$

Definiamo ora opportuni sottoinsiemi di A^* che semplificano la descrizione di M_k.

$$VA_1 = (0 + 1)^+$$
$$VA_i = (\langle \vee VA_{i-1} \rangle \vee + \langle \wedge VA_{i-1} \rangle \wedge)^+$$
$$OR_1 = VA_1 \cap A^* 1 A^*$$
$$\overline{OR_1} = VA_1 \setminus OR_1$$
$$\overline{AND_1} = VA_1 \cap A^* 0 A^*$$
$$AND_1 = VA_1 \setminus \overline{AND_1}$$
$$OR_i = VA_i \cap (A^* \langle \vee OR_{i-1} \rangle \vee A^* + A^* \langle \wedge AND_{i-1} \rangle \wedge A^*)$$
$$\overline{OR_i} = VA_i \setminus OR_i$$
$$\overline{AND_i} = VA_i \cap (A^* \langle \vee \overline{OR}_{i-1} \rangle \vee A^* + A^* \langle \wedge \overline{AND}_{i-1} \rangle \wedge A^*)$$
$$AND_i = VA_i \setminus \overline{AND_i} .$$

Questi sottoinsiemi possono essere interpretati come segue. VA_i è l'insieme delle parole che rappresentano codifiche "valide" per porte al livello i; OR_i e AND_i sono quelle parole che rappresentano porte OR e AND del livello i che accettano. Se la porta di output del circuito C di profondità k è un OR, allora l'accettazione avviene se e solo se la parola $c_x \in OR_k$. Il caso della porta AND è analogo. Sia ora M_k il prodotto diretto dei monoidi sintattici di OR_k e AND_k. È facile vedere che M_k è aperiodico in quanto tutti i linguaggi (sottoinsiemi di A^*) definiti su di esso sono *liberi da stella*, ossia ottenuti senza utilizzare l'operazione stella. Il programma per NUDFA che simula C viene costruito in modo da produrre, su input x, la stringa c_x e poi, per moltiplicazione iterata, il corrispondente elemento di M_k.   □

Teorema 10.13. *Un linguaggio è riconoscibile da NUDFA di lunghezza polinomiale su un monoide risolubile se e solo se appartiene alla classe* **ACC**.

Dim. La dimostrazione è simile a quella del Teorema 10.12. Bisogna tenere conto della presenza di contatori modulari e delle corrispondenti porte $MOD(q)$. Nella prima parte della dimostrazione, per un linguaggio $L \in \mathbf{M}^l_{t,q}$, avremo bisogno delle porte $MOD(q)$ ad ogni livello per poter sommare le fattorizzazioni determinate al precedente livello.

Per la seconda parte della dimostrazione, è necessario estendere l'alfabeto A ed aggiungere i simboli per rappresentare le porte $MOD(q)$. La dimostrazione procede poi per induzione, come per il Teorema 10.12.   □

Concludiamo questa sezione sottolineando ancora una volta come da naturali restrizioni sui monoidi si ottengano caratterizzazioni di classi naturali (e ben note) all'interno della classe **NC**¹.

10.6 Varietà di monoidi finiti e NC¹

Una trattazione unificata dei risultati riguardanti la struttura algebrica della classe **NC**¹ può essere ottenuta facendo riferimento al concetto di varietà di monoidi. Ad ogni varietà V, associamo la famiglia di linguaggi $\mathcal{P}(V)$ riconosciuti da NUDFA operanti su un programma di lunghezza polinomiale per un monoide M, con $M \in V$.

Il problema centrale è quello di capire quando accade che $V \neq W$ implica $\mathcal{P}(V) \neq \mathcal{P}(W)$, il che corrisponde ad individuare risultati di separazione tra classi di complessità. Date due varietà V e W, diremo che esse si *fondono* se accade che $\mathcal{P}(V) = \mathcal{P}(W)$, e che si *separano* se $\mathcal{P}(V) \neq \mathcal{P}(W)$.

Esempio 10.9 (Fusione). Abbiamo incontrato un esempio di separazione tra varietà, con il Teorema di Barrington. Infatti tale teorema può essere espresso nel modo seguente. Ogni varietà V che contiene un gruppo non risolubile soddisfa $\mathcal{P}(V) = \mathbf{NC}^1$. Perciò il Teorema di Barringon è un risultato di fusione molto forte: due varietà che contengono un gruppo non risolubile si fondono.   □

10.7 NUDFA su gruppi risolubili

I risultati della sezione precedente hanno messo in luce che NUDFA che operano su monoidi più "complicati" hanno un potere computazionale maggiore rispetto a NUDFA che operano su monoidi più semplici. Al livello più alto, ossia quello dei monoidi non risolubili, la potenza viene esclusivamente dai gruppi contenuti nel monoide (si veda la soluzione dell'Esercizio 10.8). In altre parole i gruppi non risolubili sono potenti quanto i monoidi non risolubili.

La potenza computazionale di NUDFA su gruppi non risolubili è perciò notevole, in quanto consente di riconoscere l'intera classe $\mathbf{NC}^1$. Un problema aperto che rimane è quello di determinare limitazioni alla potenza di NUDFA costruiti solamente con componenti AND, OR e MOD, che si tradurrebbero in limitazioni per la classe $\mathbf{ACC}$.

In questa sezione ci occupiamo di analizzare la potenza di NUDFA operanti su gruppi risolubili di diversa natura, che corrispondono a circuiti costituiti solamente da porte che eseguono conteggi modulari, con lo scopo di vedere se anche sui gruppi si verificano le proprietà che abbiamo discusso per i monoidi.

Mentre i NUDFA su un gruppo non risolubile possono naturalmente calcolare, con un programma di lunghezza polinomiale, qualsiasi funzione soglia di fan-in non limitato, per i NUDFA operanti su gruppi risolubili, non è neppure chiara la calcolabilità del caso estremo di soglia, dato dall'AND delle variabili in ingresso.

I risultati che vedremo possono essere visti come duali del Teorema 8.3 (si veda il Capitolo 8) che riguarda il calcolo della funzione parità tramite circuiti con porte AND e OR. In base a tale teorema, sappiamo che circuiti di dimensione polinomiale, profondità costante e con porte AND e OR non possono simulare il conteggio modulare, mentre non è chiaro se valga o meno il viceversa, ad esempio se e a che costo sia possibile calcolare la funzione AND tramite circuiti le cui porte eseguono conteggi modulari. Al riguardo, vale il seguente risultato.

Teorema 10.14. *Se G è un gruppo non nilpotente, esiste una famiglia di programmi per NUDFA su G di lunghezza esponenziale che calcola la funzione AND.*

Dim. Sia H un sottogruppo normale di G tale che $[G, H] = H$. Un sottogruppo con queste caratteristiche deve esistere in ogni gruppo che non sia nilpotente. Costruiamo ora induttivamente programmi per NUDFA, che denotiamo con $B(h, i)$, per $i = 1, \ldots, n$, e per ogni $h \in H$, dove ricordiamo che h è un prodotto di commutatori $g_k h_k g_k^{-1} h_k^{-1}$, con $g_k \in G$ e $h_k \in H$. Dato l'input $x_1 x_2 \ldots x_n$, il valore calcolato dal programma $B(h, i)$ è pari ad h, se $x_1 = x_2 = \ldots = x_i = 1$, ed è e altrimenti. $B(h, 1)$ consiste perciò in una singola istruzione. Denotiamo con $C(g, i)$ la singola istruzione che restituisce il valore g se $x_i = 1$, ed e altrimenti. Definiamo ora $B(h, i+1)$ come la concatenazione, per tutti i k, di $B(h_k, i)C(g_k, i+1)B(h_k^{-1}, i)B(g_k^{-1}, i+1)$. Allora

$B(h, n)$ calcola la funzione AND degli n ingressi $x_1\, x_2\, \ldots x_n$ ed ha lunghezza al più $(4|H|)^n$, dove $|H|$ è l'ordine di H.   □

Utilizzando le tecniche legate alla rappresentazione polinomiale delle funzioni booleane che abbiamo visto nella Sezione 8.9 del Capitolo 8, ed in particolare il fatto che la funzione AND ha grado massimo, è possibile dimostrare anche i due seguenti teoremi.

Teorema 10.15. *Se G è un gruppo nilpotente, non esiste alcuna famiglia di programmi per NUDFA su G di qualsiasi lunghezza, in grado di calcolare la funzione AND.*   □

Teorema 10.16. *Se G è un'estensione di un p-gruppo tramite un gruppo abeliano, non esiste alcuna famiglia di programmi per NUDFA su G di lunghezza subesponenziale, in grado di calcolare la funzione AND.*   □

Il Teorema 10.16 è un risultato parziale, in quanto rimane aperto il problema della lunghezza di programmi per NUDFA su gruppi risolubili che calcolano la funzione AND, ossia di dire se il Teorema 10.14 sia o meno ottimale. Al riguardo, Barrington, Straubing, e Thérien hanno formulato la seguente congettura.

Congettura 10.1 (Barrington, Straubing, Thérien). *Se G è un gruppo risolubile, non esiste alcuna famiglia di programmi per NUDFA su G di lunghezza subesponenziale, in grado di calcolare la funzione AND.*

10.8 La struttura fine di $\mathbf{NC}^1$

Cerchiamo ora di sintetizzare e fare ordine nelle diverse nozioni introdotte sin qui in questo capitolo.

Un possibile punto di partenza è il sorprendente risultato di Barrington circa la potenza dei BP di ampiezza 5, in grado di riconoscere l'intera classe $\mathbf{NC}^1$. I BP risultano essere equivalenti ai NUDFA, per cui possiamo affermare che un linguaggio appartiene alla classe $\mathbf{NC}^1$ se e solo se è calcolabile tramite un NUDFA a cui viene associato un programma di lunghezza polinomiale. Abbiamo così una caratterizzazione della classe $\mathbf{NC}^1$ che risulta essere analoga alla caratterizzazione della classe dei linguaggi regolari in termini di automi a stati finiti.

Il fatto che un NUDFA operi su una struttura algebrica ci ha permesso di individuare classi di complessità all'interno della classe $\mathbf{NC}^1$ ponendo restrizioni sulla struttura algebrica. Ad esempio NUDFA operanti su monoidi o gruppi non risolubili riconoscono $\mathbf{NC}^1$, mentre da NUDFA che agiscono su vari tipi di monoidi risolubili vengono riconosciute classi come $\mathbf{AC}^0$ e $\mathbf{ACC}$. Viceversa, la potenza di NUDFA relativi a gruppi risolubili è legata alla possibilità di simulare porte soglia, come la porta AND, usando solo

	Linguaggi regolari	
Valore di una formula	Monoidi non risolubili	$\mathbf{NC}^1$ ← Grado Completo
Maggioranza	Vuoto	
	Monoidi risolubili	ACC
	Liberi da stella	$\mathbf{AC}^0$

Figura 10.5. Descrizione sintetica delle classi all'interno di $\mathbf{NC}^1$

porte che eseguono conteggi modulari. Lo sviluppo di questi risultati e di questa corrispondenza tra classi note e strutture algebriche è resa possibile da classificazioni di linguaggi in termini di monoidi che li riconoscono. È anche importante rilevare che i linguaggi regolari "attraversano" tutti i livelli della classe $\mathbf{NC}^1$, costituendone così una sorta di "spina dorsale".

La struttura fine della classe $\mathbf{NC}^1$ che deriva da queste osservazioni è illustrata nella Figura 10.5.

10.9 Dalla parola al circuito

Concludiamo il capitolo accennando ad un problema complementare a quanto visto finora, il problema del valore di un circuito i cui archi sono associati a elementi di un monoide finito M e le cui porte eseguono l'operazione del monoide (problema del valore del circuito su M, che indichiamo con $PC(M)$). Questo problema generalizza il problema della parola su M, che come abbiamo visto nelle sezioni precedenti è intimamente collegato alla struttura della classe $\mathbf{NC}^1$. In modo analogo, il problema del valore del circuito su M risulta essere collegato alla classe $\mathbf{P}$, nel senso che, per monoidi non risolubili, è $\mathbf{P}$-completo, per monoidi risolubili è nella classe DET (che è la classe dei problemi contenuti in $\mathbf{NC}^2$ che si riducono al determinante tramite trasformazioni in spazio logaritmico) mentre per monoidi aperiodici è in una tra un certo numero di classi, in base ad ulteriori proprietà algebriche.

Per ragioni tecniche, si fa riferimento senza perdita di generalità a circuiti con porte che calcolano la funzione NAND, ossia la negazione della funzione AND.

Teorema 10.17. *Se M contiene un gruppo non risolubile, allora $PC(M)$ è* $\mathbf{P}$*-completo.*

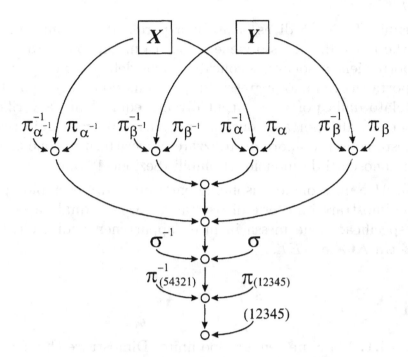

Figura 10.6. Circuito per la simulazione di una porta NAND

Dim. L'appartenenza alla classe **P** è ovvia. La dimostrazione della **P**-completezza è un'adattamento della dimostrazione del Teorema di Barrington che abbiamo visto nella Sezione 10.4. Basta analizzare la simulazione di una porta NAND, in quanto il problema della valutazione di un circuito con porte NAND è **P**-completo.

Siano c_1 e c_2 due 5-cicli tali che anche $c_1^{-1}c_2^{-1}c_1c_2$ è un 5-ciclo. Sia ora c_3 un 5-ciclo che soddisfa

$$c_3^{-1}c_1^{-1}c_2^{-1}c_1c_2c_3 = (12345).$$

Inoltre, per ogni 5-ciclo c, sia π_c l'unico elemento di A_5 che soddisfa la relazione $\pi_c^{-1}(12345)\pi_c = c$. Allora possiamo simulare una porta NAND tramite il circuito di profondità costante illustrato nella Figura 10.6. Se $[X]$ e $[Y]$ denotano rispettivamente i sottocircuiti su A_5 che codificano l'output prodotto dalle porte X e Y, possiamo supporre induttivamente che $[X]$ e $[Y]$ restituiscano l'identità oppure (12345) a seconda che X e Y restituiscano 0 oppure 1. A questo punto è facile vedere che X NAND $Y = 0$ se e solo se il circuito in figura restituisce l'identità, mentre X NAND $Y = 1$ se e solo se il circuito in figura restituisce (12345). Allora la valutazione di un circuito su un monoide non risolubile rende possibile la valutazione di un circuito con porte NAND. □

L'impatto della risolubilità sulla complessità del problema della valutazione del circuito relativo è evidenziato dal seguente teorema.

Teorema 10.18. *Se M è un monoide risolubile, allora $PC(M)$ è in DET.*

Dim. (Cenni.) L'idea è di associare una parola di M^* ad ogni nodo del circuito. Alle porte di ingresso viene associato un singolo carattere, mentre alle altre porte viene associata la concatenazione delle parole associate ai nodi da cui la porta riceve i suoi ingressi. In questo modo determinare l'elemento di M calcolato dalla porta di output diventa equivalente a verificare se la parola associata alla porta di output appartiene al linguaggio riconosciuto da M. Questo consente allora di utilizzare la caratterizzazione algebrica dei linguaggi riconosciuti da monoidi risolubili (Sezione 10.3.3).   □

Quando M è un monoide risolubile particolare (ad esempio aperiodico), si possono dimostrare una serie di risultati in base ai quali, a seconda della proprietà specifica, viene messa in luce l'appartenenza di $PC(M)$ a classi stratificate tra $\mathbf{AC}^0$ e DET.

Esercizi

Esercizio 10.1. Sia S un semigruppo finito. Dimostrare che S contiene un elemento t idempotente, ossia tale che $t = t^2$.
(*Soluzione.* Dato $s \in S$, dimostriamo che esiste $k > 0$ tale che s^k è un idempotente. Consideriamo la sequenza $s, s^2, s^3, \ldots$. Tale sequenza contiene un numero finito di elementi distinti; perciò devono esistere due interi positivi p e q tali che $s^p = s^{p+q}$. Scegliamo ora un intero $r \geq 0$ in modo che $p + r \equiv 0 \pmod{q}$. Allora abbiamo che s^{p+r} è un idempotente. Infatti, per qualche $m \geq 0$, vale $(s^{p+r})^2 = s^{p+mq+r} = s^{p+r}$.)

Esercizio 10.2. Ad ogni semiautoma $A = \langle S, A, \delta \rangle$, associamo un monoide $M_A = A^* / \cong$, dove $\cong$ è la congruenza di indice finito definita da

$$x \cong y \text{ se e solo se, per ogni } s \in S, \delta(s, x) = \delta(s, y).$$

Dimostrare che M_A è un gruppo se e solo se esiste un intero n tale che $x^n \cong e$, per ogni $x \in A^*$.
(*Soluzione.* Se, per ogni $x \in A^*$, esiste n tale che $x^n \cong e$, allora x^{n-1} è l'inverso di x e quindi M_A è un gruppo. Viceversa, consideriamo l'orbita di un elemento $x \in M_A$. La sequenza $e, x, x^2, \ldots,, x^t, \ldots$ è un sottogruppo ciclico di M_A. Da questo segue immediatamente la tesi.)

Esercizio 10.3. Si dimostri che la famiglia dei linguaggi modulo di classe m è chiusa rispetto al complemento.

Esercizio 10.4. Siano $\cong$ una congruenza su A^*, V un contesto, u, x e y elementi di A^*.
Dimostrare la seguente uguaglianza:

$$\binom{xy}{u}_{[V]_\cong} = \sum_{u=u_1 u_2, [V]=[V_1 V_2]} \binom{x}{u_1}_{[V_1]_\cong} \binom{y}{u_2}_{[V_2]_\cong}.$$

Esercizio 10.5. Si dimostri che la relazione $c(m, q, n)$ che definisce i linguaggi di conteggio è una congruenza di indice finito.

(Suggerimento: procedere per induzione su n.)

Esercizio 10.6 (NUDFA e BP). Dimostrare l'equivalenza tra NUDFA e BP, utilizzando le definizioni date in questo capitolo.

Esercizio 10.7. Dimostrare che nel modello dei NUDFA possono essere riconosciuti linguaggi non ricorsivi.

(Suggerimento: dato un alfabeto composto da una sola lettera, $A = \{a\}$, considerare qualsiasi linguaggio del tipo $L \subseteq \{a\}^*$ e dimostrare che viene riconosciuto da un NUDFA; osservare che tra questi linguaggi ne esistono di non ricorsivi.)

Esercizio 10.8 (NUDFA e Circuiti). Dimostrare che un linguaggio appartiene alla versione non uniforme della classe $\mathbf{NC}^1$ se e solo se può essere riconosciuto da una famiglia di programmi di lunghezza polinomiale per un NUDFA.
(*Soluzione.* Dimostriamo che se G è un gruppo non risolubile, allora la classe dei linguaggi riconosciuti da NUDFA su G di lunghezza polinomiale è esattamente $\mathbf{NC}^1$.

Vediamo prima il contenimento in $\mathbf{NC}^1$. La determinazione dell'output di un NUDFA su G comporta l'esecuzione di una moltiplicazione iterata di elementi di G. Se la "lunghezza" di questa moltiplicazione è polinomiale, allora può essere eseguita da un albero binario (i cui nodi calcolano il prodotto di due termini) di profondità logaritmica, ossia da un circuito $\mathbf{NC}^1$.

Facciamo ora vedere che $\mathbf{NC}^1$ è contenuto nella classe dei linguaggi riconosciuti da NUDFA su G di lunghezza polinomiale. Sia $H \neq 1$ un sottogruppo di G che coincide con il proprio commutatore, ossia tale che $[H, H] = H$. Ricordiamo che tale H esiste se e solo se G è un gruppo non risolubile. Per ogni elemento h di H diverso dall'identità e per ogni circuito C di profondità d, costruiamo un NUDFA di lunghezza $2^{O(d)}$ che produce h per input accettati da C e l'identità altrimenti. Come nella dimostrazione del Teorema 10.10, possiamo supporre che il circuito C consista nell'AND di due circuiti C_1 e C_2, e che per tali circuiti esistano, per ogni h, gli appropriati NUDFA $B_{1,h}$ e $B_{2,h}$. Il NUDFA ottenuto concatenando $B_{1,g}$, $B_{2,h}$, $B_{1,g^{-1}}$ e $B_{2,h^{-1}}$ produce $ghg^{-1}h^{-1}$ se sia C_1 che C_2 accettano e l'identità altrimenti. Il risultato cercato segue allora in modo analogo alla dimostrazione del Teorema 10.10.)

Esercizio 10.9. Dimostrare che il monoide $\mathbf{N}/r_{t,q}$ è un gruppo se e solo se $t = 0$ ed è aperiodico se e solo se $q = 1$.

Esercizio 10.10. Descrivere i linguaggi modulo e di conteggio delle Sezioni 10.3.1 e 10.3.2 in termini della classificazione della Sezione 10.3.3.

10.10 Note bibliografiche

La teoria algebrica degli automi è presentata in modo esauriente nei volumi di Eilenberg [54], il quale ha sistematizzato una serie di risultati precedenti, tra cui segnaliamo i seguenti contributi:

- il collegamento tra linguaggi regolari e monoidi finiti individuato da Myhill in [107];
- la caratterizzazione dei linguaggi corrispondenti a monoidi aperiodici dovuta a Schützenberger [135].

La classificazione dei linguaggi regolari che è stata il punto di partenza per studiare la struttura di $\mathbf{NC}^1$ si trova in [142]; un lavoro collegato è [143]. La dimostrazione del fatto che il prodotto intrecciato consente di generare la varietà dei monoidi risolubili a partire dalle varietà dei gruppi risolubili e monoidi aperiodici è una riscrittura del Teorema di Krohn e Rhodes [85]. Una presentazione chiara della dimostrazione di tale teorema si trova nell'appendice A del libro di Straubing [139], che peraltro segnaliamo al lettore come riferimento fondamentale per le relazioni tra complessità sui circuiti, logica e teoria degli automi.

La dimostrazione della potenza dei BP di ampiezza 5 è dovuta a Barrington e si trova in [22].

I lavori [25, 95, 96, 24] contengono i principali avanzamenti rispetto all'analisi della struttura della classe $\mathbf{NC}^1$, ottenuti utilizzando programmi per NUDFA definiti su monoidi.

Il problema della valutazione dei circuiti su monoidi, che abbiamo trattato nell'ultima sezione di questo capitolo, è stato studiato in [29].

Altri riferimenti di interesse sono [28, 31, 30, 23].

Bibliografia

1. L.M. ADLEMAN. Two Theorems on Random Polynomial Time. *19th Annual IEEE Symp. on Foundations of Computer Science*, pp. 75–83, 1978.

2. L.M. ADLEMAN. A Subexponential Algorithm for the Discrete Logarithm Problem with Applications to Cryptography. *20th Annual IEEE Symp. on Foundations of Computer Science*, pp. 55–60, 1979.

3. L.M. ADLEMAN, A.M.-D. HUANG. Recognizing Primes in Random Polynomial Time. *19th Annual ACM Symp. on Theory of Computing*, pp. 462–469, 1987.

4. L.M. ADLEMAN, K. MANDERS, G. MILLER. On Taking Roots in Finite Fields. *18th Annual IEEE Symp. on Foundations of Computer Science*, pp. 175–177, 1977.

5. L.M. ADLEMAN, C. POMERANCE, R.S. RUMLEY. On Distinguishing Prime Numbers from Composite Numbers. *Ann. of Math. 1117*, pp. 173–206, 1983.

6. M. AJTAI. $\sum_1^1$-Formulae on Finite Structures. *Annals of Pure and Applied Logic 24*, pp. 1–48, 1983.

7. N. ALON. *On the Rigidity of Hadamard Matrices*. Manoscritto.

8. N. ALON, R.B. BOPPANA. The monotone circuit complexity of Boolean functions. *Combinatorica 7(1)*, pp. 1–22, 1987.

9. N. ALON, Z. GALIL, V.D. MILMAN. Better Expanders and Concentrators. *J. of Algorithms 8*, pp. 337–347, 1987.

10. N. ALON, Z. GALIL, O. MARGALIT. On the Exponent of the All Pairs Shortest Path Problem. *J. of Computer and System Sciences 54*, pp. 255–262, 1997.

11. N. ALON, O. GOLDREICH, J. HÅSTAD, R. PERALTA. Simple Constructions of Almost k-wise Independent Random Variables. *31st Annual IEEE Symp. on Foundations of Computer Science*, pp. 544–553, 1990.

12. N. ALON, M. KARCHMER, A. WIGDERSON. Linear Circuits over GF_2,. *SIAM J. Computing 19(6)*, 1990, pp. 1064–1067.

13. N. ALON, V. D. MILMAN. λ_1, Isoperimetric Inequalities for Graphs and Superconcentrators. *J. of Combinatorial Theory (B) 38*, pp. 73–88, 1985.

14. A.E. ANDREEV. On a Method for Obtaining Lower Bounds for the Complexity of Individual Monotone Functions. *Dokl. Akad. Nauk SSSR 282(5)*, pp. 1033–1037; traduzione in inglese in: *Soviet Math. Dokl. 31(3)*, pp. 530–534, 1985.

15. N.C. ANKENY. The Least Quadratic Non-Residue. *Ann. of Math. 55*, pp. 65–72, 1952.

16. A.O.L. ATKIN, F. MORAIN. Finding suitable Curves for the Elliptic Curve Method of Factorization. *Mathematics of Computation 60(201)*, pp. 399–405, 1993.

17. L. BABAI, L. FORTNOW, N. NISAN, A. WIGDERSON. BPP has Weak Subexponential Simulation Unless EXPTIME has Publishable Proofs. *Proc. of Structures in Comp. Theory*, 1991.

18. L. BABAI, P. FRANKL, J. SIMON. Complexity classes in communication complexity theory. *27th Annual IEEE Symp. on Foundations of Computer Science*, pp. 337–347, 1986.

19. L. BABAI, A. GAL, A. WIGDERSON. Superpolynomial Lower Bounds for Monotone Span Programs. *DIMACS Technical Report 96-37*, 1996.

20. E. BACH. How to Generate Random Integers with Known Factorization. *15th Annual ACM Symp. on Theory of Computing*, 1983.

21. E. BACH, J. SHALLIT. *Algorithmic Number Theory, Vol.1*. MIT Press, 1996.

22. D.A. MIX BARRINGTON. Bounded-Width Polynomial-Size Branching Programs Recognize Exactly Those Languages in $\mathbf{NC}^1$. *J. of Computer and System Science 38*, pp. 150–164, 1989. (Una versione preliminare è apparsa in *18th Annual ACM Symp. on Theory of Computing*, pp. 1–5, 1986.).

23. D.A. MIX BARRINGTON, P. MCKENZIE. Oracle branching programs and Logspace versus P. *Information and Computation 95(1)*, pp. 96–115, 1991.

24. D.A. MIX BARRINGTON, D. THÉRIEN. Non-Uniform Automata Over Groups. *ICALP 1987*, pp. 163–173.

25. D.A. MIX BARRINGTON, D. THÉRIEN. Finite Monoids and the Fine Structure of $\mathbf{NC}^1$. *J. of ACM 35(4)*, pp. 941–95, 1988. (Una versione preliminare è in *19th Annual ACM Symp. on Theory of Computing*, pp. 101-109, 1987.)

26. K.E. BATCHER. Sorting networks and their applications. *Proc. of the AFIPS Spring Joint Computing Conference 32*, pp. 307–314, 1968.

27. P.W. BEAME, S.A. COOK, H.J. HOOVER. Log Depth Circuits for Division and Related Problems. *SIAM J. Comput. 15*, pp. 994-1003, 1986.

28. M. BEAUDRY, P. MCKENZIE. Circuits, Matrices, and Nonassociative Computation. *J. of Computer and System Sciences 50(3)*, pp. 441–455, 1995.

29. M. BEAUDRY, P. MCKENZIE, P. PÉLADEAU, D. THÉRIEN. Finite Monoids: From Word to Circuit Evaluation. *SIAM J. Comput. 26(1)*, pp. 138–152, 1997.

30. M. BEAUDRY, P. MCKENZIE, D. THÉRIEN. The Membership Problem in Aperiodic Transformation Monoids. *JACM 39(3)*, pp. 599–616, 1992.

31. F. BÉDARD, F. LEMIEUX, P. MCKENZIE. Extensions to Barrington's M-Program Model. *Theoretical Computer Science 107(1)*, pp. 31–61, 1993.

32. R. BEIGEL. The Polynomial method in circuit complexity. *Proc. 8th Structure in Complexity Theory*, pp. 82–95, 1993.

33. S.J. BERKOWITZ. On some relationships between monotone and non-monotone circuit complexity. *Tech. Report, Comput. Sci. Dept., Univ. of Toronto*, 1982.

34. S.J. BERKOWITZ. On Computing the Determinant in Small Parallel Time Using a Small Number of Processors. *Information Processing Letters 18(3)*, pp. 147–150, 1984.

35. A. BERNASCONI, B. CODENOTTI. *Introduzione alla Complessità Computazionale*. Springer Verlag 1998.

36. A. BERNASCONI, B. CODENOTTI, V. CRESPI, G. RESTA How Fast Can One Compute the Permanent of Circulant Matrices ? *Linear Algebra and Appl.*, 1999.

37. L. BLUESTEIN. A linear filtering approach to the computation of the discrete Fourier transform. *IEEE Trans. Electroacoustics 18*, pp. 451–455, 1970.

38. M. BLUM, R. M. KARP, O. VORNBERGER, C. H. PAPADIMITRIOU, M. YANNAKAKIS. The complexity of testing whether a graph is a superconcentrator. *Information Processing Letters 13(4-5)*, pp. 164–167, 1981.

39. M. BLUM, S. MICALI. How to Generate Cryptographically Strong Sequences of Pseudorandom Bits. *SIAM J. Computing 13(4)*, pp. 850–864, 1984.

40. R.B. BOPPANA, M. SIPSER. The complexity of finite functions. In *Handbook of Theoretical Computer Science*, Elsevier Science Publisher B.V., 1990.

41. A. BORODIN. Structured vs general models in computational complexity. *Logic and Algorithmic: An international Symposium held in honor of Ernst Specker*, pp. 47–65. *Monogr. 30 de l'Enseign. Math. 30*, 1982.

42. R.A. BRUALDI, B.L. SHADER. *Matrices of sign-solvable linear systems*. Cambridge University Press, 1995.

43. P. BÜRGISSER, M. CLAUSEN, M.A. SHOKROLLAHI. *Algebraic Complexity Theory*. Springer Verlag, 1997.

44. B. CHAZELLE. A Spectral Approach to Lower Bounds. *35th Annual IEEE Symp. on Foundations of Computer Science*, pp. 674–682, 1994.

45. B. CODENOTTI, V. CRESPI, G. RESTA. On the Permanent of Certain $(0,1)$ Toeplitz Matrices. *Linear Algebra and Appl. 267*, pp. 65–100, 1997.

46. B. CODENOTTI, P. PUDLÁK, G. RESTA. Some Structural Properties of Low Rank Matrices Related to Computational Complexity. *Theoretical Computer Science*, in corso di stampa.

47. H. COHEN. *A course in Computational Number Theory*. Springer Verlag 1996.

48. J.W. COOLEY, J.W. TUKEY. An Algorithm for the Machine Calculation of Complex Fourier Series. *Mathematics of Computation 19*, pp. 297–301, 1965.

49. D. COPPERSMITH, S. WINOGRAD. Matrix Multiplication via arithmetic progressions. *19th Annual ACM Symp. on Theory of Computing*, pp. 1-6, 1987.

50. P. DAGUM, M. LUBY, M. MIHAIL, U. VAZIRANI. Polytopes, Permanents, and Graphs with Large Factors. *27th Annual IEEE Symp. on Foundations of Computer Science*, pp. 412–421, 1988.

51. D.M. CVETKOVIC, M. DOOB, AND H. SACHS. *Spectra of Graphs*. Academic Press, 1979.

52. L.E. DICKSON. *History of the Theory of Numbers*. Vol. 1, Chelsea Publishing Co., New York, 1952.

53. P. DUNNE. *The Complexity of Boolean Networks*. Academic Press, 1989.

54. S. EILENBERG. Automata, Languages, and Machines. *Pure and Applied Matematics : A Series of Monographs and Textbook, Vol 58 e Vol 59*. Academic Press, 1976.

55. P. ERDOS, R. GRAHAM, E. SZEMEREDI. On sparse graphs with dense long paths. *Computer and Mathematics with Applications 1*, pp. 365–369, 1975.

56. P. ERDÖS, R. RADO. Intersection theorems for systems of sets. *J. London Math. Soc. 35*, pp. 85–90, 1960.

57. F.E. FICH, M. TOMPA The Parallel Complexity of Exponentiating Polynomials over Finite Fields. *JACM 35(3)*, pp. 651–667, 1988.

58. M. FISCHER, M. PATERSON. String-Matching and Other Products. *Complexity of Computation: Proceedings of a Symposium in Applied Mathematics of the American Mathematical Society and the Society for Industrial and Applied Mathematics, Volume VII*, 1974.

59. L. FORTNOW, S. LAPLANTE. Circuit lower bounds à la Kolmogorov. *Information and Computation*, pp. 121-126, 1995.

60. M. FREDMAN. New Bounds on the Complexity of the Shortest Path Problem. *SIAM J. on Computing, 5(1)*, pp. 83–89, 1976.

61. J. FRIEDMAN. A note on matrix rigidity. *Combinatorica 13(2)*, pp. 235–239, 1993.

62. M. FURST, J. SAXE, M. SIPSER. Parity, circuits, and the polynomial-time hierarchy. *Math. Syst. Theory 17*, pp. 13–27, 1984.

63. O. GABBER, Z. GALIL. Explicit Construction of Linear Size Superconcentrators. *J. of Computer and System Science 22*, pp. 407–422, 1981

64. J. VON ZUR GATHEN. Irreducibility of Multivariate Polynomials. *J. of Computer and System Science 31*, pp. 225–264, 1985.

65. J. VON ZUR GATHEN. Computing Powers in Parallel. *SIAM J. Computing 16(5)*, pp. 930–945, 1987.

66. J. VON ZUR GATHEN. Inversion in Finite Fields Using Logarithmic Depth. *J. Symb. Comput. 9(2)*, pp. 175–183, 1990.

67. J. VON ZUR GATHEN, G. SEROUSSI. Boolean Circuits Versus Arithmetic Circuits. *Information and Computation 91(1)*, pp. 142–154, 1991.

68. A. GERASOULIS. A Fast Algorithm for the Multiplication of Generalized Hilbert Matrices with Vectors. *Mathematics of Computation 50(181)*, pp. 179–188, 1988.

69. A. GERASOULIS, M. D. GRIGORIADIS, LIPING SUN. A fast algorithm for Trummer's problem. *SIAM Journal on Scientific and Statistical Computing 8(1)*, p. S135–S138, 1987.

70. S. GOLDWASSER, J.KILIAN. Almost all Primes can be Quickly Certified. *19th Annual ACM Symp. on Theory of Computing*, pp. 462–469, 1987.

71. O. GOLDREICH. Three XOR-Lemmas - An Exposition. *Electronic Colloquium on Computational Complexity TR95-056*, 1995. Accessibile dal sito `http://www.eccc.uni-trier.de/eccc`

72. O. GOLDREICH, N. NISAN, A. WIDGERSON. On Yao's XOR-Lemma. *Electronic Colloquium on Computational Complexity TR95-050*, 1995. Accessibile dal sito `http://www.eccc.uni-trier.de/eccc`

73. D. YU. GRIGORIEV. Using the notion of separability and independence for proving lower bounds on circuit complexity.*Notes of the Leningrad branch of the Steklov Mathematical Institute 60*, pp. 38–48, 1976.

74. J. HÅSTAD. *Computational Limitations for Small Depth Circuits*. Ph.D. Dissertation, MIT Press, Cambridge, Mass. 1986.

75. M.T. HEIDEMAN, D.H. JOHNSON, C.S. BURRUS. Gauss and the History of the Fast Fourier Transform. *IEEE ASSP Magazine*, Ottobre 1984.

76. D. HUSEMÖLLER. *Elliptic Curves*. Springer Verlag, 1987.

77. R. IMPAGLIAZZO, L. LEVIN, M. LUBY. Pseudo-random Number Generation from One-way Functions. *21st Annual ACM Symp. on Theory of Computing*, pp. 12–24, 1989.

78. R. IMPAGLIAZZO, A. WIDGERSON. P=BPP if E Requires Exponential Circuits: Derandomizing the XOR Lemma. *29th Annual ACM Symp. on Theory of Computing*, pp. 220–229, 1997.

79. D.S. JOHNSON. A Catalog of Complexity Classes. In *Handbook of Theoretical Computer Science*, Elsevier Science Publisher B.V., 1990.

80. H. JUNG. Depth Efficient Transformations of Arithmetic into Boolean Circuits. *Proc. Fundamentals of Computation Theory 1985*. Springer-Verlag LNCS 119, pp. 167-174.

81. M. KARCHMER, A. WIGDERSON. On Span Programs. *Proc. 8th Annual Structure in Complexity Theory*, pp. 112–118, 1993.

82. B. S. KASHIN, A. A. RAZBOROV. Improved Lower Bounds on the Rigidity of Hadamard Matrices. Preprint, 1997.

83. L. KERR. *The Effect of Algebraic Structure on the Computational Complexity of Matrix Multiplication*. Ph.D. Thesis, Cornell University, 1970.

84. N. KOBLITZ. *Introduction to Elliptic Curves and Modular Forms*. Springer-Verlag, 1997.

85. K. KROHN, J. RHODES. Algebraic Theory of Machines. I. Prime decomposition theorem for finite semigroups and machines. *Trans. Amer. Math. Soc. 116* pp. 450–464, 1965.

86. E. A. LAMAGNA, J. E. SAVAGE. Combinational complexity of some monotone functions. *Proc. 15th Ann. IEEE Symp. on Switching and Automata Theory*, pp. 140–144, 1974.

87. S. LAPLANTE. *Kolmogorov Techniques in Computational Complexity Theory.* Ph.D. Thesis, Rapporto Tecnico TR-97-13, The University of Chicago, 1997. http://www.cs.uchicago.edu/publications/tech-reports/TR-97-13.ps.

88. L.A. LEVIN One-Way Functions and Pseudorandom Generators. *Combinatorica 7(4)*, pp. 357–363, 1987.

89. M. LI, P. VITÁNYI. *An introduction to Kolmogorov complexity and applications.* 2nd ed., Springer-Verlag, 1997.

90. H. LU. Fast Algorithms for Confluent Vandermonde Linear Systems and Generalized Trummer's Problem. *SIAM Journal on Matrix Analysis and Applications 16(2)*, pp. 655–674, 1995.

91. A. LUBOTZKY, R. PHILLIPS, P. SARNAK. Ramanujan graphs. *Combinatorica 8*, pp. 261–278, 1988.

92. F.J. MACWILLIAMS, N.J.A. SLOANE. *The Theory of Error-Correcting Codes.* North Holland 1977. Ultima ristampa 1996.

93. G.A. MARGULIS. Explicit Construction of Concentrators. *Problems of Information Transmission 9*, pp. 325–332, 1973.

94. W. McCUAIG, N. ROBERTSON, P.D. SEYMOUR, R. THOMAS. Permanents, Pfaffian orientations, and even directed circuits. *29th Annual ACM Symp. on Theory of Computing*, pp. 402–405, 1997.

95. P. McKENZIE, P. PÉLADEAU, D. THÉRIEN. $\mathbf{NC}^1$: The Automata-Theoretic Viewpoint. *Computational Complexity 1*, pp. 330–359, 1991.

96. P. McKENZIE, D. THÉRIEN. Automata Theory Meets Circuit Complexity. *Proc. ICALP*, pp. 589–602, 1989.

97. G.L. MILLER. Riemann Hypothesis and Test for Primality. *J. of Computer and System Science 13*, pp. 300–317, 1976.

98. H. MINC. *Permanents.* Encyclopedia of Mathematics and its Appl. Vol. 6, 1978.

99. F. MORAIN. Implementation of the Atkin-Goldwasser-Kilian Primality Testing Algorithm. *INRIA Research Report 911*, 1988.

100. J. MORGENSTERN. Note on a Lower Bound on the Linear Complexity of the Fast Fourier Transform. *J. ACM 20(2)*, pp. 305–306, 1973.

101. J. MORGENSTERN. The Linear Complexity of Computation. *J. ACM 22(2)*, pp. 184–194, 1975.

102. M. MORGENSTERN. Explicit Construction of Natural Bounded Concentrators. *32nd Annual IEEE Symp. on Foundations of Computer Science*, pp. 392–397, 1991.

103. M. MORGENSTERN. Natural Bounded Concentrators. *Combinatorica 15*, 1995.

104. M. MORGENSTERN. Ramanujan Diagrams. *SIAM Journal on Discrete Mathematics 7(4)*, pp. 560–570, 1994.

105. R. MOTWANI, P. RAGHAVAN. *Randomized Algorithms.* Cambridge University Press, 1995.

106. D. E. MULLER, F. P. PREPARATA. Bounds to complexities of networks for sorting and switching. *J. ACM 22(2)*, pp. 195–201, 1975.

107. J. MYHILL. Finite automata and the representation of events. *WADD Technical Report 57-624*, Wright-Patterson Air Force Base, 1957.

108. E. KUSHILEVITZ, N. NISAN. *Communication Complexity*, Cambridge Univ. Press (1997).

109. N. NISAN, A. WIDGERSON. Hardness vs. Randomness. *J. of Computer and System Science 49*, pp. 149–167, 1994.

110. N. NISAN, A. WIGDERSON. On the Complexity of Bilinear Forms. *27th Annual ACM Symp. on Theory of Computing* pp. 723–732, 1995

354   Bibliografia

111. M.S. PINSKER. On the complexity of a concentrator. *Proc. 7th Intern. Teletraffic Conference. Stockholm*, pp. 420–425, 1973.

112. N. PIPPENGER. Superconcentrators. *SIAM J. on Comput. 6(2)*, pp. 298–304, 1977.

113. N. PIPPENGER. Communication Networks. In *Handbook of Theoretical Computer Science, Vol. A*, Edited by J. van Leeuwen, pp. 805–833, 1990.

114. N. PIPPENGER, L.G.VALIANT. Shifting Graphs and their Applications. *J. ACM 23*, pp. 423–432, 1976.

115. S.C. POHLIG, M.E. HELLMAN. An Improved Algorithm for Computing Logarithms Over $GF(p)$ and its Cryptographic Significance. *IEEE Trans. on Information Theory IT-24*, pp. 106–110, 1978.

116. V. PRATT. Every Prime has a Succint Certificate. *SIAM J. Comp. 4*, pp. 214–220, 1975.

117. F.P. PREPARATA, R.T. YEH. *Introduzione alle Strutture Discrete.* Boringhieri, 1976.

118. P. PUDLÁK. A Note on the Use of Determinant for Proving Lower Bounds on the Size of Linear Circuits. *Electronic Colloquium on Computational Complexity TR98-042*, 1998.

119. P. PUDLÁK, V. RÖDL. A Combinatorial Approach to Complexity. *Combinatorica 12(2)*, pp. 221-226, 1992.

120. P. PUDLÁK, V. RÖDL. Modified Ranks of Tensors and the Size of Circuits. *25th Annual ACM Symp. on Theory of Computing*, pp. 523–531, 1993.

121. P. PUDLÁK, V. RÖDL. Some combinatorial-algebraic problems from complexity theory. *Discrete Mathematics 136*, pp. 253–279, 1994.

122. P. PUDLÁK, V. RÖDL, P. SAVICKY. Graph Complexity. *Acta Informatica 25*, pp. 515–535, 1988.

123. P. PUDLÁK, Z. VAVŘÍN. Computation of rigidity of order n^2/r for one simple matrix. *Comment. Math. Univ. Carolinae 32(2)*, pp. 213–218, 1991.

124. M.O. RABIN. Probabilistic Algorithm for Testing Primality. *J. Number Theory 12*, pp. 128–138, 1980.

125. C. M. RADER. Discrete Fourier Transforms when the Number of Data Samples is Prime. *Proc. IEEE 56*, pp. 1107–1108, 1968.

126. A. A. RAZBOROV. Lower bounds on the monotone complexity of some Boolean functions. *Dokl. Akad. Nauk SSSR 281(4)*, pp. 798–801; traduzione in inglese su: *Soviet Math. Dokl. 31*, pp. 354–357, 1985.

127. A. A. RAZBOROV. A lower bound on the monotone network complexity of the logical permanent. *Mat. Zametki 37(6)*, pp. 887–900; traduzione in inglese su: *Math. Notes 37(6)*, pp.485–493, 1985.

128. A. A. RAZBOROV. Lower bounds on the size of bounded depth networks over a complete basis with logical addition. *Mat. Zametki 41(4)*, pp. 598–607; traduzione in inglese su: *Math. Notes 41(4)*, pp. 333–338, 1987.

129. A. A. RAZBOROV. On rigid matrices. Preprint, 1997.

130. J. ROSSER, L. SCHOENFIELD. Approximate Formulas for Some Functions of Prime Numbers. *Illinois J. Math. 6*, pp. 64–94, 1962.

131. L. V. SATYANARAYANA. Spectral Methods for Matrix Rigidity with Applications to Size-Depth Tradeoffs and Communication Complexity. *36th Annual IEEE Symp. on Foundations of Computer Science*, pp. 6–15, 1995.

132. A. SCHÖNHAGE. Storage modification machines. *SIAM Journal on Computing 9(3)*, pp. 490–508, 1980.

133. A. SCHÖNHAGE, V. STRASSEN Schnelle Multiplikation grosser Zahlen. *Computing 7*, pp. 281–292, 1971.

134. R. SCHOOF. Elliptic Curves Over Finite Fields and the Computation of Square Root mod p. *Math. of Computation 44*, 1985.

135. M.P. SCHÜTZENBERGER. On finite monoids having only trivial subgroups. *Information and Control 8*, pp. 190–194, 1965.

136. M. SIPSER, D.A. SPIELMAN. Expander Codes. *365th Annual IEEE Symp. on Foundations of Computer Science*, pp. 566–576, 1994.

137. R. SMOLENSKY. Algebraic Methods in the Theory of Lower Bounds for Boolean Circuit Complexity. *19th Annual ACM Symp. on Theory of Computing*, pp. 77–82, 1987.

138. R. SOLOVAY, V. STRASSEN. A Fast Monte-Carlo Test for Primality. *Siam J. on Computing 6(1)*, pp. 84–85, 1977.

139. H. STRAUBING. *Finite Automata, Formal Logic, and Circuit Complexity*. Birkhauser, 1994.

140. R.M. TANNER. Explicit Concentrators from Generalized n-gons. *SIAM J. on Algebraic and Discrete Methods 5(3)*, pp. 287–293, 1984.

141. E. TARDOS. The Gap Between Monotone and Non-monotone Circuit Complexity is Exponential. *Combinatorica 8(1)*, pp. 141–142, 1988.

142. D. THÉRIEN. Classification of Finite Monoids: The Language Approach. *Theoretical Computer Science 14*, pp. 195–208, 1981.

143. D. THÉRIEN. Languages of Nilpotent and Solvable Groups. *Proc. ICALP 1979*, pp. 616–632.

144. D. THÉRIEN. Programs over aperiodic monoids. *Theoretical Computer Science 64*, pp. 271–280, 1989.

145. L.G. VALIANT. On Nonlinear Lower Bounds in Computational Complexity. *7th Annual ACM Symp. on Theory of Computing*, pp. 196–203, 1975.

146. L.G. VALIANT. Graph-theoretic arguments in low level complexity. *Proc. 6th MFCS*, Springer-Verlag LNCS 53, pp. 162–176, 1977.

147. L.G. VALIANT. Completeness Classes in Algebra. *11th Annual ACM Symp. on Theory of Computing*, pp. 249–261, 1979.

148. L.G. VALIANT. The Complexity of Computing the Permanent. *Theoretical Computer Science 8*, pp. 189–201, 1979.

149. L.G. VALIANT. Why is Boolean Complexity Theory Difficult? In *Boolean Function Complexity*, (M.S. Paterson, ed.) London Math. Soc. Lecture Note Series, Vol. 169, Cambridge University Press, pp. 84–94, 1992.

150. C. VAN LOAN. *Computational Frameworks for the Fast Fourier Transform*. SIAM 1992.

151. V.V. VAZIRANI. NC Algorithms for Computing the Number of Perfect Matchings in $K_{3,3}$-Free Graphs and Related Problems. *Information and Compututation 80*, pp. 152–164, 1989.

152. H.E. WARREN. Lower bounds for approximation by nonlinear manifolds. *Trans. Amer. Math. Soc. 133*, pp. 167–178, 1968.

153. I. WEGENER. *The Complexity of Boolean functions*. John Wiley & Sons, 1987.

154. A.C. YAO. Separating the polynomial-time hierarchy by oracles. *26th Annual IEEE Symp. on Foundations of Computer Science*, pp. 1–10, 1985.

155. A.C. YAO. Theory and Application of Trapdoor Functions. *23rd Annual IEEE Symp. on Foundations of Computer Science*, pp. 80–91, 1982.

Indice analitico

Printed in the United States
By Bookmasters